城乡规划概论

何锦峰　董莉莉　　编著
周　蕙　刘　畅　陈　坚

科学出版社

北京

内 容 简 介

全书共分四篇：第一篇为城乡与城乡规划；第二篇为城乡规划要素；第三篇为城乡空间规划；第四篇为城乡规划管理。本书针对我国城乡规划学教育普及化、大众化的趋势，对城乡规划的知识进行了浅显化与精炼化的表述。并通过理论思考、实践练习、延伸阅读的引导，强调理论教学与实践教学、课内教学与课外教学的紧密结合。

本书既可作为建筑类、地理科学类、土木工程类、交通运输类等相关专业的教学用书，也可供相关专业规划设计与行政管理人员参考。

图书在版编目（CIP）数据

城乡规划概论/何锦峰等编著. —北京：科学出版社，2019.7

ISBN 978-7-03-054488-9

Ⅰ. ①城… Ⅱ. ①何… Ⅲ. ①城乡规划–高等学校–教材 Ⅳ. ①TU984

中国版本图书馆 CIP 数据核字（2017）第 224571 号

责任编辑：文 杨 宁 倩/责任校对：樊雅琼
责任印制：张 伟/封面设计：迷底书装

科 学 出 版 社 出版

北京东黄城根北街 16 号
邮政编码：100717
http://www.sciencep.com

北京建宏印刷有限公司 印刷

科学出版社发行 各地新华书店经销
*

2019 年 7 月第 一 版 开本：787×1092 1/16
2024 年 1 月第五次印刷 印张：28
字数：660 000

定价：89.00 元

（如有印装质量问题，我社负责调换）

前　　言

　　城市（镇）与乡村作为两个相对的概念，既互相区别又密切联系。2008 年 1 月 1 日，《中华人民共和国城乡规划法》颁布实施，目的即在于城乡统筹规划，解决城乡二元结构，推动城乡经济增长、社会发展与生态改善，也对城乡统筹与协调发展目标下的规划理论、方法、设计、管理提出了新的要求。

　　为适应法律要求和行业发展形势，本书对城乡规划的思想发展、我国现行城乡规划层次和类型、城市要素认知与调研、各级层次规划的主要内容及规划方法、城市规划管理等进行概述性的介绍，并注重拓展城乡规划、建筑学、风景园林、人文地理与城乡规划、地理信息科学、土木工程、交通运输工程、测绘工程、安全工程等专业和领域广泛的适用性。

　　本书针对城乡规划的发展趋势，在内容、结构及组织形式上做了以下尝试：

　　（1）在已有同类教材基础上，增加城市要素识别内容。增加城乡建筑，并将城乡交通与道路、城乡基础设施等内容提前至该部分介绍，让学生对该部分内容提前认知，为后面的城乡空间规划的学习做好基础和铺垫。

　　（2）增加城乡规划社会调研内容。城乡规划调研在城乡现状调查、规划目标和指标确定、城乡空间规划等方面具有重要作用，但目前大多城市或城乡规划教材未见该部分内容。本书将这部分内容纳入，对学生认识城乡要素、了解城乡建设与规划的内容具有引导和推动作用。

　　（3）按照规划层次组织城乡空间规划部分。根据自上而下的规划原则，将城乡规划分为城镇体系规划、城市总体规划、城市详细规划、乡镇与村庄规划、其他主要规划类型等。

　　（4）注重课内教学、课外阅读与实践拓展的结合。各主要规划内容均选择典型案例；每章理论知识后，布置复习思考题；提供参考补充阅读资料，包括法律法规、规程规范、技术标准、国内外城乡规划期刊等，拓展规划视野。

　　本书分四篇 12 章：第一篇为城乡与城乡规划，包含第 1 章，阐述了我国城乡统筹发展的新趋势和新要求，以及城乡规划为顺应城乡发展需求做出的理论和体系优化响应；该部分内容重在使学生理解我国城乡发展的阶段特征和城乡规划的现实作用。第二篇为城乡规划要素，包含第 2～4 章，选取城乡人口、经济、生态、文化、建筑、道路、交通及其他基础设施等要素的相关知识进行归纳、总结，全面系统地分析了各要素与城乡规划的关系，阐释了其对城乡规划的影响；该部分内容重在使学生熟悉城乡规划要素相关知识，为理解城乡规划具体编制内容与功用奠定基础。第三篇为城乡空间规划，包含第 5～11 章，是本书的主体内容，遵循城乡规划编制逻辑与层级关系，重点突出城乡规划编制实践特征，从城乡规划调研、城镇体系规划、城市总体规划、城市详细规划、乡镇与村庄规划、其他主要规划类型六个方面，系统梳理了城乡空间规划的相关知识；该部分内容重在使学生从法定规划视角全面认识和理解不同层次、不同类型、不同功用的规划具体编制内容和原理。第四篇为城乡规划管理，包含第 12 章，从城乡规划管理主要工作内容、管理中的行政行为、规划实施管理三方面，对城乡规划管理的相关知识进行了梳理；该部分内容重在使学生理解当前我国城乡规划管理体制、要点与发展趋势。最终按照"基础知识、规划要素、规划编制、规划管理"组织逻辑，构建了本书完整的城乡规划认知体系。

本书编写人员如下：第 1 章，何锦峰、周蕙；第 2 章，关海长、温泉；第 3 章，董莉莉、刘畅；第 4 章，陈坚、刘华；第 5 章，何锦峰；第 6 章，周蕙、雷怡；第 7 章，何锦峰、刘畅；第 8 章，张炜、刘华；第 9 章，刘华、董莉莉；第 10 章，温泉、雷怡；第 11 章，董莉莉、罗融融；第 12 章，赵宇、何锦峰。王维、罗雪、庹娅菊、陈佳乐、金高屹等参与了案例图片的绘制与整理工作。在编写过程中，承蒙有关院校和设计、管理单位的大力支持，谨此表示衷心感谢。

本书编写过程中引用和参考了大量相关教材与著作，列出了主要的参考文献，若有疏漏，敬请告知，我们将补充完善。同时，在此对所有被引用资料的作者致以最诚挚的谢意！

由于城乡规划内容丰富，加之编写人员水平有限，书中难免存在诸多不当或不足之处，恳请读者提出意见和建议，我们将诚恳地接受并做进一步修改完善。

重庆交通大学《城乡规划概论》教材编写组

2017 年 7 月

目　　录

第四篇　城乡规划管理

第一篇　城乡与城乡规划

第1章　城乡发展与城乡规划

1.1　城市与乡村

1.1.1　关于"城市"

"城市"一词的来源在中西方有不同的解读。

1. 我国汉字字义的解读

从我国汉字的字义来看，"城市"是由"城"和"市"两个单独的汉字组成的，其中，"城，廓也，都邑之地，筑此以资保障也"，"城"即以武器守卫土地的意思，是一种防御性的构筑物；"市"即市场，系商品交易的场所，即"日中为市"、"五十里有市"的市。但是有防御墙垣的居民点并不都是城市，有的村寨也设防御的墙垣。当"城"、"市"合起来的"城市"作为一种特定的人类居住场所（settlement），有着商业交换职能时，就成为具有现代意义的城市概念。

2. 西方历史语言解读

在西方历史语言中，"城市"主要有两个源头、三种解释：一是来源于拉丁文 urbs，英文为 urban，原意指城市生活并引申到城市、市政等方面；二是来源于古代希腊文 civitas，英文为 city，其基本含义为"市民可以享受的公民权利"，与其相关的还有 civis（市政的）、civilization（文明的、文化的）、civil（公民的）等，均表明了城市的社会学意义，即城市是文化较高的、能享受公民权利的地方；三是在古希腊，人民葡匐在神圣的雅典山下，建设了一个个"新城邦"（neopolis），后来该词被赋予新的含义，多用来形容现代化的大都市。

3. 我国法律法规解读

根据《中华人民共和国城乡规划法》及城市规划基本术语等规定，城市是指以非农业和非农业人口聚集为主要特征的居民点。我国政区管理中的市（municipality，city），是经国家设市建制的行政地域，有直辖市、副省级城市、地级城市、县级城市四种层次。

1986 年我国对设市标准做了较大调整：①非农业人口 6 万以上，年国民生产总值 2 亿元以上，已成为该地经济中心的镇，可以设市。少数民族地区和边远地区的重要城镇、重要工矿科研基地、著名风景名胜区、交通枢纽和边境口岸，虽不满足以上标准，如确有必要，也可以设市。②总人口 50 万以下的县，县人民政府驻地所在镇的非农业人口 10 万以上，常住人口中农业人口不超过 40%，年国民生产总值 3 亿元以上，可以撤县设市。总人口 50 万以上的县，县人民政府所在镇的非农业人口 12 万以上，年国民生产总值 4 亿元以上，也可撤县设市。自治州人民政府或地区（盟）行署驻地所在镇，虽不足以上标准，如确有必要，也可以撤县设市。③市区非农业人口 25 万以上，年国民生产总值 10 亿元以上的中等城市，可以实行市领导县的体制。

2014 年国务院印发的《关于调整城市规模划分标准的通知》指出,以城区常住人口为统计口径,根据聚居人口规模将城市划分为五类七档:城区常住人口 50 万以下的城市为小城市,其中 20 万以上 50 万以下的城市为Ⅰ型小城市,20 万以下的城市为Ⅱ型小城市;城区常住人口 50 万以上 100 万以下的城市为中等城市;城区常住人口 100 万以上 500 万以下的城市为大城市,其中 300 万以上 500 万以下的城市为Ⅰ型大城市,100 万以上 300 万以下的城市为Ⅱ型大城市;城区常住人口 500 万以上 1000 万以下的城市为特大城市;城区常住人口 1000 万以上的城市为超大城市。"五类七档"城市规模等级划分图如图 1-1 所示。

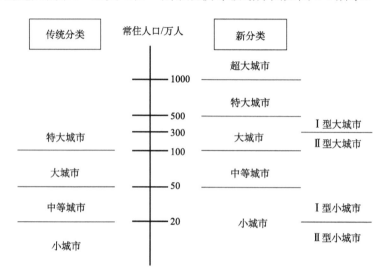

图 1-1　　"五类七档"城市规模等级划分图

资料来源:中国城市经济学会中小城市经济发展委员会《中国中小城市发展报告》编撰委员会.2014.《中国中小城市发展报告
（2014）》. 北京:社会科学文献出版社

1.1.2　关于"乡村"

简单来说,乡村是以从事农业活动人口为主体的居民点。

乡村具有如下基本特征:①人的活动、建筑的区域、居民地、生产地等相对分散;②同一地区的人们生活有明显的同质性;③大部分生活资料可直接来源于土地;④社会结构较单一;⑤能源使用多样;⑥如同城市的变化一样,在经济发展和社会变革的驱使下,乡村在各地也发生着程度不同的变化。

1.1.3　城乡差异与联系

1. 城乡差异

城市与农村的差异,主要是产业结构,即居民从事的职业不同,还有居民的人口规模、聚居强度的不同。具体来说,其差异主要体现在以下几方面。

（1）集聚规模差异。城市与乡村首要差别主要体现在空间要素的集中程度上,城市较为集中，而乡村相对分散。

（2）生产效率差异。城市经济活动的高效率，是由于城市的高度组织性；相反，乡村经济活动还依附于土地等初级生产要素。

（3）生产力结构差异。城乡居民职业构成的不同，造就了生产力结构的根本区别，城市的主要产业为第二、第三产业，农村的第一产业则占有较大比重。

（4）职能差异。城市一般是一个地域的政治、经济、文化中心，而乡村则不然。

（5）物质形态差异。城市具有比较健全的市政设施和公共设施，而乡村一般不具备。

（6）文化观念差异。城市与乡村不同的社会关系，使得两者在文化内容、意识形态、风俗习惯、传统观念等方面产生了差别。

2. 城乡联系

（1）城市与乡村有着很多不同之处，但仍是一个统一体，不存在截然的界限。

（2）随着社会经济的发展，以及交通、通信条件的改善与进步，城乡一体化发展的现象越发明显。

（3）城乡社会、经济及景观和聚落都具有连续性。

1.2　城镇化与城乡统筹发展

1.2.1　城镇化相关知识

1. 城镇化的内涵

城镇化是一个过程，广泛涉及经济、社会与景观变化的多方面，是一个农业人口转化为非农业人口、农村地域转化为城市地域、农业活动转化为非农业活动的过程，也可以认为是非农业人口和非农业活动在不同规模的城市环境的地理集中的过程，以及城市价值观、城市生活方式在农村的地理扩散过程。

城镇化是乡村转变为城市的复杂过程，从社会学、经济学和地理学等学科概括起来有两个方面。

（1）"有形的城镇化"，即物质上和形态上的城镇化，具体反映在：①人口的集中。人口的集中是通过城镇人口比重的增大、城镇点的增加、城镇密度的增大、城镇规模的扩大等方式来实现的。②空间形态的改变。反映在城市建设用地的增长、城市用地功能的分化，以及建筑物和构筑物的大量增加所带来的土地景观的改变。③经济结构的变化。经济结构变化体现在产业的转变，即由第一产业向第二、第三产业的转变。④社会组织结构的变化。社会组织结构的变化主要是由分散的家庭到集体的街道，由个体、自营到各种经济文化组织和集团。

（2）"无形的城镇化"，即指精神上、意识形态上、生活方式上的城镇化，主要表现在：①城市生活方式的扩散。乡村建设会很大程度上受到强势的城市物质空间建设模式的冲击。②农村意识、行为方式、生活方式向城市转化。这一过程是随着城乡间交通、信息联系不断强化的过程中，由农村居民自我选择而逐渐实现的。③农村居民逐渐脱离固有的乡土生活态度、方式，而采取城市生活态度、方式。农村居民对城市生活的向往，正是推动城镇化持续发展的源动力所在。

2. 城镇化水平

在现行工作中，通常采用的国际通行方法是：将城镇常住人口占区域总人口的比重作为反映城镇化过程的最重要指标。

计算公式为

$$PU = \frac{U}{P} \times 100\%$$

式中，PU 为城镇化率；U 为城镇常住人口；P 为区域总人口。

城镇化指标只能用来测度人口、土地、产业等有形的城镇化过程，无形的城镇化过程如思想观念、生活方式等是无法测量的。

3. 城镇化的阶段特征

18 世纪在西欧开始工业革命后，出现了现代化的工厂化大生产，资本和人口在城市集中起来，农民向城市集中，城市的用地扩大，把周围的农田变成了城市、村镇变成了城市、小城市又发展成为了大城市。

城镇化的发展历程可以用 S 形曲线表示。1979 年，美国城市地理学家诺瑟姆发现并提出了该曲线，因此又称为"诺瑟姆曲线"（图 1-2）。诺瑟姆在总结欧美城镇化发展历程的基础上，把城镇化的轨迹概括为拉长的 S 形曲线，并将城镇化划分为起步、加速和稳定三个阶段。

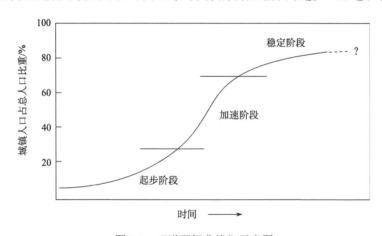

图 1-2　"诺瑟姆曲线"示意图

资料来源：邹德慈，等. 2002. 城市规划导论. 北京：中国建筑工业出版社

（1）起步阶段——生产力水平尚低，城镇化的速度较缓慢，需较长时期才能达到城市人口占总人口的 30%左右这一指标。

（2）加速阶段——当城镇化超过 30%时，进入快速提升阶段。由于经济实力明显增加，城镇化的速度加快，在不长的时间内，城市人口占总人口的比例就达到 60%或以上。

（3）稳定阶段——农业现代化的过程已基本完成，农村的剩余劳动力已基本上转化为城市人口。随着城市中工业的发展和技术的进步，一部分工业人口又转向第三产业。

4. 中国城镇化的特征与发展趋势

（1）我国城镇化现阶段的主要特征包括：①经过了大起大落阶段以后，我国城镇化已进入了持续、加速和健康发展阶段；②城镇化发展的区域重点经历了由西向东的转移过程，目前总体是东部快于西部、南方快于北方；③区域中心城市及城市密集地区发展加速，成为区域甚至是国家经济发展的中枢地区，成为接驳世界经济和应对全球化挑战的重要空间单元；④部分城市正逐步走向国际化。

（2）我国城镇化的发展趋势主要表现为：①东部沿海地区快于中西部内陆地区，中部地区不断加速，城市数量和等级都有较大提升；②以大城市为主体的多元化的城镇化道路将成为我国城镇化战略的主要选择；③城市群、城市圈等将成为城镇化的重要空间单元；④在沿海的一些发达的特大城市，开始出现了社会居住分化、"郊区化"趋势；⑤特大城市和大城市要合理控制规模，充分发挥辐射带动作用，中小城市和小城镇要增强产业发展、公共服务、吸纳就业、人口集聚的功能。

1.2.2　城乡"二元化"与统筹发展

1. 城乡"二元化"

长期以来，我国呈现出城乡分割，人才、资本、信息单向流动，城乡居民生活差距大，城乡关系不均等、不和谐等发展状况，其差异概括为：

（1）城乡结构"二元化"。长期以来，我国一直实行"一国两策、城乡分治"的二元经济社会体制和"城市偏向、工业优先"的战略和政策。

（2）城乡收入差距拉大。目前我国城乡居民实际收入差距已达 6：1～7：1，为新中国成立以来的最高峰值。

（3）优势发展资源向城市单向集中。城市一直是我国各类生产要素聚集的中心，城乡资源流动单向、不均衡发展的现象明显。

（4）城乡公共产品供给体制严重失衡。失衡的分配体制导致了失衡的义务教育，基础设施和社会保障等公共产品供给的失衡。

目前，我国城乡关系正处在一个从城乡二元经济结构向城乡一体化发展阶段迈进的历史转折点上，应综合运用市场和非市场力量，积极促进城乡产业结构调整、人才资源配置、金融资源配置和社会发展等各个领域的良性互动和协调发展。

2. 城乡统筹发展的内涵

统筹城乡发展的内涵不仅仅指经济范畴，它包括城乡经济与社会发展中的物质文明、精神文明、政治文明、社会文明和生态文明五个方面都要实现城乡统筹。在经济上应把农民致富与转移农民、减少农民结合起来，长富于民，藏富于民，实现农民"有其利"；在政治上应把善待农民与尊重农民、组织农民结合起来，给农民国民待遇，让农民当家作主，实现农民"有其权"；在思想文化上应把教育农民与转变农民观念、提高农民素质结合起来，弘扬勤劳、善良、讲修养的传统美德，增强民主、科学、讲公德的现代文明意识，实现农民"有其教"。具体说来，统筹城乡发展的内容主要包括以下几个方面。

（1）统筹城乡规划建设。即改变目前城乡规划分割、建设分治的状况，把城乡经济社会发展统一纳入政府宏观规划，协调城乡发展，促进城乡联动，实现共同繁荣。根据经济社会发展趋势，统一编制城乡规划，促进城镇有序发展，农民梯度转移。主要包括：统筹城乡产业发展规划，科学确定产业发展布局；统筹城乡用地规划，合理布局建设、住宅、农业与生态用地；统筹城乡基础设施建设规划，构建完善的基础设施网络体系。尤其在农村地区缺乏基础设施建设资金的情况下，政府要调动和引导各方面的力量着力加强对农村道路、交通运输、电力、电信、商业网点设施等基础设施的投入，使乡村联系城市的硬件设施得到尽快改善。优先发展社会共享型基础设施，扩大基础设施的服务范围、服务领域和受益对象，让农民也能分享城市基础设施。

（2）统筹城乡产业发展。以工业化支撑城市化，以城市化提升工业化，加快工业化和城市化进程，促进农村劳动力向二三产业转移，农村人口向城镇集聚。建立以城带乡、以工促农的发展机制，加快现代农业和现代农村建设，促进农村工业向城镇工业园区集中，促进农村人口向城镇集中，促进土地向规模农户集中，促进城市基础设施向农村延伸，促进城市社会服务事业向农村覆盖，促进城市文明向农村辐射，提升农村经济社会发展的水平。

（3）统筹城乡管理制度。突破城乡二元经济社会结构，纠正体制上和政策上的城市偏向，消除计划经济体制的残留影响，保护农民利益，建立城乡一体的劳动力就业制度、户籍管理制度、教育制度、土地征用制度、社会保障制度等，给农村居民平等的发展机会、完整的财产权利和自由的发展空间，遵循市场经济规律和社会发展规律，促进城乡要素自由流动和资源优化配置。

（4）统筹城乡收入分配。根据经济社会发展阶段的变化，调整国民收入分配结构，改变国民收入分配中的城市偏向，进一步完善农村税费改革，降低农业税负，创造条件尽快取消农业税，加大对"三农"的财政支持力度，加快农村公益事业建设，建立城乡一体的财政支出体制，将农村交通、环保、生态等公益性基础设施建设都列入政府财政支出范围。

1.2.3 城市发展战略

城市发展战略的核心是要制定一定时期的城市发展目标和实现这一目标的途径。城市发展战略的内容一般包括确定战略目标、战略重点、战略措施等。

1. 战略目标

战略目标是发展战略的核心，是在城市发展战略和城市规划中拟定的一定时期内社会、经济、环境发展应选择的方向和预期达到的指标。战略目标可分为多个层面，包括总体目标和从经济、社会、城市建设等多个领域明确的城市发展方向，总体目标和发展方向一般采用定性的描述。

为更好地指导战略目标的实施，还需要对发展方向提出具体发展指标的定量规定。这些对应发展方向的具体指标一般包括：

（1）经济发展指标，如经济总量指标（国内生产总值、增长速度等）、经济效益指标（人均国内生产总值、单位产值能耗指标等）、经济结构指标（三次产业比例等）等。

（2）社会发展指标，如人口总量指标（总人口控制规模、城市人口规模等）、人口构成指标（城乡人口比例、就业结构等）、居民物质生活水平指标（人均居住面积）、居民精神文化生活水平指标等。

（3）城市建设指标，如建设规模指标、空间结构指标、基础设施供应水平指标、环境质量指标等。

城市发展战略目标的确定既要针对现实中的发展问题，也要以目标为导向，对核心问题的把握与宏观趋势的判断至关重要，因此开展城市发展战略研究是保证其科学合理的前提。必须从社会经济整体运行的关系中认识空间发展问题，而不是局限在某一领域中，需要对人口、经济、环境、土地使用、交通和基础设施等系统进行分析并提出关键性发现，从大区域、长时段来考虑城市发展的未来。

2. 战略重点

战略重点是指对城市发展具有全局性或关键性意义的问题，为了达到战略目标，必须明确战略重点。城市发展的战略重点所涉及的是影响城市长期发展和事关全局的关键部门和地区的问题。战略重点通常表现在以下方面。

（1）城市竞争中的优势领域。遵循客观的市场竞争优势，争取主动，求得不断创新和发展。例如，有的城市虽然交通区位突出，但并没有转化为经济区位优势，对此应注重对交通资源的整合，处理好交通发展与城市功能布局的关系。

（2）城市发展中的基础性建设。科技是推动社会经济发展的根本动力，能源是工业发展和社会经济发展的基础，教育是提高劳动力素质和产生人才的基础，交通是经济运转和流通的基础。因此，科技、能源、教育和交通经常被列为城市发展的重点。

（3）城市发展中的薄弱环节。城市是由不同的系统构成的有机联系和互相制约的整体，如果系统或某一环节出现问题将影响整个战略的实施，该系统或环节也会成为战略重点。例如，受到资源约束的城市，要深入分析本地区的资源环境承载能力。

（4）城市空间结构和拓展方向。城市空间增长的过程反映了社会经济发展的需求，城市发展的方向、空间布局结构及时序关系都会因不同阶段城市发展的需求而改变。

需要指出的是，战略重点是阶段性的，随着内外部发展条件的变化，城市发展的主要矛盾和矛盾的主要方面也会发生变化，重点发展的部门和区域会发生转换，因而城市发展战略重点会发生转移。战略重点的转移往往成为划分城市发展阶段的依据。

3. 战略措施

战略措施是实现战略目标的步骤和途径，是把比较抽象的战略目标、重点加以具体化，使之可操作的过程。战略措施通常包括基本产业政策、产业结构调整、空间布局的改变、空间开发的顺序、重大工程项目的安排等方面。政策研究在战略措施中占有重要地位。

城市发展战略的制定必须具有前瞻性、针对性和综合性。既要有宏观的视角，也必须有微观的可操作的抓手，必须考虑城市发展的"软件"因素，同时注意体现"软中有硬"的整体发展思路。

1.3　城乡规划的内涵与法律效应

1.3.1　城乡规划的内涵

城乡规划是城市规划的升级版，两者都具有相同的专业内核，只是研究的边界和目标有明显区别。不同国家和地区都以相似的方式规划与管理城市的土地开发。城市规划泛指政府，特别是地方政府有意识地管理与干预城市土地开发过程（urban development process）的活动。有记载的城市规划职业起源于 19 世纪末，工业革命和快速城市化带来的城市问题激增，卫生、供水、交通、住房等领域的状况极度恶化，在此背景下，许多专业人士致力于城市危机的化解：工程师设计了大规模的排水设施；建筑师和公共卫生工作者致力于住宅管理以保证必要的通风和日照；景观工程师成为环境运动的中坚，并在 19 世纪末与建筑师一起推动城市美化的理念。城市规划学科从其诞生之日就致力于化解城市的矛盾与危机，为创造更好的生活提供解决方案。进入 20 世纪后，伴随社会经济的发展，城市问题与矛盾层出不穷，城市规划学科始终以增进公共利益为基本方针。

关于城市规划的任务，各国由于社会、经济体制和经济发展水平的不同而有所差异和侧重，但其基本内容是大致相同的。日本一些文献中提出"城市规划是城市空间布局、城市建设的技术手段，旨在合理地、有效地创造出良好的生活与活动环境"。德国将城市规划理解为整个空间规划中的一个环节，"城市规划的核心任务是根据不同目的进行空间安排，探索和实现城市不同功能用地之间的互相管理关系，并以政治决策为保障，这种决策必须是公共导向的，一方面提供居民安全、健康和舒适的生活环境，另一方面实现城市社会经济文化发展"。由此可见，各国城市规划的共同和基本的任务是通过空间发展的合理组织，满足社会经济发展和生态保护的需要。

中国现阶段规划的基本任务是保护创造和修复人居环境，保障和创造城市居民安全、健康、舒适的空间环境和公正的社会环境，达到城乡经济、文化和社会协调、稳定地永续、和谐发展。

1.3.2　城乡规划的法律效应

根据《城市规划基本术语》，城市规划是指对一定时期内城市的经济和社会发展、土地利用、空间布局及各项建设的综合部署、具体安排和实施管理。

随着城乡统筹发展理念与实践的推行，为加强城乡规划管理、协调城乡空间布局、改善人居环境、促进城乡经济社会全面协调可持续发展，我国制定了《中华人民共和国城乡规划法》。

2007 年 10 月 28 日，第十届全国人民代表大会常务委员会第三十次会议通过了《中华人民共和国城乡规划法》，共 7 章 70 条，自 2008 年 1 月 1 日起施行，《中华人民共和国城市规划法》同时废止。2015 年 4 月 24 日，第十二届全国人民代表大会常务委员会第十四次会议对《中华人民共和国城乡规划法》做出了修改。

该法总则部分规定如下：

第二条　制定和实施城乡规划，在规划区内进行建设活动，必须遵守本法。

　　本法所称城乡规划，包括城镇体系规划、城市规划、镇规划、乡规划和村庄规划和社区规划。城市规划、镇规划分为总体规划和详细规划。详细规划分为控制性详细规划和修建性详细规划。

　　本法所称规划区，是指城市、镇和村庄的建成区及因城乡建设和发展需要，必须实行规划控制的区域。规划区的具体范围由有关人民政府在组织编制的城市总体规划、镇总体规划、乡规划和村庄规划中，根据城乡经济社会发展水平和统筹城乡发展的需要划定。

　　第三条　城市和镇应当依照本法制定城市规划和镇规划。城市、镇规划区内的建设活动应当符合规划要求。

　　县级以上地方人民政府根据本地农村经济社会发展水平，按照因地制宜、切实可行的原则，确定乡规划、村庄规划的区域。在确定区域内的乡、村庄，应当依照本法制定规划，规划区内的乡、村庄建设应当符合规划要求。

　　县级以上地方人民政府鼓励、指导前款规定以外的区域的乡、村庄制定和实施乡规划、村庄规划。

　　第四条　经依法批准的城乡规划，是城乡建设和规划管理的依据，未经法定程序不得修改（城乡规划法）。

　　《中华人民共和国城乡规划法》是我国城乡规划的主干法和基本法，以法定程序明确了城乡规划工作的对象、内容、效力。

1.4　城乡规划理论的产生与发展

1.4.1　城乡规划理论的产生

　　在不同学科中，对城市的概念有着不同的解释。要回答什么是城市，首先要回答"城市是一个什么样的地方"和"哪里是城市"这一类的问题。对于前者而言，地理学、经济学、社会学、人类学等基于对城市的不同观察角度，给出了不同的理解与界定，很难概括出一个简明扼要的抽象定义。例如，在地理学中强调"城市也叫城市聚落，是以非农业产业和非农业人口集聚形成的较大居民点"及"城市是一种特殊的地理环境"；在经济学中则指出"城市是开展各种经济活动的场所"；社会学把研究的侧重点放在城市中人的阶层构成、行为活动及相互关系上；而建筑学与城乡规划学则将城市的物质空间环境营造视为己任。对于后者，即"哪里是城市"，在许多国家主要是依据自己国家人口集聚的密度和规模给出了一个大致的推断。

1. 城市的本质

　　城市的产生可以追溯到人类的定居阶段。原始社会中，由于人类尚未掌握自觉的生产意识与生产手段，只能像其他动物一样过着居无定所的生活，靠采集自然界的果实、捕食猎物来勉强充饥，依靠在较大范围内不断变换自身的位置来获取相对充足的食物资源，同时躲避自然界的种种危险。但渐渐地，人类因追求稳定生活所采取的储藏食物的方法、对种植可周期性收获植物的发现及对野生动物的驯化等农耕文化因素，使得原始人类不再像他们的先辈那样无牵无挂，易于游动。人类以群体为单位的活动方式决定了一旦因为生存需要在某一个地方永久性地停留下来，最初的定居形式——村落也就产生了。从农业文明形成的年代来推测，早期原始村落大约在公元前 9000 年至公元前 4000 年就以不同形式出现。

　　原始村落形态，以奥地利哈尔施塔特新石器时期居民点为例（图 1-3），可以看出一般具有明显但不规则的边界（可能是围栏或是矮墙），多栋建筑物形成的尚未有效组织的建筑群，以及由这些建筑物所围合成的不规则的室外空间，这些空间可能起到通道和室外活动场地的作用。

　　　　　　　　　　　　图 1-3　奥地利哈尔施塔特新石器时期居民点平面图

　　定居仅是人类由村落走向城市的第一步，甚至定居点数量的增加与单个定居点中人口的增加都不足以使村落必然地走向城市，从原始村落走向城市是一次质的变化，城市的形成取决于其外在条件与内在因素的成熟。

　　从生产力发展的角度来看，城市出现的直接因素是手工业与农业的分离（第二次社会分工）及商业与手工业的分离（第三次社会分工）。这种社会分工的出现、非农业人口的增加并脱离土地向某些聚居点集中的根本原因就是农业生产力的提高。农业生产力的提高有力地促进了城市的发展，同时，城市反过来为农业成果提供了军事上的保障和技术上的支持。农村—城市形成相互依赖、相互促进的关系。因此，农业发展是城市出现的经济基础。

　　城市形成的另一个因素是文化。当游牧文化与农耕文化产生结合时，真正意义上的城市才会出现，原始村落仅为城市的发展提供了一个雏形。公元前 4000～前 3000 年，原始聚落分化成为从事农业生产人口居住的乡村和从事手工业、商业人口居住的城市。至此，城市出现了。但事实上直到 18 世纪工业革命前，绝大多数聚落仍停留在乡村的形态上，成为城市的只是其中的少数佼佼者。

　　因此，可以对城市的本质做出总结。首先，城市是人类聚居的形式之一，无论城市进化到什么程度，其中包含多么复杂的功能，城市始终是人类居住生活的场所；其次，城市是一定区域的中心，在城市与乡村的关系中，城市更多地处于主动地位，而乡村则作为城市存在的基础，城市是其所在区域范围内物品、信息的交易集散地，任何规模或等级的城市都是一定区域的中心；再次，城市是人类文明的摇篮，城市的出现与发展始终伴随着人类文明的进步；最后，城市是一种社会活动方式，城市社会要求其中的成员参与明确细致的社会分工，服从并遵守严密高效的协作组织，以实现农业社会中无法实现的宏大目标。这种城市社会组织形式，在向其成员提供同时期农业从业人员大多无法享受到的高质量生活（物质与精神）的同时，也要求其成员牺牲部分农耕社会的悠闲生活。

2. 古代城市规划实现的启蒙

1）美索不达米亚

现今伊拉克境内的底格里斯河和幼发拉底河之间的冲积平原，是向城市化骤变的理想环境。在这个后来被希腊人称为美索不达米亚的区域内，有着大片干枯的沙漠地带，期间交错分布着芦苇丛生的沼泽，其水域有大量鱼类，河岸边野生动物随处可见。这里生长着最早的原生谷类、大麦和小麦，能够培育成可食用的农作物，这就使新石器时期的农夫们的劳动产品有了剩余，历史学家沃纳·凯勒（Werner Keller）指出，这是"非常关键的，城市文明的起源正是建基于此"。

即便有这种丰饶的环境，早期城市的建造者们也面临着许多严峻的挑战：矿产资源短缺、建筑用的石料和木材匮乏、雨量很少、河水不能像埃及的那样顺遂天意地灌溉周围大面积干涸的土地。结果，在这个地区生活的人们不得不修建复杂的水利系统灌溉土地。

这种耗时巨大的努力需要一种道德和社会秩序及人对自然的支配关系，以应对社会复杂管理和对自然界更有支配力，这是从已经维系了传统的乡村生活千年之久的家族血缘关系中脱离出来的第一步。最早的城市正是作为这些社会变化的载体而兴起的。这些早期的城市聚落可以追溯到公元前 5000 年，比较著名的有乌尔、巴比伦、尼尼微、帕萨加德等。但按照现代甚至是古典的标准来衡量，其规模都比较小。甚至到公元前 3000 年左右，巨大的"乌尔都市"也不过 150 英亩[①]，居住人口24000 人左右。

乌尔（图 1-4）以神庙建筑群展开，它的南那月神神庙主宰了早期的"城市轮廓"，此神庙的塔高 70英尺[②]，能很好地俯视美索不达米亚的地平线。在这个时期的城市建设中，宗教祭祀建筑，如神庙等，也起到了"购物中心"的作用，它为各种各样的货物提供了一个开放的交易场所，从植物油、动物油脂、芦苇到沥青、席子和石料等。神庙还拥有自己的工厂加

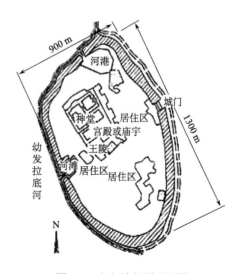

图 1-4　乌尔城复原平面图

---

① 1 英亩=4046.86m²。

② 1 英尺=0.3048m。

工衣物和器皿，是当时的城市中心。

2）古埃及

古埃及的文明史可以追溯到公元前 4000 年左右，作为统一的王国持续了大约 3000 多年（约公元前 3200～前 30 年）的时间。现在还不清楚美索不达米亚是否直接影响了早期的埃及文明，但是很有可能如历史学家格雷厄姆·克拉克（Grahame Clark）所言：“苏美尔的种子滋育了古埃及”。像美索不达米亚的早期城市一样，早期埃及城市地带的形成在经济上也是基于农业剩余产品之上。粗略估计，普通埃及农民可以生产出相当于他们自身生活所需三倍的产品。

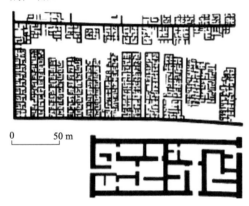

由于古埃及人信奉人死后的“永恒世界”，其建设重点是金字塔等国王的陵墓，而不是现实生活所需要的城市。因此，我们今天所知道的古埃及城市，无论是第一位法老下令建设的孟菲斯城（Menphis），还是作为帝国中期首都的底比斯（Thebes），或是阿曼赫特普四世建设的新首都阿玛拉（Tell el-Amarna），均没有留下清晰的痕迹，只有其中用石头建造的陵墓和宫殿依稀尚存。

为修建金字塔的工匠、奴隶提供生活居住设施的聚居地也形成了古埃及的另一种特殊城市。

图 1-5　埃及卡洪城（Kahun）平面图

其中著名的卡洪城（Kahun）是为兴建塞索斯特里斯二世的金字塔陵墓而修建的一种特殊居民点（图 1-5）。卡洪城的形状为 380m×260m 的长方形，内部分为东西两大部分。据推测，占总面积三分之一的西部为奴隶的居住区，东部的北侧排列着十几个大庄园，东部南侧大概是供自由民劳工、手工业者、商人等生活的地区。

卡洪城在存在了 100 多年后突然被抛弃，与卡洪城类似的还有图特摩斯一世（Tutmosis，约公元前 1400 年）为建造底比斯附近国王谷的劳工而建的代尔梅迪那城。

3）中国

位于河南偃师市二里头村的古商城遗址是我国迄今发现的最老的城址。该城址形成于商代早期（公元前 1300 年左右），东西宽约 2.1km，南北长约 1.5km，如包括城外手工业作坊在内，整个城市面积将达 25km^2。

除了早期的城市建设实践外，成书于战国时期的《周礼·考工记》还从礼制的角度对周王城（图 1-6）的规划建设进行了总结。书中提到：“匠人营国，方九里，旁三门，国中九经九纬，经涂九轨，左祖右社，面朝后市，市朝一夫”清晰地描绘出了王城的格局。

但必须说明的是，在迄今的考古发掘中并没有发现这一时期中完全按照这一规制建成的城市，反倒是在此之后的封建王城的都城（如隋唐长安、元大都和明清北京）规划中多附会此布局原则，且附会程度不断加强。因此，不排除其中的论述带有理想城市色彩

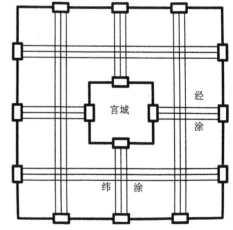

图 1-6　《周礼·考工记》中的周王城图

的可能。

4）古希腊

古希腊文化始于大约公元前 2000 年，后经过诸多的战乱与民族占据的更迭，在公元前 5 世纪至公元前 3 世纪达到顶峰。在古希腊文明中，牧业、手工业及伴随掠夺行为的海上贸易占据其经济的主要地位，大量由自然地形环抱的地区各自形成了以防御、宗教活动地位为核心的城邦国家。由于民主城邦的特点，城市中不存在像王宫那种封闭的排他区域，同时设有可容纳全体市民（或大部分市民）的广场和剧场，城市大致由公共活动区、宗教区及居住区组成（图 1-7）。其中，公共区域是整个城市的核心，大城市发展到一定程度后，对应人口进一步增长的办法不是继续扩大现有城市规模，而是建造另一个新的城市。

　　图 1-7　伯利克里时期（公元前 495～前 429 年）的雅典　　　　图 1-8　米列都城平面图

公元前 500 年的古希腊城邦时期，提出了城市建设的希波丹姆（Hippodamus）模式，这种城市布局模式以方格网的道路系统为骨架，以城市广场为中心。城市广场是市民聚集的空间，城市以广场为中心的核心思想反映了古希腊时期的市民民主文化。希波丹姆模式寻求几何图像与数之间的和谐及秩序的美，这一模式在希波丹姆规划的米列都城（图 1-8）中得到了完整的体现。

5）古罗马

公元前 300 年左右，罗马几乎征服了全部地中海地区，彼得罗努斯提到："整个世界都在胜利的罗马人手中，海陆日星都归他掌管。"

罗马人将政府的法规汇编成 12 铜表法，以规范公民行为，同时修建了大量的营寨城。罗马人修建的营寨城有一定的规划模式，平面呈方形或长方形，中间用十字形连接，通往东南西北四个城门，焦点附近为露天剧场或斗兽场与官邸建筑形成的中心广场。在这些宏伟的公共建筑周围布满了成千上万拥挤的住宅、集市和店铺，来满足不断增长的人口的需要。罗马把城市建设推进到一个新的水平，修建了前所未有的公共工程——道路、引水渠、排水系统，以使城市有能力容纳不断增加的人口。

公元前 1 世纪的古罗马建筑师维特鲁威的著作《建筑十书》，是西方古代唯一保留至今的古典建筑典籍。该书分为十卷，在第一卷"建筑师的教育，城市规划与建筑设计的基本原理"、第五卷"其他公共建筑物"中提出了不少关于城市规划、建筑工程、市政建设等方面的论述。

6）中世纪欧洲

欧洲中世纪城市多为自发生长，很少有按规划建造的。14～16 世纪由于资本主义萌芽、生产生活方式改变，部分城市为适应这种变化而进行了改建，这种改建往往集中于一些局部的地段，如广场建筑群。16～17 世纪，国王与资产阶级新贵族联合反对封建割据和教会势力，在欧洲先后建立了军权专制的国家，他们的首都，如巴黎、伦敦、柏林、维也纳的城市改建扩建规模超过了以往任何时期。在此期间，1889 年西特（Camillo Sitte）出版了著作《按照艺术原则进行城市设计》，这是关于城市设计、城市规划较早的一本论著。书中力求从城市美学和艺术的角度来解决当时大都市的环境、卫生和社会问题。虽然此书把工作对象扩大到了整个城市，但是整本著作还是停留在建筑学的角度，与现代意义上的城市规划还存在差距。

1.4.2 城乡规划理论的发展与完善

1. 近代城市规划思潮的产生

近代工业革命在给城市带来巨大的变化、创造了前所未有的财富的同时，也给城市带来种种日益尖锐的矛盾，如居住拥挤、环境质量恶化、交通拥挤等，危害了劳动人民的生活，也妨碍了资产阶级自身的利益。以最早开始工业革命的英国为例，长期以来是英国最贫困地区的兰开夏，到 19 世纪早期一跃成为世界最具活力的经济区域。主要城市曼彻斯特的人口飞速增长，在 19 世纪的第一个 30 年内，人口由原来的 9.4 万上升到 27 万。到 19 世纪末，曼彻斯特的人口增长了两倍多。1810 年，精纺加工业中心布莱福德是一个仅有 1.6 万人的无名小镇，19 世纪前半期，该城市工厂的产量增长了 600%，人口爆炸式增长，达到了 10.3 万，这是同期欧洲城市中最快的增长速度。到 1881 年，英国城市居民占总人口的 1/3。

工业革命深刻地改变了城市环境，但这种转变常是令人憎恶的。制革厂、酿酒厂、染料厂和煤气厂散发出经久不散的刺鼻气味，居住条件极为糟糕。这种肮脏的环境导致了致命的健康问题。19 世纪早期，曼彻斯特的死亡率是 1∶32，是周围农村地区的三倍，疾病、营养不良和工作过度致死的现象非常普遍。

随着工业化向全世界扩展，它开创了一个城市化以史无前例的速度增长的新时代。到 19 世纪后期，大型城市中心几乎出现在每一个大陆上，如南美洲、非洲、大洋洲、亚洲。就世界范围而言，已有 5%以上的人口居住在 10 万人以上的城市中，几乎是一个世纪前的 3 倍。

从全社会的需要出发，诞生了各种用以解决这些矛盾的理论。资本主义早期的空想社会主义者、各种社会改良主义者及一些充实城市建设的实际工作者和学社都提出了种种设想。到 19 世纪末 20 世纪初，逐步形成了有特定研究对象、范围和系统的现代城市规划学。

1）空想社会主义与乌托邦

空想社会主义的乌托邦（utopia）是托马斯·莫尔（Thomas More，1477—1535）在 16 世纪时提出的。针对资本主义城市与乡村的对立、私有制和土地投机等造成的种种矛盾，莫尔设计了由 50 个城市组成的乌托邦。乌托邦内实行的是一种类似共产主义的生活方式，包括生产资料的公有制、废弃财产私有的观念等，一定程度上揭露了资本主义城市矛盾的实质。但是，他们代表的是封建社会小生产者，由于惧怕新兴资本主义的威胁，空想社会主义的乌托邦实际上是想倒退到小生产的旧路上。乌托邦并没有实践过，是一种存在于理论中的社会形态，对后来的城市规划理论有一定影响。

2）"新和谐村"计划

当资本主义制度已经形成，开始暴露出种种矛盾时，有一些空想社会主义者针对当时已产生的社会弊病，提出了社会改良的设想。其中比较有影响力的是罗伯特•欧文提出的"新和谐村"（new harmony）。在这个设想中，每个"新和谐村"居住人口为 500～1500 人，有共用厨房和幼儿园。住房附近有机器生产的作坊，村外有耕地及牧场，为了做到自给自足，生活必需品由本村生产，集中于公共仓库，统一分配。他宣传的这些设想遭到了当时政府的拒绝。1852 年欧文在美国印第安纳州买下了 3 万英亩土地，带了一批志同道合者去建设"新和谐村"。"新和谐村"计划最后以失败告终，欧文本人也因此破产，但是"新和谐村"作为空想社会主义的一次大胆尝试，对理性城市规划思想发展有深远的影响。

3）霍华德与"田园城市"理论

1898 年英国人霍华德（Ebenezer Howard）提出了"田园城市"（garden city）的理论，希望彻底改良资本主义的城市形式，指出了工业化背景下城市所提供的生产生活方式与人们所希望的环境存在矛盾、大城市与自然之间关系疏远，并建议限制城市的自发膨胀，将城市土地归于城市的统一机构。

他首次提出了城市—乡村—新生活的"三磁铁"（图 1-9）效应，认为平衡三者之间的关系，就能解决城市中人口拥挤、土地投机等问题。尤其是形成城市—乡村的结合可以很好地避免城市磁铁与乡村磁铁中的短处。

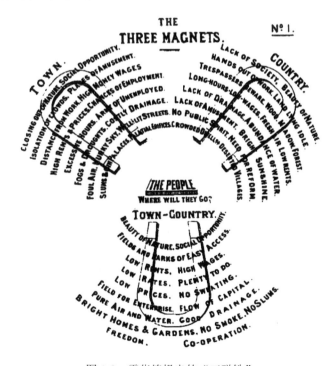

图 1-9　霍华德提出的"三磁铁"

他以一个"田园城市"的规划图解方案（图 1-10）来具体地阐述其理论。城市人口 30000 人，占地面积 404.7hm²。城市外围有 2023.4 hm² 土地为永久性绿地，供农牧产业用。城市部分由一系列同心圆组成，有 6 条大道由圆心放射出去，中央是一个占地 20 hm² 的公园。沿公园可见公共建筑物，包括市政厅、音乐厅兼会堂、剧院、图书馆、医院等，它们外面是一圈占地 58 hm² 的公园，公园外圈是一些商店、商品展览馆等，再外一圈为住宅，外面为宽 128m 的林荫道，大道当中为学校、儿童游戏场及教堂，大道另一面又是一圈花园住宅。

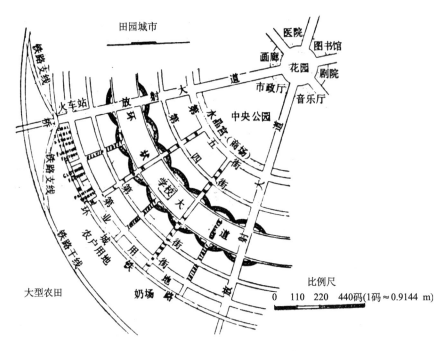

图 1-10　田园城市——分区和中心

城市外围设有火车站、煤场、木材堆场、石料堆场、家具厂、服装厂、印刷厂、鞋厂等

霍华德是一位有着伟大梦想的城市学家，但是他同时也是一名杰出的实践者。在他的《明日的田园城市》一书中，对田园城市的政治管理、经济运作方式都提出了非常现实的解决方法，在得到各级政府机构支持的同时还能够保证投资者的经济利益。正如丹尼斯·哈迪所描述的，"'田园城市'是半个乌托邦，是一种可以在不完美世界中实现的完美城市"。后续作为田园城市实践而修建起来的莱切沃斯、汉普斯特得和韦林等小城市，在运行了将近 120 年后的今天，仍保留了部分当初田园城市的特质。霍华德提出的"田园城市"与一般意义上的"花园城市"有着本质上的区别。一般的"花园城市"是指在城市中增添一些花坛和绿地，而霍华德所说的"田园城市"是指城市周边的农田和园地，通过这些田园来控制城市的无限扩张。

4）嘎涅的"工业城市"

如果说空想社会主义与"田园城市"理论看到了工业革命所带来的问题并试图解决这些问题，那么嘎涅的"工业城市"则是洞察到了工业革命对城市形态所带来的巨大影响，并提出了顺应工业革命后城市形态变革的思想。

　　嘎涅提出的"工业城市"（图 1-11），拥有规划人口 3.5 万人，工业用地成为了占据很大比例的独立地区，与居住区相呼应；工业区与居住区之间用绿带进行分割，除了利用铁路相互联结外，还留有各自扩展的可能。工业用地位于临近港口的河边，并有铁路直接到达；居住区呈线性与工业区相互垂直布置，中心设有集会厅、博物馆、图书馆、剧院等公共建筑，医院、疗养院等独立设置在城市外面。

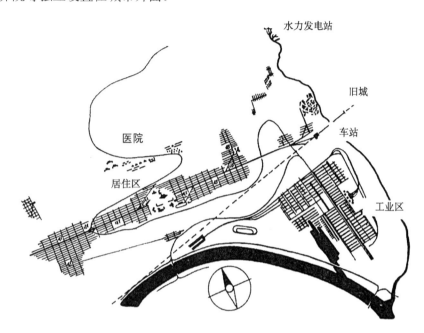

图 1-11　嘎涅的"工业城市"

　　"工业城市"方案中所涉及的功能分区、便捷交通、绿化隔离等成为后来现代化城市规划中的重要原则，时至今日依然在发挥作用。

2. 卫星城与有机疏散理论

1）卫星城理论

　　20 世纪初，大城市的恶性膨胀，使如何控制和疏散城市人口成为突出的问题。霍华德的"田园城市"理论被逐步发展成在大城市的外围建立卫星城，以疏散人口控制大城市规模的理论。卫星城（图 1-12）的发展大致分为三个阶段。第一阶段是 1912～1920 年，巴黎制定了郊区的规划建设，意图在离巴黎 16km 的范围内建立 28 座居住城市，这些城市除了居住建筑外，没有生活服务设施，居民在生产工作和文化生活方面的需求要去巴黎解决，这种城市形式在后来被称为"卧城"。第二阶段是 1918 年

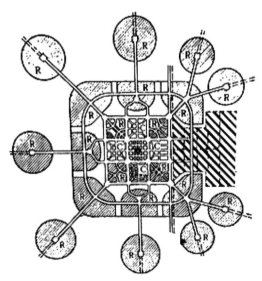

图 1-12　卫星城与中心城关系图

由芬兰建筑师伊利尔·沙里宁与荣格为赫尔辛基市设计的一个 17 万人口的卫星城，这类卫星城是半独立的城市，有一定数量的工厂、企业和服务设施。第三代卫星城实际上是独立的新城，以英国在 20 世纪 60 年代建造的规划人口为 25 万的米尔顿·凯恩斯为代表。其特点是城市规模比第一、二代卫星城大，并进一步完善了城市公共交通和公共福利设施。

2）有机疏散理论

针对城市扩张所带来的各种弊病，伊利尔·沙里宁在 1934 年出版了《城市——它的成长、衰败与未来》（*The City：Its Growth，Its Decay，Its Future*）一书，提出了有机疏散的思想。

沙里宁通过前期曾受委托参与赫尔辛基的"卫星城"建设，意识到城市的过度生长将导致整个城市"生病"。他在有机疏散理论中把城市看成一个有机生物体，并试图通过生物学的知识来研究城市。有机疏散的思想，并不是一个具体的或技术性的指导方案，而是对城市的发展带有哲理的思考，是在吸取了前期和同时代城市规划学者理论和实践的基础上，在对欧洲、美国一些城市发展中的问题进行调查研究与思考后得出的结果。

沙里宁认为街道交通拥挤对城市的影响与血液流动不畅对人体的影响一样，主动脉、大静脉等组成输送大量物质的主要线路，毛细血管则起着局部的运输作用。输送的原则是简单明了的，输送物直接送达目的地，并不通过与它无关的其他器官，而且流通渠道的大小根据运量的多少而定。按照这种原则，沙里宁认为应该把联系城市主要部分的快车道设在带状绿地系统中，也就是说把高速交通集中在单独的干线上，避免穿越和干扰住宅等需要安静的场所。

有机疏散思想在第二次世界大战后的许多城市规划工作中得到应用，但在 1960 年后，也有许多学者把这种将其他学科里的规律套用到城市规划中的简单做法提出质疑。

3. 雅典宪章与马丘比丘宪章

1933 年国际现代建筑协会（CIAM）在雅典开会，中心议题是城市规划，并制定了一个《城市规划大纲》，这个大纲后来被称为《雅典宪章》。这个大纲集中反映了当时"现代建筑学派"的观点。在《城市规划大纲》中提出城市要将与其周围影响地区作为一个整体来研究，指出现代城市规划的目的在于解决居住、工作、游憩与交通四大城市功能的正常进行。

居住的主要问题是：人口密度过大、缺乏开敞空间及绿地；距离工业区太近、生活环境不卫生；房屋沿街道建造影响居住环境、日照不良、噪声干扰；公共服务设施太少而且分布不合理。因而建议居住区要用城市中最好的地段，规定城市中不同地段采用不同的人口密度。

工作的主要问题是：工作地点在城市中的布局缺少统一规划，与居住区距离过远，引起城市的无限制扩展，又增加了工作与居住的距离，形成过分拥挤而集中的人流交通。因此《城市规划大纲》中建议有计划地确定工业与居住的关系。

游憩的主要问题是：城市缺乏开敞空间，城市绿地面积少而且位置不适中，无益于居住条件的改善；市中心区人口密度本来就已经很高，难得拆出一小块空地，应将它保留为绿地，改善居住卫生条件。因此建议新建居住区要多保留空地，旧区已坏的建筑物拆除后应辟为绿地，要降低旧区的人口密度，在市郊保留良好的风景地带。

城市道路的主要问题：《雅典宪章》指出，过去学院派追求的"姿态伟大"、"排场"及"城市面貌"的做法只会让交通更加恶化。《雅典宪章》认为，局部的放宽、改造道路并不能解决问题，应从整个道路系统入手；街道要进行功能分类，车辆的行驶速度是道路功能分类的依据。

《雅典宪章》中提出的种种城市发展中的问题、论点和建议，对于局部解决城市中一些矛盾起到了很大的作用。其中的一些理论，由于基本想法是要适应生产及科学技术发展给城市带来的变化，因此具有较强的生命力。《雅典宪章》中的一些基本论点至今还有着深远的影响。

1978 年 12 月，一批建筑师在秘鲁的利马集会，对《雅典宪章》40 多年的实践做出了评价，认为实践证明《雅典宪章》提出的某些原则是正确的，而且将持续起作用，但是也指出，把小汽车作为主要交通工具和制定交通流量依据的政策应改为使私人车辆服从于公共交通客运系统的发展，要注意在发展交通与"能源危机"之间取得平衡。实践证明，在《雅典宪章》中过度强调的严格的城市功能分区忽略了城市中人与人之间多方面的联系，城市规划应努力去创造一个综合的多功能的生活环境。此次集会之后发表的《马丘比丘宪章》还提出了城市急剧发展中，如何更有效地使用人力、土地和资源，如何解决城市与周围地区的关系，提出了生活环境与自然环境的和谐问题。

4. 综合理性规划思潮

1960～1970 年的西方城乡规划操作的指导理论可以用三个词来概括：系统、理性和控制论。

第二次世界大战之后，刘易斯·凯博（Lewis Keeble）于 1952 年出版的《城乡规划的原理与实践》（*Principles and Practice of Town and Country Planning*）全面阐释了当时被普遍接受的规划思想，集中反映了城乡规划中的理性程序，说明了城乡规划的对象主要局限在物质方面。该书规划编制程序环环相扣，现状调查、数据收集统计、方案提出、比较评价、方案选定，各工程系统规划编制程序在理论上达到了至善至美的严密逻辑。在规划实践中，这本书成为当时城乡规划编制工作的操作指导手册，其思想方法代表了理性主义的标准理论。

理性主义规划理论认为，规划方案是对城市现状问题理性分析的必然结果，因此，在引入了计算机技术之后，大量的调查数据分析、城市发展模型和城市规划控制模型的建立成为当时城乡规划的主导思想。

1.4.3　现代城乡规划的目标

人类有意识的活动都是目标导向的，不同人类活动有着不同的目标体系。城乡规划作为一项实践活动同样也是目标导向的，目标是构建城乡规划工作相关环节，如立法、机构设置、程序设计等，也是城乡规划各个环节绩效评价的重要准则。城乡规划体制运行的意义就在于保证特定规划目标在一定时期内得到实现。因此，规划目标在城乡规划体制中居于核心地位。基于此，规划任务目标的确立是城乡规划诸环节中最为重要的一项，因为规划目标将直接影响后续一系列的决策和结果。

从本质来看，城乡规划的目的在于消除或抑制发展的消极影响，并增加积极影响。利维（J. M. Levy）对城市总体规划的目标进行了总结：

（1）健康，即土地使用要有助于保证公众健康。

（2）公共安全，即在城市的各个层面全方位地保障市民的安全。

（3）交通，即为社区提供便利的交通条件。

（4）公共设施的提供，即为社区提供诸如公园、学校、医院等公共设施。

（5）财政健康，即城市开发要考虑社区的财政状况。

（6）经济目标，即促进经济增长或维持现有经济水平。

（7）环境保护，即限制城市开发和土地使用对环境造成的压力。

（8）再分配，即将城市规划作为再分配的工具。

1.5 我国现行城乡规划体系

1.5.1 城乡规划法规体系

1. 主干法：《中华人民共和国城乡规划法》

《中华人民共和国城乡规划法》（以下简称《城乡规划法》）是我国城乡规划领域的主干法。

1)《城乡规划法》的法律地位与作用

《城乡规划法》是约束城乡规划行为的准绳，是我国各级城乡规划行政主管部门行政的法律依据，也是城乡规划编制和各项建设必须遵守的行为准则。

《城乡规划法》是由全国人民代表大会及其常务委员会通过，并由国家主席签署发布的城乡规划领域的基本法，在我国城乡规划法规体系中拥有最高的法律效力。《城乡规划法》是制定规范其他层次的城乡规划法规与规章的法律依据，根据各种具体情况，该法确定的原则和规范可以通过体系内各层次的法律法规进行细化和落实，城乡规划法规体系内的这些下位法律规范不得违背《城乡规划法》确定的原则和规范。

《行政诉讼法》规定："人民法院审理行政案件，以事实为依据，以法律为准绳。"在城乡规划行政领域，《城乡规划法》就是人民法院审理城乡规划行政诉讼案件时的法律依据，即该法是人民法院审理和裁判被诉讼有关城乡规划具体行政行为的合法性和适当性的标准与准绳。

2)《城乡规划法》的基本框架

《城乡规划法》全面定义与界定了城乡规划行政的各个维度。《城乡规划法》主要界定了各类法定规划的编制主体、审批主体、主要编制内容，以及各自审批程序；城乡规划的实施，不仅强调了新区开发和建设，旧城区改建，历史文化名城、名镇、名村保护和风景名胜区周边建设中的城乡规划实施要点，还详细界定了"一书三证"的适用条件及申请与受理程序；城乡规划的修改，主要规定了各类法定城乡规划修改的前期和审批程序；监督检查主要阐述了城乡规划编制、审批、实施、修改等环节的监督检查主体及其有权采取的相应措施；法律责任主要阐述了违反本法相关规定的组织和责任人应当承担的法律责任。

2. 从属法规与专项法规

《城乡规划法》作为我国城乡规划领域主干法，必然需要一系列的从属法规和专项法规进行补充和落实。从城乡规划行政管理角度出发，我国城乡规划法规体系的从属法规和专项法规主要在《城乡规划法》的几个重要维度展开，对城乡规划的若干重要领域进行了深入细致的界定，包括：城乡规划管理、城乡规划组织编制和审批管理、城乡规划行业管理、城乡规划实施管理，以及城乡规划实施监督检查管理。上述具体的某一维度内部又可由不同类型的若干法律法规组成，它们反映了特定地方政府或国家行政部门对特定城乡规划问题的意愿和原则。

（1）行政法规。主要是国务院根据《宪法》和相关法律制定的关于城乡规划特定领域的法律性文件，典型的如《风景名胜区条例》。

（2）地方性法规。主要是特定地方人民代表大会及其常务委员会根据本行政区域的具体情况和实际需求制定的城乡规划领域的地方性法规，典型的如北京市人民代表大会常务委员会通过颁布的《北京城市建设规划管理暂行办法》和河南省人民代表大会批准的《河南省城市建设规划管理办法》。

（3）部门规章。中华人民共和国住房和城乡建设部（以下简称住房城乡建设部）是我国国家层面的城乡规划行政主管部门。建设部（住房城乡建设部的前身）根据《城乡规划法》制定了一系列的城乡规划部门规章，典型的如《城市规划编制办法》。建设部还同国务院其他相关部门共同制定发布了一些与城乡规划关系紧密的部门规章，典型的如《建设项目选址规划管理办法》。

（4）地方政府规章。省、自治区、直辖市和较大城市的人民政府，可以制定城乡规划方面的地方政府规章，典型的如上海市人民政府颁布的《上海市城市规划管理技术规定》和天津市人民政府颁布的《天津市城市建筑规划管理细则》。

（5）城乡规划技术标准（规范）。城乡规划技术标准（规范）是城乡规划行政的重要技术性依据，也是城乡规划行政管理具有合法性的客观基础。它们所规范的主要是城乡规划内部的技术行为，它们的内容应当覆盖城乡规划过程中所有的、一般化的技术性行为，即城乡规划技术标准（规范）是在城乡规划编制和实施过程中具有普遍规律性的技术依据。目前国家已经颁布了大量的城乡规划技术标准（规范），涉及城乡规划基本术语、城市用地分类与规划建设用地。城市居住区规划涉及城市道路、城市排水、城市给水、城市供电、工程管线、风景名胜区规划等城乡规划的多个领域。技术标准与规范同样包括国家和地方两个层次，地方性的技术标准可以根据行政区域内的具体条件作出相应的修正。

3. 相关法

在我国，与城乡规划相关的法律法规覆盖法律法规体系的各个层面，涉及土地与自然资源保护与利用、历史文化遗产保护、市政建设等众多领域，是城乡规划活动在涉及相关领域时的重要依据。同时，城乡规划作为政府行为，还必须符合国家行政程序法律的有关规定。

1.5.2 城乡规划行政系统

行政作为一种管理活动，包括城乡规划管理活动，必须具备一系列的要素，管理主体就是构成管理活动的要素之一。管理主体是管理活动中具有决定性影响的要素，一切管理活动都要通过管理主体发挥作用。

1. 各级城乡规划行政主管部门的设置

城乡规划管理是在国家行政制度框架内实施的一项管理工作，我国城乡规划行政体系由不同层次的城乡规划行政主管部门组成，即国家城乡规划行政主管部门；省、自治区、直辖市城乡规划行政主管部门；城、镇城乡规划行政主管部门。

具体来说，国家城乡规划行政主管部门为中华人民共和国住房和城乡建设部，具体工作由其内设机构城乡规划司负责；省、自治区城乡规划行政主管部门为省、自治区的住房和城乡建设厅（有些省、自治区为建设厅），具体工作由其内设机构城乡规划处负责；直辖市城乡规划行政主管部门为市规划局；市、县的城乡规划行政主管部门为市、县规划局（或建设委员会、建设局）。另外，根据各城市行政事权界定的不同，城乡规划行政主管部门可能有不同的称谓，例如，上海市的城乡规划行政主管部门为上海市规划和国土资源管理局。

2. 城乡规划行政主管部门的职权

各级城乡规划行政主管部门分别对各自行政辖区的城乡规划工作依法进行管理；各级城乡规划行政主管部门对同级政府负责；上级城乡规划行政主管部门对下级城乡规划行政主管部门进行业务指导和监督。

根据《城乡规划法》和相关法律法规，城乡规划行政主管部门拥有以下职权：

（1）行政决策权。即城乡规划行政主管部门有权对具有管辖权的管理事项做出决策，如核发"一书三证"。

（2）行政决定权。即城乡规划行政主管部门具有依法对管理事项的处理权，以及法律、法规、规章中未明确规定事项的规定权。前者如对建设用地的使用方式做出调整；后者如制定管理需要的规范性文件或依法对某些规定内容的执行作出行政解释。

（3）行政执行权。即城乡规划行政主管部门依据法律、法规和规章的规定，或者上级部门的决定等，在其行政辖区内具体执行的管理事务的权利。例如，贯彻执行以法律程序批准的城乡规划。

1.5.3 城乡规划技术系统

1. 法定规划体系

《中华人民共和国城乡规划法》第二条规定："本法所称城乡规划，包括城镇体系规划、城市规划、镇规划、乡规划和村庄规划。城市规划、镇规划分为总体规划和详细规划。详细规划分为控制性详细规划和修建性详细规划。"根据战略性和实施性城乡规划二元划分的标准，各种城镇体系规划都是战略性规划。对于城市而言，城市（镇）总体规划是战略性规划，控制性详细规划和修建性详细规划是实施性规划。

2. 规划依据

（1）上位规划。城乡规划是对一定地域空间的规划。依法制定的上一层次规划的控制力大于下一层次规划，城乡规划的制定必须以上一层次的规划为依据。《城市规划编制办法》第二十一条规定："编制城市总体规划，应当以全国城镇体系规划、省域城镇体系规划以及其他上层次法定规划为依据"。《城市规划编制办法》第二十四条规定："编制城市控制性详细规划，应当依据已经依法批准的城市总体规划或分区规划，考虑相关专项规划的要求……编制城市修建性详细规划，应当依据已经依法批准的控制性详细规划。"

（2）国民经济和社会发展规划。城乡规划是在空间上对城乡各项事业的发展所做的统筹安排，而城乡各项事业的发展又是由国民经济和社会发展规划所确定的。《城乡规划法》第五条规定，城市总体规划、镇总体规划及乡规划和村庄规划的编制，应当依据相应的国民经济和社会发展规划。

（3）城乡规划相关法律规范和技术标准（规范）。《城市规划编制办法》规定："城市规划编制单位应当严格依据法律、法规的规定编制规划，提交的规划成果应当符合本法和国家有关标准。"又规定："编制城市规划，应当遵守国家有关标准和技术规范，采用符合国家有关规定的基础资料。"

（4）国家政策。城乡规划是落实国家政策的重要工具，《城乡规划法》第四条规定："制定和实施城乡规划，应当遵循城乡统筹、合理布局、节约土地、集约发展和先规划后建设的原则，改善生态环境，促进资源、能源节约和综合利用，保护耕地等自然资源和历史文化遗产，保护地方特色、民族特色和传统风貌，防止污染和其他公害，并符合区域人口发展、国防建设、防灾减灾和公共卫生、公共安全的需要。"这些中央政府所珍视的价值观是各层级城乡规划编制的重要指针。

（5）城市政府及其城乡规划行政主管部门的指导意见。对城市土地使用的调控是城市政府实现其愿景的重要工具，所以，城市政府及其城乡规划行政主管部门非常重视各类城乡规划对城市各种事业发展进行的空间安排。

1.5.4　城乡规划运作体制

我国城乡规划运作体制的核心是程序合法、依据合法。

1. 开发控制制度

我国城乡规划管理实行"一书三证"制度，即建设项目选址意见书、建设用地规划许可证、建设工程规划许可证、乡村建设规划许可证。其中实行乡村建设规划许可证管理制度是《城乡规划法》对乡村建设的新要求。

1）对于城市规划区

第一阶段，建设项目选址意见书申请阶段。

按照国家规定，需要有关部门批准或者核准的建设项目，以划拨方式提供国有土地使用权的，建设单位在报送有关部门批准或者核准前，应当向城乡规划行政主管部门申请核发选址意见书。根据 1991 年建设部、国家计划委员会关于印发《建设项目选址规划管理办法》的通知，建设项目选址意见书按建设项目计划审批权限实行分级规划管理。县人民政府（地级市、县级市、直辖市、计划单列市）计划行政主管部门审批的建设项目，由该人民政府城市规划行政主管部门核发选址意见书；省、自治区人民政府计划行政主管部门审批的建设项目，由项目所在地县、市人民政府城市规划行政主管部门提出审查意见，报省、自治区人民政府城市规划行政主管部门核发选址意见书；中央各部门、各公司审批的小型和限额以下的建设项目，由项目所在地县、市人民政府城市规划行政主管部门核发选址意见书；国家审批的大中型和限额以上的建设项目，由项目所在地县、市人民政府城市规划行政主管部门提出审查意见，报省、自治区、直辖市、计划单列市人民政府城市规划行政主管部门核发选址意见书，并报国务院城市规划行政主管部门备案。上述项目以外的建设项目不需要申请选址意见书。

第二阶段，建设用地规划许可证申请阶段。

在城市、镇规划区内以划拨方式提供国有土地使用权的建设项目，经有关部门批准、核准、备案后，建设单位应当向城市、县人民政府城乡规划行政主管部门提出建设规划许可申请，由城市、县人民政府城乡规划行政主管部门依据控制性详细规划核定建设用地的位置、面积、允许建设的范围，核发建设用地规划许可证。

在城市、镇规划区内以出让方式提供国有土地使用权的，在国有土地使用权出让前，城市、县人民政府城乡规划主管部门应当依据控制性详细规划，提出出让地块的位置、使用性质、开发强度等规划条件，作为国有土地使用权出让合同的组成部分。在签订国有土地使用权出让合同后，建设单位应当持建设项目的批准、核准、备案文件和国有土地使用权出让合同，向城市、县人民政府城乡规划主管部门领取建设用地规划许可证。

第三阶段，建设工程规划许可证申请阶段。

在城市、镇规划区内进行建筑物、构筑物、道路、管线和其他工程建设的，建设单位或者个人应当向城市、县人民政府城乡规划主管部门或者省、自治区、直辖市人民政府确定的镇人民政府申请办理建设工程规划许可证。申请办理建设工程规划许可证，应当提交使用土地的有关证明文件、建设工程设计方案等材料。需要建设单位编制修建性详细规划的建设项目，还应当提交修建性详细规划。对符合控制性详细规划和规划条件的，由市、县人民政府城乡规划主管部门或者省、自治区、直辖市人民政府确定的镇人民政府核发建设工程规划许可证。

2）对于乡、村庄规划区

在乡、村庄规划区内进行乡镇企业、乡村公共设施和公益事业建设的，建设单位或者个人应当向乡、镇人民政府提出申请，由乡、镇人民政府报市、县人民政府城乡规划主管部门核发乡村建设规划许可证。

2. 开发控制依据

城乡规划行政主管部门在实施城乡规划时的依据主要有：法律规范依据，城乡规划依据，技术规范、标准依据和政策依据。

（1）法律规范依据。城乡规划实施必须贯彻《城乡规划法》及其配套法规和相关法律法规；遵循当地由省、自治区和直辖市依法制定的城乡规划地方性法规、政府规章和其他规范性文件。

（2）城乡规划依据。根据《城乡规划法》，城市、县人民政府城乡规划主管部门无论是核发建设用地规划许可证，还是核发建设工程规划许可证，都应将控制性详细规划作为重要的依据。

（3）技术规范、标准依据。包括国家制定的城乡规划技术规范、标准；城乡规划行业制定的技术规范、标准；各省、自治区、直辖市根据国家技术规范编制的地方性技术规范、标准。

（4）政策依据。城乡规划运作是行政管理工作。各级人民政府根据经济社会发展的实际情况，为城市建设和管理需要制定的各项政策，也是城乡规划运作的依据。

【思考题】

（1）简述我国城乡二元结构的成因及其对区域可持续发展的制约。

（2）城市规划思想产生的社会背景是什么？

（3）思考构建城乡规划制度对于保障我国城乡建设健康发展的现实意义。

（4）重庆市成为直辖市，以及成为全国统筹城乡综合配套改革试验区对城乡发展与规划的作用及机制是什么？

（5）《雅典宪章》与《马丘比丘宪章》分别反映了在规划思想上什么样的变革？

（6）为何在 20 世纪初期会出现爆炸式的新规划理论？

（7）我国现行城乡规划法规体系由哪几个部分构成？我国城乡规划法律体系下一步应重点补充哪方面的法规？

【实践练习】

（1）尝试总结在城市规划发展历史上出现的重要时间节点。

（2）分析在 20 世纪初期规划理论中，还有哪些理论现在依然在应用。

（3）参观本市的城市规划展览馆，并尝试总结本市的城市规划采用了哪些规划经典理论。

【延伸阅读】

（1）何一民.2012.中国城市史.武汉：武汉大学出版社.

（2）刘易斯·芒福德.2005.城市发展史——起源、演变和前景.刘俊岭等 译.北京：中国建筑工业出版社.

（3）仇保兴.2012.城镇化与城乡统筹发展.北京：中国城市出版社.

（4）全国人民代表大会及其常务委员会.2008.中华人民共和国城乡规划法.北京：中国法制出版社.

（5）中华人民共和国建设部.1999.城市规划基本术语标准（GB/T 50280—1998）.北京：中国建筑工业出版社.

（6）惠劼.2014.全国注册城市规划师执业资格考试辅导教材（第九版）第 1 分册.北京：中国建筑工业出版社.

（7）邱跃，苏海龙.2014.全国注册城市规划师执业资格考试辅导教材（第九版）第 3 分册.北京：中国建筑工业出版社.

（8）霍尔.2009.明日之城：一部关于 20 世纪城市规划与设计的思想史.童明 译.上海：同济大学出版社.

（9）凯文·林奇.2001.城市意象.方益萍等 译.北京：华夏出版社.

（10）柯林·罗.2003.拼贴城市.童明等 译.北京：中国建筑工业出版社.

第二篇　城乡规划要素

第2章　城乡人口、经济、生态与文化

2.1　人口与社会

2.1.1　城乡人口与社会要素的定义

1. 城市人口

城市人口的界定：从城乡规划的角度看，城市人口是与城市活动紧密联系的人群，常年生活在城市的范围内，构成该城市的社会主体，既是城市经济发展的动力、城市建设的主要参与者，又是城市服务的对象；他们在城市生存，是城市的主人。城市人口规模的界定与人口统计口径相关。

城市人口统计的范围：通常对城市人口的统计偏重于城市化地区的界定。例如，美国、英国、澳大利亚、加拿大、新西兰、日本等国家都以人口规模和人口密度其中一项，或者两项指标作为划分城镇化地区的标准。我国城乡的划分标准也几经变更。目前，我国城镇化地区包括城区和镇区，按照《关于统计上划分城乡的暂行规定》（国统字〔2006〕60号文），城区是指在市辖区和不设区的市中符合以下规定的区域：①街道办事处所辖的居民委员会区域；②城市公共设施、居住设施等连接到的其他居民委员会地域和村民委员会区域。镇区是指在城区以外的镇和其他区域中符合以下规定的区域：①镇辖区的居民委员会区域；②镇的公共设施、居住设施等连接到的村民委员会区域；③常住人口在3000人以上独立的工矿区、开发区、科研单位、大专院校、农场、林场等特殊区域。

城市人口统计的口径：城市人口是指城区（镇区）的常住人口，以及停留在该城市（镇）半年以上，使用各项城市设施的实际居住人口。

2. 城市社会要素

从规划的角度看，城市社会是指以城市为主体的社会空间组织。城市社会要素包括城市中的各种社会问题、社会结构、城市生活方式、社会组织、社会心理、社会发展规律等，主要研究内容有：①人类生态学；②城市社区的划分；③城市问题（如失业、住房紧张、环境恶化、种族歧视、阶级冲突、贫富不均、犯罪等）的对策与规划；④城镇化等。

2.1.2　城乡人口与社会发展规律

1. 城市人口发展规律

城市人口受多种因素的影响，是多重关系的总体，所以客观上存在着多种人口规律，它们构成人口规律体系，完整地反映了城市人口发展过程中各个主要方面的联系和发展变化的趋势，从不同侧面反映了人口现象之间的本质联系。人口规律可分为人口经济规律、人口再生产规律、人口的社会变动规律、人口的地区变动规律、人口的自然变动规律，等等。

人口理论和人口科学的各个分支,从社会活动的不同领域揭示了人口演化过程中各个不同方面的人口规律。城市人口规律属于社会规律,是由人类社会发展的普遍规律,即生产力和生产关系辩证统一规律决定,或者是由一定社会生产方式决定的。人口发展受自然因素影响最大,探讨人口发展规律要充分分析这种影响,这些自然因素本身也受社会条件的制约,因此,不应离开历史上各种不同的社会结构形式孤立地研究人口规律。

2. 城市社会发展规律

城市社会发展规律是人们社会活动过程中诸现象间内在的必然联系。按其作用范围的不同,可分为一般规律、特殊规律和个别规律。存在于人类历史一切阶段并始终起着作用的,属于一般规律,如生产关系适合于生产力状况的规律;只在历史上某些发展阶段起作用的,属于特殊规律,如阶级斗争规律;仅在某一社会发展阶段起作用的,属于个别规律,如资本主义基本经济规律。一般规律、特殊规律和个别规律反映了人类社会发展的多样性与统一性的关系。其中,一般规律通过特殊规律和个别规律来表现,特殊规律和个别规律受一般规律的支配。个别规律、特殊规律和一般规律在一定条件下相互转化,在一种联系下是一般规律,在另一种联系下又是个别规律。

2.1.3　人口与社会要素的影响

1. 人口要素对于城市规划的影响

人口有三个维度的要素与城市规划关系特别密切:规模、结构和空间分布。

(1) 规模。人口规模是决定未来城镇化发展的最基本的标杆,是估计未来居住、零售、办公空间需求,工业生产空间需求及城镇设施空间需求,甚至一些开放空间(如公园、广场)需求的基础。

(2) 结构。人口结构同样具有高度的相关性。这里的结构指的是整体规模中特定组群的比重。人口结构可以按照年龄、性别、家庭类型(如单身、有子女)、种族、文化、社会经济水平及健康状况等进行分组。年龄对于规划而言可能是最重要的一个因素,因为它们隐含了服务的需求,如儿童对学校的需求,老人对健康设施和特殊住宅的需求。与土地使用规划中的一般研究相比,人口结构的预测与评估需要更详细的分析。人口结构的变化源自人口老龄化、人口迁移、成活率和出生率在不同人群中的差异。因此,需要对这些变化的成分进行模拟,使土地使用规划能够反映城乡人口中诸多不同群体的需求。

(3) 空间分布。人口和就业的空间分布是第三个重要维度。人口分布是评价公共服务设施的配置、工作地点、商业及其他设施可达性的必要依据。此外,它还可以用来解释城乡面临的各种问题(如防洪等),并区分其对不同人群的影响。可以认为,空间分析是运用土地使用模型,对人口统计和经济模型所预测的人口和就业增长在空间上的分布进行的研究。然而在编制城市规划时,应该把未来人口的水平和结构作为输入项,通过规划在空间上进行分配,而不是进行空间分布的推测。

2. 社会要素对于城市规划的影响

城市规划作为一种公共政策,其根本目的在于实现社会公共利益的最大化。因此,社会要素对于城市规划最本质的影响,在于城市发展中多方利益的互动和协调,以此保障社会公平,推动社会整体生活品质的提高。其主要社会目标包括:一是物质供给与社会需求的协调。尽可能实现城市物质空间资源供应的多元化和适宜性,即及时、密切地应对社会各群体的需求,并提供多样的、开放性的选择机会。二是社会群体内部公共资源的公平分配。保证住房、教育、休闲、就业和公共交通等社会公共资源分配过程和分配结果的公正性与均衡性,即对社会各阶层群体的一视同仁。三是保障社会底层群体的基本生活空间。为社会弱势群体提供必需的基本生存空间和公共服务设施,推动社会结构向更稳定形态转型。四是改进空间环境以满足精神文化需求。创造宜人的城市景观和安全的城市环境,为社会的永续发展提供良好支撑的空间环境。五是社会与经济、生态系统的统筹发展。在城市空间资源分配和调整过程中,强调将社会要素与经济、生态等各方面共同纳入城市发展目标和绩效的考核,以及成本和收益的全面核算与合理评价。六是规划制定与实施民主决策。尊重并动员各社会群体参与城市规划与建设活动,为他们提供反映利益诉求的渠道和平等协商的平台。

2.1.4 城乡人口与社会的分析方法

1. 城市人口分析方法

1)城市人口静态统计

城市人口统计必须依赖我国现有的人口统计制度和机构,包括统计局、公安局、计生办等。我国关于人口统计的概念较多,包括户籍人口、流动人口、暂住人口、常住人口、非农业人口和农业人口等。这些人口统计的概念存在于各种数据统计资料中,与城市人口的概念都有所区别,因此要统计城市人口就必须对现有的这些人口统计的概念有清晰的了解。

(1)户籍人口。户籍人口是指在当地公安派出所登记户口的人口。

(2)流动人口。流动人口一般是指离开了户籍所在地到其他地方居住一定期限的人口。

(3)暂住人口。暂住人口是指离开户籍所在地,在该地区暂时居住一定期限的人口。因此,暂住人口相当于流动人口中的流入人口。在公安部门人口统计上,暂住人口通常按照不同的暂住期限进行统计,如有一年以上、半年以上、三个月以上、一个月以上等不同的暂住人口口径统计。

(4)常住人口。常住人口是指实际居住在某地半年以上的人口。

2)城市人口动态统计

一个城市的城市人口无时不在增减变化,它主要来自两个方面:自然增长与机械增长。两者之和便是城市人口的增长值。

(1)自然增长。自然增长是指人口再生产的变化量,即出生人数与死亡人数的净差值。通常以一年内城市人口的自然增减数与该城市总人口数(或期中人数)之比的千分率表示其增长速度,称为自然增长率。

(2)机械增长。机械增长是指人口迁移所形成的变化量。即一定时期内,迁入城市的人口与迁出城市的人口的净差值。机械增长的多少与社会经济发展速度、城市的建设和发展条件及国家对城市的发展方针政策密切相关。

2. 城市人口结构分析

1）年龄结构

年龄结构是指城市人口各年龄组的人数占总人数的比例。一般将年龄分成六组：托儿组（0～3岁）、幼儿组（4～6岁）、小学组（7～11岁）、中学组（12～17岁）、成年组（男：18～60岁；女：18～55岁），老龄组（男：60岁以上；女：55岁以上）。为便于研究，常根据年龄统计做出百岁图（俗称人口宝塔图）和年龄构成图（图2-1）。

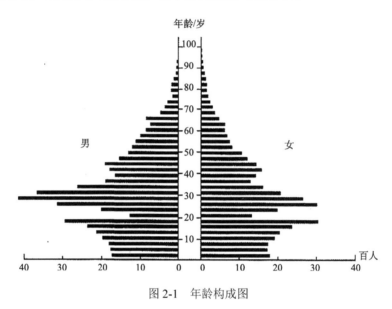

图2-1 年龄构成图

了解年龄构成的意义在于：

（1）比较成年组人口数和就业人数，可以看出就业情况和劳动力的潜力。

（2）掌握劳动后备军的数量，对研究经济有重要作用。

（3）掌握学龄前儿童和学龄儿童的数量和发展趋向，是制定托儿、幼儿及中小学等公共设施规划指标的重要依据。

（4）掌握老年组的人口数及比重，分析城市老龄化水平及发展趋势，是城市社会福利服务设施规划指标的主要依据。

（5）分析年龄结构，可以判断城市人口自然增长变化趋势；分析育龄妇女人口数量，是预测人口自然增长的主要依据。

影响年龄构成特点的因素是多方面的，主要有：

（1）计划生育的积累影响。

（2）城市的不同发展阶段：旧城中老年人、青年人比重一般较高；在新城建设初期，单身职工多，带眷系数小。

2）职业结构

城市人口的职业构成是指城市人口中的社会劳动者按其从事劳动的行业性质（即职业类型）划分，各占总就业人口的比例。按国家统计局现行统计职业类型如下：①农、林、牧、渔业；②采矿业；③制造业；④电力、燃气及水的生产和供应业；⑤建筑业；⑥交通运输、仓储和邮政业；⑦信息传输、计算机服务和软件业；⑧批发和零售业；⑨住宿和餐饮业；⑩金融业；⑪房地产业；⑫租赁和商务服务业；⑬科学研究、技术服务和地质勘查业；⑭水利、环境和公共设施管理业；⑮居民服务和其他服务业；⑯教育业；⑰卫生、社会保障和社会福利业；⑱文化、体育和娱乐业；⑲公共管理和社会组织；⑳国际组织。

按三次产业分类，以上第①类属第一产业；第②～⑤类属第二产业；第⑥～⑳类属第三产业。

按三次产业划分能较科学地反映城市社会、经济发展水平。一般社会经济发展水平越高，第三产业比重越大，通常中心城市第三产业比重较高。同时这种分类还便于取得统计资料。

产业结构与职业构成的分析可以反映城市性质、经济结构、现代化水平城市设施的社会化程度、社会结构和合理协调程度，是制定城市发展政策与调整规划定额指标的重要依据。在城市规划中，应提出合理的职业构成和产业结构建议，协调城市各项事业的发展，达到生产与生活配套，提高城市综合效益的目的。

3）家庭结构

家庭结构反映了城市人口的家庭人口数量、性别、辈分等组合情况。它与城市住宅类型的选择、城市生活和文化设施的配置、城市生活居住区的组织等都有密切联系。家庭结构的变化对城市社会生活方式、行为、心理诸方面都有直接影响，从而对城市物质要素的变化产生影响。我国城市家庭组成由传统的复合大家庭向简单的小家庭发展的趋向日益明显。因此，进行城市规划时应详细地调查家庭构成情况、户均人口数，并对其发展变化进行预测，以作为制定有关规划指标的依据。

4）空间结构

城市人口的空间结构是指人口在城市内部的空间分布特征，包括人口密度、人口按各种属性在空间上的分布情况等。城市发展伴随着城市人口空间结构的变化，城市人口空间结构的变化能够反映城市内部空间的变化。一般来说，城市中心区、旧城区人口密度较高，而城市边缘人口密度较低。定量描述这一规律的是人口密度模型。它可以理解为城市某地的城市人口密度是城市中心人口密度和该地距城市中心距离的函数，是可以用来描述人口密度随距城市中心距离变化而变化的模型。其中较为常见的人口密度模型有Clark 模型（图 2-2）、Sherratt 模型、Newling 模型。以 Clark 模型为例，其函数形式为

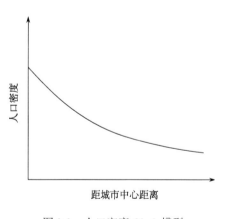

图 2-2　人口密度 Clark 模型

$$D_d = D_0 \times \mathrm{e}^{-bd}$$

式中，D_d 为城市某地的人口密度；D_0 为城市中心的人口密度；d 为该地距城市中心的距离；b 为常数。它反映了城市人口密度在城市中心最高，然后随远离市中心，人口密度起初快速递减，然后平缓递减的城市人口密度分布形态。

城市人口空间的变化影响城市居住、产业、交通等各类用地和设施的规划布局。城市规划应调研城市人口空间结构的现状及存在的问题、预测人口空间结构的变化趋势、制定人口

空间结构调整的目标，以配合相应的各类用地、设施和政策的规划安排。

2.2　经济与产业

2.2.1　经济增长与城市发展

1. 经济视角

1）城市的经济特征

城市是人类各种活动的复杂有机体，不仅包含经济活动，还包含政治、社会和文化等各种活动。从经济产业角度，城市有三个基本特征：

（1）城市是人口和经济活动高度密集区。在城市建成区，大量人口和经济活动聚集在相对较小的面积里，而且其人口密度和经济活动密度明显高于周边地区。无论是小城镇还是大城市，此为最基本的特征。

（2）城市以农业剩余为存在前提，以第二产业、第三产业等非农业为发展基础。尽管城市的产生有宗教、军事、管制等诸多因素，但自工业革命以来，第二产业和第三产业已经成为城市存在和发展的最主要驱动力。

（3）城市是专业化分工网络的市场交易中心。经济分工普遍存在于城市内部、城乡之间和城市之间。厂商与居民通过分工合作，提高生产或服务效率，除了换取农民种植的粮食之外，更多的是配置城市内或城市间的资源。

2）城市的空间范围

从经济角度，一个城市的影响力并不局限于其行政边界内[①]。行政边界是依据历史、文化和行政管理需要而划定的空间范围。为了方便统计，现实中将行政边界作为城市的空间界限，例如，人口、土地、国内生产总值等均以行政边界为统计单元。由于城市经济辐射能力会随着自身的产业波动而发生动态调整，现实中对城市"经济区"的界定十分困难，辨识"经济区"与"行政区"这两个概念，对于理解区域之中的"城市"和"城镇体系"十分必要。

3）城市的维系和成长

不同经济活动的频繁接触是城市经济的本质特征，也是城市的形成、生存和发展的基础和重要动力。城市由小变大，由大变小，离不开经济活动场景下的人口聚散。经济聚集引起人口流动聚集，成长为人口超千万的特大城市。集聚经济，或者说正因为存在集聚经济，城镇化水平才能代表发展水平的高低。

2. 城市和经济

1）城市发展与经济增长

城市发展和经济增长可以从以下几个方面衡量：①经济增长可以用国内生产总值（GDP）来衡量；②经济增长反映在城市平均工资的增长或人均收入的增长上；③经济增长也表现在城市总就业人数的增长和福祉水平的提高。除此之外，传统的、非地理意义上的经济增长来源主要包括资本构成深化、人力资本增长和技术进步。

---

① 在行政意义上存在"建制市"和"建制镇"概念。

2) 城市是经济发展的主要发生地

社会经济发展与人口变迁对城市开发、城市增长及生产空间变化等方面的兴衰起到决定性的作用。制造业、服务业这些促进经济增长的部门主要集中在城镇，它们是城镇发展最主要的动力源。工业化、服务化和城镇化三者之间的关系已经密不可分。城市发展是国民经济增长的发动机。对于一个大国、强国而言，如果没有工业化和城市化、没有城市的增长、没有朝气蓬勃的城市，就不可能得到长足发展，也难以跨入高收入国家之列。国家日益繁盛，经济活动也就日趋集中到城市和大都市区域里。鉴于城镇化所伴随的经济活动的密度增加与农业经济向工业经济、再向后工业经济的转变密切相关，城镇化的推进是必然趋势。

3) 把握城市发展需要认识经济活动

经济活动是推动和塑造城镇化的核心动力。从经济角度，认识城市运行背后的经济动力，认识市场机制在城市建设发展中是怎样发挥作用的，将有助于理解城市的运行规律，进而科学把握经济发展对城市空间的需求，以及制定合理的城市政策。

城市规划以土地利用规划为核心。传统的土地利用规划机制仅能够有效防止不合需要的发展发生，但不能保证真正需要的发展在它们所需要的地方和时间发生。在城市规划实践中，从总体筹划到具体地块的操作性规划，均不能仅停留在物质形态规划和蓝图设计。脱离人类活动的真实社会经济背景，各种先验性的规划或构想都不会真正奏效。

4) 城市规划机制基于市场失灵

市场机制是社会资源配置最具效率的机制，所以市场机制在资源配置中起基础性作用。但不完善的市场及现实中的多重因素均会导致市场失灵。市场失灵证实了包括城市规划在内的公共政策干预的必要性。为了理解城市规划的使命，需要认识市场失灵的各种原因，进而提升城市规划的各种策略的针对性和有效性。

市场运行的基本机制是竞争，但由于垄断行为的存在，竞争有时会失效。造成垄断行为的原因主要包括规模经济在内的自然垄断，或者政策管制引起的垄断。一般情况下，城市中的供水行业、供电行业、通信行业等都具有这一特征。自然垄断作为垄断的一种形式，由于缺乏竞争，会造成垄断厂商的高价格、高利润及低水平产出等经济效率的损失。所以，在成熟的市场经济体中，政府对于一些具有自然垄断特征的经济部门和行业均会施以一定的管制措施。

经济学家认为，具有外部性的产品或行为，其私人成本（收益）与社会成本（收益）是不一致的，其差额就是外部成本（收益）。由于存在外部性，成本和收益不对称会影响市场配置资源的效率。例如，企业直排废水到河流中，若不用承担治污成本，就没有减排或治污的压力和动力。在城市中，一个地块的建筑过高，可能造成另一个地块的阳光被遮挡；一座化工厂的兴建，可能严重损害周边居民的健康……因此，必须要有政府部门的介入和干预来控制外部性的负面效果。

市场失灵还涉及公共物品的提供。一般说来，不具备"排他性"的物品会存在如何提供的问题，对某些"公共物品"采用公共提供的方式会比市场更有效率。例如，城市公园等开放空间不仅可给市民提供休憩的去处，也会给周边房地产带来增值的正外部性，但对开放空间的投资难以获得直接经济回报，所以一般也只能由城市政府来投资建设。在城市中，许多不具备"排他性"，却具备"竞用性"的公共资源存在着如何避免过度使用的问题。例如，一些城市道路会被过度使用，当汽车拥有量较多时，对道路空间的"竞用"就会造成交通拥堵等一系列不利问题。因而合理规划路网和有效组织交通十分必要。

2.2.2 产业分类与产业结构

1. 产业分类

1）统计上的分类

出于统计的需要，《国民经济行业分类》（GB/T 4754—2002）对产业分类作出了规定（表 2-1）。

表 2-1 产业分类表

领域	产业			行业
物质生产领域	第一产业			农林牧渔业
	第二产业			采矿业、制造业、能源的生产和供应业、建筑业
非物质生产领域	第三产业	流通部门		交通运输、仓储和邮政业、批发和零售业、餐饮业
		服务部门	为生产和生活服务部门	信息传输、计算机服务和软件业，金融业，科学研究、技术服务和地质勘查业，水利、环境管理业，房地产业，租赁和商务服务业，居民服务和其他服务业
			为提高科学文化水平和居民素质服务部门	教育业，卫生、社会保障和社会福利业，文化、体育和娱乐业
			为公共需要服务部门	公共设施管理业，公共管理和社会组织，国际组织

第一产业（primary industry），指以利用自然力为主，生产不必经过深度加工就可消费的产品或工业原料的部门。

第二产业（secondary industry），是对第一产业和本产业提供的产品（原料）进行加工的部门，包括采矿业、制造业、电力、燃气及水的生产和供应业、建筑业。

第三产业（tertiary industry），指不生产物质产品的行业，即服务业。在国家标准中第三产业包括 15 个门类，计 48 个大类，为分类最多的产业。

2）从要素角度分类

根据劳动、资本、技术等生产要素在不同产业部门中密集的程度和不同的比例，可以将产业分成三大类：劳动密集型产业、资金密集型产业、技术密集型产业（知识密集型产业）。

3）城市产业功能分类

根据产业在城市经济中所发挥的作用，可以将各类城市经济活动大致分为三类，即主导产业、辅导产业与服务产业。主导产业又称专业化产业，是决定城市在区域分工格局中的地位与作用的产业，对城市整体发展具有决定意义；辅助产业是围绕主导产业发展起来的产业；服务产业是为保证城市主导产业与辅助产业发展及满足城市生活需要而形成的产业。

2. 基础产业和非基础产业

在城市经济中，以区外市场为中心进行生产活动的输出产业称为基础产业。与此相对，以区内市场为中心进行生产的地方性产业称为非基础产业。因为基础产业使得城市的持续成长成为可能，所以要从分析基础产业入手来理解城市的成长。

1）区位商分析

基础产业和非基础产业的分类，最普遍的方法就是"区位商"分析（LQs）。区位商有多种描述方式，常用的方式是依据城市或区域中任一产业的就业份额相对于该产业在国家就业份额的比例。

2）最小需求法

区位商的分析存在两个隐含的假设，即不同城市和区域的生产部门的生产效率是一样的，生产同种产品所需要的要素投入是一样的；同时，不同城市和区域的家庭消费同样种类和数量的商品。而实际上，各城市和区域的生产部门的生产效率及家庭的消费函数并不一致。针对这个问题，最小需求法将城市或区域的就业结构与类似规模的其他区域相比，而不是与全国的就业结构相比。对于规模相似的区域，人们可以在另一城市中找出最小的部门就业份额，假定为在城市出口产业中的就业。

3. 就业规模预测

1）就业乘数效应

根据基础产业与非基础产业的划分，一个城市的总就业规模等于出口部门的就业和本地部门的就业之和。两种类型的就业可以通过乘数效应相关联。例如，钢铁厂雇佣 1000 个工人来扩大再生产，生产的钢铁用于出口，工人们获得收入后会在当地消费，从而带动本地部门的就业，本地部门的企业转而又会雇佣更多的劳动力去增加产出。因此，基础产业的就业增加会带来非基础产业的就业提高，而非基础产业的就业人员又会购买本地产品，从而支撑了本地部门的就业。这种消费和再消费的行为会一直传导下去，因此，总就业的增加规模将超过出口部门就业的初始增加额。

2）总就业规模的变化预测

在谋划城市发展时必须对未来的就业规模进行预测。城市规划应用预测的就业规模去规划公共服务设施，如学校和医院；而一些企业则利用这些就业数据来预测未来的企业发展规模。

4. 经济发展与产业结构转型

1）关于产业结构演变规律的理论

不同城市有着不同的经济发展水平和产业结构，而对经济发展的产业结构的解释也有多种不同理论。

（1）配第-克拉克定律。由英国经济学家配第发现，并由克拉克经实证研究而系统归纳。其基本结论是：随着经济的发展，第一产业的就业比重下降，第二、第三产业的就业比重增加，即劳动力会从第一产业向第二、第三产业转移。工业化过程中，劳动力会从生产率低的部门向生产率高的部门转移，反映了经济增长方式的转变过程。因而，可用就业结构数据来描述一个国家或地区的经济发展阶段或工业化阶段。

（2）库兹涅茨人均收入影响论。库兹涅茨在继承配第、克拉克等人研究成果的基础上，仔细地分析了各国的历史资料并利用现代经济统计体系，对产业结构变动与经济发展的关系进行了较彻底的考察。库兹涅茨发现，现代经济增长过程中产业结构变化呈现以下特点：伴随着现代经济增长，产业结构发生变化，以农业为主的产业比重下降，工业比重增加。在工业内部明显存在着由非耐用消费品向耐用消费品、由消费资料生产向生产资料生产的转移趋势。农业劳动力比重下降，且下降速度低于农产品比重的下降速度；工业的劳动力有所增加，但工业劳动力增长率低于工业生产增长率，因为工业在提高劳动生产率的同时所占比例也扩大了；服务业的劳动力明显增加，随着劳动生产率提高，其规模也不断扩大。资本结构中，农业资本比例下降，工业和服务业资本比例增加。伴随上述变化，农业由小规模分散经营向大规模专业化生产过渡，同时，工业与服务业企业由小规模业主制向大规模法人制企业发展。在工业内部，各产业的雇佣率（从事生产的就业者分为业主、家庭从业者和雇佣者三类，雇佣人数与总就业人数之比即为雇佣率）与附加值率同时增长，而采掘业的比重下降。在服务业中商业的比重上升，家庭服务业比重下降，个人服务业、专门服务业和政府服务业的比重提高。生产技术变化对产业结构的变化起很大的作用。上述变动引发产业间、工种间、区域间的劳动力转移，并且导致人口的城镇化转移。

（3）罗斯托主导产业扩散效应理论和经济成长阶段论。罗斯托通过长期研究首先提出了主导产业及其扩散理论和经济成长阶段理论。他认为，无论在任何时期，包括在一个已经成熟并继续成长的经济体系中，经济增长之所以能够保持，可归于为数不多的主导部门迅速扩大的结果，而且这种扩大还会对其他产业部门产生重要作用，即主导产业产生的扩散效应，包括回顾效应、旁侧效应和前向效应。罗斯托的这些论述被称为罗斯托主导产业扩散效应理论。此外，罗斯托设想的经济成长阶段，可将人类社会发展划分为六个阶段：传统社会阶段、起飞创造前提的阶段、起飞阶段、向成熟推进阶段、高额群众消费阶段、追求生活质量消费阶段。六个阶段中，起飞阶段最为重要，它是社会发展过程中的重大突破。经济成长阶段依次更替的原因主要是主导部门的不断更替和人类需求的不断更替。前者是客观原因，主导部门是经济增长中起主导作用的先导部门。在经济发展的六阶段中，区域经济的主导部门依次是基本消费品工业、轻纺工业、重工业、制造业、汽车工业和服务业。

（4）霍夫曼工业化经验法则。德国经济学家霍夫曼对工业化问题进行了许多富有开创性的研究，提出了被称为"霍夫曼工业化经验法则"的工业化阶段理论。他根据消费品工业净产值与资本品工业净产值的比例——霍夫曼指数，把工业化划分为四个阶段：第一阶段，消费资料工业在制造业中占统治地位，资本物品工业不发达，霍夫曼指数为 5 左右；第二阶段，资本物品工业的增长速度高于消费资料工业，但消费资料工业在制造业总产值中所占的比重仍大于资本物品工业比重，霍夫曼指数为 2.5 左右；第三阶段，消费资料工业所占比重与资本物品工业比重大致相同，霍夫曼指数为 1 左右；第四阶段，资本物品工业所占比重大于消费资料工业，霍夫曼指数小于 1。

（5）赤松要雁行形态理论。日本经济学家赤松要认为产业结构演进的一个重要趋势就是与国际市场相适应，一国的经济发展需要有内外贸易相结合的完善产业结构。由此他提出了著名的"雁行形态理论"。这一理论要求将本国的产业发展与国际市场密切联系起来，使产业结构国际化。该理论认为，在需求与供给的相互作用、相互制约下，落后国家的产业结构要经历三个阶段的变化：进口阶段，即在对某些产品的需求增加，而国内生产困难时，靠进口满足需求；国内替代阶段，在国内生产该种产品的条件成熟后，以国内产品满足需求，以及替代进口产品；出口阶段，随着国内生产条件日益改善，该种产品生产成本大大降低，市场竞争力加强，产品转而进入国际市场。该理论的基本结论是：落后国家的崛起要先发展轻工业，后发展重工业，即后进国家应遵循进口—国内生产—出口的"雁行发展形态"。

2）产业结构演进的一般趋势

产业结构演进与经济增长存在内在联系。产业结构的适时调整会导致经济总量的高增长，而经济总量的高增长也会导致产业结构的进一步演进。一个国家及其城市的产业结构高度化和合理化演进主要包括以下几个方面的内容。

（1）随着经济总量的增长，整个产业结构会发生变化。如第二产业的产值和就业人数所占比重逐渐降低，第三产业的产值和就业人数所占比重逐渐上升，而第一产业的产值和就业人数所占比重持续趋低。产业结构的位序演进将经历一、二、三次产业到二、三、一次产业，再到三、二、一次产业的转变过程。

（2）工业的内部结构逐渐由以轻工业为中心向以重工业为中心演进。

（3）从主导产业的转换过程来看，在重工业化的过程中，逐渐由以原材料、初级产品为中心向以加工组装工业为中心，再进一步向以高、精、尖工业为中心演进。

（4）在向区域外输出产业的过程中，逐渐由低附加值产业向具有高附加值的产业演进。

（5）在产业结构的要素密集程度上，逐渐由劳动密集型产业为主向资金密集型产业为主，再向技术密集型产业为主演进。

3）工业化阶段的判断

综合考察世界各国和我国的经济发展历程，可以对一个国家或地区的工业化发展阶段作如下判断。

（1）当第一产业比重大于 10%，表示其尚停留在工业化的初始阶段。

（2）当第一产业比重小于 10%，且第二产业比重高于第三产业比重时，表明其已处于工业化的加速阶段。

（3）当第一产业比重小于 5%，其第二产业比重与第三产业比重大致相当时，表明其已处于工业化的成熟阶段。

（4）当第一产业比重进一步下降，而第三产业比重超过第二产业比重并达到 70%以上时，表明其已进入后工业化阶段。

以此衡量，我国大部分地区已处于工业化的加速阶段，少部分地区则进入了工业化的成熟阶段，还有一部分尚停留在工业化的初始阶段。

4）主导产业的选择

（1）比较优势原则。绝对优势和比较优势的概念源于国际贸易学说。绝对优势是指当 A 国（或个体，下同）生产某种产品比 B 国拥有更高的生产率时，A 国在这种产品上就拥有绝对优势。而比较优势是指虽然 B 国在两种产品上的生产效率都比 A 国要低，但是在一种产品生产率上的差距没有另一种大，那么 B 国在这种产品上就具有比较优势。也就是说，有绝对优势时，一定有比较优势；有比较优势时，不一定有绝对优势。因而，即使一个国家在生产任一产品上都没有绝对优势，但只要存在比较优势，就能像在所有产品生产上都有绝对优势的国家一样，从国际贸易中获得好处。专业化分工的决定模式比较如表 2-2 所示。

表 2-2 专业化分工的决定模式比较

决定模式	外生比较优势（外生因素）	内生比较优势（内生因素）
定义	资源禀赋条件的差别引起的生产率的差别	由于选择不同的专业化方向的决策而造成生产率的差别
学说	李嘉图的比较成本优势理论 H-O 要素禀赋理论	杨小凯的新兴古典经济学，克鲁格曼的新贸易理论

资料来源：陈秀山，张可云.2009.区域经济理论.北京：商务印书馆：278.

除了基于劳动生产效率的比较优势以外，各个国家的要素禀赋结构也会产生比较优势。要素禀赋结构是指一个经济体中自然资源、劳动力和资本的相对份额关系。如果一个地区劳动力相对丰富，资本相对稀缺，则应发展劳动密集型产业，生产劳动力相对密集的成品，采用劳动力相对密集的技术。反过来，如果资本相对丰富，劳动力相对匮乏，就应该发展资本密集型产业，生产资本相对密集的产品，采用资本相对密集的技术。针对自然资源也是同样的道理。发挥比较优势就可以形成竞争优势，并获得永续发展。

（2）产业的关联效应。在社会再生产过程中，各产业间存在着横向和纵向的复杂关系。一个地区或城市所选择的主导产业不仅自身要有较强的增长潜力，还应该有较大的"前后向"关联和影响，通过这种关联推动和诱导其他产业发展，形成产业集群，并拉动市场需求，进而产生对整体经济的带动作用。

"前向"关联效应是指一个产业在生产、产值、技术等方面的变化引起吸收它的产出的部门在这些方面的变化，表现为新技术的出现、新产业部门的创建等，例如，电子行业零部件生产部门对整机生产部门具有"前向"关联效应。

"后向"关联效应是指一个产业在生产、产值、技术等方面的变化引起它的后向关联部门在这些方面的变化，表现为由于某产业自身对投入品的需求增加或要求提高而引起提供这些投入品的供应部门相应地扩大投资、提高产品质量、完善管理、加快技术进步等。例如，汽车生产部门对零部件生产部门，以及钢材、橡胶等加工业及其上游基础工业部门等具有一系列的"后向"关联效应。

（3）产业周期与发展波动。任何产业都会经历从产生到衰落的发展周期。理论而言，每种产品都会经历一个从创新到标准化的循环过程，其投入要素及区位特征等会发生显著变化。产品生命周期与产业区位如表2-3、图2-3所示。

表2-3 产品生命周期与产业区位

项目	初始期	成长期	成熟期	衰退期	消亡期
需求条件	少	增长	顶峰	下降	少
技术	生产周期短，技术变化快	规模生产的引进；一些技术上的改变	生产周期长，技术稳定，重要的创新少		
资本密集度	低	高，因为过时率高	高，因为大量专业化设备的投资		
产业结构	大量公司提供专业化服务；竞争者少	竞争企业大量增加；企业的垂直一体化程度增加	金融资本对进入该产业非常关键；公司数量减少	开始较稳定，随后一些公司撤出	
关键生产要素	专业技能；外部经济	管理；资金	半熟练和不熟练的劳动力；资本		
区位特征	集中在大都市区及大学区，国内国际交通通信业务较好	集中于大城市、重要的交通中心	原材料产地和交通中心	劳动力受教育程度较低、工资较低的地区	集中于大城市（因为免受国际竞争的影响）

资料来源：王缉慈. 1994. 现代工业地理学. 北京：中国科学技术出版社.

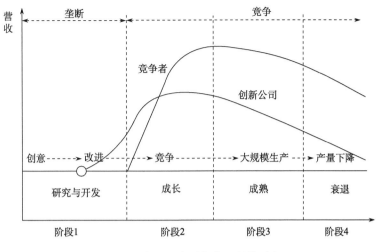

图 2-3　产品生命周期的一般化过程

（a）早期创新阶段。科研与工程技术是关键性投入，生产者依赖于外部经济与分包合同。

（b）增长阶段。企业组织从内部和外部进行调整以适应大规模标准化生产需要，竞争导致加工产业的重组，垄断企业获得垄断地位，随后竞争企业大量增加。

（c）成熟阶段及其后。在成熟期，大规模生产技术使得生产过程标准化，可以由低技能劳动力来完成。其资本密集度依然较高，这样使得劳动力成本低廉的外围地区（追随者）变得有吸引力。随着营收的下降，生产转移到海外可获得新市场和廉价劳动力，最终可能使企业从海外生产基地向母国市场出口产品。在生产周期的最后阶段，将形成劳动力的跨国空间分工，而某些发展中国家则成为这一阶段最有吸引力的区位。

产业周期理论表明了产品生命周期与比较优势具有时空变迁特征，在经济全球化背景下的城市发展中，需要对此加以高度重视并认真把握。

5）城市经济和产业发展模式

（1）增长极模式。增长极模式最初由法国经济学家佛朗索瓦·佩鲁提出，如果把发生支配效应的经济空间看作力场，那么位于这个力场中的推进型单元就可以描述为增长极。增长极是围绕推进性的主导工业部门而形成的有活力的、高度联合的一组产业，它不仅能迅速增长，而且能通过乘数效应推动其他部门的增长。因此，增长并非出现在所有地方，而是首先以不同强度出现在一些增长点或增长极上，这些增长点或增长极通过不同的渠道向外扩散，对整个经济产生不同的最终影响。

（2）点轴开发模式。点轴开发模式由波兰经济学家萨伦巴和马利士提出。点轴开发模式是增长极理论的延伸，从区域经济发展的过程能够看出，经济中心总是集中在条件较好的区位，呈斑点状分布。随着经济的发展，经济中心逐渐增加，点与点之间由于生产要素的交换，需要交通线、动力供应线及水源供应线来相互连接，从而形成轴线。这种轴线首先是为区域增长极服务的，但轴线一经形成，对人口、产业也具有吸引力。人口、产业向轴线两侧集聚，产生新的增长点。点轴贯通，形成点轴系统。

（3）梯度模式与反梯度模式。梯度是指地区之间经济发展水平的差距，以及由低水平向高水平过渡的空间演变过程。根据梯度发展模式，一个落后地区要实现经济起飞，必须循梯度而上，从发展初级产业、简单劳动密集型产业和本土资源密集型产业起步，并尽快接过从高梯度地区外溢的产业。

反梯度理论认为，在承认和接受高新技术、资本和产业从发达地区向落后地区梯度转移扩散的过程中，落后地区要发挥主观能动性，利用信息化条件，充分发挥后发优势，改变被辐射、被牵引发展的态势，改变三次产业渐次发展的顺序；可跨越某些中间发展阶段，重点发展高新技术产业和自身具有优势的高端产业，形成相对较高的产业分工梯度，成为新的"次极化"经济核。

（4）进口替代和出口导向模式。进口替代战略是指用本国产品来替代进口品，或者说，通过限制工业制成品的进口来促进本国工业化的战略。此战略是两位来自发展中国家的经济学家普雷维什和辛格提出的，之后许多发展中国家都在不同程度上实行了进口替代战略。在国际市场上，发展中国家生产的农、矿初级产品价格曾不断下跌，而发达国家生产的消费品价格不断上升，不平等贸易关系日益突出。为了改变发达国家和不发达国家之间的不平等贸易，发展本国的民族工业，一些发展中国家曾试图发展一些原来依靠进口的货物的生产以供国内消费从而实现进口替代。

2.2.3　城乡空间经济发展的内在机制

1. 经济类型

1）规模经济

从经济学角度看，城市是规模报酬递增的产物。规模报酬变化是指在其他条件不变的情况下，企业内部各种生产要素按相同比例变化时所带来的产量变化。企业的规模报酬变化可分为规模报酬递增、规模报酬不变和规模报酬递减三种情况。

2）范围经济

范围经济最初用来解释当两个或多个产品生产线联合在一个企业内生产，比把它们分散到只生产一种产品的不同企业更节约，这时就出现了所谓的范围经济。范围经济主要来源于可用于多种输出的共用要素的充分利用，由于共用要素具备不可分割性，把多种输出集中在一个企业生产就更为节约。相反，如果两家厂商分别生产两种产品相比一家企业要更为节省，那么这时就出现了范围不经济，在这种情况下就应选择在企业间进行分工生产。

3）集聚经济

集聚经济的概念相对宽泛，它包含了多种经济类型，主要可以分为内部规模经济、地方化经济和城镇化经济。内部规模经济指企业的规模报酬递增，地方化经济源自产业内的互动，城镇化经济源自产业间的互动。集聚经济的类型如表2-4所示。

4）自我强化经济

由于存在集聚经济，从而产生了空间经济实际运行中的一个重要的机制，即自我强化经济，这是指促使已经发生变化的事物朝着相同的方向产生额外变化的过程。例如，假设汽车销售商最初均匀分布在城市内部，如果一个销售商迁移后与另一个销售商相邻，形成汽车一条街，这之后会发生什么呢？消费者在购买汽车之前会对不同品牌进行详细比较，而在汽车

表 2-4　集聚经济的类型

集聚经济的类型			案例
地方化	静态	1.交易的规模经济	购买者被吸引到有更多购买者的地方
		2.亚当·斯密的专业化	专业化提高了生产率，使得上下游公司均收益
		3.马歇尔的劳动力蓄水池	特定技能的工人被吸引到就业机会较多的地区
		4.马歇尔的专业化的中间投入品	产业集聚使得专门的中间投入品获得规模经济
	动态	5.马歇尔—阿罗—罗默的干中学	学习曲线使得生产成本下降，并且受到距离递减制约
城镇化	静态	6.搜寻成本节约	企业集聚降低消费者搜寻成本，满足其多样性偏好
		7.简·雅各布斯的创新	生产活动的多样化，提升了技术和知识溢出的可能性
		8.马歇尔的劳动力蓄水池	类似第3条，产业间人力资本共享促进技术和知识溢出，推动创新
		9.亚当·斯密的劳动分工	类似第2条，多样化产业使得劳动分工继续深化
	动态	10.罗默的内生增长	市场越大，利润就越高，地区对公司的吸引力就越大；工作越多，劳动力就越多，市场就越大等
11.纯集聚			基础设施成本分摊；运输的规模经济；拥挤和污染增加了成本

资料来源：2009 年世界发展报告，第 128 页，局部改动.

一条街上的两个销售商为了吸引更多的购买者，都会积极推出比较购物模式。在汽车一条街上不断增加的交易额进一步增加了该地区的吸引力，其他地区的销售商也将纷纷迁移到这里。最终的结果是，众多销售企业的聚集形成了汽车销售产业带；在产业带中，商家之间形成了共同竞争的态势。可以说需求的区位决定了供应的区位，供应的区位又强化了需求的区位。在城市和区域经济活动的空间组织和区位选择中，有许多这类源于初始集聚的自我强化效应，其循环关系一旦形成就具有惯性，它趋于将任何业已形成的"中心—外围"模式锁定。

2. 外部性与纠正

1）外部性的概念

前面已初步讨论了外部性的概念及其后果。私人成本（收益）与社会成本（收益）不一致，其差额就是外部成本（收益）。外部性是非价格因素相互作用的结果，它既可以是正效应，也可以是负效应。当一个人没有因为他的行为给其他人带来收益而得到补偿时，就产生了正外部效应；而当一个人没有因为他的行为给其他人带来损害而支付额外的成本时，就产生了负外部效应。

根据经济活动的主体是生产者还是消费者，外部经济可以分为生产的外部经济和消费的外部经济。外部不经济也可以视经济活动主体的不同而分为生产的外部不经济和消费的外部不经济。

生产的外部不经济：当一个生产者采用的行为使他人付出了代价而又未给他人以补偿时，便产生了生产的外部不经济。生产的外部不经济的例子很多。例如，一个企业可能因为超标排放而污染了河流，或者因为排放烟尘而污染了空气，这种行为使附近的人们和整个社会都遭受了损失。

消费的外部不经济：当一个消费者采取的行动使他人付出了代价而又未给他人以补偿时，便产生了消费的外部不经济。与生产者造成污染的情况类似，消费者也可能造成污染与损害他人。一些城市的摩托车便是一个明显的例子，驾车产生的有害物质排放危害路人的身体健康，但驾车者并未为此而向路人支付补偿费。

2）外部性的内部化

外部性问题的产生与公共领域的产权未能界定有关。由于产权不明确，外部效应很难通过市场交易来解决。因而，为了克服外部性造成的资源配置不当，需要进行公共干预，政府可采取征税或给予补贴的方式来使外部性内在化，以让所有人都为自己的行动承担全部社会成本或是获取全部社会受益，进而使当事人在此基础上做出自己的行动选择。

但在现实世界中以权属界定来解决外部性问题并不一定可行，因为并不是所有物品的财产权都能够被明确规定。例如，空气是不具备"排他性"的公共资源，不可能确定产权；而环境污染对健康造成的损害也难以定价。在这样的情形下，就需要采用包括城市规划在内的手段来直接配置空间资源或是施以环境管制。

3. 城市土地使用的竞标—地租理论

1）城市土地使用中的"资本"和"土地"的替代

自从有了电梯，摩天楼就拔地而起，货币"资本"与"土地"要素更易于实现边际替代。在任何一个现代的大城市，从市中心向郊区延伸，均可观察到建筑高度的变化，即市区中心的建筑高度远高于外围地区。其背后的事实是，越靠近市中心，土地价格越高，促使"资本"替代"土地"要素，即以建造高层建筑来集约使用土地。

在"资本"和"土地"这两种要素替代的背后，隐藏着各个微观主体的竞争，即越接近城市中心便利区位，土地价格越不断趋高。每个微观主体在自身竞租能力的约束下，选择在城市中的位置。其基本空间特征，一是土地价格随着与城市中心距离的增加而下降，二是作为微观主体的家庭和商业活动占据的土地的面积随着与城市中心距离的增加而扩大。

2）阿隆索的企业竞租模型

竞租模型最早由阿隆索所研究，其后被许多学者改进。在竞租模型中，当企业远离城市中心时，土地价格越来越低，企业偏好用土地投入来替代非土地要素投入，即随着距离增加会占用更大的土地面积，而减少资本等要素投入。所以，当企业逐渐远离城市中心时，非土地投入/土地投入的比例会降低；反之，比例会上升。因而，如果单位距离的运费率是常量，那么随着距离增加，竞租曲线会趋于平缓。

假设城市里只有商业、居住业和制造业这三种行业，各行业对于可达性的要求是不一样的。例如，商业由于需要面对面接触，以及交易规模经济，对中心区位的支付意愿更高。居住业则为商业和制造业的就业人员服务，需要靠近就业岗位的位置。而制造业不仅要为城市中心提供产品，也要为城市外的市场提供产品，所以制造业对城市内和城市外的可达性均有要求，同时，现代制造技术倾向于较大的场地空间。

根据"理性人"假设，家庭需要最大化自身效用，企业需要最大化利润，因而造成土地市场上的竞争。在均衡市场状态下，土地被分配给出价最高的竞标者。家庭和企业的竞价共同决定了均衡土地的利用模式。因此，一旦知道每个部门愿意支付的土地价格，就可以预测土地的用途。在基本的竞标—地租理论中，对于同样的中心地块，一些公司、银行、旅馆等高端商务机构更愿意且能通过竞标而进入，居住功能会被挤出，这是因为地处市中心的居住所能节约的通勤费用抵不上中心区位的高端商务收益。将不同曲线放在一起，其中的陡峭曲线代表某些使用者更愿意占用市中心的土地，而平坦一些的曲线代表另一些使用者（居住用的、制造业）愿意选择在外围地区。这种区位均衡可演绎成一个简单的同心圆模型（中心外围理论）。

3）择居的竞租模型

在城市中，由于家庭从事的职业不同，收入也并不相同，可以简单划分为低收入家庭、中等收入家庭和高收入家庭。在不同的交通状况及家庭的行为和偏好下，可以得出不同的家庭竞争模型。

（1）第一种情形。公共交通比较发达，但小汽车交通却不方便。这种情况下，远距离出行花费时间较多，或者需要采用不太舒适的公共交通。因此，交通的机会成本会比较高，为了追求对城市中心的可达性，高收入家庭将在城市中心安家，低收入家庭则乘坐相对廉价的公共交通，花费更多时间，分布在城市边缘。

（2）第二种情形。私人交通比较发达，公共交通却由于人口密度较低难以有效配置，或需要多次换乘。这种情况下，高收入家庭的工资足以承担远距离通勤成本，并且私人交通也相对舒适。而低收入家庭则工资较低、预算有限，限制了远距离通勤。这样，低收入家庭的竞租曲线将十分陡峭，分布在城市中心，但由于市中心地价昂贵，低收入家庭不得不住得非常拥挤以减少费用。高收入家庭则愿意支付较高的通勤费用以换取更大的居住空间，因而居住在环境优美的郊区。

（3）第三种情形。在第二种情形的基础上，增加考虑环境质量因素。一方面，简单假定由于城市交通废气、工厂烟雾及城市中心办公通风系统中的气体排放，城市中心的环境不佳。同样，低收入群体因无力支付长途交通成本的限制而驻留在城市附近。另一方面，中等收入及高收入群体可能愿意而且能够支付更高的租金以获得远离城市中心的土地，从而减少污染的有害影响。中等收入和高等收入群体的竞租曲线在一大段范围内会有向上的斜率，因为为了躲避污染对环境造成的破坏而愿意支付更高的租金。然而超过一定距离，污染的效应减少到可以忽略不计，这时关于距离的租金支付行为和第二种情形类似。而如果进一步考虑低收入群体中的"社会犯罪"因素，那么中高收入群体为了与低收入群体隔离，将趋于更加远离城市中心，从而可能造成一个几乎无人居住的遗弃地区。

4. 城市规模

在了解了产业类型、规模经济之后，我们需要理解城市规模问题。虽然规模报酬导致城市规模不断扩大，但是还存在制约城市规模的种种因素。

1）城市规模与本地产品

无论大城市还是小城市，本地区生产的一些产品在这些城市都可以买到。如果产品的人均需求量与生产该产品的规模经济有很大关系，那么，即使小城市也能够产生足够的需求，以支撑该产业的发展。例如，即便是一个小城镇也至少需要一个理发师。类似的，几千个居民可以支撑一家餐馆，因此一个小城镇甚至可以有几家餐厅和许多与餐厅相关的工作岗位。当然，在大城市可以有更多人需要理发，也有更多人需要吃饭，因此在大城市将有更多的理发师和餐厅服务员。可以预期，理发师和餐厅服务员的数量将会随城市规模呈比例增长。

大一些的城市都有种类丰富的消费品。在大城市，消费者可以购买到任何在小城市出售的产品，也可以购买到在小城市买不到的产品（如大型歌剧和高水平的医疗服务）。实际上，小城市居民可以到大城市旅游，并购买那些在小城市买不到的产品。相反，大城市的居民可以购买到任何他们需要的产品，因此他们很少因购物而到小城市旅行。

2）产品的数量

城市本身可能会专业化于某几个产业，然而，像上海或广州那样的特大城市却是高度多样化的，容纳了许多并无关联的产业，拥有高科技公司或信息化产业链，或二者兼具的工业园区。

综合性城市能够抗御特定产业的波动，当一种生产活动受到不利的影响时，工人们还有机会转移到其他的生产部门去。同时，如果不同的产业共同布局在同一个城市，他们就能享受到大量的中间产品和更多的公共服务，这些产业因此而具有更高的劳动生产率。一方面，对于单个城市而言，尽量容纳更多的生产活动是有利的。另一方面，随着产业规模扩大，城市需要有更多的工人，劳动力的机会成本不断趋高，加之生活成本也不断提高，导致产品生产部门的厂商必须支付更高的工资。工资上升到厂商的集聚收益消失的时候，厂商就会从集聚中退出。

3）产业的类型

在经济发展中，产业门类的选择也十分重要。不同产业门类的城市，所能提供的就业岗位和带动相关产业的能力并不相同，这也就决定了不同类型城市的最优规模是不相同的，例如，金融中心城市的最优规模大于以纺织业为主导产业的制造业城市。

城市规模为什么如此不同？如果外部经济往往在特定的产业发生，不经济则往往是由于整个城市的规模过大或过小，而不论该城市生产了什么，这种不对称性都会产生两方面的意义：一是城市规模具有不经济性，因此把不存在相互溢出的产业布局在同一个城市是毫无意义的。例如，钢铁生产和书籍生产之间几乎产生不了外部经济，那么钢铁场和出版社应位于不同的城市，这样它们既不会彼此造成拥堵也不会抬高地租。所以，每个城市都要专攻一个或者几个可以产生外部经济的行业。二是行业间外部不经济的差异可能会很大。例如，一个纺织城或许不必建太多的纺织厂，但一个金融中心如果几乎囊括了一个国家所有金融机构的话，它可能做得更好。所以，一个城市的最佳规模取决于它的功能。

4）外部不经济的制约

城市人口规模的增长导致了居民区的扩大，而居民区的扩大又导致了更高的地租水平和更多的交通事件。因而人口规模增大会导致城市交通的不经济，即高昂的交通成本构成了一个城市在相当长的时期内规模扩张的上限。例如，大城市的居住费用较高，工人们还必须支付更高的交通成本。反过来，较低的交通成本会推动城市规模的扩展和引发人口导入。

这种相互作用中的向心力来自于那些允许交换信息的企业之间的交流：在其他条件一样的情况下，每个企业都有动力在区位上与其他企业相接近，这就促成了集聚。离心力的作用没那么直接，它主要是间接地通过土地和劳动力市场起作用。许多企业在同一地区的集聚增加了工人上下班的交通距离，这也使得围绕在这一集聚核心的周边地区的工资和地租上涨。高昂的工资和地租会使得企业不愿再在同一地区集聚。这样，在这两种相反的力量相互作用的过程中，企业和家庭的空间分布达到了均衡。

在外部经济和不经济之间存在一股合力，外部经济与一个城市内产业的地理集中有关。

2.2.4　全球化背景下的城市与产业发展

1. 经济空间组织的模式转型

1）经济全球化与全球城市的出现

跨国界的经济活动由来已久——包括资本、劳动力、货物、原材料、旅行者的活动等。随着全球化的深入，越来越多的国家和地区融入全球市场中。全球化对城市产生了很多深远的影响，最为显著的是导致了全球城市的出现，公认的有纽约、伦敦和东京。萨森提出了全球城市的七个假设，分别如下。

（1）标志着全球化的经济活动在地域上的分散性及一体化过程，是催生中心功能发展并使其日益重要的关键因素。一家公司在不同的国家开展业务，在地域上越是分散，其中心功能就越是复杂和具有战略性。

（2）中心功能变得如此复杂，以至于越来越多的跨国企业总部采取了外包策略。他们从高度专业化的服务型企业那里采购一部分中心功能，包括会计、法律、公共关系、程序编制、电信及其他服务。

（3）那些在复杂而全球化了的市场中参与竞争的专业服务公司，很可能受到融合经济的影响。他们需要提供的服务相当复杂，其直接涉足的市场或者为大公司总部定制服务的市场都充斥着不确定性，快速完成所有交易的重要性也与日俱增，这些情况交织在一起构成了一个新的融合变化趋势。

（4）公司总部将其最为复杂和非标准化的那部分职能，特别是那些容易造成不确定因素、受变化中的市场和速度影响的部分分包出去越多，其在区位选址上越有挑选余地。

（5）这些专业服务公司必须提供全球服务，这意味着一个全球的分支机构或其他形式的合作伙伴关系。金融及专业服务的全球市场发展、由国家投资激增而引发的跨国服务网络的需求、政府管制国际经济活动的角色的弱化及其他制度型场所的相应优势，特别是全球市场和公司总部——所有这些都指向一系列跨国城市网络的存在。这也可能意味着，这些城市的经济发展与其广阔腹地乃至其国家经济状况的联系越来越不紧密。

（6）高级专业人员及高利润专业服务公司的不断增加，对扩大社会经济及空间分布不平等程度的影响，在这些城市有明显的反映。这些专业服务作为战略性投入的角色，提高了高级专业人士的价值及人员数量。

（7）假设（6）所描述的情景将导致一系列经济活动的信息化程度提高，并在这些城市中找到其有效的需求，但其利润水平上不允许同那些位于体系顶端创造高利润的公司争夺各种资源。对部分或是全部的生产和分销活动，包括服务进行信息化改造，是在这些条件下的一条生存路径。

2）全球生产网络

全球化是一个过程，其中，跨国公司在生产领域和市场领域的运作日益以全球化尺度来整合，致使产品在多个区位由多个不同地方的零部件制造场所生产。此外，尽管产品需要考虑当时市场的状况，但仍有可分享的共同要素，这样就可通过规模经济来减少成本。

2. 生产组织的产业集群趋向

被广泛认知的企业区位选择的行为特征是，绝大多数的行业活动在空间上都趋向于产业集聚。例如，工业园、小城镇或者大城市等形式的产业集聚证明了这一特征是存在的，同时许多生产和商业活动都出现在这些行业活动的紧密相邻区。基于这些事实，我们需要思考为什么这些经济活动会在地理位置上趋于集中。同时，并不是所有的经济活动都发生在同一个地区。有些经济活动分散在广阔的区域里，这些企业通常要远距离运输他们的产品。尽管如此，普遍的观察依然认为经济活动在空间上趋于集聚。根据迈克尔·波特的定义，产业集群是在某特定领域中，一群在地理上邻近、有交互关联性的企业和相关法人机构，以彼此的共通性和互补性相连接的一种创新协作网络。

1）产业集群现象

产业集群是在经济、技术、组织、社会等一系列结构变化的背景下应运而生的。在由传统的"福特式"大规模生产方式（受标准化商品和服务所支配，用标准化生产方法生产、雇用廉价熟练劳动力和存在价格竞争）向"柔性专业化"生产方式（面向客户的生产和服务，运用灵活通用的设备和适应性强的熟练劳动力）转变的过程中，集群处于领导地位。

2）四种典型的产业集群

有关研究发现，存在着四种典型的企业集群，分别是：马歇尔式产业区、轮轴式产业区、卫星平台式产业区、国家力量依赖型产业区，如图 2-4 所示。其中国家大量依赖型产业区受其自身特性影响，很难用理论分析，它的结构很像轮轴产业区，但其设备与区域经济联系很少，因此又很像卫星产业区。现实的产业区可能是这几种类型的混合形式，或现在是其中一种，经过一段时间会转变为另一种。在不同地区，主导的产业区类型也不一样。例如，在美国，一般认为轮轴式和卫星平台式产业区比另外两种重要。

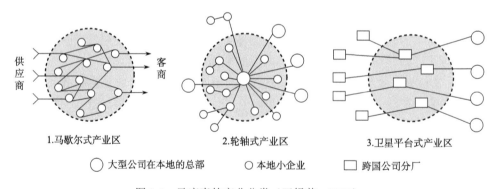

图 2-4　马库森的产业分类（王缉慈，2001）

2.2.5　城乡规划中经济与产业的分析方法

1. 城市之间经济联系的测量

对城市之间经济联系的准确判断是制定城市和区域发展战略的基本依据。国际上普遍认为地区经济联系是普遍存在的，是客观的。以量化的方式研究城市的经济联系，具有急迫感和深刻的实践意义。著名地理学家塔费（E.F.Taaffe）认为，经济联系强度同他们的人口成正比，同他们之间的距离成反比。计算两个城市经济联系的典型公式为

$$P_{ij} = k \frac{\sqrt{P_i \cdot V_i} \times \sqrt{P_j \cdot V_j}}{D_{ij}^2}$$

式中，P_i，P_j 为两个城市的人口指标，通常为市区非农业人口数；V_i，V_j 为两个城市的经济指标，通常为城市（或市区）的 GDP 或工业总产值；D_{ij} 为两个城市的距离；k 为常数。这一经济联系的量化模型建立在诸多假设之上，如各城市经济活动类同、城市辖区内的经济现象集中于代表该城市的那个点上、城市间的联系方式相同、无其他障碍等。

2. 经济基础分析

经济基础分析，理论依据是将城市经济分为两部分：基本经济活动是把一个地区生产的产品输出到区域以外，或是向参观者、旅游者和学生提供产品和服务；非基本经济活动（或者称为人口服务）为当地消费提供产品和服务。该理论认为，基本经济部分依靠输出产品和服务换取资金创造就业岗位，是一个地区经济实力和未来发展的关键要素。基本经济活动的扩张可以带来非基本经济活动的增长，尤其表现在零售业、建筑业和服务业上；基本经济活动的萎缩带来相反的效果，就像多米诺效应，会引起整个地方经济的衰退。

3. 投入产出分析

投入产出分析是另一种基于构成的经济分析方法，多应用于评价经济的影响，而不是预测。该方法将区域经济看作一个不同经济成分相互联系组成的网络，从区域内部和外部研究购买或销售产品与服务。经济成分可以划分为10～500个甚至更多的部门，具体的划分数量和标准根据当地经济的表现特征、经济研究的目的、数据的有效性、时间及计算能力等因素确定。

投入产出分析与经济基数理论乘数方法相比具有一个显著的优点，即经济基础只计算一个乘数，而投入产出分析则均要对每个经济部门对其他经济部门的影响计算出乘数，以便追踪一个经济部门的增长或衰退对其他经济部门的影响。

4. 趋势外推法

这种方法是确定发展趋势并将其外推至未来。趋势外推法可直接应用于总人口或就业水平分析、总量中各部分总数的分析，还可以用于确定某些更为复杂模型的输入项。外推法隐含的假设前提是：时间有效地代表了基本影响变量的累计效果，这些影响要素包括出生、死亡、企业开业及经济结构转变等。

趋势外推法用简单易行的方法，依据过去数据预测未来的人口数量和就业岗位及其他人口和经济指标。影响人口和经济变化的众多要素都可以以时间的流逝为代表，因此，趋势模型仅需要吻合历史上的时间、人口和经济指标。分析中有如下两点假设：①曲线越吻合历史数据，模型就越反映内在要素的影响；②同样的作用力将持续到未来。当然，对趋势模型需要进行判断和必要修正，允许时间、人口和就业数据与曲线有一些偏离。趋势外推模型如图 2-5 所示。

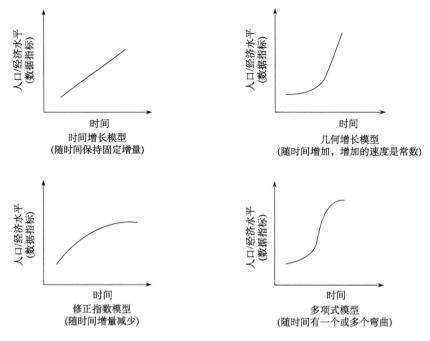

图 2-5　趋势外推模型

2.3　城乡生态与环境

2.3.1　人与环境概述

1. 自然与人类文明

在不同的历史阶段，人与自然的关系经历了不同的历史演变过程。人类社会作为自然界的一个生物种群，在自然的发展演化过程中不断地进行着自身组织结构的发展演化，从而不断地适应并利用自然。城市的出现就是这些演化的重要结果之一。

原始社会，人类崇拜和依附于自然。农业文明时期，人类敬畏和利用自然进行生产。工业文明后，人类对自然的控制和支配能力急剧增强，自我意识极度膨胀，开始一味地对自然强取豪夺，从而激化了与自然的矛盾，加剧了与自然的对立，使人类不得不面对资源匮乏、能源短缺、环境污染、气候变化、森林锐减、水土流失、物种减少等严峻的全球性环境问题和生态危机。

经历了近 200 年的工业文明后，人类积累和创造了农业文明无法比拟的财富，开发和占用自然资源的能力大大提高，人与自然的关系发生了根本性的颠倒，人确立了对自然的主体性地位，而自然则降低为被认识、被改造，甚至是被征服和被掠夺的无生命客体的对象。

2. 人口与资源

人类的生存和发展离不开资源。近 200 年来，随着生产力的提高、近代医疗保健的进步和基本生活资料的不断丰富，人口数量明显增多，平均期望寿命明显增长，全球人口数量在

1930 年为 29 亿、1960 年为 30 亿，1987 年突破 50 亿大关，目前已达 70 多亿。世界人口总量不断增加、人类生活水平不断提高、人类对资源的开发利用强度越来越高，这些都造成了资源短缺与环境破坏。人口增长对资源和环境具有深刻的影响，成为环境问题的核心，与永续发展息息相关。

人口增长使得人类对能源的需求量迅速增加。能源是指人类取得"能量"的来源，尚未开发出的能源应被称为资源，不能列入能源的范畴，能源的稀缺性是资源的有限性导致的。尽管人类已发现的矿物有 3000 多种，而当前人类大量使用的能源主要是不可再生的化石燃料，如煤炭、石油和天然气等。考虑到科学、技术和市场因素，尽管人类用能效率不断提高，但能源消耗总量仍然呈增长趋势，目前已探明的石油储量只可供人类使用 30 年，天然气可用 70 年。燃煤由于效率低，将会受到严格的限制，这些传统化石燃料的大量使用是造成当前全球环境问题的主要原因。

土地资源是生态系统中最为宝贵的资源，是人类及其他生物的栖息之地，也是人类生产活动最基本的生产资料与生活资料。随着城市面积不断扩大，耕地面积递减，自然生态系统的修复功能减退。同时大面积的耕作和过度放牧，造成水土流失，使全球每年损失 300 多万公顷的土地，土地荒漠化成为全球最严重的环境危机之一。

水是生命之源。人类对水资源的利用主要是生产、生活和运输用水。由于降水时空分布不均，世界上有 60%以上的地区缺水。随着人口的增加、城镇化的加速，淡水紧缺已成为当前世界性的生态环境问题之一，并成为社会经济发展和粮食生产的制约因素。

森林和湿地是自然界发挥自净功能的重要组成部分，荒漠化导致水资源、森林和湿地的减少，与此同时，生物多样性也受到严峻的挑战。人类大规模的生产和生活活动，导致了物种减少的速度加快。过去的 30 年内，全球的生物种类减少了 35%，目前地球上可供生物生长的土地和海洋面积总共 114 亿 hm^2，人均仅有 1.9 hm^2 的土地或海洋可供利用。世界自然基金会（WWF）发布的《地球资源状况报告》指出，目前人类对自然资源的利用超出其更新能力的 20%。

3. 资源与环境

资源，一般是指自然界存在的天然物质财富，或是指一种客观存在的自然物质，地球上和宇宙间的一切自然物质都可称作资源，包括矿藏、地热、土壤、岩石、风雨和阳光等。广义的资源指人类生存发展和享受所需要的一切物质的和非物质的要素。联合国环境规划署（UNEP）对资源下过这样的定义：在一定时间、地点的条件下能够产生经济价值，以提高人类当前和未来福利的自然环境因素和条件的总和。而狭义的资源仅指自然资源。

按资源属性不同，可将资源划分为自然资源和社会资源。自然资源是具有社会有效性和相对稀缺性的自然物质或自然环境的总称，包括土地资源、气候资源、水资源、生物资源、矿产资源等。社会资源是自然资源以外的其他所有资源的总称，是人类劳动的产物，包括人力、智力、信息、技术和管理等资源。

人类为生存和发展会不断地向自然界索取。工业社会以机器动力为主要工具，提供了农业社会无法比拟的动力，以驱动巨大的流水线、交通、通信、贸易，以及整个社会的快速运转。人类一方面掠夺式地从自然环境中获取资源，另一方面又将生产和消费过程中产生的废弃物排放到自然环境中去，加之对不可再生资源的大规模消耗，导致了自然资源的渐趋枯竭和生态环境的日益恶化。人与自然的关系完全对立起来，气候变暖、海平面上升、臭氧层损耗、酸雨蔓延等全球性环境问题与大量开采、大量运输、大量生产、大量消耗和大量废弃的资源消耗的线性模式有关。

据专家预测，至 21 世纪中叶，全球能源消耗量将是目前水平的两倍以上。如果按照目前全球人口增长及城镇化发展的速度，以及所消耗的自然资源的速度来推算，未来人类对自然资源的"透支"程度将每年增加 20%。这意味着，到 21 世纪中叶，人类所要消耗的资源量将是地球资源潜力的 1.8～2.2 倍。也就是说，到那时需要两个地球才能满足人类对于自然资源的需要。

4. 城镇化与资源和环境

城市是人类文明的产物，也是人类利用和改造自然的体现。从 18 世纪的工业革命开始，大规模的集中生产和消费活动促进了人口的聚集，现代化的交通和基础设施建设加快了城镇化的进程，城市数量和规模迅猛发展。

城镇化和城市人口的规模增加与资源消耗的关系十分密切。目前，城市集中了全人类50%的人口，大量能源和资源向城镇化地区输送，城市是地球资源的主要消费地。一般认为，城市消耗的能源占人类能源总消耗的 80%。同时，城镇化进程对能源的消耗有着巨大的影响。世界银行 2003 年的一份分析报告表明，人均国民生产总值（GNP）每增加一个百分点，能源消耗会以同样的数值增加（系数为 1.03）。城市人口每增加一个百分点，能源消耗会增加 2.2%。即能源消耗的变化速度是城镇化过程变化的两倍。从人类文明历程来看，工业化和城镇化的过程，是社会财富积累加快、人民生活水平迅速提高的一个过程，也是人类大量消耗自然资源的过程。按照经济地理学界的城镇化理论，当城镇化率超过30%时，就进入了城镇化的快速发展时期，中国的城镇化已进入这个快速发展时期，对能源和资源的需求急剧上升，绝大部分能源和资源用于制造业、交通和建设过程之中。

城镇化可以促进经济的繁荣和社会的进步。城镇化能集约利用土地，提高能源利用效率，促进教育、就业、健康和社会各项事业的发展。同时，城镇化不可避免地影响了自然生态环境，造成维持自然生态系统的土地面积和天然矿产的减少，并使之在很大区域内发生了持续的变化，甚至消失，使自然环境朝着人工环境演化，致使生物种群减少、结构单一，生物与人的生物量比值不断降低，生态平衡破坏，自然修复能力下降，生态服务功能衰退。

从城市自身发展来看，人口密集、资源大量消耗、城市生活环境恶化，提高了城市的生活成本，使城市自身发展失去活力。城市产生和排放的大量有害气体、污水、废弃物，加剧了城市地区微气候的变化和热岛效应，使城市的自然生态环境受损，危及人类健康，提高了改善环境的投资和医疗费用等。此外，大量的物质消耗造成了各种自然资源的短缺、加重了城市的负担、加剧了城市的生态风险，对城市的永续发展形成了制约。

2.3.2　城市生态系统

1. 生态系统

生态系统是指由生物群落与无机环境构成的统一整体。生态系统的范围可大可小，相互交错。最大的生态系统是生物圈，地球上有生命存在的地方均属生物圈，生物的生命活动促进了能量流动和物质循环，并引起生物的生命活动发生变化。生物要从环境中取得必需的能量和物质，就得适应环境，环境发生了变化，又反过来推动生物的适应性发生变化，这种反作用促进了整个生物界持续不断的变化。而人类只是生物圈中的一员，主要生活在以城乡为主的人工生态环境中。

生态系统是一个开放的系统，是一定空间内生物和非生物成分通过物质循环、能量流动和信息交换而相互作用和依存所构成的生态功能单位。许多物质在生态系统中不断循环，其中碳循环与全球气候变化密切相关。

城市作为一种人口高度集中、物质和能量高度密集的生态系统，一方面极大地推动了人类经济和社会的发展，另一方面也对城市及其周围的自然环境产生了不利的影响，甚至殃及整个生物圈的结构和功能。因此，了解和研究城市生态系统的结构和功能特点，对于协调人与自然的关系，实现人类经济和社会的永续发展，具有非常重要的意义。

2. 城市生态系统的特点

城市生态系统是城市居民与周围生物和非生物环境相互作用而形成的具有一定功能的网络结构，也是人类在改造和适应自然环境的基础上建立起来的特殊的人工生态系统，由自然系统、经济系统和社会系统复合而成。

城市中的自然系统包括城市居民赖以生存的基本物质环境，如能源、淡水、土地、动物、植物、微生物、阳光、空气等；经济系统包括生产、分配、流通和消费各个环节；社会系统主要表现为人与人之间、个人与集体之间及集体与集体之间的相互关系。这三大系统之间通过高度密集的物质流、能量流和信息流相互联系，人类的管理和决策起着决定性的调控作用。因此，与自然系统相比，城市生态系统具有以下特点。

（1）城市生态系统是人类起主导作用的人工生态系统。城市中的一切设施都是人制造的，人类活动对城市生态系统的发展起着重要的支配作用，具有一定的可塑性和调控性。与自然生态系统相比，城市生态系统的生产者中绿色植物的量很少；消费者主要是人类，而不是野生动物；分解者微生物的活动受到抑制，分解功能不强。因此，城市生态系统的演化是由自然规律和人类影响叠加形成的。

（2）城市生态系统是物质和能量流通量大、运转快、高度开放的生态系统。城市人口密集，城市居民所需要的绝大部分食物要从其他生态系统人为地输入。城市中的工业、建筑业、交通等也必须大量从外界输入物质和能量。城市生产产生大量的废弃物，其中有害气体必然会飘散到城市以外的空间，污水和固体废弃物绝大部分不能靠城市中自然系统的净化能力自然净化和分解，如果不及时进行人工处理，就会造成环境污染。由此可见，城市生态系统不论在能量上还是在物质上，都是一个高度开放的生态系统。这种高度的开放性又导致它对其他生态系统具有高度的依赖性，同时会对其他生态系统产生强烈的干扰。

（3）城市生态系统是不完整的生态系统。城市自我稳定性差，自然系统的自动调节能力弱，容易出现环境污染等问题。城市生态系统的营养结构简单，环境污染的自动净化能力远远不如自然生态系统。城市的环境污染包括大气污染、水污染、固体废弃物污染和噪声污染等。按照现代生态学观点，城市也有自然生态系统的某些特征，具有某种相对稳定的生态功能和生态过程。尽管城市生态系统在生态系统组成的比例和作用方面发生了很大变化，但城市生态系统内仍有植物和动物，如果城市生态系统要正常进行，必须与周围的自然生态系统发生各种联系。

（4）城市生态系统的人为性、开放性和不完整性决定了它的脆弱性。在自然生态系统中，能量的最终来源是太阳能，在物质方面可以通过生物地球化学循环而达到自给自足。城市生态系统则不同，它所需求的大部分能量和物质，都需要从其他生态系统（如农田生态系统、森林生态系统、草原生态系统、湖泊生态系统、海洋生态系统）人为地输入。同时，城市中的人类在生产活动和日常生活中产生的大量废物，由于不能完全在本系统内分解和再利用，必须输送到其他生态系统中去。由此可见，城市生态系统是非常脆弱的生态系统。由于城市生态系统需要从其他生态系统中输入大量的物质和能量，同时又将大量废物排放到其他生态系统中去，必然会对其他生态系统造成强大的冲击和干扰，最终影响到城市自身的生存和发展。

3. 城市生态系统的运行

1）结构

城市生态系统的结构在很大程度上不同于自然生态系统，是因为其除了自然系统本身的结构外，还有以人类为主体的社会、经济等方面的结构。在对城市生态系统结构研究的过程中，常根据其系统特色划分为不同领域，包括经济结构、社会结构、生物群落结构、物质空间结构等。针对城市经济子系统的结构研究，涉及城市的能源结构、物质循环、经济实体构成等众多方面；针对城市社会子系统的结构研究，涉及年龄结构、性别结构、职业结构、素质结构、社会关系等众多方面；针对城市自然子系统的结构研究，涉及物种构成、物种分布、食物链等方面；从城市物质空间系统出发又涉及空间类型、空间组织结构等。这些子系统的结构关系相互作用、相互制约，通过各种复杂的网络联系成为一个独特的整体。

2）功能

（1）生产功能。人工生态系统的生产分为生物生产和非生物生产两种类型。生物生产是指在该生态系统中的所有生物（包括人、动物、植物、微生物）从体外环境吸收物质、能源，并将其转化为自身内能和体内有机组成部分，以及繁衍后代、增加种群数量的过程。非生物生产是人工生态系统所特有的，它指人类利用各种资源生产人类社会所需的各种事物，不仅包括衣食住行所需物质产品的生产，还包括各种艺术、文化、精神财富的创造。城市生态系统具有强大的生产力并以非生物性生产为主导。

（2）能量流动。城市生态系统的能量流动与自然生态系统的不同之处集中于来源和传播机制两方面。在能量来源方面，与自然生态系绝大部分依赖太阳辐射不同，城市生态系统的能量来源趋于多样化，有太阳能、地热能、原子能、潮汐能等多种类型。在能量传播机制方面，自然生态系统的能量传递是自发地寓于生物体新陈代谢过程之中，而城市生态系统的能量传递大多是通过生物体外的专门渠道完成的，如输电线路、输油与供气的管网等。城市中大量的能量流转是非生物性的流动与转化，消耗于人类制造的各种机械运转的过程中，而且主要受人工控制。

（3）物质循环。城市生态系统的物质循环主要指各项资源、产品、货物、人口、资金等在城市各个区域、系统、部门之间及城市外部之间反复作用的过程。城市生态系统中的物质有两大来源，第一是自然来源，包括各种环境要素，如空气流、水流、自然的植被等；第二是人工来源，包括各种人类活动产生或无意排出的，以及从城市之外输入的物质，如食品、原材料、废物等。

（4）信息传播。城市作为以人类为主导的生态系统，最突出的特点之一是汇集各类信息。在认识自然和社会发展规律的同时，人类积累和创造着更多信息，这些信息因为城市是人口密集、生产密集、生活集中的场所而汇集和储存于城市。处理各种信息是城市的重要功能之一，城市是信息处理的重要基地，也是高水平信息处理人才汇集的重要场所。城市生态系统信息的传播具有总量巨大、信息构成复杂、通过各类传递媒介进行传递并依赖辅助设施进行处理和储存、在信息传递和处理过程中存在大量信息歧义现象等特点。

3）流态

城市生态系统功能的发挥是靠系统中连续不断的和密集的物质流、能量流、信息流、人口流和资金流等生态流来实现和维持的，正是这些生态流以物质循环、能量流动和信息传递的运动方式，实现了城市的支持、生产、消费和还原功能，因此这些生态流是城市生态系统的功能过程和动态表现。

4）运行结构

城市生态系统的各要素是组成系统的基础，是系统运行结构的基本功能单元，称为生态元。各生态元之间通过相互联系、相互作用，行使着支持、生产、消费和还原的功能，形成了一个完整的系统。城市生态系统的生态元之间的连接，构成了一种链状的运行结构，链与链之间的耦合称为网状结构，最后由链与网、网与网之间相互作用耦合成为具有一定实践性的复杂的立体网络结构。链状运行结构是城市生态系统各生态元的直接耦合，体现着系统内各生态元之间的物质流动、能量转化和信息传递等关系，它是城市生态系统运行的基础。城市生态系统网络结构是人工网和自然网的结合，是由城市物理网络、经济网络、社会网络等构成的，是一种多维立体的网络体系。

2.3.3　城市环境

1. 城市环境的概念与组成

1）概念

城市环境是指影响城市人类活动的各种自然的或人工的外部条件。狭义的城市环境主要指物理环境，包括地形、地质、土壤、水文、气候、植被、动物、微生物等自然环境及房屋、道路、管线、基础设施、不同类型的土地利用、废气、废水、废渣、噪声等人工环境。广义的城市环境除了物理环境还包括人口分布及动态、服务设施、娱乐设施、社会生活等社会环境，资源、市场条件、就业、收入水平、经济基础、技术条件等经济环境，以及风景、风貌、建筑特色、文物古迹等美学环境。

2）组成

城市环境由城市自然环境、城市人工环境、城市社会环境、城市经济环境和城市美学环境等组成。城市自然环境是构成城市环境的基础，它为城市这一物质实体提供了一定的空间区域，是城市赖以存在的地域条件。城市人工环境是实现城市各种功能所必需的物质基础设施，没有城市人工环境，城市与其他人类聚居区域或聚居形式的差别将无法体现，城市本身的运行也将受到抑制。城市社会环境体现了城市这一区别于乡村及其他聚居形式的人类聚居区域为满足人类在城市中各类活动方面所提供的条件。城市经济环境是城市生产功能的集中体现，反映了城市经济发展的条件和潜势。城市美学环境（景观环境）则是城市形象、城市气质和韵味的外在表现和反映。

2. 城市环境的特征与效应

1）城市环境特征

界限相对明确；构成独特、结构复杂、功能多样；开放并对外界具有依赖性；影响和制约因素众多；具有脆弱性，一旦有一个环节发生问题，将会使整个城市环境系统失去平衡，造成其他环节的相对失衡，使环境问题变得严重。

2）城市环境效应

环境对于人类活动或自然力的作用是有响应的，对环境施加有利的影响，在环境系统中就会产生正效应；反之亦然。城市环境效应是指城市人类活动给自然环境带来一定程度的积极影响和消极影响的综合效果，包括污染效应、生物效应、地学效应、资源效应、美学效应等。

3. 城市环境的容量与质量

1）城市环境容量

（1）概念与内容。城市环境容量是环境对于城市规模及人的活动提出的限度。即城市所在地域的环境，在一定时间、空间范围内，在一定的经济水平和安全卫生条件下，在满足城市生产、生活等各种活动正常进行的前提下，通过城市的自然条件、经济条件、社会文化历史等的共同作用，对城市建设发展规模及人们在城市中各项活动的状况提出的容许限度。

城市环境容量包括城市人口容量、自然环境容量、城市用地容量及城市工业容量、交通容量和建筑容量等内容。

（2）城市环境容量分析。城市规划中，对城市环境容量的分析主要从影响和制约环境容量的主要因素入手，一般包括以下几个方面：城市自然条件、城市现状条件、经济技术条件、历史文化条件。

2）城市环境质量

（1）基本概念。城市环境质量指城市环境的总体或某些要素对人群的生存和繁衍及社会经济发展的适宜程度，是为反映人类的具体要求而形成的对环境评定的一种概念。它包括城市环境的综合质量和各种环境要素的质量，如大气环境质量、水环境质量、土壤环境质量、生物环境质量、文化环境质量等，用环境质量的好坏来表征环境遭受污染的程度。一个区域的环境质量，是人们制定开发资源、发展经济和控制污染、保护环境具体计划和措施的主要依据。

（2）城市环境质量评价。城市环境质量评价是对城市的一切可能引起环境发生变化的人类社会行为，包括政策、法令在内的一切活动，从保护环境的角度进行定性和定量的评定。从广义上来说是对城市环境的结构、状态、质量、功能的现状进行分析，对其可能发生的变化进行预测，对其与社会经济发展的协调性进行定性或定量的评估。

城市环境质量的发展变化与越来越多的城市居民的生产和生活甚至生命安全密切相关。客观地认识和了解城市生态环境质量的变化，对调控、建设城市生态环境具有无比重要的意义。从城市生态的角度看，城市环境质量评价是为了促进城市生态系统的良性循环，保证城市居民有优美、清洁、舒适安全的生活环境与工作环境。从社会经济的角度看，是为了用尽可能小的代价获取尽可能好的社会经济环境，取得最大的经济效益、社会效益与环境生态效益。

（3）城市环境质量评价的内容。环境质量评价包括回顾评价、现状评价和影响评价三类。回顾评价是指在对环境区域的历史环境资料的分析基础上，对该区域的环境质量发展演变进行评价。现状评价是依据一定的标准和方法，着眼当前情况对区域内的人类活动所造成的环境质量变化进行评价，为区域环境污染综合防治提供科学依据。影响评价又称环境影响分析，是指对建设项目、区域开发计划及国家政策实施后可能对环境造成的影响进行预测和估计。

3）城市规划环境影响评价

（1）城市规划环境影响评价的意义。规划环境影响评价对于克服建设项目环境影响评价的局限性，落实"环境保护、重在预防"的基本政策，优化城市建设规划方案，增强规划决策的科学性，强化城市规划的环境保护功能具有积极的意义。

（2）城市规划环境影响评价的要点。城市规划不同于建设项目，因而评价原则、评价内容、评价方法和评价程序等都有所不同。同时，城市规划环境影响评价也对城市规划程序和工作方法产生影响。

注意城市特点引致的规划环境影响评价特点，慎重确定规划环境影响的技术方案，从而对城市政策进行环境影响评价。

2.4　城乡历史与文化

2.4.1　城市历史

1. 城市历史的内涵与意义

历史学是一门关于人类发展的科学，是对人类已掌握的自然知识与社会知识的总和进行记录、归纳和研究的学问。其主要任务是：记述与编纂（文献、分类与年代记）、考证与诠释（传统文字、实物的考察方法，结合运用当代的科技手段）、评估与设想（对已经实践过的部分进行综合或跨学科的研究，并在吸取经验教训的基础上提出创新思维的未来构想）等。而城市史的研究只是一个专业门类。

近年来，随着中国学术界对研究领域的清晰化分和研究内容的不断深化，历史地理学、古都学和城市史学已经成为城市史研究中的核心组成。当然，进一步划分，还可以有城市规划史、城市社会史、城市建筑史、城市人口史等研究领域。简而言之，城市历史以一个城市、区域城市、城市群、城市类型为对象，包含了它们的结构和功能，城市作用、地位和发展过程，各城市之间、城乡之间的关系及变化，以及城市发展的规律等。

2. 城市历史的研究内容

任何专业都有比较明确的研究边界，包括与之相关的延伸领域。就城市史而言，其研究范围并不局限在城市的地域之内。从广义的角度来说，城市历史在纵向上主要表现为城市形成、发展、脉络的阶段性，如原始社会、农业社会、工业社会、后工业社会中的城市形态和发展状况及其历史特点；横向上与城市环境、城市生活、城市人口、城市阶段和阶层等内容联系。

一般来说，与城市历史有关的城市历史研究包括如下内容。

1）城市的起源与发展机制

城市起源与城市形态因不同的地质地貌、文化背景、时代变迁而大不相同，对早期城市的继承和创新又依赖于某种独特的发展机制，与物理环境、政治环境、经济环境、宗教社会等各种因素密切相关。因此，这一方面的研究会涉及多元文化或地域文化的问题，包括城市的空间位置和形态（机理）改变，城市发展的内外动力，更大范围内政治、经济、自然环境变化的影响等。

2）城市发展过程中的社会问题

每个国家的都市都存在社会构成（身份制度、阶层、阶级）和社会活动（政治活动、经济活动、宗教活动）的问题，并因其所处的空间位置和时代有所变化。在历史进程中形成的城市制度、法规、习俗（如古代和中世纪欧洲的法体系、法家族等）又有非常复杂的背景和动因，这些都反作用于城市的尺度、空间结构、人口规模、政治取向及经济特色等。从古代、中世纪到现代城市规划思想的变迁，也与城市的社会发展、城市的权力分布、城市的经济基础等相关联。

3）城市体系与城市文化特征

除了最远古的时代之外，城市文明都不是孤立存在的。不同地域、不同国家的城市，通过文化辐射、殖民扩张、地域联盟、国家的统一或分裂等进行交流，包括经济贸易、科学技术、建筑风格、制度法规、生活形态等，并在一定时空范围内形成某种城市体系（如汉帝国的城市体系、欧洲中世纪的汉萨同盟、苏联时代的社会主义城市体系）等。这些时代或者空间范围内的城市，因其独特的文化现象而引起史学研究者的关注。

4）针对更新改造的城市历史遗产保护

顾名思义，城市历史遗产保护首先就是要先对某个历史阶段内城市空间、城市建筑、街道机理或社会活动进行界定，然后才能划分保护的范围和内容（如上海市的国家级、市级文物之外指定的优秀近代建筑保护），所以这个门类的研究离不开城市史的基础知识。

当然，还有一些共同的历史学研究方法，例如，对史料的筛选与鉴别提出疑问并进行假设，建立合乎逻辑的推理模型，最终通过综合学科的考证，寻求客观的解答等。因此，要切忌对手头上的一些有限资料进行夸大或断章取义，包括城市的地理位置、建筑规模、人口结构、经济特点等，并用以作为当前规划的依据。

3. 东西方城市历史的差异

城市的形成与发展都因其所处的时代和地理位置而表现出鲜明的个性。从大的方面来看，世界范围内各大文化圈（儒教文化圈、阿拉伯文化圈、西方发达工业国文化圈等）是包容这些城市个性的基础平台，地理环境因素、宗教民族因素、社会结构因素、城市文明之间的冲突与融合因素等，又是这些文化圈的内在构成。城市本身又是一个历史的积累，有着最初的源头，而研究城市历史决不能脱离其本源。今天世界各国的城市发展都与当地最早形成的哲学思想体系有着密切的关系。因此，以中国为代表的东方城市和以希腊为代表的西方城市之间有很多的差异。本书将对由这两种不同城市起源的思想体系和其特点进行简要分析。

1）古代中国的哲学思想体系

古代中国哲学的基础是大农业社会，因此，哲学研究的对象与自然（包括季节与土地）有割不断的关联，当然，更重要的还是人类自身的生存活动原理。概括而言，古代中国哲学的研究范畴包括："天"（对天象与人类社会的认识和解释，所以既是物质的，也是精神的）、"道"（按照宇宙运行的规律制定的人为准则与最高社会行动规范）、"气"（本指一种自然存在的极细微的物质，是宇宙万物的本原。对气的研究在一定程度上就是探知自然界物质的形态与结构，特别是运用于医学领域，与城市建设的风水观也不无关系）、"数"（研究自然万物与人文社会的规律，并把社会等级、文化价值的概念渗透其中，既有唯物的观点，也有唯心的成分），后来还发展了"理"等，主要研究物类形体之间彼此不同的形式与性质，以及内在的运行规律。

虽然古代中国的哲学思想主要与天文、历法相关，并直接与农业生产和万物更新相结合，但作为一种精神文化的产物，必然会直接反映在城市这个物质的载体之上（如关系到城市建设的天人合一、阴阳八卦、堪舆风水理论等）。"数"直接用于卦象、计算、组合与建筑的规则制定，"气"则力求探索城市发展的内在规律，并结合了化学、物理、医学、人文等各个领域的成果，带动了古代的社会进步（如四大发明、《天工开物》、《本草纲目》等），也促进了城市的繁荣与发展。

2）古代中国的哲学思想与城市发展的关系

由于古代中国的文明以高度发达的农耕经济为基础，并以强大的集权制度统一了黄河、长江流域的广大地区，不仅创造出了独特的社会制度和法律，在科学技术的发展方面也攀登上了当时世界的顶峰。而这一切成就的集大成之作，就是古代中国的城市，其既体现了典型的东方宇宙观，又表现出极强的社会等级观念，还有中国特有的华夷世界划分标准，以及所有城市的尺度、建筑形态都取决于其在华夷秩序（《礼记王制》："东曰夷、西曰戎、南曰蛮、北曰狄。"）和五服文化圈（《禹贡》与《国语·周语》）中的位置（图2-6）。

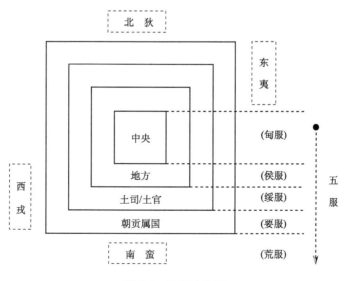

图2-6　五服文化圈

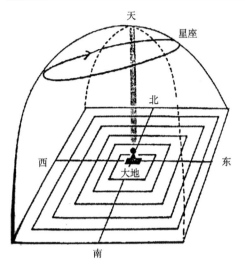

图 2-7　天圆地方

古人观测天象，因北半球的星座都围绕着北极星而转动，因此视北极星为天极和天帝的居所，代表至高无上的权威，其星微紫，所以紫色代表了最神圣的地方。而与天对应的是人工建筑的城市，遵循天圆地方的概念，一般规划为方形或长方形，其南北轴线的北端与北极星相呼应，视为尊位，即皇宫和官衙的所在地。随后按照礼的秩序来确定不同等级和不同功能的城市建筑及设施的位置，如图 2-7所示。而城市的大小和建筑的规格，甚至包括色彩与材料，又必须根据五服的概念来确定。这样，一个尊卑有序、符合天意的城市规划理论便诞生了。

3）古代西方的哲学思想与城市发展

古希腊人也非常注重观察自然，并热衷于对世界本源的探索，但和古代中国相比，希腊哲学中蕴藏着更多的科学成分，因此在很多方面为现代科学与现代哲学奠定了基础。恩格斯曾经指出，希腊人对世界总的认识和描述都是比较正确的，也有一定的深度。当然，不能排除他们在思维方面的缺陷："在古希腊人那里——正因为他们还没有进步到对自然界进行剖析、分析——自然界还被当做一个整体，从总的方面来观察，自然现象的总联系还没有在细节方面得到证明，这种联系对希腊人来说是直接的、直观的结果。"

古希腊人的宇宙观和古代中国的不同，他们主张：地球是宇宙的中心，是永远静止不动的，太阳、月亮、各种行星和恒星在天上都是围绕着地球运转（图 2-8）。亚里士多德的哲学思想就支持这样的地心说，他把这种不变和永恒视为最高的价值体现。这样的思想最终也反映在城市规划和建设当中（柏拉图的《理想国》、亚里士多德的《政治学》）。

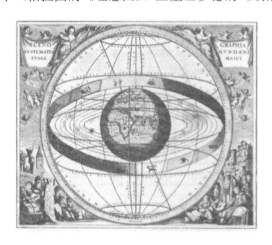

图 2-8　古代欧洲的宇宙观（托勒密的地心说）

同时，通过对自然万象的观察，古希腊人把物体的形状和大小抽象为一种空间形象，即无论是什么样的质量、重量或者材料，古希腊人只关注它的空间形象，或者说是几何特征，从而形成了"几何空间"和"几何图形"的概念。因此，把数学和哲学完美地结合是古希腊人的重要贡献，数学不仅是哲学家进行思维和创造的工具，也是追求真理的手段，而几何学尤其代表了美的本质。

独特的地理环境会孕育出独特的城市形态。希腊半岛被山峦和海湾分割成很多狭小的地块，海岸线破碎，几乎没有大片的平原，不利于政治上的统一，所以没有形成东方国家那样的集权政府。这样的地理环境造就了希腊人独特的意识形态，他们本身的生产力相对落后，但面对的是大海与海外有早已存在的高度发达的东方城市文明，又有爱琴海（克里特岛）这样的跳板，因此希腊人的知识摄取源是非常丰富的。他们的城市与东方截然不同：由于相对稳定的奴隶制度，古希腊人能相对安心于自给自足的生活，加之人口流动缓慢，于是便形成了以城邦为中心的、比较强烈的共同体概念。城邦很好地利用了破碎的海岸线，也为古希腊城市保护神的出现创造了条件（卫城和神庙的建设）；同时，培育了尊重市民权利和私有财产的传统，以及对小国寡民的城邦模式和贵族化的民主制度的推崇。

在城市建设方面，古希腊人提倡合理主义，即遵从自然规律与理性（阳光、和平、健康），强调人本主义思想；城市的形态不一定公式化，但一定要体现出和谐与美感，要给市民带来精神上的抚慰与幸福感。古希腊城市可以用一个直观的式子来表达：哲学思想+几何与数学+城市的公共空间（文化核心）。

希腊城市的空间形态与构成要素主要有：符合人的尺度的建筑形态，截然划分的公共空间与私密空间，前者如广场、圣殿、卫城、街道、元老院等。民主政治与文化的核心是广场，这个传统被后来的罗马人所继承并一直延续到今天。罗马人在希腊城市的基础上继续发展，并做出了更加卓越的贡献，如引水渠、公共浴室、公共娱乐场（角斗场和剧院）等城市基础设施，以及连接城市的道路体系和罗马法等。

到了希腊化时代，帝国的概念打破了小城邦的封闭意识，形成规模更大，集权力量更强大的城市，并且这种模式被推广到古代的地中海世界及东方各国。这个时代城市的规划尤其注重人的要素，而其渊源则可追溯到希波达姆斯。

4. 基于城市历史的规划分析内容

城市历史对城市规划的影响涉及方方面面，最直接的规划手段反映在城市历史文化遗产保护规划和城市复兴的过程中，基本方法包括历史文化名城的保护规划、历史文化街区的保护规划和历史建筑的保护利用等。

除此以外，基于城市历史的规划研究是城市规划的编制基础，对于正确指导一座城市的发展建设具有重要的作用。城市历史对城市规划的影响是以规划师和决策者建立的对城市结构和功能发展演变的认识为基本内容的。在对城市历史环境条件的分析中，规划师和决策者需同时关注城市发展演变的自然条件和历史背景，以及在此基础上形成的城市空间格局和文化遗产。主要可包括以下几方面的内容。

（1）对城市历史沿革的认识与分析，包括城市历史的发展、演进及城市发展的脉络。

（2）分析城市格局的演变，包括城市的整体形态、功能布局、空间要素（如道路街巷、城市轴线）等。

（3）分析城市历史发展中的自然与社会条件，包括政治、经济、文化、交通、气候、景观等内容。物质性的历史要素包括文物古迹、革命史迹、传统街区、名胜古寺、古井、古树等；非物质性的历史要素包括历史人物、历史事件、体现地方特色的岁时节庆、地方语言、传统风俗、文化艺术等。

具体可采用的工作方法包括：历史与文献资料研究、历史资源调查、自然资源调查和面向市民的社会调查等。

2.4.2 城市文化

1. 城市文化的内涵、类型与作用

不同学科基于不同的视角对文化有不同的释义，但基本上可以概括为两种：一是广义的文化，指普遍的物质生产、社会关系与精神生活，如生产力（经济活动）、人际关系（社会活动）、精神和道德规范（思维活动）、趣味与倾向（大众化价值观）、个人修养（理想、素质）等，这几乎囊括了人类的全部社会活动；二是狭义的文化，指意识形态及与之相适应的制度和组织结构，具有鲜明的时空特点，如时代产物（石器时代、青铜器时代、十月革命后的政治版图、改革开放等）、地区性表现（楚文化、沿海城市、金砖四国）、国家/民族文化（图腾崇拜、唐人街、美式快餐、欧洲的慢城组织）、社会制度（封建制、移民法、城乡规划法）等。

1）文化结构

在文化学及文化地理学研究中，一般将文化分为三个层次：①物质文化，指人类利用和创造的一切物质产品；②制度文化（或行为文化），指人类的理论创建、制度规范和行为约束，如政治制度、经济制度、法律制度及教育制度等；③精神文化，指人类的思想活动、意识形态、价值观和传统习俗等。这三个层次相互关联、相互制约。例如，精神文化是行为文化的内化产物，反过来又指导、支配、升华和约束人类的行为；物质文化是行为文化的外化产物，反过来又对行为文化提出要求，以便与其发展阶段相适应。这三种文化的相互影响与制约形成了文化发展的内在机制。

2）城市文化结构

作为人类文明的结晶，城市是人类文化的物质载体，根据城市文化的功能目的和实施手段，在城市规划和建设中所涉及的城市文化，可以分为物质环境、制度环境和人文环境三种类型。

物质环境——城市空间布局、自然景观、建筑风格、街道肌理、城市标志物等，这些构成城市空间的各种物质元素都是可直接观察到和触摸到的部分。城市文化的物质载体是一种物化手段，既为人类的行为活动提供物质支撑，又影响和制约着人在城市空间的行为活动。

制度环境——各种法律法规，如城乡规划法、土地管理法、文物保护法等各种城市规划建设的法律法规，地方性的城市管理规章制度，以及城市规划中制定的相关实施政策等。制度环境是在人文环境指导下建立的，用来制约人类行为的保障体系，目的是促进物质环境和人文环境有序和稳定地发展。它是城市文化的一种隐形手段。

人文环境——主要围绕着人展开，包括个人自身的基本活动，社会活动（人与人之间的关系）、精神活动（人的价值观念和思想意识）等。人的基本活动是围绕生产与生活方式展开的，包括衣食住行的各个方面；社会活动包括显性的和隐性的两部分：显性的如各种公共社区活动、从属团体的社群活动等，隐性的如家庭/家族关系、政治倾向和阶层分化等，这些行为活动是需要分析研究才能了解的；精神活动包括道德观念、思想意识、宗教信仰、职业伦理等。这些行为活动属于城市文化的主体和功能目标体系，是人的基本需求和存在方式，离不开物质环境的支撑，也不能没有制度环境的保障和约束，因而是物质和制度环境建设的直接目的。

人文环境处于城市文化中的支配地位，物质环境和制度环境的建设是为了满足人文环境的功能目的而采取的手段和途径。但物质环境和制度环境的建成往往不能随着人文环境的变化而变化，有一定的滞后性，结果就对人文环境形成了一定的制约和影响。我们常说，城市空间是人类精神的物质产物，是人类行为的空间载体，并为人类的行为活动提供物质的支撑。但从另一个角度看，城市空间往往是影响和制约人类行为活动的关键所在。由于城市空间的特殊性，即一旦形成，在很长的时间内将难以改变，因此对规划师而言，就必须全面和细致地研究物质环境对人的行为活动，特别是对城市的人文精神所产生的长期而深刻的影响。总之，上述的三者之间是相辅相成、相互制约、并行不悖的，城市文化的最终使命是达到物质、制度、人文共同协调的可持续发展，如图 2-9 所示。

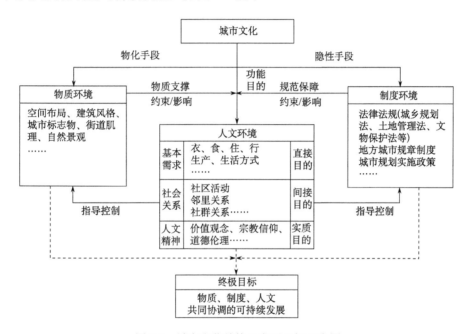

图 2-9　城市文化结构及发展目标示意图

2. 城市文化对城市规划的影响

1）传统文化对城市规划的影响

城市的传统价值取向可体现在城市的形态与规模方面，城市形态在特定的历史时期受到神人关系、君民关系的影响，也受到城市经济，特别是工商业结构的影响。例如，中国古代城市受到儒家思想和礼制的影响，产生了以《周礼·考工记》为代表的规划思想；受佛教文化的影响，南北朝时期在城市内兴建了大量的寺庙；而历代都城的选址大多受到风水理论的影响等。不同的城市文化也体现在不同的城市性质中，反映在城市规划上则表现为城市性质与城市功能布局的差异，如宗教城市、政治城市、商业城市、自治城市等，都在形态上有所区别。

2）历史变革期的城市文化对城市规划的影响

在城市文化历史变革期，城市文化思潮对城市规划往往具有较大的冲击力。例如，文艺复兴时期的城市文化对当时的欧洲城市建设产生了巨大影响。公元1452年，建筑师列昂·巴蒂斯塔·阿尔伯蒂的建筑理论专著《论建筑》继承了古罗马建筑师马克·维特鲁威的思想理论，对当时流行的古典建筑比例、柱式及城市规划理论和经验做了科学的总结。他主张首先应从城市的环境因素来合理地考虑城市的选址和造型。公元1464年，佛罗伦萨建筑师费拉瑞特在他的著作《理想的城市》中向人们呈现出一个理想城市的设计方案，打破了中世纪城市以宗教建筑为中心的沉疴，大型公共建筑如市政厅、广场等占据了城市的中心地带，给城市的人文景观带来了根本性的变化。文艺复兴时期建造的理想城市虽然凤毛麟角，但对当时整个欧洲的城市规划具有深远的影响，许多具有军事防御意义的城市都采用了这种模式。

文艺复兴时期还诞生了城市规划的概念，但是当时的城市仍具有强调"封闭"的特征，随后巴洛克风格的城市则更加"外向"。巴洛克城市首次被看做一个空间的系统，用透视法展开城市，把城市作为君权的象征。这样的风格始于罗马，例如，通往教堂的大轴线是为了强调教堂的重要地位，典型的例子如罗马圣彼得大教堂广场、波波洛广场等。之后在17世纪的沃·勒·维康府邸、凡尔赛宫乃至巴黎城市广场的设计中大量运用这一风格，其中凡尔赛宫最为典型。巴洛克的城市建设就其形式而言，是当时欧洲宫廷中形成的戏剧性场面和仪式的缩影和化身，实际上是宫廷显贵生活方式和姿态的集中展示。

3）当代城市文化对城市规划的影响

在当代城市规划实践中，城市文化通过塑造城市规划决策者（包括决策者、规划师及公众）的意识形态来影响城市规划方案的编制，同时，通过制约城市规划决策制度的法理基础，直接干预规划方案的选择，包括城市总体格局、城市肌理、城市形象和建设效果等。二者共同作用最终确定城市规划方案。由于城市文化通常依托具有强烈可识别性的城市空间而存在，因此，当某个范围内的城市建设按照规划方案完成后，也就意味着原来的城市文化空间载体在可识别性程度方面的变化：强化的可识别性增强了原来空间的文化集聚效应，反之，弱化的可识别性将削弱原来空间的文化集聚效应。这种强弱变化从正反两方面改变了地域特色，原先的地域特色经过较长时间的漂洗、过滤，积淀成为新的城市文化，从而又对城市建设产生影响，引起新一轮循环。城市文化对规划决策个体的意识形态的塑造具体表现在：通过影响规划决策者的社会观而确定城市总体格局；通过影响规划师的价值观进而干预城市肌理；通过影响公众个体的人生观间接塑造城市形象。

西方著名城市规划师如刘易斯·芒福德、约翰·弗里德曼、克里斯托夫·科尔及彼得·霍尔等人，都十分强调城市文化在城市规划与建设中的作用。他们认为任何城市都不可能脱离其存在的文脉和所扎根的文明。

3. 基于城市文化的规划设计方法

城市文化不是孤立的、抽象的概念，它必须依托于城市的各项建设，通过空间的变化来培育和实现。建筑、桥梁、道路都是城市文化的载体，所以，在规划时，只有用城市文化之"神"来塑造城市之"形"，才能使城市的"形"处处折射出城市文化的精神与内涵。城市规划的不同阶段对城市空间的影响是不一样的，而且是分层次的。具体的规划设计方法可以从以下几个角度出发：在城市总体规划阶段通过城市定位诠释城市文化形象；根据城市文化特征安排城市的空间布局；根据城市文化选择城市产业发展；在城市设计阶段通过对城市肌理的分析诠释城市文化历史；根据城市文化指导城市景观设计；通过城市环境要素诠释城市文化基调。

【思考题】

（1）与西方国家相比，当前我国老龄化社会有什么特点。

（2）我国城市社会阶层分异的基本动力主要有哪些？

（3）城市生态系统的主要特点是什么？城市的快速发展给生态系统和环境造成了哪些不良的影响？城市对生态系统有哪些有益贡献？

（4）根据城市经济学原理，思考哪些因素会带来城市边界的扩展。

（5）在中国快速城镇化的过程中，农村地区大量劳动力的流失会对农村居民点规划造成哪些影响？

（6）全球经济一体化和区域经济联系对城乡发展有哪些影响，在城乡规划时应如何考虑和应对？

【实践练习】

（1）以你所在的城市为例，分析当地主导产业对城市发展造成的影响。

（2）以城市生态系统为视角调查你所在的校园，试用图表的方式示意校园生态系统的运行方式和缺少的要素。

（3）调研你所在的城市，结合地域文化的特征提炼出其"城市性格"，并思考在城乡空间规划中如何体现这一性格。

【延伸阅读】

（1）王伟同. 2016. 人口结构多维转变下的中国经济. 北京：科学出版社.

（2）栾峰. 2012. 城市经济学. 北京：中国建筑工业出版社.

（3）沈清基. 2011. 城市生态环境：原理、方法与优化. 北京：中国建筑工业出版社.

（4）易介中. 2014. 中国城市文化脸皮书. 北京：中国青年出版社.

（5）张兵. 1998. 城市规划实效论：城市规划实践的分析理论. 北京：中国人民大学出版社.

（6）郑毅. 2000. 城市规划设计手册. 北京：中国建筑工业出版社.

第3章 城乡建筑历史、空间、功能和技术

3.1 建筑历史的基本知识

3.1.1 中国建筑历史基本知识

1. 木构架体系

中国古代建筑运用了木构架结构体系，其大致可分为抬梁式（叠梁式）、穿斗式、井干式三种，抬梁式和穿斗式如图 3-1、图 3-2 所示。

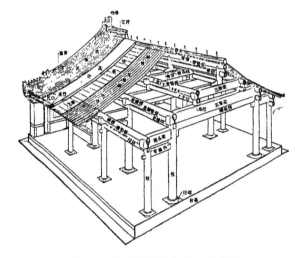

图 3-1 清式抬梁式木构架示意图

资料来源：潘谷西. 2004. 中国建筑史. 6 版. 北京：中国建筑工业出版社

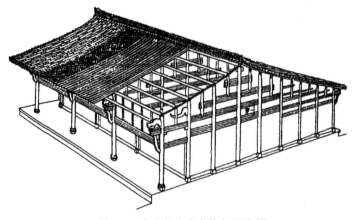

图 3-2 清式穿斗式木构架示意图

资料来源：潘谷西. 2004. 中国建筑史. 6 版. 北京：中国建筑工业出版社

根据承重与否，其结构可分为承重的梁柱结构部分，即大木作，以及仅为分隔空间或装饰的非承重装修部分，即小木作。大木作包括梁、檩、枋、椽、柱、斗拱等，小木作则是门、窗、隔扇、屏风及其他非结构部件。五台山佛光寺东大殿梁架示意图如图 3-3 所示。

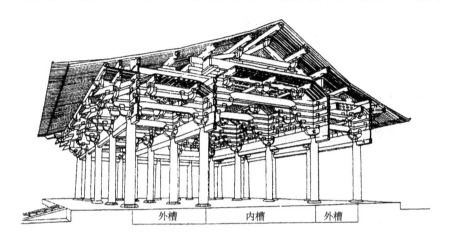

图 3-3　五台山佛光寺东大殿梁架示意图

资料来源：潘谷西. 2004. 中国建筑史. 6 版. 北京：中国建筑工业出版社

斗拱又称枓栱、斗科、欂栌、铺作等，是我国木构架建筑特有的结构构件。在立柱顶、额枋和檐檩间或构架间，从枋上加的一层探出成弓形的承重结构称为拱，拱与拱之间垫的方形木块称为斗，合称斗拱。斗拱由方形的斗、升、拱、翘、昂组成，是较大建筑物的柱与屋顶间之的过渡部分，其功用在于承受上部突出的屋檐，将其重量或直接集中到柱上，或间接地先纳至额枋上再转到柱上。受封建社会中森严的等级制度的影响，斗拱在唐代发展成熟后便规定民间不得使用，一般非常重要或有纪念性的建筑物，才有斗拱的安置。到了明清时期，斗拱尺寸变小，受力作用减少，逐渐演变为装饰性构件。清式五踩翘单昂斗拱如图 3-4 所示。

北宋李诚所著的《营造法式》和清工部颁布的《工程做法则例》，是我国古代最著名的两部建筑学术著作，其中规定了类似于现代建筑模数制（宋代用"材"，清代用"斗口"为标准）和构件的定型化。

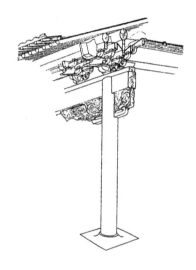

图 3-4　清式五踩翘单昂斗拱

资料来源：潘谷西. 2004. 中国建筑史. 6 版.
北京：中国建筑工业出版社

2. 平面布置以"间"、"步"为单位

我国木构建筑正面两檐柱间的水平距离称为"开间"（又称面阔），各开间宽度的总和称为"通面阔"（图 3-5）。建筑的开间在汉代以前有奇数也有偶数的，汉代以后用十一以下的奇数间，民间建筑常用三、五开间，宫殿、庙宇、官署多用五、七开间，十分隆重的用九开间，至于十一开间，则只在最高等级的建筑中出现，如西安唐大明宫含元殿、麟德殿和北

京清故宫太和殿。

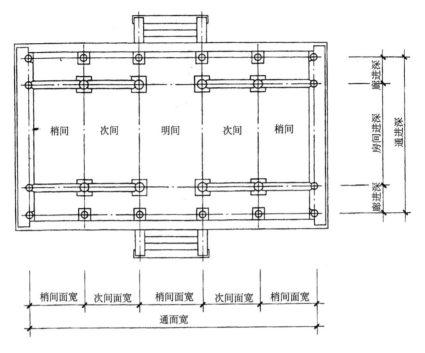

图 3-5　面宽与进深

资料来源：马炳坚. 1997. 中国古建筑木作营造技术. 北京：科学出版社

屋架上的檩与檩中心线间的水平距离，清代称为"步"或"步架"（图 3-6）。檩木的位置与间距都有定制，很少任意增减，因此可用来表达进深的尺度，各步距离的总和或侧面各开间宽度的总和称为"通进深"。若有斗拱，则按前后挑檐檩中心线的水平距离计算。清代各步距离相等，宋代有相等的、递增或递减及不规则排列的。

佛塔和园林建筑不受规制的约束，因此单体平面形式多变。

3. 封建等级制度影响下的建筑物等级规制

中国古建筑的屋顶形式分为五种主要类型，即庑殿、歇山、披尖、悬山及硬山，按重要性可设重檐（图 3-7）。

建筑物等级由高到低分别为：

（1）顶。重檐、庑殿、重檐歇山、重檐攒尖、单檐庑殿、单檐歇山、单檐攒尖、悬山、硬山。

（2）开间。清代最高为 11 间，依次为 9、7、5、3 间。

（3）色彩。由高到低为黄、赤、绿、青、蓝、黑、灰，宫殿用金、黄、赤色，民舍只可用黑、灰、白色为墙面及屋顶色调。

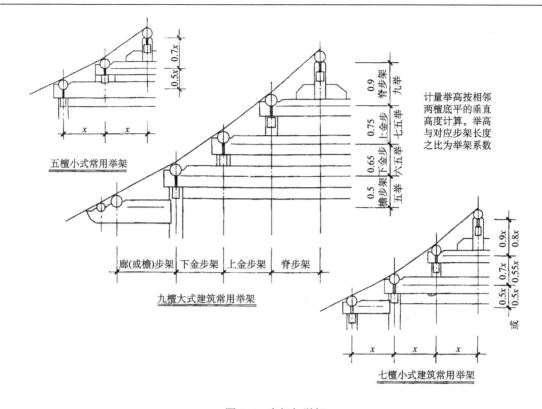

图 3-6　步架与举架

资料来源：马炳坚. 1997. 中国古建筑木作营造技术. 北京：科学出版社

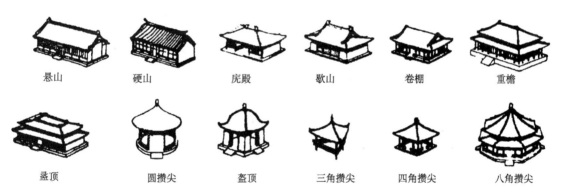

图 3-7　中国古建筑的屋顶形式

资料来源：潘谷西. 2004. 中国建筑史. 6 版. 北京：中国建筑工业出版社

4. 建筑群布局：无院不成群

中国传统的建筑群基本上是由一组或多组建筑围绕一个中心空间构成，即层层深入的院落空间组合，这种方式延续了几千年。古代单体建筑用"间"作为度量单位，对于建筑群则以"院"来度量，无院不成群。院落由单体建筑围合而成，建筑群以中轴线为基准，由若干院落组合而成。利用单体的体量大小和在院中所居的位置来区别尊卑内外，符合中国封建社会的宗法观念。中国的宫殿、衙署、住宅都属院落式。另外，院落式平房比单幢的高层木阁楼在防救火灾方面更为有利。四合院的平面图如图 3-8 所示。

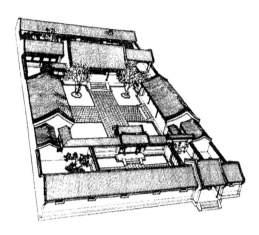

图 3-8　四合院

资料来源：潘谷西. 2004. 中国建筑史. 6 版. 北京：中国建筑工业出版社

5. 宫殿、坛庙、陵墓

1）宫殿

宫殿是帝王朝会和居住的地方，规模宏大，形象壮丽，格局严谨，给人强烈的精神感染，凸显王权的尊严。中国传统文化注重巩固人间秩序，与西方以宗教建筑为主不同，中国建筑成就最高、规模最大的就是宫殿。从原始社会到西周，宫殿的萌芽经历了一个集首领居住、聚会、祭祀多功能于一体的混沌未分的阶段，发展为与祭祀功能分化，只用于君王后妃朝会与居住。在宫内的阶段，宫殿常依托城市而存在，以中轴对称规整谨严的城市格局，突出宫殿在都城中的地位。唐长安大明宫麟德殿复原想象图如图 3-9 所示。

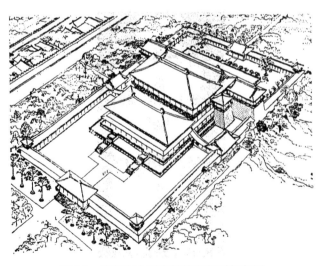

图 3-9　唐长安大明宫麟德殿复原想象图

资料来源：潘谷西. 2004. 中国建筑史. 6 版. 北京：中国建筑工业出版社

目前，我国已知最早的宫殿遗址是河南偃师二里头商代宫殿遗址，是至今发现的我国最早的规模较大的木架夯土建筑和庭院。

2）坛庙

坛庙，主要指的天坛、社稷坛、太庙，还有其他祭祀建筑。帝王亲自参加的最重要的祭祀有三处：天地、社稷、宗庙。汉长安南郊明堂辟雍复原想象图如图3-10所示。

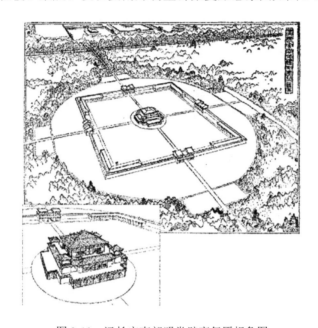

图 3-10　汉长安南郊明堂辟雍复原想象图

资料来源：潘谷西. 2004. 中国建筑史. 6 版. 北京：中国建筑工业出版社

除了帝王的宗庙，各级官吏也设家庙，后统称为祠堂。另外，还有一类祭祀建筑，即孔庙。

3）陵墓

陵墓是指帝王诸侯的坟墓，陵墓分地下和地上两部分。地下部分主要是安置棺椁的墓室；地上部分则是环绕陵体而形成的一套布置。从地形选择到入口、神道、祭祀场所、陵体及绿化，古人长期积累了不少经验，这对于建造纪念性建筑或营造严肃静穆的环境，具有极高的参考价值。

陵墓建筑反映了人间建筑的布局和设计。秦、汉、唐和北宋的帝后陵都有明显的轴线，陵丘居中，绕以围墙，四面辟门。而唐与北宋诸陵在每个陵的轴线上建享殿、门阙、神道和石象生等。在唐宋陵墓的基础上发展起来的明朝各陵，采用公共神道与牌坊、碑亭及方城明楼和宝顶相结合的处理方法，明十三陵总平面图如图3-11所示。清朝的皇陵基本上承袭了明朝的布局和形制。

6. 宗教建筑

在我国历史上曾出现过多种宗教，最具影响的是佛教、道教和伊斯兰教。其中，佛教的历史长、传播广，不但留下了丰富的建筑和艺术遗产，而且对我国古代文化的发展也产生了深远的影响。

图 3-11　明十三陵总平面图

资料来源：潘谷西. 2004. 中国建筑史. 6 版. 北京：中国建筑工业出版社

佛教在两晋、南北时期有很大发展，并因此建造了大量寺院、石窟和佛塔。我国现存著名石窟，如龙门石窟、云冈石窟、天龙山石窟、敦煌石窟等，都肇始于这一时期。其建筑与艺术的造诣也都达到了很高水平。这一时期的寺庙主体是由塔、殿和廊院组成，并采用中轴对称的平面布局，即"前塔后殿"的形式（图 3-12）。

道教思想对我国古代文化也有相当大的影响，道观布局和形式大体仍遵循我国传统的宫殿、坛庙体制，即以殿堂、楼阁为主，中轴对称、纵深布局。目前保存较完整的道观，以元代中期的山西永济县永乐宫为代表。

伊斯兰教约于唐代自西亚传入我国。由于伊斯兰教的教义与仪典的要求，清真寺必须朝向圣地麦加，并设高耸的召唤信徒使用的邦克楼及净身的浴室，不置偶像，仅设圣龛。结构常用砖石拱券或穹隆。一切装饰纹样唯用古兰经或植物、几何形图案。遗留至今的代表作是元代重建的福建泉州清净寺及明初西安华觉巷清真寺。

7. 住宅

因不同的地域、气候和生活方式，我国境内产生了多种多样的民族住宅建筑样式。在西南，至今仍使用干阑式民居；内蒙古及西北少数民族则使用帐篷式住房；黄土高原地带广泛采用窑洞式住宅。即使是木构体系的汉族住房，也因南北气候、风土不同而差异很大，如北方的民居墙厚、屋顶厚、院落宽敞、争取日照。南方屋檐深挑、天井狭小，室内空间高敞。而福建、广东诸省往往强调风向而不强调日照。总之，因地制宜、因材致用是住宅建筑最大的特色。

中国传统住宅的主要类型有：

（1）庭院式。是中国传统住宅的主要形式，包括多种形态，如四合院、四水归堂、一颗印、大土楼等。

（2）窑洞式。分布于河南、山西、陕西等黄土层厚的地域，有靠山窑及平地窑。

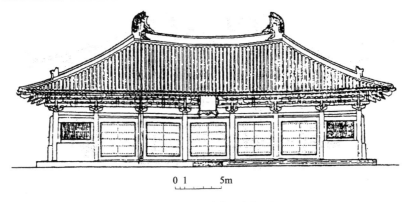

山西五台山佛光寺大殿立面

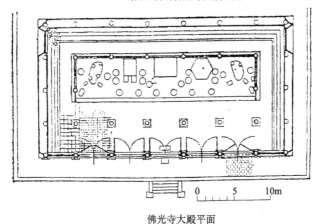

佛光寺大殿平面

图 3-12　佛光寺大殿立面与平面

资料来源：潘谷西. 2004. 中国建筑史. 6 版. 北京：中国建筑工业出版社

（3）毡包。分布于内蒙古、新疆、青海等地，是牧民移动式房屋。

（4）碉房。藏族的住房。

（5）干阑式。分布于西南少数民族地区，住宅生活层架空，以利于建造防潮、防虫蛇野兽的木构房屋，如广西壮族的麻栏、云南傣族的竹楼等。

中国建筑主要类型示意如图 3-13 所示。

3.1.2　外国建筑历史基本知识

1. 古埃及建筑

古埃及是世界文明的发源地。埃及是世界四大文明古国之一，其古代建筑主要分为三个时期：古王国时期（公元前 27～前 22 世纪）、中王国时期（公元前 22 世纪中叶至公元前 16 世纪）、新王国时期（公元前 16～前 11 世纪），各个时期的建筑分别以金字塔、石窟陵墓、神庙等为代表。其风格特点主要体现在高超的石材加工制作技术创造出的巨大体量、简洁几何形体、纵深空间布局，追求雄伟、庄严、神秘、震撼人心的艺术效果。吉萨金字塔群总平面如图 3-14 所示。

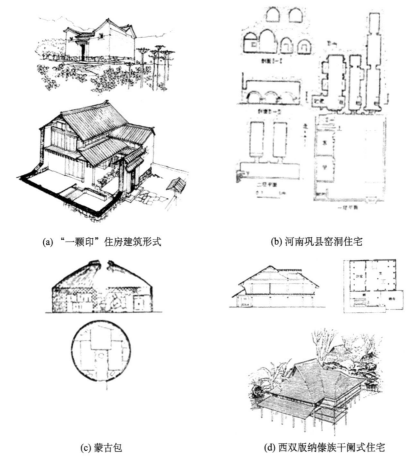

(a) "一颗印"住房建筑形式　　　　　　(b) 河南巩县窑洞住宅

(c) 蒙古包　　　　　　(d) 西双版纳傣族干阑式住宅

图 3-13　中国建筑主要类型示意图

资料来源：潘谷西. 2004. 中国建筑史. 6 版. 北京：中国建筑工业出版社

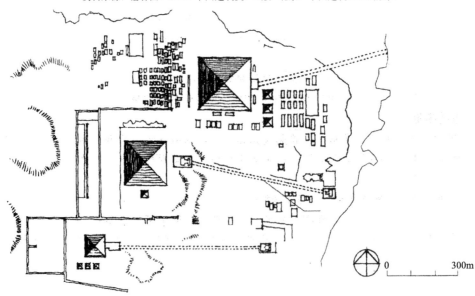

图 3-14　吉萨金字塔群总平面

资料来源：Ching F D K，Jarzonbek M M，Prakash V. 2005. A Global History of Architecture. New York：John Wiley&Sons，Inc

2. 欧洲古典建筑

公元前 5 世纪中叶起的 100 余年间，史称古典文化时期。古希腊盛期、罗马共和盛期和罗马帝国盛期的建筑统称欧洲古典建筑。当时的建筑以神庙为中心，还有大量的公共活动场所，如露天剧场、广场、竞技场及敞廊等，建筑风格开敞明亮，讲究艺术效果。

1）古代希腊建筑

古希腊是欧洲文化的发源地，古希腊建筑是欧洲建筑的先河，范围包括巴尔干半岛南部、爱琴海诸岛屿、小亚细亚西海岸，以及东至黑海，西至西西里的广大地区。

欧洲古典建筑以石材为建筑材料，古希腊庙宇除屋架外，全部用石材建造，柱子、额枋和檐部的艺术处理基本上决定了庙宇的外貌。在历史演进中，古希腊建筑的变化主要集中在这些构件的形式、比例及其相互组合上，并逐渐形成了决定希腊建筑形式的柱子格式，称为柱式。典型的希腊柱式有多立克柱式、爱奥尼克柱式和科林斯柱式三种，包括后来罗马时期发展形成的塔司干柱式和组合柱式，统称为古典五柱式（图 3-15）。

典型的范例包括雅典卫城（图 3-16）、帕提农神庙、伊瑞克先神庙等。其中最著名的雅典卫城建筑群位于雅典城西南的卫城山丘上，建于公元前 4 世纪，是综合性的公共建筑，为宗教政治的中心地。雅典卫城面积约有 $4km^2$，卫城中最早的建筑是雅典娜神庙和其他宗教建筑。卫城的中心是雅典城的保护神雅典娜的铜像，建筑群布局自由、高低错落、主次分明，无论是身处其间或是从城下仰望，都可看到较为完整与丰富的建筑艺术形象。卫城在西方建筑史中被誉为建筑群体艺术组合中的一个极为成功的实例，特别是在巧妙利用地形方面更为杰出。

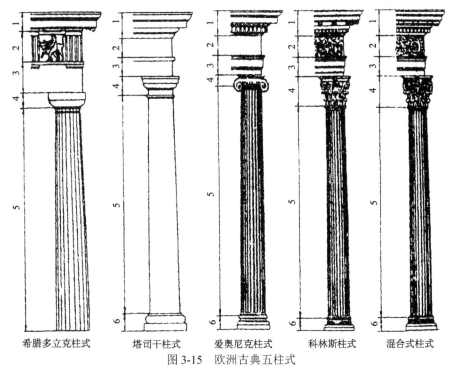

图 3-15　欧洲古典五柱式

希腊多立克柱式　　塔司干柱式　　爱奥尼克柱式　　科林斯柱式　　混合式柱式

1.檐口；2.檐壁；3.额枋；4.柱头；5.柱身；6.柱础

资料来源：全国城市规划执业制度管理委员会.2002. 全国注册城市规划师执业资格考试指定参考用书之二. 城市规划相关知识.北京：中国计划出版社

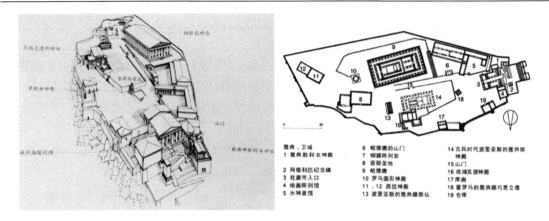

图 3-16　雅典卫城

雅典卫城	6 帕维嫩的山门	14 古风时代波里亚斯的雅典娜
1 雅典胜科女神庙	7 铜陈列室	神庙
2 阿格利巴纪念碑	8 宙斯圣地	15 山门
3 柱廊市入口	9 帕德嫩	16 依瑞克提神庙
4 绘画陈列馆	10 罗马圆形神庙	17 库房
5 水神泉馆	11、12 西记神庙	18 普罗马的雅典娜巧思立像
	13 波里亚斯的雅典娜祭坛	19 仓库

2) 古代罗马建筑

古代罗马于公元前 1 世纪建立了横跨欧、亚、非三大洲的大帝国，其建筑历史主要分为伊特鲁里亚时期、罗马共和国盛期、罗马帝国时期三个时期。古罗马建筑在空间创造方面，重视空间的层次、形体和组合，并使之达到宏伟与富于纪念性的效果；在结构方面，罗马人发展了结合东西方的梁柱与拱券结合的体系；在建筑材料上，运用了当地出产的天然混凝土；在柱式方面，发展了塔司干柱式和组合柱式，并创造了券柱式（图 3-17）；在理论方面，维特鲁威的著作《建筑十书》奠定了古典建筑的理论基础，是文艺复兴以后三百余年内建筑学的基本教材，是现存欧洲古代最完备的建筑专著。

图 3-17　罗马券柱式

典型的范例包括图拉真广场（图 3-18）、大角斗场、万神庙、卡拉卡拉浴场、巴西利卡等。其中最著名的图拉真广场，作为罗马最后一个帝国议事广场，位于意大利罗马市中心威尼斯广场旁。广场轴线对称，做多层纵深布局，不仅尺度巨大，而且与图拉真巴西利卡大厅、图拉真纪功柱、图拉真庙沿着一条中轴线组成一个多层次的广场。广场平面呈矩形，入口为凯旋门，左右两端各有一半圆形的次广场，末端是巴西利卡大厅，纵横轴线相交处为图拉真像，四周是柱廊。突出主次和层层深入的空间使广场具有庄严雄伟的艺术效果。广场设计者是叙利亚人阿波罗·多拉斯。

3. 中世纪建筑

直到 14～15 世纪资本主义萌芽之前，欧洲的封建时期被称为中世纪，期间以宗教建筑为其最高成就代表。受基督教中世纪分为两大宗教的影响，西欧为天主教，东欧为正教，西欧和东欧的建筑体系完全不同，其代表性建筑分别为天主教堂和东正教堂。在东欧，大大发展了古罗马的穹顶结构和集中式形制；在西欧，则大大发展了古罗马的拱顶结构和巴西利卡形制。

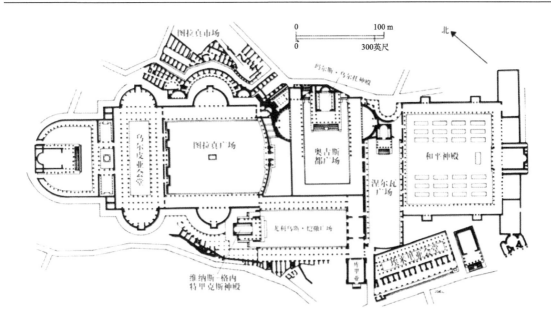

图 3-18　图拉真广场

1）拜占庭建筑

东罗马又称拜占庭帝国，其建筑也称拜占庭建筑。拜占庭的建筑成就在于发展了古罗马的穹顶结构和集中式形制，创造了穹顶支在四个或更多的独立柱上的结构方法和穹顶统率下的集中式型制建筑，以及彩色镶嵌和粉画装饰艺术；在结构上，拜占庭建筑采用帆拱、鼓座、穹顶相结合的做法。其教堂格局大致分为三类：巴西利卡式；集中式，即平面为圆形或多边形，中央有穹窿；十字形，即平面为等臂长的希腊十字，中央有穹窿。帆拱、鼓座、穹顶这一套拜占庭的结构方式与艺术形式，在欧洲广泛流行。

典型范例为圣索菲亚大教堂（图 3-19）。其为东正教的中心教堂，位于君士坦丁堡，是皇帝举行重要仪式的场所。平面为长方形，上部属于以穹隆覆盖的巴西利卡式。大厅高大宽阔，适宜举办隆重豪华的宗教仪式和宫廷庆典活动。结构系统复杂而条例分明，中央大穹隆通过帆拱支撑在 4 个大柱墩上，其横推力由东西两个半穹顶及南北两个大柱墩来平衡，其延展、复合的空间，比起古罗马万神庙单一、封闭的空间来说，是结构上的巨大进步。

2）西欧罗马风和哥特式建筑

罗马风建筑与哥特式建筑是西欧封建社会初期（9～12 世纪）与盛期（12～15 世纪）的建筑。

（1）罗马风建筑。公元 9 世纪左右，西欧进入封建社会，这时的建筑继承了古罗马的半圆形拱券结构，形式上又略有古罗马的风格，故称为罗马风建筑。它所创造的扶壁、肋骨拱与束柱在结构与形式上都对后来的建筑影响很大。其典型范例为意大利比萨教堂（图 3-20）。

（2）哥特式建筑。罗马风建筑进一步发展就是 12～15 世纪西欧以法国为中心的哥特式建筑。其最突出的特点是形成了具有独创性的结构体系，完全脱离了古罗马的影响，以尖券（来自东方）、尖形肋骨拱顶、坡度很大的两坡屋面和教堂中的钟楼、飞扶壁、束柱、花窗棂为其特点。其典型范例为巴黎圣母院（图 3-21）。

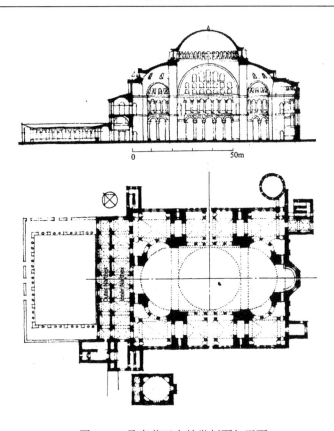

图 3-19　圣索菲亚大教堂剖面与平面

资料来源：Ching F D K，Jarzonbek M M，Prakash V. 2005. A Global History of Architecture. New York: John Wiley&Sons，Inc

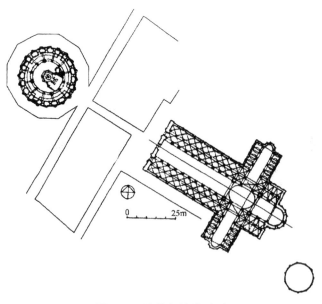

图 3-20　比萨主教堂平面

资料来源：Ching F D K，Jarzonbek M M．Prakash V．2005. A Global History of Architecture．New York：John Wiley&Sons，Inc

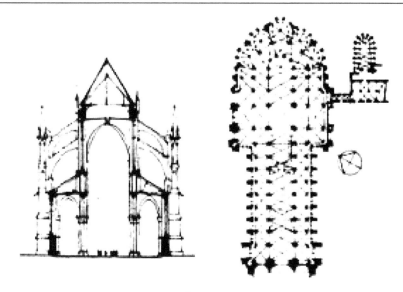

图 3-21　巴黎圣母院剖面与平面

资料来源：Ching F D K，Jarzonbek M M．Prakash V．2005．A Global History of Architecture．

New York：John Wiley&Sons，Inc

4. 文艺复兴时期建筑

文艺复兴、巴洛克和古典主义是 15~19 世纪先后兴起，时而又并行地流行于欧洲各国的建筑风格。其中文艺复兴与巴洛克源于意大利，古典主义源于法国。广义上，我们统称三者为文艺复兴时期建筑。

1）意大利文艺复兴时期建筑

意大利文艺复兴时期为市民服务的府邸、市政厅、议会大厦、广场、别墅等世俗建筑成为主要建筑。在反封建、倡理性的人文主义思想指导下，提倡复兴古罗马的建筑风格，以取代象征神权的哥特风格。建筑轮廓上文艺复兴时期讲究整齐、统一与条理性，古典柱式再度成为建筑造型的构图主题。典型范例包括佛罗伦萨主教堂（也称圣玛利亚大教堂）的穹顶（图 3-22）、美第奇府邸（又称吕卡第府邸）、威尼斯圣马可广场、罗马圣彼得大教堂等。

2）巴洛克建筑

巴洛克风格是 17~18 世纪在意大利文艺复兴建筑基础上发展起来的一种建筑和装饰风格，从形式上看，类似文艺复兴的支流与变形，但思想出发点与人文主义不同，它追求建筑的感性、追求建筑曲折变换的动感、讲究视感效果，为研究建筑设计新手法开辟了新领域。典型范例包括罗马耶稣会教堂、罗马圣卡罗教堂、罗马圣彼得大教堂前广场（图 3-23）等。

3）法国古典主义建筑与洛可可风格

法国古典主义建筑与洛可可风格是指 17 世纪法国国王路易十三、路易十四专制王权时期的建筑。17 世纪中叶建立了中央集权的法国，在宫廷中提倡能象征中央集权的有组织、有秩序的古典主义文化，受其影响的法国古典主义建筑排斥民族传统与地方特点，崇尚古典柱式，强调柱式必须遵守古典（古罗马）规范。总体布局、建筑平面和立面造型强调轴线对称、

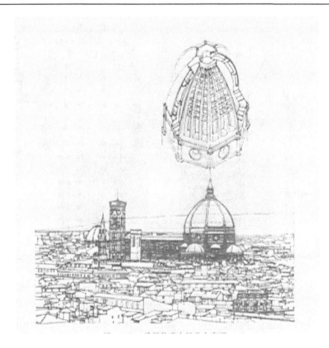

图 3-22 意大利佛罗伦萨大教堂

资料来源：Ching F D K，Jarzonbek M M．Prakash V．2005．A Global History of Architecture．New York：John Wiley&Sons，Inc

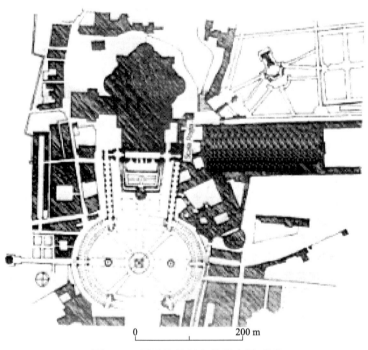

图 3-23 罗马圣彼得大教堂广场平面

资料来源：Ching F D K，Jarzonbek M M．Prakash V．2005．A Global History of Architecture．New York：John Wiley&Sons，Inc

主从关系，突出中心和规则的几何形体，并提倡富于统一性与稳定感的横三段和纵三段构图手法。典型范例包括巴黎卢浮宫东廊（图 3-24）、凡尔赛宫花园等。

图 3-24 卢浮宫东立面

资料来源：Ching F D K，Jarzonbek M M. Prakash V. 2005. A Global History of Architecture. New York：John Wiley&Sons，Inc

18 世纪上半叶在法国宫廷的室内装饰中又流行一种受东方影响而产生的洛可可装饰风格。其风格特点主要表现在室内装饰上，应用明快鲜艳的色彩，纤巧的装饰，家具精致而偏于烦琐，具有妖媚柔靡的贵族气味和浓厚的脂粉气；常用不对称手法，喜用弧线和 S 形线，爱用自然物做装饰。典型范例包括巴黎苏俾士府邸客厅等。

5. 19 世纪末复古思潮及新技术影响

1）复古思潮

建筑中的复古思潮是指从 18 世纪 60 年代到 19 世纪末在欧美流行的古典复兴、浪漫主义与折中主义。其中古典复兴指的是 18 世纪 60 年代到 19 世纪末在欧美盛行的古典建筑形式；浪漫主义指的是 18 世纪下半叶到 19 世纪上半叶活跃在欧洲的建筑思潮；折中主义指的是 19 世纪上半叶至 20 世纪初在欧美盛行的另一种创作思潮。

2）新材料、新技术与新类型

在资本主义初期，由于工业大生产的发展，建筑科学有了很大的进步。新的建筑材料、新的结构技术、新的设备、新的施工方法的出现，为近代建筑的发展开辟了广阔的前途。正是应用了这些新的技术，突破了传统建筑高度与跨度的局限，建筑在平面与空间的设计上可以比过去自由得多，而这必然影响到建筑形式的变化。同时，随着工业生产的发展与生活方式的改变，产生了诸如图书馆、百货店、市场、火车站、博览会等众多的新建筑类型。典型范例包括伦敦水晶宫展览馆（图 3-25）等。

6. 新建筑运动初期

1）工艺美术运动

19 世纪 50 年代，在英国出现的工艺美术运动是小资产阶级浪漫主义思想的反映，是以拉斯金和莫里斯为首的一些社会活动家的哲学观点在艺术上的表现。他们热衷于手工艺的效果与自然材料的美，反对机器的粗制滥造，在建筑上主张用"田园式"住宅来摆脱古典建筑的羁绊。典型范例包括莫里斯的住宅"红屋"等。

2）新艺术运动

新艺术运动自 19 世纪 80 年代开始于比利时布鲁塞尔，创始人之一为凡·德·费尔德。新艺术运动的目的是解决建筑和工艺品的艺术风格问题。它的装饰主题是模仿自然界生长繁盛的草木形状的曲线，由于铁便于制作各种曲线，因此装饰中大量应用铁构件。新艺术派的建筑特征主要表现在室内，外形一般比较简洁。典型范例包括布鲁塞尔都灵路 12 号住宅、德国魏玛艺术学校等。

图 3-25　伦敦水晶宫展览馆内景

资料来源：Ching F D K，Jarzonbek M M．Prakash V．2005. A Global History of Architecture．New York：John Wiley&Sons，Inc

3）维也纳分离派

维也纳分离派以奥托·瓦尔纳、霍夫曼及奥布里奇为代表人物。维也纳分离派坚持和过去传统决裂的主张。1898 年维也纳建的分离派展览馆就是一例。他们主张造型简洁与集中装饰，但和新艺术运动不同的是装饰主题用直线和大片墙面及简单的立方体，使建筑走向简洁的道路。

4）美国芝加哥学派

19 世纪 70 年代，在美国兴起了芝加哥学派，它是现代建筑在美国的奠基者。芝加哥学派在工程技术上的重要贡献是创造了高层金属框架结构和箱形基础，在建筑造型上趋向简洁与创造独特的风格。创始人是工程师詹尼、沙利文等。代表建筑有 1899 年沙利文设计的芝加哥百货公司大厦，詹尼于 1879 年设计的芝加哥第一拉埃特大厦等。

5）赖特的草原住宅

赖特是美国著名的现代建筑大师，自 1894 年以来，独立地发展了美国本土的现代建筑，在美国西部地方建筑自由布局的基础上，于 20 世纪初创造性地提出了富于田园诗意的"草原式住宅"。其特点在于造型以横纵体量变化为美，布局上与大自然结合，使建筑与环境融为一体。平面多为十字形，以壁炉为中心，室内空间既分又连，因遮阳之需而设低缓、出檐深远的屋顶。代表建筑如 1907 年的罗伯茨住宅，1908 年的罗比住宅等。

6）德意志制造联盟

德国在 1907 年由企业家、艺术家、技术人员等组成了全国性的"德意志制造联盟"，它的目的在于提高工业制品的质量以求达到国际水平。建筑师们认为，建筑必须和工业结合。

代表人物彼得·贝伦斯以工业建筑为基地来发展真正符合功能与结构特征的建筑。代表建筑为彼得·贝伦斯为德国通用电气公司设计的透平机制造车间与机械车间。

7. 新建筑运动盛期

1）建筑革新派

第一次世界大战后，建筑革新派的阵营日益扩大。革新派就建筑的功能、技术、工业、经济、文化、艺术等方面，从不同角度、不同侧重点进行了多途径的实验与探索，并形成了比较系统和彻底的建筑改革主张，其主要特点有：①设计以功能为出发点；②发挥新型材料和建筑结构的性能；③注重建筑的经济性；④强调建筑形式与功能、材料、结构、工艺的一致性，灵活处理建筑造型，突破传统的建筑构图格式；⑤认为建筑空间是建筑的主角；⑥反对表面的外加装饰。期间相对重要的流派有表现派、未来派、风格派和构成派。

2）四位大师的理论及其作品

（1）格罗皮乌斯。他是建筑师中最早主张走建筑工业化道路的人之一。其设计的包豪斯校舍（图 3-26）被誉为现代建筑史上的一个重要里程碑，反映了新建筑的特点：①以功能为建筑设计的出发点；②采用灵活的不规则的构图手法；③发挥现代建筑材料和结构的特点；④造价低廉。格罗皮乌斯明显地把功能因素和经济因素放在最重要的位置上。在其影响下的新建筑学派被称为包豪斯学派。

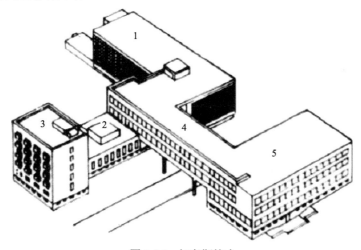

图 3-26　包豪斯校舍

1. 作坊；2. 教室、餐厅、健身房；3. 公寓；4. 办公室；5. 工艺美术学校

（2）勒·柯布西耶。柯布西耶在城市规划方面，在研究现代建筑的实用问题方面，在运用新材料结构特别是运用钢筋混凝土方面，在建筑体形和空间处理方面，都有独创之处，是现代建筑运动的主将，也是 20 世纪最重要的建筑师之一，是现代建筑师中一直处于领袖地位的人物。1923 年，柯布西耶出版了《走向新建筑》一书，书中极力主张建筑工业化生产的方向；在平面设计时要由内到外，功能第一，在建筑形式上赞美简单的几何形体。

他的早期作品萨伏伊别墅体现了"新建筑五点"原则：①底层架空；②屋顶花园；③自由平面；④横向长窗；⑤自由立面。中期作品马赛公寓是"粗野主义"的代表建筑。晚期作品朗香教堂则具有浪漫主义的思想倾向。柯布西耶的主要代表建筑如图 3-27 所示。

(a) 萨伏伊别墅　　　　　　　　　(b) 马赛公寓　　　　　　　　　(c) 朗香教堂

图 3-27　柯布西耶的主要代表建筑

（3）密斯·凡·德·罗。密斯·凡·德·罗主张建筑应满足时代的现实主义和功能主义的需要，应实现建筑工业化生产。他一生中对现代建筑的最卓著贡献在于，探索钢框架结构和玻璃这两种手段在建筑设计中应用的可能性，提出"少就是多"、"流动空间"等主张。密斯通过他的钢与玻璃的建筑，把建筑技术升华到艺术，为现代建筑做出了杰出的贡献。在美国和德国出现过为追随密斯而运用钢和玻璃为专一手段的"密斯风格"。代表建筑（图 3-28）有西格拉姆大厦、巴塞罗那博览会德国馆等。

(a) 西格拉姆大厦

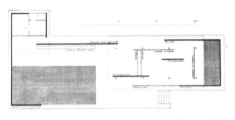

(b) 巴塞罗那博览会德国馆

图 3-28　密斯·凡·德·罗的主要代表建筑

（4）赖特。赖特是建筑思想别具一格的现代主义建筑大师，创建了独特的有机建筑理论，是 20 世纪美国的一位重要建筑师。19 世纪末到 20 世纪初的 10 年，赖特遵循注重环境的思想，设计了大量的草原住宅，以 1902 年设计的威立茨住宅为典型代表。赖特把自己的建筑算作有机建筑，他认为建筑师应从自然中得到启示，建筑应与自然环境紧密结合，如从地面中生长出来一般。他的建筑空间灵活多变，既有内外空间的交融流通，又具有隐蔽的特色；既运用新材料和新结构，又始终重视和发挥传统建筑材料的优点，并善于把两者结合起来，突破了工业化的局限性。其代表建筑（图 3-29）有流水别墅、古根汉姆博物馆等。

(a) 流水别墅　　　　　　　　　　　　　　　　　　　(b) 古根汉姆博物馆

图 3-29　赖特的主要代表建筑

8. 高层与大跨度建筑

第二次世界大战后，受工业发展的影响，建筑技术飞速发展，特别是高层建筑与大跨度建筑发展迅猛，充分体现了现代建筑的特征与新技术的威力。

1）高层建筑

1952 年，SOM 建筑事务所在纽约建造了高 22 层的利华大厦，开创了全玻璃幕墙板式高层建筑的新手法，成为风行一时的样板。时至今日，世界最高建筑迪拜的哈利法塔高度达到了创纪录的 828m，楼层总数 162 层。高层建筑的体形可归纳为板式与塔式两类，其关键在于水平荷载，目前已找到了能有效地抗倒塌的新结构体系。

2）大跨度建筑

第二次世界大战后大跨度建筑取得了突出的进步，除了传统梁架或桁架屋盖外，比较突出的则是新创造的各种钢筋混凝土薄壳与折板，以及悬索结构、网架结构、钢管结构、张力结构、悬挂结构、充气结构等。2014 年建造的新加坡国家运动体育馆的跨度达到了310m。

9. 第二次世界大战后建筑的主要思潮

1）对"理性主义"的充实与提高

"理性主义"指形成于两次世界大战之间的以格罗皮乌斯及包豪斯学派和以柯布西耶等人为代表的欧洲的现代建筑。第二次世界大战后对"理性主义"进行充实与提高是相当普遍的思潮，重点在讲究功能与技术合理的同时，注意了结合环境与服务对象的生活需要，期间的代表作如 TAC 事务所设计的哈佛大学研究生中心楼。

2）讲求技术精美的倾向

讲求技术精美的倾向是第二次世界大战后 20 世纪 40 年代末至 50 年代下半期占主导地位的设计倾向。它最先流行于美国，以密斯·凡·德·罗为代表的纯净、透明与施工精确的钢和玻璃方盒子作为这一倾向的代表，其设计建造的西格拉姆大厦的紫铜窗框、粉红灰色的玻璃幕墙及施工上的精工细琢使它在建成后的十多年中，被誉为纽约最为考究的大楼。小沙里宁设计的通用汽车技术中心是另一著名代表作。

3）"粗野主义"倾向

"粗野主义"是 20 世纪 50 年代下半期到 60 年代兴起的建筑设计倾向。其特点是毛糙的混凝土、沉重的构件及相互间的直接组合；代表人物有勒·柯布西耶、英国的史密森夫妇、日本的丹下健三、前川国人等；典型代表建筑有马赛公寓、谢菲尔德大学、兰根姆住宅等。

4）"典雅主义"倾向

"典雅主义"（又称形式美主义，也有人称之为"新古典主义"）是同"粗野主义"并进的，但在艺术效果上却与之相反的一种倾向，主要流行于美国。特点在于运用传统的美学法则来使现代的材料和结构产生规整、端庄与典雅的庄严感。代表人物有美国的约翰逊、斯东、雅马萨奇等；典型代表建筑有谢尔屯艺术纪念馆、美国驻新德里大使馆、布鲁塞尔世界博览会美国馆等。

5）注重"高度工业技术"倾向

"高度工业技术"是指活跃于 20 世纪 60 年代，不仅在建筑中坚持采用新技术，而且在美学上极力鼓吹表现新技术的倾向。其特点在于主张用最新的材料，如高强度钢、硬铝、塑料和各种化学制品来制造体量轻、用料少，能够快速、灵活地装配、拆卸和改建的结构与房屋。设计上强调系统与参数设计，流行采用玻璃幕墙。代表人物有皮阿诺、罗杰斯；典型代表建筑包括法国巴黎蓬皮杜国家艺术与文化中心、美国科罗拉多州的空军士官学员中心的教堂等。

6）讲究"人性化"与"地方性"的倾向

这种倾向最先活跃于北欧，较为注重人性化，原则在于肯定建筑除了满足生活功能之外，还应满足心理情感需要。具体表现为传统的砖、木等材料与新材料、新结构并用，并且有意把新技术、新结构处理得柔和多样。在建筑造型方面，常用曲线和波浪形；在空间布局上讲究层次与变化；在建筑体量上强调人体尺度，反对庞大尺度，提倡化整为零。代表人物有芬兰建筑师阿尔瓦·阿尔托等；典型代表建筑有珊纳特赛罗镇中心的主楼等。

7）讲求"个性"与象征的倾向

该倾向主要活跃于 20 世纪 50 年代末至 60 年代，强调对现代建筑在建筑风格上千篇一律和追求客观共性的一种反抗。主张每一房屋和每一场地都要具有不同于他人的个性与特征，建筑形式应变化多样，设计中有运用几何形构图、抽象的象征和具体的象征三种手法。代表人物有路易斯·康、小沙里宁等；典型代表建筑有朗香教堂、TWA（环球航空公司）候机楼、悉尼歌剧院等。

8）后现代主义

后现代主义（post-modernism，PM）又称为历史主义，是当代西方建筑思潮的一个新流派。它起源于 20 世纪 60 年代中期的美国，活跃于七八十年代。这种思潮是出自对现代主义建筑的厌恶，它们认为战后的建筑太贫乏、太单调、思想僵化、缺乏艺术感染力，因此必须从理论上予以革新。反对现代主义的机器美学，肯定建筑的复杂性和矛盾性。文脉主义、引喻主义和装饰主义是其主要特征。代表人物有罗伯特·文丘里、摩尔等；典型代表建筑有文丘里的老年人公寓等。这一流派于 20 世纪 80 年代对我国的建筑设计界产生了较为深远的影响。

3.2　建筑空间的基本知识

建筑发展中本质的联系主要有三方面：一是人们对建筑提出的功能和使用方面的要求；二是人们对建筑提出的精神和审美方面的要求；三是以必要的物质技术手段来达到前述的两方面要求。简言之，就是"两个要求、一个手段"（图 3-30）。

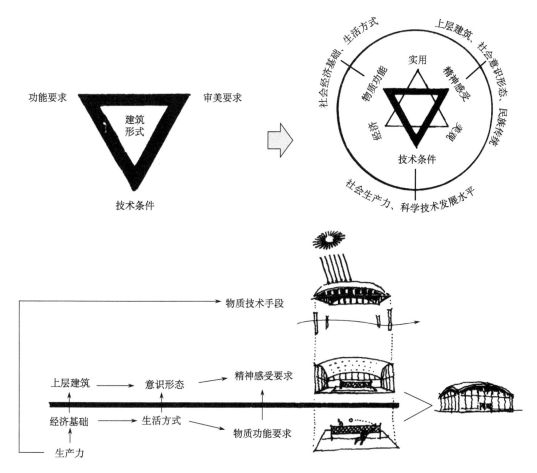

图 3-30　建筑空间形式受"两个要求、一个手段"的影响

资料来源：彭一刚. 2008. 建筑空间组合论. 3 版. 北京：中国建筑工业出版社

3.2.1　功能使用对建筑空间的要求

1. 关于空间

原始人类为了躲避风雨、抵御寒暑和防止其他自然现象或野兽的侵袭,需要一个赖以栖身的场所——空间,而这正是建筑的起源。近代国内外一些建筑家常引用老子在《道德经》里写的一段话,"埏埴以为器,当其无,有器之用,凿户牖以为室,当其无,有室之用……",用意就在于强调建筑对于人来说,具有使用价值的不是围成空间的实体的壳,而是空间本身。当然,要围成一定的空间就必然要使用各种物资材料,并按照一定的工程结构方法把这些材料凑拢,但这些都不是建筑的目的,而是为达到目的所采用的手段。

2. 关于功能

人们盖房子总是为满足一定使用要求从而达到某种具体目的,这在建筑中称为功能。建筑,不仅用来满足个人或家庭的生活需要,而且要用来满足整个社会的各种需要。由于社会向建筑提出了各种不同的功能要求,于是就出现了许多不同的建筑类型,各类建筑由于功能要求的千差万别,反映在建筑空间形式上也必然是千变万化的。那么建筑的空间形式究竟与功能有着怎样的联系呢?这要求我们去探索功能与空间之间的内在联系。

3. 房间及其组合

组成建筑最基本的单位,或者说最原始的细胞就是单个的房间,它的形式,包括空间的大小、形状、比例关系及门窗等设置,都必须符合一定的功能要求。每种房间正是由于功能使用要求的不同而保持着各自独特的空间形式,以使之区别于另一种房间。例如,居室不同于生产车间,会议室不同于教室等。

然而就一栋完整的建筑来讲,功能使用的合理性却不仅有赖于单个房间的合理程度,而且有赖于房间之间的组合。相同地,同一功能要求也可以用多种形式的空间来适应。这就是说,功能对于空间形式既有规定性又有灵活性。

4. 功能的变化与发展是建筑发展的原动力

功能的变化和发展带有自发性,是一种最为活跃的因素。特别是由于它在建筑中占主导地位,因而在功能空间形式之间的对立、统一的矛盾运动中,经常处于支配地位,并成为推动建筑发展的原动力。但是正如事物发展的普遍规律一样,虽然强调了内容对于形式的决定性作用,但也不能低估形式对于内容的反作用。在建筑中,功能作为内容的一个主导方面确实对形式的发展起着推动作用,但也不能否定空间形式的反作用。

一种新的空间形式的出现(被创造出来),不仅适应了新的功能要求,而且还会反过来促使功能朝着更新的高度发展。众所周知,近现代建筑在破除了古典建筑形式桎梏的基础上,在空间的形成、分隔和组合产生了极大的灵活性和多样性,这不仅适应了新的、复杂的功能要求,而且必然会反过来促使功能朝着更新、更复杂的方向发展。

由此可见,我们不能把空间形式看成是消极、被动的因素,事实上它和功能一起构成了建筑发展的两个环节,正是这两个环节互相推动和作用,才促使建筑由低级向高级发展。这两个环节是缺一不可的，如果缺少了其中任何一个环节，整个建筑发展的链条将由此中断。

3.2.2　精神与审美对建筑空间的影响

1. 精神感受对建筑空间的影响

由于人类不同于一般的动物而具有思维和精神活动的能力，因而供人居住或使用的建筑应考虑它对于人的精神感受所产生的巨大影响。举一个简单的例子：一间居室究竟需要多高才算合适呢？这是一个容易引起争议的问题。有人主张不低于 3m，有人认为 2.6m 就够了，争论的双方所持的论据都不外是从人的感受"是否会感到压抑"，这一方面出发的。一间普通的居室况且这样，其他的厅堂更是如此。例如，人民大会堂的宴会厅，如果单纯从使用观点来看，即使把它的高度降低一半，也不会妨碍人们在里面就餐，然而这样会使人感到和建筑的性质很不相称，这也说明除功能之外，还要考虑到人们对于建筑所提出的精神方面的要求。古代教堂所具有的十分狭窄而高的内部空间就更为有力地说明了这个问题。如果单纯从宗教祭祀活动的使用要求来看，即使把它的高度降低 10 倍，也不会影响使用要求，但是作为一个教堂，它所具有的神秘气氛和艺术感染力将荡然无存。由此可见，对于教堂这样一种特殊类型的建筑，左右其空间形式的不只是物质功能，更主要的是精神方面的要求。

历史上有相当一部分建筑是采用对称布局的形式，这种现象也很难用功能的因素来解释。例如，明、清故宫所采用的严格对称的布局形式，沿着中轴线的两侧成双成对地排列建筑，形成了一种极为庄严、肃穆的气氛。不仅古代的建筑是这样，今天的一些建筑也未尝不是这样，例如，坐落在天安门广场两侧的人民大会堂和历史博物馆，之所以采取对称的形式，也是不能用功能的因素予以解释的。具体到这两幢建筑，之所以选择对称的形式，主要还是取决于人们对它提出的精神方面的要求：希望能够获得庄严、雄伟的气氛。而有些建筑由于功能的要求不适合采用对称的形式，和对称形式一样，非对称形式也可以产生另外一种气氛和艺术感染力。在一般情况下，非对称的形式有助于获得自由、轻巧、活泼的感受。最明显的例子如我国古典园林建筑，就是以不对称的形式而获得了很高的艺术成就。

2. 审美对建筑空间的影响

但凡供人使用的建筑应当按照实用、经济、美观的原则，恰如其分地处理好空间和体形、整体和细部的关系而使之符合于统一与变化、对比与微差、均衡与稳定等形式美的基本原则。

以往的某些建筑理论，不加区别地把建筑说成具有双重性，既是物质生产，又是艺术创造，这对于一部分建筑来讲是对的，但不能说一切建筑都具有艺术性。应当明确形式美与艺术性是两个不同的范畴。在建筑中，凡是具有艺术性的作品都必须符合形式美的规律，相反，凡是符合形式美规律的建筑却不一定具有艺术性。形式美与艺术性之间的差别就在于前者对现实的审美关系仅限于物体外部形式本身是否符合于统一与变化、对比与微差、均衡与稳定等与形式美有关的法则，而后者则要求通过自身的艺术形象表现一定的思想内容，即"灌注生气于外在形式以意蕴"。当然，这两种形式并不是截然对立的，而是互相联系的，这种联系使得建筑有可能从前一种形式过渡到后一种形式，因此在实际中很难在它们之间划分明确的界线。

建筑艺术虽然也能反映生活，但却不能再现生活，它的表现手段不能脱离具有一定使用要求的空间、体量，因而一般来说，它只能运用一些比较抽象的几何体形，运用线、面、体各部分的比例、均衡、对称、色彩、质感、韵律等的统一和变化而获得一定的艺术气氛，如庄严、雄伟、明朗、幽雅、忧郁、沉闷、神秘、恐怖、亲切、宁静等，这就是建筑艺术不同于其他艺术的地方。根据这一特点，黑格尔在他的著作《美学》一书中，将建筑看成是一种象征型的艺术。

3.2.3 物质技术手段与建筑空间营造

能否获得某种形式的空间，不单取决于我们的主观愿望，而主要取决于工程结构和技术条件的发展水平，如果不具备这些条件，所需要的那种空间将会变成幻想。例如，古希腊就曾出现过戏剧活动，那时已经有建筑剧场的要求，可是由于技术条件的限制，人们不可能获得一个足以容纳数以千计的观众在其中活动的巨大室内空间，因而当时的剧场就只能采取露天的形式。由此可见，功能与空间形式的矛盾从某种意义上讲又表现为功能与工程技术，特别是与结构的矛盾。由于功能是要求，工程结构是为了达到要求所采取的手段和措施，因而，这种矛盾关系又可以说是目的与手段或内容与形式之间的矛盾。

1. 功能对结构发展的推动作用

从辩证唯物主义的观点看来，在内容与形式的关系中，内容处于决定地位。具体到建筑活动，正如前面已经分析过的，功能作为建筑的首要目的，它的发展不仅带有自发性，而且与社会的发展保持着千丝万缕的联系，因而成为最活跃的因素。正是功能的要求和推动，才促进了工程结构的发展，全部建筑历史的发展过程也雄辩地说明了这一点。例如，在古代，由于技术条件的限制根本不可能获得较大的室内空间，因而就大大地限制了人们在室内活动的可能性。为了克服这一矛盾，人们力求用各种方法扩大空间，正是在这种要求的推动下才能相继地创造出拱形结构、穹窿结构，并用它来代替梁柱式结构，从而有效地扩大了室内空间，使数以千计的人可以聚集在一起进行各种宗教祭祀活动。

近代建筑的发展也令人信服地表明了功能对于工程结构的推动作用。在扩大空间方面，近代功能的发展不仅要求更高，而且更广泛。正是在各种要求的促进推动下，出现了比古代拱券、穹窿更为有效的大跨度或超大跨度结构形式——壳体、悬索和网架等新型空间薄壁结构体系。扩大空间只是功能对于结构提出的一个要求，除此之外还有其他方面的要求。例如，近代功能的发展要求空间形式日益复杂和灵活多样，这也是古老的砖石结构所不能适应的。为了冲破砖石结构对于空间分隔的局限和约束，在许多类型的建筑中就必须抛弃古老落后的砖石结构，而代之以钢或钢筋混凝土框架结构体系，从而适应自由灵活分隔空间的新要求。提高层数也是近代功能对结构提出的新要求，这也是古老的砖石结构所难以胜任的，这一矛盾也促进了框架结构发展。

以上几个方面说明了功能对于结构发展所起的推动作用，如果没有这种推动作用，结构的发展便失去了明确的目的和要求，而失去了这些就等于失去了方向，这种情况下，结构技术的持续发展便是不可思议的。

2. 结构发展具有相对独立性

结构的发展一方面取决于材料的发展，另一方面取决于结构理论和施工技术的进步，而这些因素往往和功能没有多少直接的联系。不能把结构看成是完全消极被动的因素,当功能要求由于结构的局限而无法形成所需要的某种形式的空间时,结构就成为束缚和阻碍建筑发展的因素。然而一旦出现了一种新的结构形式和体系使功能的要求得以满足,这种新的结构形式和体系就会反过来推动建筑向前发展,这就变为结构对于建筑发展的反作用。

历史上每出现一种新结构,都为空间形式的发展开辟了新的可行性,这不仅满足了功能发展的新要求,使建筑的面貌为之一新,而且又促使功能朝着更新、更复杂的程度发展。

正如事物发展的普遍规律一样,旧的矛盾解决了,新的矛盾又将产生。这主要表现为新的结构与功能之间的适应是相对的,不适应是绝对的。且不说功能本身是处于一种变化发展的过程中,即使功能处于相对稳定的阶段,对于任何一种新的结构形式来说,尽管它比旧的结构形式具有更大的优越性,但是也不可能完全适合于功能的要求。这就是说还不免会与功能要求发生这样或那样的矛盾,由于这种矛盾的存在,又向结构提出了新的课题,即要求用更新的结构来取代原有的结构形式。

3. 新材料与新结构

新材料和新结构作为一种新事物,它的出现和成长并非一帆风顺。在建筑领域中,新材料和新结构必要和传统的建筑形式之间产生矛盾,而这种矛盾必然导致新材料、新结构对于旧的传统形式的否定。

新的材料和新的结构要求在新的基础上进行统一,这就必然导致对于传统形式的否定,这种否定是发展的环节,我们应当以积极的态度来看待这种变革。当然,新材料与新结构的出现与建筑形式之间的统一需要一个过程,这个过程既是一个探索的过程,又是一个创造的过程。在这方面,国外的一些建筑实践活动,特别是意大利建筑师奈尔维(Nervi)的许多创作,对于谋求新结构和建筑形式之间的统一性,对于我们都是很有启发和参考价值的。

3.2.4　建筑发展趋势与建筑空间

从上文的分析可以看出,建筑的发展主要是它的内部矛盾运动,即内容、手段和形式这三者之间既互相对立又相互制约而造成的。这种矛盾运动是有规律可循的。

从历史的回顾中,人们常可以发现这样一些有趣的现象:建筑形式,由封闭而发展到开敞,再由开敞回到封闭;空间组合,由简单发展到复杂,再由复杂回到简单;格局,由整齐一律、严谨对称;装饰的运用,由简洁发展到烦琐,再由烦琐回到简洁;风格,由粗犷发展到纤细,再由纤细回到粗犷……应当怎样来看待这种具有明显周期性特点的现象呢?是偶然的巧合还是必然的规律?很明显,这样的课题应当属于建筑历史研究的范畴,不可能在这里做充分的论证。不过从辩证法的一般规律来看,可以肯定以上列举的现象绝不是偶然的。

上面所列举的各种带有周期性特点的现象,应当说都是由于建筑内部矛盾,双方既互相吸引,又互相排斥的结果。在建筑中,功能表现为内容,空间表现为形式,这两者所构成的对立统一的辩证发展过程,就是按否定之否定规律而呈周期性特点的。古代的建筑,为适应简单的功能要求,所具有的空间形式也是极其简单的。例如,希腊的神庙多呈单一的矩形平面空间,随着功能要求的日益复杂和多样化,这种简单的空间形式也相应地复杂起来,但这种变化基本上仍属于量的增长。直到近代,随着社会生产力的巨大发展和科学、文化水平的突飞猛进,功能要求的复杂程度似乎发生了质的飞越,于是再也不能把它纳入到传统建筑的空

⑦ 和一切事物的发展形式一样，建筑的发展也遵循着否定之否定的规律：即通过对于自身的否定而转化到与自身相对立的位置上去，再通过一次否定又从相对立的位置恢复到原先的位置上去。当然，这不是简单的重复，而是螺旋形式的发展。回顾建筑发展的历史，建筑形式和风格的发展和变化，总是回旋于互相对立的两个极之间——例如，从封闭到开敞、再从开敞回到封闭，从严谨对称到自由灵活、再从自由灵活回到严谨对称……每通过一次否定，必将把建筑的发展向前推进一步

⑥ 总结过去，预见未来，某些建筑师已为未来的建筑作出设想——更加接近有机体的形式

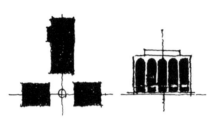

⑤ 当代某些新的建筑流派，认为"新建筑运动"中某些代表人物的作品和主张过于崇拜功能和技术，缺乏人情味，并强调建筑应当为了人的主张，这不能不使人联想到文艺复兴运动所提倡的人文主义的思想。另外，反映在创作中某些新古典主义的作品也明显地带有古典建筑的特征

④ 20世纪初出现的"新建筑运动"，主张建筑应当适应工业化时代，实际上是一古典建筑形式的又一次否定

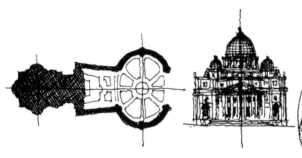

③ 公元15~18世纪兴起的文艺复兴建筑，是在新兴的资产阶级提出要求以人文主义思想来反对封建制度的束缚和宗教神权统治的政治主张下应运而生的。文艺复兴运动反对封建、神权，提倡复兴古罗马文化，反映在建筑领域中，则是对中世纪建筑风格的否定，于是学习、模仿古典建筑的形式和风格蔚然成风

① 以希腊、罗马建筑为代表的西方古代建筑(公元前11世纪至公元1世纪)，崇尚整齐一律、严禁对称，从而形成了古典建筑所独具的形式与风格特征

② 公元13~15世纪在欧洲盛行一时的高直建筑，完全脱离了古罗马建筑的影响，以尖拱拱肋结构、飞扶壁、花棂窗为特点，布局自由灵活，外形轻巧空灵，实际上是对古罗马建筑风格的否定

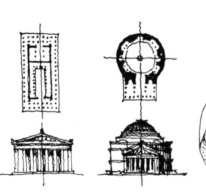

图 3-31　建筑的螺旋发展趋势

资料来源：彭一刚. 2008. 建筑空间组合论. 3 版. 北京：中国建筑工业出版社

间形式中，这就导致了对传统空间形式的否定，从而出现了像近代建筑那样高度复杂多变的空间形式。有趣的是，继近现代建筑出现之后，又经历了半个多世纪的发展，功能要求不仅越来越复杂，而且由于变化无常，近乎成为一种捉摸不定的因素，以致使建筑师无所适从，针对这种情况，有些建筑师曾提出所谓多功能性大厅或灵活反应等新的空间概念。这种空间实质上就是一个不加分隔的大空间，如单纯从形式上看，它似乎又一反新建筑运动的初衷，而回复到古代单一空间的概念中去。

除功能与建筑形式之间对立统一的辩证发展关系外，在建筑发展过程中还贯穿着艺术形式与思想内容之间对立统一的辩证关系。后一层关系主要是通过建筑风格的演变来表现的，它也具有周期性的特点。

以否定之否定及螺旋形式发展过程的一般规律为指导来研究建筑发展的历史，特别是建筑风格的演变，将可以达到总结过去、指导现在和预见未来的目的。例如，近年来比较活跃的后现代建筑学派，尽管众说纷纭，没有一个统一的、明确的见解和纲领，但比较占上风的一种观点则是认为 20 世纪初开始的新建筑运动无论从理论还是从实践方面看，都过分地夸大了功能、技术的作用，以致使建筑形式变得单调、冷漠、枯燥，缺乏人情味。针对这一点，他们突出地强调建筑以人为本的主张，这实际上就是对西方现代建筑的否定。

我国的传统建筑有几千年悠久的历史，尽管从某些方面看也体现出周期性的特点，例如，装饰由繁到简，再由简到繁；风格由纤细到粗犷，再由粗犷到纤细。但从总的方面来讲却不像西方建筑那样明显地呈现出一种螺旋发展形势，如图 3-31 所示。这主要是我国封建社会延续的时间过长，作为推动建筑发展主要因素的功能与技术长期处于停滞不前的状态所造成的。到了近代，由于帝国主义的侵略，虽然打破了一潭死水的局面，但五花八门的建筑形式却随着西方文化一拥而入，致使古老的传统失掉了正常发展的条件。

中华人民共和国成立后，为冲破传统建筑形式的禁锢，大量地吸取西方先进的建筑技术和经验，出现了一种以中西合璧为特点的折中主义的建筑风格。这个阶段，从风格上讲也可以算作是一个过渡时期，对一个具有东方型文化传统的民族来讲，在走向现代化的过程中这几乎是一个不可逾越的历史阶段。当前，不论是日本还是西方，经济和科学技术的发展水平都比我们先进，这反映在建筑发展的阶段上，如果用螺旋发展的观点来看，我国还不能与先进的国家同步、合拍而纳入到同一条轨道。假如说我国所处的发展阶段与先进的国家差半个周期，那么别人当前所要否定的东西则可能正是我们所要提倡的东西。例如，当前后现代建筑派建筑师所非议的资本主义近现代建筑重功能、重技术、重经济的设计观点，对于我们不仅没有过时，而且还具有特别重要的意义。

当然，这并不是说我国可以重蹈别人的旧辙亦步亦趋地跟随。作为中国人，生活在中国这块土地上，既有古代光辉灿烂的文化传统，又有优越的社会主义制度，我们一定可以创造出带有中国特点的现代化的建筑新风格。

3.3　建筑功能组合的基本知识

按建筑的使用性质划分，建筑一般分为两大类，即生产性建筑与非生产性建筑。其中生产性建筑包括工业建筑和农业建筑，非生产性建筑包括住宅建筑和公共建筑。首先应熟悉公共建筑与居住建筑各种不同类型的设计要点，并了解工业建筑的总平面设计要求。

3.3.1 公共建筑

在公共建筑设计中，功能分析与组织的核心问题是建筑的空间组合、功能分区及人流集散。

1. 公共建筑的空间组织

各种性质与类型的公共建筑一般都是由主要使用部分、交通联系部分、次要使用部分这三类功能与空间组合而成。

以学校教学楼为例，教室、实验室、教师备课室、行政办公室是主要使用部分；厕所、仓库、贮藏室等是次要使用部分；而走廊、门、厅、楼梯等则是交通联系部分。公共建筑空间组成都可以概括为主、次要使用空间及交通联系空间这三大空间。三大空间以不同的方式组合，就形成了不同的设计方案。

2. 公共建筑的交通组织

通常将过道、过厅、门厅、出入口、楼梯、电梯、自动扶梯、坡道等称为建筑的交通联系空间。交通联系空间的形式、大小和位置，服从于建筑空间处理和功能关系的需要。一般交通联系空间要有适宜的高度、宽度和形状，流线宜简单明确，不宜迂回曲折，同时要起到导向人流的作用。此外交通联系空间应有良好的采光并满足防火的要求。建筑的交通联系部分，可分为水平交通、垂直交通和枢纽交通三种空间形式。

（1）水平交通空间。水平交通空间即指联系统一标高上的各部分的交通空间，有些还附带等候、休息、观赏等功能要求，有三种形式：①单纯的交通联系空间，主要是供人流集散时使用，如旅馆、办公建筑等；②主要作为交通联系但兼有其他功能的过道、廊道，如医院建筑等；③各种功能综合使用的过道、通廊等，如展览馆、陈列馆建筑等。

公共建筑通道的宽度和长度，取决于功能的需要、防火要求及空间感受等。应根据建筑物的耐火等级和通道中行人数的多少，进行防火要求最小宽度的校核，单股人流的通行宽度为550～600mm。走道的宽度还与走道两侧门窗位置、开启方向有关。

（2）垂直交通空间。垂直交通空间是联系不同标高空间必不可少的部分，常用的有楼梯、坡道、电梯、自动扶梯等形式。

（a）楼梯。按使用性质分为主要楼梯、次要楼梯、辅助楼梯、防火楼梯。包括直跑、双跑、三跑、旋转、剪刀楼梯等形式，由梯段、平台、栏杆三部分组成。

（b）坡道。在有些建筑中为便于车辆上下（多层车库、医院），或便于快速、安全地疏散人流（火车站），往往设坡道。一般坡道的坡度为8%～15%，常用坡道坡度为10%～12%，供残疾人使用的坡道坡度为12%。坡面应加防滑设施。

（c）电梯。用于高层建筑及有特殊要求的多层建筑中。在8层左右的多层建筑中，电梯与楼梯同等重要，二者要靠近布置；当住宅建筑8层以上、公共建筑24m以上时，电梯就成为主要交通工具。以电梯为主要垂直交通的建筑物内，每个服务区的电梯不宜少于2台；单侧排列的电梯不应超过4台，双侧排列的电梯不应超过8台。

（d）自动扶梯。自动扶梯具有连续不断运送人流的特点。坡度一般为30%，单股人流使用的自动扶梯通常宽810mm，每小时运送人数5000～8000人。有单向布置、交叉布置、转向布置等形式。

（3）枢纽交通空间。在公共建筑中，考虑到人流集散、方向的转换、水平和垂直交通空间的衔接等，需要设置门厅、过厅等空间，起到交通枢纽和空间过渡作用。

3. 公共建筑的功能分区

功能分区是进行建筑空间组织时必须考虑的问题，特别是当功能关系与房间组成比较复杂时，更需要将空间按不同的功能要求进行分类，并根据它们之间的密切程度加以区分，找出它们之间的相互联系，达到分区明确且联系方便的目的。在进行功能分区时，应从空间的"主"与"次"、"闹"与"静"、"内"与"外"等的关系加以分析，使各部分空间都能得到合理安排。

1）空间的"主"与"次"

建筑物各类组合空间，由于其性质的不同必然有主次之分。在进行空间组合时，这种主次关系必然反映在位置、朝向、交通、通风、采光及建筑空间构图等方面。功能分区的主次关系，还应与具体的使用顺序相结合，例如，行政办公的传达室、医院的挂号室等，在空间性质上虽然属于次要空间，但从功能分区上看却要安排在主要的位置上。此外，分析空间的主次关系时，次要空间的安排也很重要，只有在次要空间也被妥善配置的前提下，主要空间才能充分发挥作用。

2）空间的"闹"与"静"

公共建筑中存在着使用功能上的"闹"与"静"。在组合空间时，按"闹"与"静"进行功能分区，以便其既分割、互不干扰，又有适当的联系。例如，旅馆建筑中，客房部分应布置在比较安静的位置上，而公共使用部分则应布置在邻近道路及距出入口较近的位置上。

3）空间的"内"与"外"

公共建筑的各种使用空间中，有的对外联系功能居主导地位，有的对内关系更密切一些。所以，在进行功能分区时，应具体分析空间的内外关系，对外联系较强的空间，尽量布置在出入口等交通枢纽的附近；与内部联系性较强的空间，力争布置在比较隐蔽的部位，并使其靠近内部交通的区域。

4. 公共建筑的流线组织

公共建筑是人们进行社会生活的场所，因其性质及规模的不同，不同建筑存在着不同人流特点，合理地解决好人流疏散问题是公共建筑功能组织的重要工作。

1）人流组织方式

一般公共建筑在人流组织上可归纳为平面和立体的两种方式。

（1）平面组织方式。适用于中小型公共建筑人流组织，特点是人流简单、使用方便，如图 3-32 所示。

（2）立体组织方式。适用于功能要求比较复杂，仅靠平面组织不能完全解决人流疏散的公共建筑，如大型交通建筑、商业建筑等，常把不同性质的人流从立体关系中错开，如图 3-33 所示。

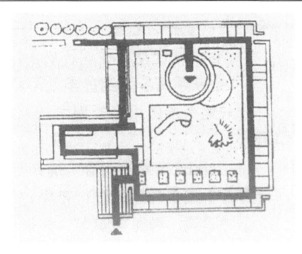

图 3-32　人流平面组织方式（全国城市规划执业制度管理委员会，2002）

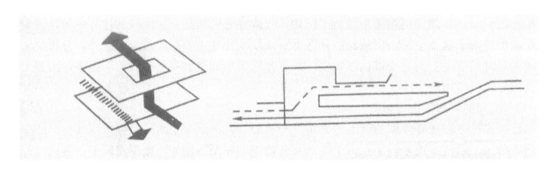

图 3-33　人流立体组织方式（全国城市规划执业制度管理委员会，2002）

公共建筑空间中的人流组织问题，实际上是人流活动的顺序问题。它涉及建筑空间是否满足了使用要求、是否紧凑合理、空间利用是否经济有效的问题。因此，人流组织中的顺序关系不能忽视，应根据具体建筑的不同使用要求，进行深入的分析和合理的组织。

2）人流疏散

人流疏散问题，是公共建筑人流组织中的又一问题，尤其对人流大而集中的公共建筑来说更加突出。

人流疏散大体上可以分为正常和紧急两种情况。正常情况下的人流疏散，有连续的（如医院、商店、旅馆等）和集中的（如剧院、体育馆等），有的公共建筑则属于两者兼有（如学校教学楼、展览馆等）。此外，在紧急情况下，不论哪种类型的公共建筑，都会变成集中而紧急的疏散。因而在考虑公共建筑人流疏散时，应把正常与紧急情况下的人流疏散问题都考虑进去。

5. 公共建筑群体组合

公共建筑群体组合，主要指把若干幢单体建筑组织成为一个完整统一的建筑群。

1）公共建筑群体组合的三个要点

（1）要从建筑群的使用性质出发，着重分析功能关系，加以合理分区，运用道路、广场等交通联系手段加以组织,使总体布局联系方便、紧凑合理。

(2)在群体建筑造型处理上,需要结合周围环境特点,运用各种形式美的规律,按照一定的设计意图,创造出完整统一的室外空间组合。

(3)运用绿化及各种建筑的手段丰富群体空间,取得多样化的室外空间效果。

2)公共建筑群体组合类型及特点

公共建筑群体组合类型可分为两种形式:即分散式布局的群体组合和中心式布局的群体组合。

(1)分散式布局的群体组合。有许多公共建筑,因其使用性质或其他特殊要求,往往可以划分为若干独立的建筑进行布置,使之成为一个完整的室外空间组合体系,如某些医疗建筑、交通建筑、博览建筑等。分散式布局的特点是功能分区明确,减少了不同功能间的相互干扰,有利于适应不规则地形,可增加建筑的层次感,有利于争取良好的朝向与自然通风。分散式布局又可分为对称式和非对称式两种形式。在大多数公共建筑群体组合过程中往往是两种形式综合运用,以取得更加完整而丰富的群体效果。

(2)中心式布局的群体组合。把某些性质上比较接近的公共建筑集中在一起,组成各种形式的组群或中心,如居住区中心的公共建筑、商业服务中心、体育中心、展览中心、市政中心等。各类公共活动中心由于功能性质不同,反映在群体组织中必然各具特色,只有抓住其功能特点及主要矛盾,才能既保证功能的合理性,又能使之具有鲜明的个性。例如,加拿大多伦多市政厅(图3-34)以两个圆弧状的高层办公楼环抱一个圆形大会议厅的形式组成建筑群,并置于一个长方形的台座上,形成了一个完整的空间体系。

图 3-34　加拿大多伦多市政厅(全国城市规划执业制度管理委员会,2002)

6. 公共建筑的防灾要求

城市建筑综合防灾对保护人民生命财产、保障社会发展具有重要意义。建筑设计应针对我国城市易发并致灾的地震、火、风、洪水、地质破坏五大灾种,因地制宜地进行防灾设计,采用先进技术,在满足各类建(构)筑物使用功能的同时,提高其综合防灾能力。

1)防灾原则

(1)城市建筑综合防灾应遵循"预防为主、防治结合"的总方针,提高城市各类建(构)

筑物和基础设施的综合抗灾能力。

（2）我国城市的防洪任务是，今后15年内，重点防洪城市的防洪标准达到200年一遇，占城市总数的5%；非农业人口在50万～150万的重要城市，防洪标准为100～200年一遇；非农业人口在20万～50万的中等城市，防洪标准为100年一遇；非农业人口在20万以下的小城市，防洪标准为50年一遇。

（3）考虑台风和寒潮及雷暴大风作用，按《建筑结构荷载规范》规定的以50年为重现期的标准设防；对于重要的生命线工程设施，设防标准应提高到100年一遇。

（4）现阶段我国地震区的城市建（构）筑物均应按照《中国地震烈度区划图（1990）》划定的基本烈度和"建筑抗震设防等级分类"所规定的建（构）筑物重要性等级来确定其抗震设防烈度，以此为依据进行设计和施工。建筑抗震设防以50年为基准期，做到在多遇地震烈度下（超越概率为63%）不坏，保证正常使用；在基本烈度下（超越概率为10%）可修，即有破坏但维修恢复后可正常使用；罕遇地震烈度下（超越概率为2%～3%）不倒，即有严重破坏但不倒塌，达到减少人员伤亡和财产损失的目的。今后15年内，应逐步采用更为科学的地震烈度分区方法和以建筑功能为目标的设防标准。

2）技术措施

（1）提高建（构）筑物综合防御地震、火、风、洪水和地质破坏灾害的能力，根据当地不同灾种的风险程度和建（构）筑物重要性等级提出合理的设防标准。

（2）在建筑规划和选址阶段应充分掌握灾害的背景资料和风险程度，采取相应对策；在设计和建设阶段应严格执行标准规范，加强防灾质量控制；制订和执行灾后鉴定、评估和恢复重建的技术措施。

（3）对多、高层建筑，应采用行之有效的抗震、抗风结构体系，严格执行标准规范；同时应积极研究隔震减震、消能和控制震动技术，结构和非结构构件的抗震、抗风技术，并逐步推广应用。加强建（构）筑物的震害预测研究。

（4）建筑设计与施工应严格执行防火标准规范，高层建筑和大型公共建筑尤应注重防火安全设计。

（5）防火、防水、防震，要切实考虑灾害发生时进行紧急救援和疏散避难的设施建设。

（6）村镇建筑要因地制宜，采用合理、经济的建筑材料和结构形式，要有利防灾，便于灾后自救和恢复重建。

（7）充分利用电子计算机和地理信息技术对建（构）筑物进行综合防灾管理，将防灾管理提高到动态的、网络化和智能化的先进水平。

3.3.2 住宅建筑

住宅的功能分析要从家庭生活行为单元的分析入手。住宅的组成规律主要是由行为单元组成室，由室组成户。根据家庭生活行为单元的不同，可以将户分为居住、辅助、交通、其他四大部分。按空间使用功能来分，一套住宅可包括居室（起居室、卧室）、厨房、卫生间、门厅或过道、贮藏间、阳台等（图3-35）。

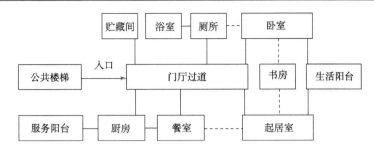

图 3-35　住宅功能空间的组合关系（全国城市规划执业制度管理委员会，2002）

根据住宅基本平面类型可将住宅建筑分为独立式住宅、联立（并列）式住宅、联排式住宅、单元式住宅、外廊式住宅、内廊式住宅、跃层式住宅等。

1. 住宅建筑的类型

1）按层数不同分四类

按国家现行《住宅建筑设计规范》中的相关规定，住宅类型分为四类，低层住宅：1～3 层；多层住宅：4～6 层；中高层住宅：7～9 层；高层住宅：10～30 层。

（1）低层住宅：1～3 层。

（a）基本特点。能适应面积较大、标准较高的住宅，也能适应面积较小、标准较低的住宅。因而既可以有独立式、联立（并列）式和联排式，也可以有单元式等平面布置类型。平面布置紧凑，上下交通联系方便。一般组织有院落，使室内外空间互相流通，扩大了生活空间、便于绿化、能创造更好的居住环境。对基地要求不高，建筑结构简单，可因地制宜、就地取材、住户可以自己动手建造。占地面积大，道路、管网及其他市政设施投资较高。

（b）平面组合形式及其特点。独立式（独院式）：建筑四面临空、平面组合灵活、采光通风好、干扰少、院子组织和使用方便，但占地面积大、建筑墙体多、市政设施投资较高。

联立式（双联式）：将两个独院式住宅拼联在一起，每户三面临空。平面组合较灵活，采光通风好，比独立式住宅节约一面山墙和一侧院子，能减少市政设施的投资。

联排式：将独院式住宅拼联至 3 户以上。一般拼联不宜过多，否则交通迂回、干扰较大、通风也有影响；拼联也不宜过少，否则对节约用地不利。

（2）多层住宅：4～6 层。

（a）基本特点。从平面组合来说，多层住宅须借助于公共楼梯（规范规定住宅 6 层以下不设电梯）以解决垂直交通，有时还需设置公共走廊解决水平交通。与低层住宅和高层住宅相比，多层住宅比低层住宅节省用地，比高层住宅造价低，适合于目前一般的生活水平。多层住宅不及低层住宅与室外联系方便，虽不需高层住宅所必需的电梯，上面几层的垂直交通仍会使住户感到不便。因此，从高标准的要求来看，4 层以下的住宅可不设电梯，4 层以上的多层住宅应该设置电梯。

（b）设计要点。要点一：①符合城市规划的要求。主要居室应满足规定的日照标准，单栋住宅的长度大于 160m 时应设 4m 宽、4m 高的消防车通道，大于 80m 时应在建筑物底层设人行通道。②套型恰当。应具有组成不同户型的灵活性，满足居住者的实际需要。可组成单一户型和多户型的单元，单一户型的单元其户型比一般在组合体或居住小区内平衡；多户型的单元则增加了在单元内平衡户室比的可能性。单元中户型选择要使户室比的平衡灵活方便，并便于单元内的组合。③方便舒适。平面功能合理，能满足各户的日照、采光、通风、隔声、隔热、防寒等要求，并保证每户至少有 1 间居室布置在良好朝向。④交通便捷。避免公共交通对住户的干扰，进户门的位置便于组织户内平面。⑤经济合理。合理组织并减少户内交通面积，充分利用空间。结构与构造方案合理，管线布置尽量集中，采取各种措施节约土地。⑥造型美观。立面要符合新颖美观、造型丰富多样的要求，以及满足包括消防、抗震等其他技术规范的要求。

要点二：单元划分与组合。多层住宅常以一种或数种单元以标准段拼接成长短不一、体型多样的组合体。单元划分可大可小，一般以数户围绕 1 个楼梯间来划分单元。将单元拼接成单元组合体要注意满足建筑规模及规划要求，适应基地特点。单元组合方式有：平直组合、错位组合、转角组合、多向组合等。

要点三：交通组织。以垂直交通的楼梯间为枢纽，必要时以水平的公共走廊来组织各户。楼梯和走廊组织交通及进入各户的方式不同，可以形成各种平面类型的住宅。一般有三种交通组织方式：围绕楼梯间组织各户入口、以廊组织各户入口、以梯廊间层（即隔层设廊，再由小梯通至另一层）组织各户入口。楼梯服务户数的多少对适用、舒适、经济都有一定影响，应合理确定。

要点四：采光通风。一般 1 户能有相对或相邻的两个朝向时有利于争取日照和组织通风。1 户只有 1 个朝向则较难组织通风，利用平面形状的变化或设天井可增加户外临空面，利于采光通风。

要点五：辅助设施。①位置要恰当。厨房、卫生间最好能直接采光、通风，可将厨房、卫生间布置于朝向和采光较差的部位。②面积要紧凑。应根据户内各种生活活动合理确定各类空间的使用面积，并减少无法使用的面积（如过宽的走道等）。③设备管线要集中。套与套之间的厨房、卫生间相邻布置较为有利，管道共用，比较经济。

（c）平面类型及其特点。基本平面类型包括：单元式、外廊式、内廊式、跃层式及点式等形式。

类型一：单元式（梯间式）。

每个单元设置 1 个楼梯，可安排 2～4 户，由楼梯平台直接进入分户门。

一梯 2 户：每套有两个朝向，便于组织通风，套间干扰少，较宜组织户内交通，单元面宽较窄，拼接灵活，适用范围较广。

一梯 3 户：楼梯使用率较高，每套都能有好朝向，但中间一套常是单朝向，较难组织通风。

一梯 4 户：楼梯使用率高，每套都有可能争取到好朝向，一般将少室户布置在中间，多室户布置在两侧。

类型二：外廊式。

长外廊：便于各户并列组合，一梯可服务多户，每户有良好的朝向、采光和通风条件。但户内交通穿套较多，公共外廊会对户内产生视线及噪声干扰，在寒冷地区不易保温防寒，对小面积套型比较合适。

短外廊：以一梯 4 户居多，具有长外廊的某些优点而又较为安静，布置多室户的数量增多，提高了套型比的灵活性。

类型三：内廊式。

长内廊：内廊两侧布置各户，楼梯服务户数多，使用率大大提高，且节约用地。但各户均为单朝向，内廊较暗，套间干扰也大，套内不能组织穿堂风。

短内廊：也称内廊单元式，它保留了长内廊的一些优点，较安静。

跃层式：进入各户后，再由户内小楼梯进入另一层。节省公共交通面积，增加户数又减少干扰，每户可争取两个朝向，采光、通风较好。一般在每户面积大、居室多时较适宜。

类型四：点式（集中式）。

数户围绕一个楼梯布置，单元四面临空，每户皆可采光、通风，分户灵活，每户有可能获得两个朝向而有转角通风。外形处理也较为自由，可丰富建筑群的艺术效果。建筑占地少，便于在小块用地上插建。但节能、经济性比条式住宅差。

（3）高层住宅：10～30 层。

（a）基本特点。可提高容积率，节约城市用地，节省市政建设投资。可以获得较多的空间用以布置公共活动场地和绿化，丰富城市景观。用钢量较大，一般为多层住宅的 3～4 倍。对居民生理和心理会产生一定的不利影响。

（b）平面类型。单元组合式：单元内以电梯、楼梯为核心组合布置。常见形式有矩形、T 形、十字形、Y 形。

长廊式：有内长廊、外长廊和内外廊式。内长廊式较少采用；外长廊式特点基本与同类多层住宅相似，为挡风雨一般外廊封闭；内外廊式兼有前两者的特点。

塔式：与多层点式住宅特点类似。一般每层布置 4～8 户。该形式目前采用较多。

跃廊式：每隔 1 层或 2 层设有公共走廊，电梯利用率提高，节约交通面积，对每户面积较大、居室多的户型较为有利。

（c）垂直交通。高层住宅的垂直交通以电梯为主、以楼梯为辅进行组织。12 层以上住宅每栋楼设置电梯应不少于 2 部，楼梯应布置在电梯附近，但楼梯又应有一定的独立性。单独作为疏散用的楼梯可设在远离电梯的尽端。

电梯不宜紧邻居室，尤其不应紧靠卧室。必须考虑对电梯井的隔声处理。

（d）消防疏散。消防能力与建筑层数和高度的关系：防火云梯高度多在 30～50m，我国目前高层住宅的高度即是参考这一情况决定的。高层住宅与周围建筑的间距是根据其高度和耐火等级而定的。

防火措施：提高耐火极限，将建筑物分为几个防火区，消除起火因素，安装火灾报警器。

安全疏散楼梯和消防电梯的布置：长廊式高层住宅一般应有 2 部以上的电梯用以解决居民的疏散。有关安全疏散楼梯和消防电梯的布置及安全疏散等应遵照现行国家标准的有关规定执行。

（e）符合城市规划的要求。与多层住宅相似。

2）按分布区位不同分三类

（1）严寒地区的住宅。

（a）基本特点。在寒冷地区，住宅设计的主要矛盾是建筑的防寒问题。建筑防寒包括采暖与保温两个方面，要使室内具有合乎卫生标准的室温就必须采暖，但如何使建筑的热损耗控制取得经济、合理的效果并不单纯是建筑围护结构的热工学问题，建筑设计方案的优劣对防寒的功能也起很大的作用。

（b）住宅设计中的保温。从设计上解决建筑保温问题，最有效的措施是加大建筑的进深，缩短外墙长度，尽量减少每户所占的外墙面。

（c）住宅的朝向与形式。寒冷地区的住宅朝向应争取南向，充分利用东、西向，尽可能避免北向。东西向住宅可以采取短内廊式，或在东西向内楼梯的平面组合基础上将辅助房间全部集中在单元的内部，设置小天井，加大建筑进深。

（2）炎热地区的住宅。应尽量减少阳光辐射及厨房的热量，组织夏季主导风入室，自然通风，获得较开敞与通透的平面组合体形。朝向依次为南向、南偏东向、南偏西向、东向、北向，尽量避免西向。

（a）基本特点。为使居民在夏季温度较高、相对湿度较大、没有空调的情况下获得较适宜的感受，设计时要考虑尽量减少阳光辐射及厨房炉灶产生的热量对室内温度的影响，组织自然通风，获得较为开敞与通透的平面组合体形。

（b）建筑朝向的选择。炎热地区住宅朝向的选择十分重要，应综合考虑阳光照射和夏季主导风向，注意减少东西向阳光对建筑物的直接照射，并使夏季主导风入室。

（c）住宅建筑处理方式。关于遮阳隔热：遮阳，按照不同的使用要求，可以分为水平式遮阳、垂直式遮阳、综合式遮阳、挡板式遮阳。按照材料构造的不同，可分为固定式遮阳、活动式遮阳、简易式遮阳。从节约角度考虑，除标准较高的住宅设计可以考虑专用遮阳设施外，一般应尽量结合其他建筑构件和细部处理，如檐口、阳台、外廊、窗楣板、窗扇、通花、墙体凹凸及绿化等作为遮阳设施。隔热，通常采用减少东西向墙体、采用具有较好隔热性能的建筑材料和隔热构造提高墙体和屋顶的隔热性能、利用绿化隔热降温等措施。

关于自然通风：可以通过有效地组织室内穿堂风、建筑构件导风、建筑群组织通风等几个方面的措施来取得较好的效果。

关于平面组合：从综合角度来看，各种住宅类型各有利弊，平面组合应以减少室外热源对室内的影响和室内热源本身的影响为原则。

（3）坡地住宅。应结合地形、等高线布置，综合考虑朝向、通风、地质条件。平面组合有错叠、跌落、掉层、错层几种形式。

（a）基本要求。坡地住宅应结合地形布置，同时也要综合考虑朝向、通风、地质等条件。

（b）建筑与等高线的关系。一栋住宅建筑与地形的关系主要有三种不同方式：建筑与等高线平行、建筑与等高线垂直、建筑与等高线斜交。在设计中要区别对待。

（c）坡地住宅单元的垂直组合。由于单元内部或单元之间组合方式的不同，可以有错叠、跌落、掉层、错层等几种形式。

（d）临街坡地住宅的建筑处理。常有以下几种处理方式：掉层、吊脚、天桥、凸出楼梯间、连廊、室外梯道等。

2. 住宅建筑设计要点

1）套内空间

（1）每套住宅应设卧室、起居室（厅）、厨房和卫生间等基本空间。

（2）套内空间数量和低限面积应符合表 3-1 的规定。

表 3-1　套内空间数量和低限面积

空间名称	数量	低限面积/m²
起居室（厅）	1	12
双人卧室	1	10
单人卧室		6
厨房	1	4
兼起居卧室		12
卫生间	1	3
餐室（厅）		6
书房		6

（3）厨房应按炊事操作流程布置炉灶、洗涤池、案台、排油烟机等的位置。厨房地面应有防水构造措施。

（4）卫生间不应直接布置在下层住户的卧室、起居室（厅）和厨房的上层，卫生间地面应有防水构造和便于洁具更换的措施。

（5）每套住宅应按使用功能，在卫生间布置便器、洗浴器、洗面器等的位置；布置便器的卫生间的门不应直接开在厨房内。

（6）套内通往各个基本空间的通道净宽不应小于该基本空间的门洞口宽度，门洞口高度不应小于 2.00m。各部位洞口宽度应符合表 3-2 的规定。

表 3-2　各部位洞口最小宽度

部门名称	洞口最小宽度/m	部门名称	洞口最小宽度/m
户（套）门	0.9	厨房门	0.8
起居室（厅）	0.9	卫生间门	0.7
卧室门	0.9	阳台门	0.7

（7）外窗窗台距楼面、地面的净高低于 0.9m 时，应有防护设施。6 层及 6 层以下住宅的阳台栏杆净高不应低于 1.05m，7 层及 7 层以上住宅的阳台栏杆净高不应低于 1.1m，防护栏杆的垂直杆件间净距不应大于 0.11m。

（8）卧室、起居室（厅）的室内净高不应低于 2.40m，局部净高不应低于 2.1m，且其面积不应大于室内使用面积的 1/3。利用坡屋顶内空间作卧室、起居室（厅）时，其 1/2 面积的室内净高不应低于 2.1m。

（9）阳台地面构造应有防水措施，阳台放置花盆处应采取防坠落措施。

2）公共部分

（1）走廊和公共部位通道的净宽不应小于 1.2m，局部净高不应低于 2.1m。

（2）外廊、内天井及上人屋面等临空处栏杆净高，6 层及 6 层以下不应低于 1.05m；7 层及 7 层以上不应低于 1.1m。栏杆应防止儿童攀登，垂直杆件间净距不应大于 0.11m。

（3）楼梯梯段净宽不应小于 1.1m。6 层及 6 层以下住宅，一边设有栏杆的梯段净宽不应小于 1 m。楼梯踏步宽度不应小于 0.26m，踏步高度不应大于 0.175m。扶手高度不应小于

0.9m。楼梯水平段栏杆长度大于 0.5m 时，其扶手高度不应小于 1.05m。楼梯栏杆垂直杆件间净空不应大于 0.11m。楼梯井净宽大于 0.11m 时，必须采取防止儿童攀滑的措施。

（4）住宅与附建公共用房的出入口应分开布置。住宅的公共出入口位于阳台、外廊及开敞楼梯平台的下部时，应采取设置雨罩等防止物体坠落伤人的安全措施。

（5）7 层以及 7 层以上的住宅或住户入口层楼面距室外设计地面的高度超过 16m 以上的住宅必须设置电梯。

（6）住宅屋面应采取有效防水措施，严禁渗漏。密封材料嵌缝必须密实、连续、饱满、黏结牢固，无气泡、开裂、脱落等缺陷。

3）无障碍要求

（1）7 层及 7 层以上的住宅，应对以下部位进行无障碍设计：建筑入口、入口平台、公共走道、候梯厅、无障碍住房。

（2）建筑入口及入口平台的无障碍设计应符合以下规定：建筑入口设台阶时，应设轮椅坡道和扶手；坡道的高度和水平长度应符合表 3-3 的规定；建筑入口的门不应采用力度大的弹簧门；在旋转门一侧应另设残疾人使用的门；供轮椅通行的门净宽不应小于 0.8m；供轮椅通行的推拉门和平开门，在门把手一侧的墙面，应留有不小于 0.5m 的墙面宽度；供轮椅通行的门扇，应安装视线观察玻璃、横执把手和关门拉手，在门扇的下方应安装高 0.35m 的护门板；门槛高度及门内外地面高差不应大于 15mm，并应以斜面过渡。

表 3-3　坡道高度和水平长度

坡度	1∶20	1∶16	1∶12	1∶10	1∶8
最大高度/m	1.5	1	0.75	0.6	0.35
水平长度/m	30	16	9	6	2.8

（3）7 层及 7 层以上住宅建筑入口平台宽度不应小于 2m。

（4）供轮椅通行的走道和通路宽度不应小于 1.2m。

4）地下室

（1）住宅不应成套布置在地下室内。当布置在半地下室时，必须对采光、通风、日照、防潮、排水及安全防护采取措施。

（2）住宅地下机动车库应符合如下规定：库内坡道严禁将宽的单车道兼作双向车道；库内不应设置修理车位，也不应设有使用或存放易燃、易爆物品的房间。

（3）住宅地下自行车库净高不应低于 2m。

（4）住宅地下室应采取有效防水措施，严禁渗漏。

5）公共卫生设施

（1）住宅中设有管理人员室时，应设管理人员使用的卫生间。

（2）住宅设垃圾管道时，应符合下列要求：垃圾管道不得紧邻卧室、起居室（厅）布置；垃圾管道的开口应有密闭装置；垃圾管道顶部应设通出屋面的通风帽，底部应设封闭的垃圾间；垃圾管道应有防止堵塞、污染和便于清洁的措施。

3.3.3　工业建筑

1. 工业建筑总平面设计中的功能组织

1）工业建筑总平面设计要点

从本质上讲，工业建筑总平面设计与其他类型的建筑总平面设计没有原则上的区别，即要将人、建筑、环境相互矛盾、相互约束的关系在一个多维的状态下协调起来，其差别在于：

（1）简单流线与复杂流线的差别。民用建筑主要以人流为主组织建筑空间，工厂中人流与物流、人与机运行在同一空间之内，形成相互交织的网络，为物流所提供的空间远远大于为人提供的空间。

（2）简单环境影响与复杂环境影响的差别。工业建筑中常有废水、废气、烟尘、噪声、射线及工业垃圾等特殊的环境影响问题。

（3）单一尺度与多尺度的差别。民用建筑以人为尺度单位，而工厂建（构）筑物的体量取决于生产净空间的需求，常常与人的尺度相差悬殊，其形态又受工艺的制约，不同工艺的工业建筑，其形态往往有明显的不同。

（4）多学科、多工种密切配合。工业建筑设计中的技术性要求很强。

2）总平面设计中的功能单元

一座现代工厂，它可能是城市社会系统中的重要子系统——产业系统中的一个组成部分，而其内部又可能是由若干部门组成，如生产部门、后勤部门、动力部门等，每一部门又是由若干生产性车间组合而成。总而言之，可以将一座现代工厂分成若干个层次。

就任一层次而言，构成该层次专门化的功能单位称为功能单元。现代工厂一般都包含众多的功能单元，应采用恰当的组织方法把它们按一定的秩序组织起来，形成功能健全、系统完整的有机体。

（1）工厂中的功能单元一般都有如下几方面的个体特征：①物料输入输出特征；②能源输入输出特征；③人员输入输出特征；④信息输入输出特征。

（2）组成专业化工厂的功能单元时常分为：①生产单元，直接从事产品的加工装配；②辅助生产单元，设备维修、工具制作、水处理、废料处理等；③仓储单元，物料暂时性的存放；④动力单元，主要用于能量转换，如锅炉房、变电间、煤气发生站、乙炔车间、空气压缩车间等；⑤管理单元，办公室、实验楼等；⑥生活单元，宿舍、食堂、浴室、活动室等。

一个单元只能产生一个或部分的功能。一般情况下，凡是由两种以上功能单元构成的建筑物或构筑物，都存在一定的功能与结构关系。工厂总平面设计的根本目的就是要把各个功能单元组织起来，形成全厂的功能结构，使工厂能正常运转起来，并实现安全、高效的生产活动。

3）功能单元组织的依据

功能单元的组织应在理性分析的基础上，根据生产中的功能关系，全面考虑，综合解决，使各功能单元之间互相匹配。其原则如下。

（1）依据功能单元前后工艺流程要求。生产任何一个产品都有特定的生产加工程序，即生产工艺流程。此流程贯穿整个生产过程，构成生产作业的总链条，即全厂物料输入输出的总轨道，各个生产技术上的功能单元则是这一链条上的各个环节，这些环节在总链条的带动下连续生产。随着现代工业生产的连续性、联动性以及效率和自动控制程度的提高，连续作业的要求也越来越高。为保证产品的质量、数量，必须使整个流程达到流线短捷、环节最少、避免逆行、避免交叉的要求。

由生产工艺确定的流程，虽然决定了各功能单元配置的连续性、顺序性，但在比较复杂的生产过程中还可能出现几条生产线路系统，而且辅助设施、动力设施单元还会形成与生产直接联系的副线，这就使功能单元配置不大可能完全顺着生产流程线按部就班地布置。

另外，流程组织也会受外界因素的影响与制约（如铁路进线、道路走向、高压电路进线、供水方向、城镇方位等）而产生一系列的矛盾，需采取不同的工艺布置方案加以解决，形成不同的总平面布置方案。

全厂性的生产流程的组织与布置有三种基本类型：纵向生产线路布置——沿厂区或车间纵轴方向布置；横向生产线路布置——垂直于厂区或车间纵轴方向布置；环状生产线路布置。

（2）依据物料与人员流动特点，合理确定道路断面与其他技术要求。凡是工厂就必然有运输作业，从原料到产品，从燃料到废物清除，从一个功能单元到另一个功能单元，都需要通过各种运输方式来传递、输送。一般道路运输系统中的技术要求（中型轻工业厂房）如下。

（a）通道宽度：主要出入运输道路 7m 左右；车间与车间有一定数量物流及人流运输的次要道路 4.5～6m；功能单元之间，人流物流较少的辅助道路，以及消防车道等 3～4.5m；连接建（构）筑物出入口与主、次、辅助道路的车间行道 3～4m；人行道一般 1～1.5m。

（b）最小转弯半径：单车 9m、带拖车 12m、电瓶车 5m。

（c）交叉口视距大于等于 20m。

（d）道路与建筑物、构筑物之间的最小距离：距无出入口的车间 1.5m，距有出入口的车间 3m，距汽车引道 6m（单车道），距围墙 1.5m，距有出入门洞的围墙 6m，距围墙照明杆 2m，距乔木 1m，距灌木 0.5m。

（3）依据功能单元相连最小损耗的原则。动力单元设置及各种工程管线设置应靠近最大动力车间即负荷中心地段，使各工程管线最为短捷。

（4）依据功能单元的环境要求。根据功能单元散发有害物的危害程度加以分区，集中管理，以降低发生危害的可能性；利用自然条件（风向、水流方向、地形），合理布置，以减少有害物对环境的影响；设置防护距离，减轻危害程度，采取其他防护设施，如绿化等；依据功能单元发展的可能与需求进行布置。

2. 工业建筑及总平面设计中的场地要求

（1）适应物料加工流程，运距短捷，尽量一线多用。

（2）与竖向设计、管线、绿化、环境布置协调，符合有关技术标准。

（3）满足生产、安全、卫生、防火等特殊要求，特别是有危险品的工厂，不能使危险品通过安全生产区。

（4）主要货运路线与主要人流路线应尽量避免交叉。

（5）力求缩减道路敷设面积，节约投资与土地。

3.4　建筑技术的基本知识

3.4.1　建筑结构的基本知识

根据建筑结构的基本概念，如何将四大结构材料构成的各种类型的受力构件适当地组合起来，用以承担各类荷载，以期构成一个安全、经济、完整的建筑结构体系，就是结构选型的问题。

低层、多层建筑常用的结构形式有砖混、框架、排架等。

1. 砖混结构

砖混结构是使用得最早、最广泛的一种建筑结构形式。这种结构能做到就地取材，因地制宜，适宜于一般民用建筑，如住宅、宿舍、办公楼、学校、商店、食堂、仓库等，以及各种中小型工业建筑。

不同使用要求的混合结构，由于房间布局和大小的不同，它们在建筑平面和剖面上可能是多种多样的。但是，从结构的承重体系来看，大体分为三种：纵向承重体系、横向承重体系和内框架承重体系。

1）纵向承重体系（图 3-36）

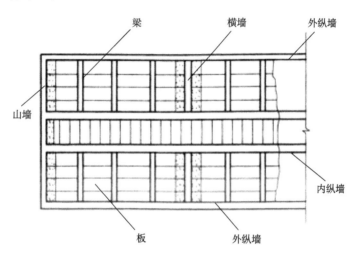

图 3-36　纵向承重体系（全国城市规划执业制度管理委员会，2002）

纵向承重体系荷载的主要传递路线是：板—梁—纵墙—基础—地基。主要特点有：

（1）纵墙是主要承重墙，横墙的设置主要是为了满足房屋空间刚度和整体性的要求，它的间距可以比较长。这种承重体系房间的空间较大，有利于使用上的灵活布置。

（2）由于纵墙承受的荷载较大，因此纵墙上开门、开窗的大小和位置都要受到一定限制。

（3）这种承重体系，相对于横向承重体系，楼盖的材料用量较多，墙体的材料用量较少。

纵向承重体系适用于使用上要求有较大空间的房屋，或隔断墙位置可能变化的房间，如教学楼、实验楼、办公楼、图书馆、食堂、工业厂房等。

2）横向承重体系（图 3-37）

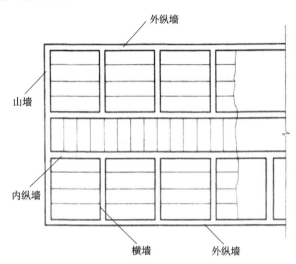

图 3-37 横向承重体系（全国城市规划执业制度管理委员会，2002）

横向承重体系荷载的主要传递路线是：板—横墙—基础—地基。主要特点有：

（1）横墙是主要承重墙，纵墙起围护、隔断和将横墙连成整体的作用。一般情况下，纵墙承载能力有余，所以这种体系对纵墙上开门、开窗的限制较少。

（2）由于横墙间距很短（一般在 3～4.5m），每一开间有一道横墙，又有纵墙在纵向拉结，因此房屋的空间刚度很大，整体性很好。这种承重体系，对抵抗风力、地震等水平荷载的作用和调整地基的不均匀沉降，比纵墙承重体系有利得多。

（3）这种承重体系，楼盖做法比较简单、施工比较方便、材料用量较少，但是墙体材料用量相对较多。

横向承重体系由于横墙间距密，房间大小固定，适用于宿舍、住宅等居住性建筑。

3）内框架承重体系（图 3-38）

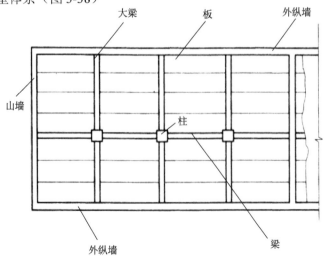

图 3-38 内框架承重体系（全国城市规划执业制度管理委员会，2002）

内框架承重体系的外墙和框架柱都是主要承重构件。其荷载的主要传递路线如下:

主要特点有:

(1) 墙和柱都是主要承重构件,由于取消了承重内墙由柱代替,在使用上可以有较大的空间,而不增加梁的跨度。

(2) 在受力性能上有以下缺点:由于横墙较少,房屋的空间刚度较差;由于柱基础和墙基础的形式不一,沉降量不易一致,以及钢筋混凝土柱和砖墙的压缩性不同,结构容易产生不均匀变形,使构件中产生较大的内应力。

(3) 由于柱和墙的材料不同,施工方法不同,给施工工序的搭接带来一定麻烦。

内框架承重体系多用于教学楼、旅馆、商店、多层工业厂房等建筑。在设计砖混结构时,必须根据生产使用要求、地质条件、抗震烈度、材料、施工等条件,本着安全可靠、技术先进、经济合理的原则对几种可能布置的承重体系进行综合比较,最后确定选用哪种承重体系。

2. 框架结构

钢筋混凝土框架结构在多层建筑和工业建筑中应用非常广泛。框架结构能形成较大的室内空间,房间分隔灵活,便于使用;工艺布置灵活性大,便于设备布置;该结构抗震性能优越,具有较好的结构延性等优点。

框架结构的体系是由楼板、梁、柱及基础 4 种承重构件组成。由主梁、柱与基础构成平面框架,它是主要承重结构,各平面框架再由连系梁连系起来,形成一个空间结构体系,墙体不起承重作用。

大跨度建筑常用的结构形式有平面体系大跨度空间结构及网架、薄壳等空间结构体系等。

3. 平面体系大跨度空间结构

使用平面结构体系可获得理想的大空间建筑物。

(1) 单层刚架。这种结构杆件较少,因为是直线杆件,制作方便,特别是横梁为折线形的门式刚架,受力性能更为良好。我国的门式刚架跨度已经达到 76m。

(2) 拱式结构。拱是一种较早为人类开发的结构体系,广泛应用于房屋建筑与桥梁工程中。使用的材料极为广泛:钢、混凝土、钢筋混凝土、木材及石材。

拱是一种有推力的结构,它的主要内力是轴向压力。因此这种结构应特别注意拱脚基础的处理,特别适用于体育馆、展览馆、散装仓库等建筑,跨度比较适宜的应用为 40~60m。

(3) 简支梁结构。当屋盖跨越的距离在 18m 以下,屋盖承重构件采用屋面大梁(简支梁),也不失为一种可取的结构方案,因为施工制作简单,施工技术要求不高,适应性强,但跨越的距离受约束。

(4) 屋架(即排架结构的主要构件)。屋架是较大跨度建筑的屋盖中常用的结构形式。我国的预应力混凝土屋架的跨度已达 60m 以上,而钢屋架的跨度已达到 70m 以上。不过我国使用量最大的预应力混凝土屋架跨度为24～36m。

屋架的受力特点为节点荷载，所有杆件只受拉力和压力。因为屋架是由杆件组成的结构体系，在节点荷载作用下，杆件只产生轴向力。

以上四种结构，均为平面受力体系，即结构所受的荷载及由荷载而引起的内力均作用在由构件轴线所构成的平面内。这种平面结构体系，为人们所常用而熟悉，受力明确，传力简便可靠，分析理论经典而成熟。但这种结构有一个很大的弱点，就是侧向刚度差。欲获得在使用上最低限度的侧向刚度，必须另设置支撑体系或连系梁，相对来说较不经济。

4. 空间结构体系

空间结构体系包含网架、薄壳、折板、悬索等结构形式。

1）网架结构

网架是一种新型结构，是由许多杆件按照一定规律组成的网状结构。具有各向受力的性能不同于一般平面桁架的受力状态，是高次超静定空间结构。

它具有如下优点：由于各杆件间互相起着支撑作用，具有整体性强、稳定性好、空间刚度大、抗震性能好的优点。在节点荷载作用下，网架的杆件主要承受轴力，能充分发挥材料的强度，达到节约材料的目的。同时由于杆件类型划一，适合工厂化生产，可地面拼装、整体吊装。

2）薄壳

薄壳常用于屋盖结构，特别适用于较大跨度的建筑物，如展览馆、俱乐部、机库、仓库等。壳体的种类很多，形式丰富多彩，适用于多种平面。这为创作多种形式的建筑物提供了良好的结构条件。薄壳结构的曲面通常以其中面为准，平分壳板厚度的曲面称为中面。

薄壳结构的曲面形式如下：

（1）旋转曲面（图3-39）。由一平面曲线做母线绕其平面内的轴旋转而形成的曲面称为旋转曲面。如球形曲面、旋转抛物面、椭球面、旋转双曲面。

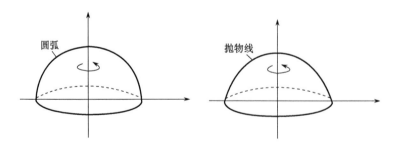

图3-39　旋转曲面（全国城市规划执业制度管理委员会，2002）

（2）平移曲面（图3-40）。由一竖向曲母线沿另一竖向曲导线平移所形成的曲面称为平移曲面。在工程中常见的椭圆抛物面双曲扁壳就是平移曲面。

（3）直纹曲面（图3-41）。一段直线的两端各沿两条固定曲线移动形成的曲面称为直纹曲面。扭壳、抛物面壳、筒壳、柱状面壳等均是直纹曲面。

3）折板

折板结构是一种类似于筒壳的薄壁空间体系，它也是由边梁、横隔及薄板组成（图 3-42），空间工作原理也类似筒壳。目前我国施工的折板跨度已达 27m。

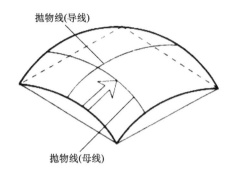

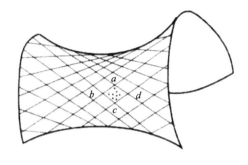

图 3-40　平移曲面（全国城市规划执业制度管理委员　图 3-41　直纹曲面（全国城市规划执业制度管理委员
　　　　　会，2002）　　　　　　　　　　　　　　　　　　会，2002）

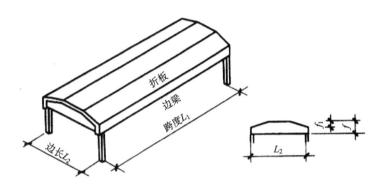

图 3-42　折板的组成（全国城市规划执业制度管理委员会，2002）

4）悬索

随着工业生产的发展及大型公共建筑要求的空间越来越大，采用前面提到的各种结构形式已很难满足这一要求，即使可以达到要求，但可能由于因其材料用量大、结构复杂、施工困难、造价很高，造成极不合理的现象。悬索屋盖结构就是为了解决这一问题，适应大跨度需要而产生并发展起来的一种结构形式。悬索结构由索网、边缘构件、下部支承结构组成（图 3-43）。

假定悬索是绝对柔性的，任一截面均不能承受弯矩，而只能承受拉力。悬索只能单向受力，承受与其垂度方向一致的作用力。

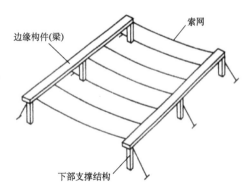

图 3-43　悬索结构的组成部分
（全国城市规划执业制度管理委员会，2002）

5. 高程建筑结构

高层建筑的结构特点如下。

1）高度高

顾名思义，高层建筑的特征在于"高"。对高度大于等于 24m 的房屋，用传统的砌体结构承重已不适宜，风荷载及地震作用产生的水平力已成为结构设计的重要因素。

《高层建筑混凝土结构技术规程》对高度的上限并未做出明确的规定，只是提出最大的适用高度限制，对简体结构为 180m，建议将高层建筑大致划分为：一般高层建筑 24～50m、较高高层建筑 50～100m、超高层建筑 100～200m、特殊高层建筑 200m 以上。

2）荷载大

由于高层建筑高度大、层数多，竖向荷载很大。100m 左右高的建筑，底部单柱竖向轴力往往可达 10000～30000kN。地震作用产生的水平力、风荷载产生的水平力，不但数值大，而且作用高度高，使建筑底部产生很大的弯矩与倾覆力矩。

3）技术要求高

高层建筑的高耸体形与大荷载带来的问题是多方面的。例如，需要采用轻质材料，特别是轻质的新型墙体材料以减轻自重。需要采用高强度的结构材料，如钢结构、型钢混凝土结构；在混凝土结构中，受力较大的部位（如底部各层的柱），可采用 C40、C50 级的混凝土甚至采用更高强度的混凝土。需要采用各类抗侧力、抗侧向拉移性能优良的结构体系。在结构计算上，除计算理论复杂之外，构件的轴向变形研究、动力特性研究及结构延性、构造连接等都较一般建筑结构有特殊要求。

3.4.2　建筑材料与构造的基本知识

1. 建筑材料的基本知识

建筑材料是指在建筑中所应用的各种材料的总称，它所包含的门类、品种极多，就其应用的广泛性及重要性来说，通常将水泥、钢材及木材称为一般建筑工程的三大材料。建筑材料费用通常占建筑总造价的 50% 左右。

1）建筑材料的分类

（1）按材料组成物质的种类和化学成分分类（表 3-4）。

表 3-4　按材料组成物质的种类和化学成分分类表

组成物质种类		分类
建筑材料	无机材料	金属材料（钢、铝、铜及各类合金等）
		非金属材料（各类有机凝胶材料、天然石材、混凝土、玻璃、陶瓷等）
	有机材料	植物材料（木材、竹材等）
		沥青材料（石油沥青、煤沥青等）
		合成高分子材料（塑料、合成橡胶、各种有机胶粘剂等）
	复合材料	颗粒集结型（如聚合物混凝土等）
		纤维增强型（如玻璃钢、钢纤维混凝土等）
		层合型（如各种复合板材）

（2）按材料在建筑物中的功能分类。

（a）建筑结构材料。在建筑中承受各种荷载，起骨架作用。这类材料质量的好坏直接影响结构安全，因此，对其力学性能及耐久性能应特别予以重视。

（b）维护和隔绝材料。在建筑物中起维护和隔绝作用，以便形成建筑空间，防止风雨的侵袭。这种材料应具有隔热、隔声、防水、保湿等功能，且对建筑空间的舒适程度和建筑物的营运能耗有决定性影响。

（c）装饰材料。用于建筑物室内外的装潢和修饰，其作用在于满足房屋建筑的使用功能和美观要求，同时保护主体结构在室内外各种环境因素作用下的稳定性和耐久性。

（d）其他功能材料。包括耐高温、抗强腐蚀、太阳能转换等特种功能的材料，它们多用于特种工业厂房和民用建筑。

一种材料往往具有多种功能，例如，混凝土是典型的结构材料，但装饰混凝土（露骨料混凝土、彩色混凝土等）则具有很好的装饰效果，而加气混凝土又是很好的绝热材料。

2）建筑材料的基本性质

（1）力学性质。

（a）强度。材料在经受外力作用时抵抗破坏的能力，称为材料的强度。根据外力施加方向的不同，材料强度又可分为抗拉强度、抗压强度、抗弯强度和抗剪强度等。

（b）材料的弹性、塑性、脆性与韧性。材料在承受外力作用的过程中产生变形，撤出外力的作用后，材料几何形状恢复原样，材料的这种性能称为弹性。若材料的几何形状只能部分恢复，而残留一部分不能恢复的变形，该残留部分的变形称为塑性变形。

材料受力时，在无明显变形的情况下突然破坏，这种现象称为脆性破坏。具有这种破坏特性的材料称为脆性材料，如玻璃、陶瓷等。

在冲击、振动荷载的作用下，材料在破坏过程中吸收能量的性质称为韧性，吸收的能量越多，韧性越好。

（2）建筑材料的基本物理参数。

（a）密度。材料在绝对密实状态下，单位体积内所具有的质量称为密度（g/cm³）。

（b）表观密度。材料在自然状态下（包含内部孔隙），单位体积所具有的质量称为表观密度（g/cm³ 或 kg/m³）。

（c）堆积密度。散粒状材料在自然堆积状态下，单位体积的质量称为堆积密度（g/cm³ 或 kg/m³）。

（d）孔隙率。材料中孔隙体积占材料总体积的百分数称为孔隙率。材料中孔隙的大小，以及大小孔隙的级配是各不相同的，而且孔隙结构形态也各不相同，有的与外界连通，称开口孔隙，有的与外界隔绝，称封闭孔隙。孔隙率是反映材料细观结构的重要参数，是影响材料强度的重要因素。除此之外，孔隙率与孔隙结构形态还与材料表观密度、吸水、抗渗、抗冻、干湿变形及吸声、绝热等性能密切相关。因此，孔隙率虽然不是工程设计和施工中直接应用的参数，但却是了解和预估材料性能的重要依据。

（e）空隙率。散粒状材料在自然堆积状态下，颗粒之间空隙体积占总体积的百分数称为空隙率。

（f）吸水率。材料由干燥状态变为饱水状态所增加的质量（所吸入水的质量）与材料干质量之比的百分数，称为材料的吸水率。

（g）含水率。材料内部所包含水分的质量占材料干质量的百分数，称为材料的含水率。

（3）建筑材料的耐久性。建筑材料在使用过程中经受各种常规破坏因素的作用而能保持其使用性能的能力，称为建筑材料的耐久性。建筑材料在使用中逐渐变质和衰退直至失效，有内部因素，也有外部因素。内部因素有材料本身各种组分和结构的不稳定、各组分热膨胀的不一致，所造成的热应力、内部孔隙、各组分界面上化学生成物的膨胀等；外部因素有使用中所处的环境和条件，如日光曝晒，大气、水、化学介质的侵蚀，温度湿度变化，冻融循环，机械摩擦，荷载的反复作用，虫菌的寄生等。这些内外因素，可归结为机械的、物理的、化学的及生物的作用。在实际工程中，这些因素往往同时综合作用于材料，使材料逐渐失效。

（4）材料的性质与材料的内部组成结构之间的关系。材料的性质除与试验条件（如测定材料强度时试件形状、尺寸、表面状况、含水状况及试验时的温度、湿度与加荷速度等）有关外，主要与材料本身的组成及结构有关。

材料的组成包括化学组成及矿物组成等。化学组成是指构成材料的化学元素及化合物的种类与数量；矿物组成则是指构成材料的矿物的种类（如硅酸盐水泥熟料中的硅酸三钙、铝酸三钙等矿物）和数量。材料的组成不仅影响材料的化学性质，也是决定材料物理、力学性质的重要因素。

材料的结构包括微观结构（如晶体、玻璃体及胶体等）、细观结构（如钢材中的铁素体、渗碳体等基本组织）及宏观结构（如孔隙率、孔隙特征、层理、纹理等）。材料的结构是决定材料性质的极其重要的因素。

原子晶体是中性原子以共价键结合而成的晶体，如石英。离子晶体是正负离子以离子键结合而成的晶体，如 NaCl 分子晶体。以范德华力即分子间力结合而成的晶体，如有机化合物。金属晶体是以金属阳离子为晶格，由金属阳离子与自由电子间的金属键结合而成的晶体，如钢铁。

晶体具有一定的几何外形、各向异性，有固定熔点和化学稳定性，但金属材料如钢材却是各向同性的，因为钢材由众多细小晶粒组成，而晶粒是杂乱排布而成的。

玻璃体的特点是各向同性、导热性较低、无固定熔点、化学活性较高。例如，高炉炼铁熔融状态的矿渣，经缓慢冷却后即得慢冷矿渣（重矿渣），为化学稳定性材料；但熔融物若经急冷，则质点来不及按一定规则排列，便凝固成固体，可作为活性混合材料使用。

胶体由胶粒（粒径为 $10^{-9} \sim 10^{-7}$m 的固体粒子）分散在连续介质中而成。胶体具有良好的吸附力与较强的黏结力；胶体脱水，胶粒凝聚，即成凝胶；凝胶完全脱水即为干凝胶，具有固体性质。例如，硅酸盐水泥完全水化后，水化硅酸钙凝胶约占 70%，其胶凝能力强，且强度较高（凝胶粒子间存在范德华力与化学结合键）。材料的宏观结构，如孔隙率及孔隙特征，与材料的强度、吸水性及绝热性等都有密切的关系。

3）主要建筑材料

（1）气硬性无机胶凝材料。胶凝材料能将散粒材料或物体黏结成为整体，并使其具有所需的强度。胶凝材料按成分分为有机胶凝材料和无机胶凝材料两大类，前者以天然或合成的有机高分子化合物为基本成分，如沥青、树脂等；后者则以无机化合物为主要的成分。无机胶凝材料按硬化条件不同，也可分为气硬性胶凝材料与水硬性胶凝材料两类。气硬性胶凝材料只能在空气中硬化，也只能在空气中继续保持或发展其强度，如建筑石膏、石灰、水玻璃、菱苦土等。水硬性胶凝材料则不仅能在空气中，而且能更好地在水中硬化、保持并发展其强度，如各种水泥。气硬性胶凝材料一般只适用于地上的干燥环境，而水硬性胶凝材料则可在地上、地下或水中使用。

（2）水泥。水泥属于水硬性胶凝材料，品种很多，按其用途和性能可分为通用水泥、专用水泥与特种水泥三大类。用于一般建筑工程的水泥称为通用水泥，如硅酸盐水泥、矿渣硅酸盐水泥等；有专门用途的水泥称为专用水泥，如道路水泥、砌筑水泥、大坝水泥等；具有比较突出的某种性能的水泥称为特种水泥，如快硬硅酸盐水泥、膨胀水泥等。按主要水硬性物质名称，水泥又可分为硅酸盐水泥、铝酸盐水泥、硫铝酸盐水泥等，建筑工程常用的主要是各种硅酸盐水泥。

（3）混凝土。混凝土是由胶凝材料、粗细骨料和水按适当比例配制，再经硬化而成的人工石材。目前使用最多的是以水泥为胶凝材料的混凝土，称为水泥混凝土。按其表观密度，一般可分为重混凝土、普通混凝土和轻混凝土三类。在建筑工程中应用最广泛、用量最大的是普通水泥混凝土，由水泥、砂、石和水组成，成型方便，与钢筋有牢固的黏结力（在钢筋混凝土结构中，钢筋承受拉力，混凝土承受压力，两者膨胀系数大致相同），硬化后抗压强度高、耐久性好，组成材料中砂、石及水占 80% 以上，成本较低且可就地取材。混凝土主要缺点是抗拉强度低，受拉时变形能力小、易开裂，且自重较大。

（4）建筑砂浆。建筑砂浆由胶凝材料、细骨料、水等材料配制而成。主要用于砌筑砖石结构或建筑物内外表面的抹面等。

（5）墙体材料与屋面材料。我国目前用于墙体的材料有砖、砌块及板材。用于屋面的材料有各种材质的瓦及一些板材。为了节约能源、保护环境，国务院会同住房和城乡建设部、原国家建材局等部门，自 20 世纪 90 年代以来不断推出加快墙体材料革新和推广节能建筑的举措，规定在框架结构建筑等工程中限制使用实心黏土砖，推广使用空心砖、多孔砖及其他新型墙体材料，逐步淘汰实心黏土砖。

2. 建筑构造的基本知识

1）建筑构造研究的对象

房屋建筑是由若干个大小不等的室内空间组合而成的，而空间的形成往往又要借助于一片片实体的围合。这一片片实体，称为建筑构（配）件。建筑构造是研究建筑物中各建筑构件的组成原理和方案的学科。各个相关建筑构件之间相互连接的方式和方法也属建筑构造研究的内容。

建筑构造是一门综合性技术知识，它涉及建筑功能、工程技术、建筑经济等许多方面的问题。

2）建筑物的组成构件

组成建筑物的基本构件是指房屋中具有独立使用功能的组成部分，统称为建筑构（配）件。一个建筑构件又往往由若干层次所组成，各层发挥一种作用，其中有的直接为使用功能服务，有的则起支撑骨架作用或支承面层工作，如楼面和屋顶构件的组成层次（图3-44）。

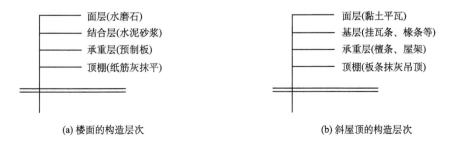

图3-44　楼面的构造层次与斜屋顶的构造层次（全国城市规划执业制度管理委员会，2002）

图 3-45 中的承重层一般由结构设计确定，又称结构构件。结构构件往往是建筑构件的主要组成内容。在多层民用建筑中，房屋是由竖向（基础、墙体、门、窗等）建筑构件、水平（屋顶、楼面、地面等）建筑构件及解决上下层交通联系的楼梯所组成，统称为"八大构件"。阳台、雨篷、烟囱等构件属于楼面、墙体等基本建筑构件的特殊形式。

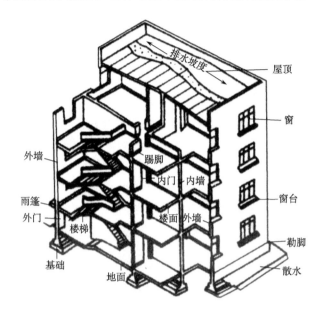

图 3-45　建筑构件（全国城市规划执业制度管理委员会，2002）

八大构件的作用如下。

（1）基础。基础是建筑物的最下部分即埋于地下的扩大构件。它承受建筑物的全部荷载，连同其自身重量传递给地基。

（2）墙体。墙是建筑物的竖向围护构件，外墙起着抵御自然界各种因素对室内侵袭的作用；内墙起着分隔室内空间的作用。在砖混结构中，墙体又是竖向承重构件，它承受着屋顶、楼面等传来的荷载，连同墙体自重一起传给基础。

（3）门和窗。门和窗是围护构件上可以启闭的部分。门主要是供人们内外交通之用；窗主要是采光、通风和观望之用。既然是围护结构的组成部分，就应考虑保温、隔热、隔声、防火等方面的要求。

（4）屋顶。屋顶是建筑物最上部的水平承重构件，同时也起着抵御大自然侵袭的围护作用，因此屋顶又是重要的围护构件。

（5）楼面。楼面是建筑物分隔上下层空间的水平承重构件。它既是上层空间的地，又是下层空间的顶，两个方面都要做好处理。尤其是浴厕、厨房等用水房间的楼面处理，更要符合防水、防火等方面的要求。

（6）地面。地面是建筑物中分隔空间与土层的水平构件。实铺地面必须防潮，空铺地面则类似于楼面而无顶棚。

（7）楼梯。楼梯是楼房建筑中解决竖向交通的建筑构件。它由一个或若干个连续的楼梯段和平台组合而成，以连通不同标高的平面。

3）一般建筑构造的原理与方法

（1）防水构造。房间须防止水侵入。水的来源有地下水、天落水及用水房间（厨房、卫生间）的溢水，因而方法也有所不同。

（a）地下室防水构造。当设计最高地下水位高于地下室地面，即地下室的外墙和地坪浸在水下时，必须考虑地下室防水。有时地下室底板虽略高于设计地下水位，但地基有形成滞水可能性（如黏土）时，也可考虑采用防水构造或其他措施，目前常采用材料防水和混凝土自防水两种。材料防水是在外墙和底板表面敷设防水材料，借材料的高效防水特性阻止水的渗入，常用卷材、涂料和防水水泥砂浆等，地下卷材防水构造如图 3-46 所示。

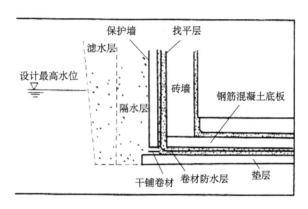

图 3-46 地下卷材防水构造（全国城市规划执业制度管理委员会，2002）

（b）屋顶防水构造。为了排除天落水，屋面必须设置坡度。坡度大则排水快，对屋面的防水要求可降低；反之则要求高。根据排水坡的坡度大小不同可分为平屋顶与斜屋顶两大类，一般公认坡面升高与其投影长度之比 $i<1:10$ 时为平屋顶，$i>1:10$ 时为斜屋顶。

屋顶防水构造可分为卷材防水屋面和刚性防水屋面，各构造层次及其作用与原理如图 3-47 所示。

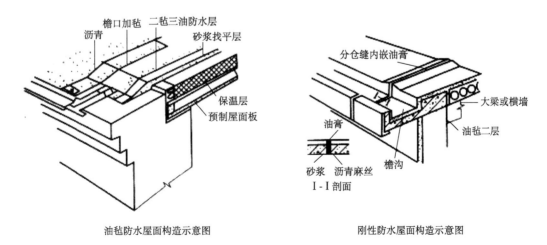

油毡防水屋面构造示意图　　　　刚性防水屋面构造示意图

图 3-47 屋面防水构造（全国城市规划执业制度管理委员会，2002）

保护层。一般采用 3～6mm 粒径的粗砂粘贴作为保护层，上人屋顶可铺 30mm 厚水泥板或大阶砖。保护层的作用有三：一是浅色反射隔热，油毡防水层的表面呈黑色，最易吸热，在太阳辐射下，其夏季表面综合温度可达 60～80℃，常致沥青流淌，油毡老化。保护层可减少吸热，使太阳辐射温度明显下降，从而达到隔热与延迟老化的作用。二是有利于防止暴风雨对油毡防水层的冲刷。三是以其重量压住油毡的边角，防止起翘。

找平层。水泥砂浆找平层一般采用 1：2～1：3 水泥：砂浆抹 20mm 厚作为钢筋混凝土屋面板上的平整表面，以便于防水层的铺贴粘牢。

冷底子油涂刷。起促进油毡防水层与水泥砂浆找平层的结合及加强黏结力的作用，因此可以称为"结合层"。

（2）防潮构造。

（a）勒脚与底层实铺地防潮（图 3-48）。勒脚处于室内外高差的位置，易受雨水浸蚀，墙基础吸收的土中的水分，也将沿勒脚上升到墙身。解决的办法是"排"与"隔"相结合。室外的散水坡或明沟是"排"的措施，防潮层是"隔"的措施。根据材料不同，有油毡防潮层、防水砂浆防潮层和细石混凝土防潮层三种。

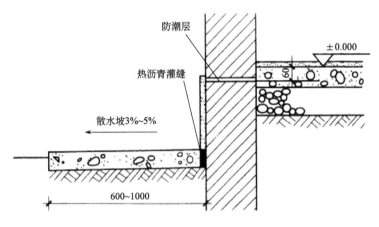

图 3-48　勒脚与底层实铺地防潮构造

（b）地面回潮的防止。我国南方湿热地区在春末夏初之际，空气相对湿度上升，其值可达 80% 甚至 90% 以上。当雨天转晴时，气温上升快而地表温度上升迟缓，其值常低于露点温度，于是空气中的水汽便在地表凝结。为了防止回潮现象的产生，对症下药的途径是气温回升时，使地表温度也能随之迅速提高到露点温度以上，从而避免凝结水的产生。

（c）地下室的防潮（图 3-49）。当地下水的最高水位在地下室地面标高以下约 1m 时，地下水不能直接侵入室内，墙和地坪仅受土层中潮气影响；当地下水最高水位高于地下室地坪时，则应采用地下室防水构造；高出最高水位 0.5～1m 以上的地下室外墙部分需做防潮处理。

（3）保温构造。我国广大的北方地区和青藏高原的冬季非常寒冷且持续时间也很长，其最冷月月平均气温一般为 −30～−10℃，而室内采暖的气温要求为 16～20℃，厂房为 10～15℃，室内外温差达 20～50℃之多。室内外温差的存在，必然导致室内的热量通过围护结构向外散发，为此房屋的围护结构应当具有一定的保温性能。

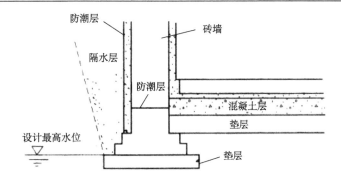

图 3-49 地下室防潮构造（全国城市规划执业制度管理委员会，2002）

为了提高墙体的保温性能，常采取以下措施：增加墙体厚度；选择导热系数小的墙体材料制作复合墙，常将保温材料放在靠低温一侧，或在墙体中部设封闭的空气间层或带有铝箔的空气间层。墙体的保温构造如图 3-50 所示。

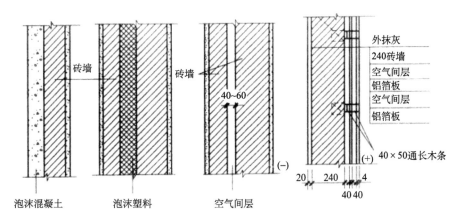

图 3-50 墙体保温构造（全国城市规划执业制度管理委员会，2002）

平屋顶保温层有两种位置：将保温层放在结构层之上，防水层之下，成为封闭的保温层，称为内置式保温层；将保温层放在防水层之上，称为外置式保温层。两种保温层如图 3-51 所示。

（4）隔热构造。南方地区的夏季，太阳辐射热十分强烈，测试 24h 的太阳辐射热总量，东西向墙是南向墙的 2 倍以上，屋面是南向墙的 3.5 倍左右，因而对东向、西向和顶层房间应采用构造措施隔热。隔热的主要手段为：采用浅色光洁的外饰面；采用遮阳—通风构造；合理利用封闭空气间层；采用绿化植被隔热。

（5）变形缝构造。变形缝可分为伸缩缝、沉降缝和防震缝三种。当建筑物长度超过一定限度时，会因其变形过大而产生裂缝甚至破坏，因此常在较长建筑物的适当部位设置竖缝，使其分离成独立区段，使各部分有伸缩余地，这种主要考虑温度变化而预留的构造缝称为伸缩缝，伸缩缝的宽度一般在 20～30mm。墙体伸缩缝的形式根据墙的布置及墙厚的不同，可做成平缝、错口缝和企口缝等，缝中应采用防水且不易被挤出的弹性材料填塞，可用镀锌铁皮、铝板、木质盖缝板或盖缝条做盖缝处理。

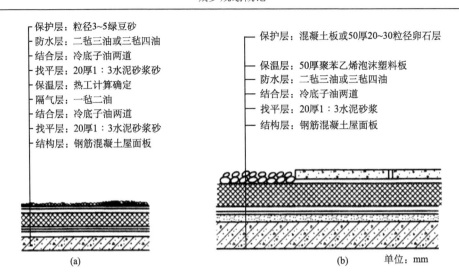

保护层：粒径3~5绿豆砂
防水层：二毡三油或三毡四油
结合层：冷底子油两道
找平层：20厚1：3水泥砂浆砂
保温层：热工计算确定
隔气层：一毡二油
结合层：冷底子油两道
找平层：20厚1：3水泥砂浆砂
结构层：钢筋混凝土屋面板

保护层：混凝土板或50厚20~30粒径卵石层
保温层：50厚聚苯乙烯泡沫塑料板
防水层：二毡三油或三毡四油
结合层：冷底子油两道
找平层：20厚1：3水泥砂浆
结构层：钢筋混凝土屋面板

单位：mm

(a)　　　　　　　　　　　　(b)

图 3-51　内置式（a）和外置式（b）保温层（全国城市规划执业制度管理委员会，2002）

沉降缝与伸缩缝的主要区别在于沉降缝是将建筑物从基础到屋顶的全部构件断开，即基础必须断开，从而保证缝两侧构件在垂直方向能自由沉降。沉降缝构造与伸缩缝基本相同，只是盖缝的做法必须保证缝两侧在垂直方向能自由沉降。

对多层砌体房屋，在设防烈度为8度和9度且有下列情况之一时宜设置防震缝：建筑物高差在 6m 以上时；建筑物有错层，且楼板高差较大时；建筑物各部分结构刚度质量截然不同时。防震缝应将建筑物的墙体、楼地面、屋顶等构件全部断开，缝两侧均应设置墙体或柱。

3. 建筑节能

1）民用建筑节能的定义

根据《民用建筑节能管理规定》，民用建筑节能，是指民用建筑在规划、设计、建造和使用过程中，通过采用新型墙体材料，执行建筑节能标准，加强建筑物用能设备的运行管理，合理设计建筑围护结构的热工性能，提高采暖、制冷、照明、通风、给排水和通道系统的运行效率，以及利用可再生能源，在保证建筑物使用功能和室内热环境质量的前提下，降低建筑能源消耗，合理、有效地利用能源的活动。

2）建筑节能技术和产品的分类

随着民用建筑节能的科学研究和技术开发，各种节能型的建筑、结构、材料、用能设备和附属设施及相应的施工工艺、应用技术和管理技术，在建筑设计中被广泛应用。具体来说，建筑节能技术和产品主要包括以下几大类。

新型节能墙体和屋面的保温、隔热技术与材料；节能门窗的保温隔热和密闭技术；集中供热和热、电、冷联产联供技术；供热采暖系统温度调控和分户热量计量技术与装置；太阳能、地热等可再生能源应用技术及设备；建筑照明节能技术与产品；空调制冷节能技术与产品；其他节能技术和节能管理技术。

3）绿色建筑

建筑活动是人类对自然资源、环境影响最大的活动之一。我国正处于经济快速发展阶段，年建筑量世界排名第一，资源消耗总量逐年迅速增长。因此，必须牢固树立和认真落实科学发展观，坚持可持续发展理念，大力发展绿色建筑。

（1）绿色建筑的定义。绿色建筑指的是在建筑的全寿命周期内，最大限度地节约资源（节能、节地、节水、节材）、保护环境和减少污染，为人们提供健康、适用和高效的使用空间，与自然和谐共生的建筑。

建筑从最初的规划设计到随后的施工、运营及最终的拆除，形成了一个全寿命周期。关注建筑的全寿命周期，意味着不仅在规划设计阶段充分考虑并利用了环境因素，而且确保了施工过程中对环境的影响最低，运营阶段能为人们提供健康、舒适、低耗、无害的活动空间，拆除后又对环境危害降到最低。绿色建筑要求在建筑全寿命周期内，最大限度地节能、节地、节水、节材与保护环境，同时满足建筑功能。这几者有时是彼此矛盾的，例如，为片面追求小区景观而过多地用水，为达到节能单项指标而过多地消耗材料，这些都是不符合绿色建筑要求的；而降低建筑的功能要求、降低适用性，虽然消耗资源少，也不是绿色建筑所提倡的。节能、节地、节水、节材、保护环境五者之间的矛盾必须放在建筑全寿命周期内统筹考虑与正确处理，同时还应重视信息技术、智能技术和绿色建筑的新技术、新产品、新材料与新工艺的应用。

（2）绿色建筑的基本要求。发展绿色建筑、建设节约型社会，必须倡导城乡统筹、循环经济的理念，全社会参与，挖掘建筑节能、节地、节水、节材的潜力。注重经济性，从建筑的全寿命周期核算效益和成本，顺应市场发展需求及地方经济状况，提倡朴实简约，反对浮华铺张，实现经济效益、社会效益和环境效益的统一。

绿色建筑是在全寿命周期内兼顾资源节约与环境保护的建筑，而单项技术的过度采用虽可提高某一方面的性能，但很可能造成新的浪费，为此，需从建筑全寿命周期的各个阶段综合评估建筑规模、建筑技术与投资之间的相互影响，以节约资源和保护环境为主要目标，综合考虑安全、耐久、经济、美观等因素，比较、确定最优的技术、材料和设备。

绿色建筑的建设应对规划、设计、施工与竣工阶段进行过程控制。各责任方应按本标准评价指标的要求，制定目标、明确责任、进行过程控制，并最终形成规划、设计、施工与竣工阶段的过程控制报告。申请评价方应按绿色建筑评价机构的要求，提交评价所需的过程控制基础资料。绿色建筑评价机构对基础资料进行分析，并结合项目现场勘察情况，提出评价报告。

（3）绿色建筑的评价和等级划分。绿色建筑评价指标体系是按定义对绿色建筑性能的一种完整的表述，它可用于评价已建成的建筑物与按定义的绿色建筑相比在性能上的差异。

绿色建筑评价指标体系由节地与室外环境、节能与能源利用、节水与水资源利用、节材与材料资源利用、室内环境质量和运营管理六类指标组成。目前我国绿色建筑评价所需基础数据较为缺乏，例如，我国各种建筑材料生产过程中的能源消耗数据、CO_2 排放量、各种不同植被和树种的 CO_2 固定量等缺少相应的数据库，这就使得定量评价的标准难以被科学地确定。因此，目前尚不成熟或无条件定量化的条款暂不纳入，随着有关的基础性研究工作的深入，再逐渐改进评价的内容。

每类指标包括控制项、一般项与优选项。控制项为绿色建筑的必备条件；一般项和优选项为划分绿色建筑等级的可选条件，其中优选项是难度大、综合性强、绿色度较高的可选项。

【思考题】

（1）思考我国古代木构建筑的主要特点，总结国内外各个历史时期的建筑特征。

（2）网架作为一种新型结构，是由许多杆件按照一定规律组成的网状结构，其优点主要有哪些？

（3）建筑场地地貌要有利于建筑布置，道路便捷顺畅，地形宜场地排水，一般自然地形坡度不宜小于多少？

（4）在建筑设计中，设计师可以借助什么方法来增强建筑整体的统一性？

（5）总结建筑空间、场地、技术、美学、策划的知识与设计要点。

【延伸阅读】

（1）梁思成. 2011. 中国建筑史. 北京：生活·读书·新知三联书店.

（2）刘先觉，汪晓茜. 2010. 外国建筑简史. 北京：中国建筑工业出版社.

（3）宫宇地一彦. 2006. 建筑设计的构思方法——拓展设计思路. 马俊，等 译. 北京：中国建筑工业出版社.

（4）曾坚，蔡良娃. 2010. 建筑美学. 北京：中国建筑工业出版社.

（5）庄惟敏. 2016. 建筑策划与设计. 北京：中国建筑工业出版社.

（6）彭一刚. 2008. 建筑空间组合论. 3 版. 北京：中国建筑工业出版社.

（7）王翠萍，潘育耕. 2014. 全国注册城市规划师执业资格考试辅导教材. 9 版第 2 分册. 北京：中国建筑工业出版社.

第4章 城乡道路、交通及其他基础设施

4.1 道路规划设计

4.1.1 道路设施基本概念

道路是供车辆与行人使用的人工构造物，因此道路必须符合人、车的交通特性，满足其交通需求。道路服务性能的好坏体现在量、质、形三个方面，即道路建设数量是否充足，道路质量能否保证安全，道路交叉、路网布局、道路线形是否合理，另外还有附属设施、管理水平是否配套等。

1. 道路分级

广义道路涵盖公路（区域道路）和城市道路。

（1）按照《公路工程技术标准》（JTGB01—2014），公路分为高速公路、一级公路、二级公路、三级公路、四级公路五个技术等级。

（a）高速公路，为专供汽车分方向、分车道行驶，全部控制出入的多车道公路。高速公路的年平均日设计交通量宜在15000辆小客车以上。

（b）一级公路，为供汽车分方向、分车道行驶，可根据需要控制出入的多车道公路。一级公路的年平均日设计交通量宜在15000辆小客车以上。

（c）二级公路，为供汽车行驶的双车道公路。二级公路的年平均日设计交通量宜为5000～15000辆小客车。

（d）三级公路，为供汽车、非汽车交通混合行驶的双车道公路。三级公路的年平均日设计交通量宜为2000～6000辆小客车。

（e）四级公路，为供汽车、非汽车交通混合行驶的双车道公路。双车道四级公路年平均日设计交通量宜为2000辆小客车以下；单车道四级公路年平均日设计交通量宜在400辆小客车以下。

（2）其中，城市道路按道路在道路网中的地位、交通功能及对沿线的服务功能等，分为快速路、主干路、次干路和支路四个等级。

（a）快速路：应中央分隔、全部控制出入、控制出入口间距及形式，应实现交通连续通行，单向设置不应少于两条车道，并应设有配套的交通安全与管理设施。快速路两侧不应设置吸引大量车流、人流的公共建筑物的出入口。

（b）主干路：应连接城市各主要分区，应以交通功能为主。主干路两侧不宜设置吸引大量车流、人流的公共建筑物的出入口。

（c）次干路：应与主干路结合组成干路网，应以集散交通的功能为主，兼有服务功能。

（d）支路：宜与次干路和居住区、工业区、交通设施等内部道路相连接，应以解决局部地区交通、以服务功能为主。

2. 设计速度

各等级公路设计速度应该符合表 4-1 的规定，设计速度的选用应根据公路的功能与技术等级，结合地形、工程经济、预期的运行速度和沿线土地利用性质等因素综合论证确定。各等级城市道路设计速度应该符合表 4-2 的规定。

表 4-1　各级公路的设计速度

公路等级	高速公路			一级公路			二级公路		三级公路		四级公路	
设计速度/（km/h）	120	100	80	100	80	60	80	60	40	30	30	20

表 4-2　各级城市道路的设计速度

道路等级	快速路			主干路			次干路			支路		
设计速度/（km/h）	100	80	60	60	50	40	50	40	30	40	30	20

4.1.2　道路横断面规划设计

道路横断面是指垂直于道路中心线的剖面。道路横断面的规划宽度称为路幅宽度，通常是规划道路红线之间的道路用地总宽度。横断面由机动车道、非机动车道、人行道、分车带、设施带、绿化带等组成，特殊断面还可包括应急车道、路肩和排水沟等。横断面规划设计的主要任务是在满足交通、环境、公用设施管线敷设及消防、排水、抗震等要求的前提下，经济合理地确定横断面各组成部分的宽度、位置排列与高差。

1. 横断面设计

横断面设计应按道路等级、服务功能、交通特性，结合各种控制条件，在规划红线宽度范围内合理布设，并且横断面设计应满足远期交通功能需要。横断面宜由机动车道、非机动车道、人行道、分车带、设施带、绿化带等组成，特殊断面还可包括应急车道、路肩和排水沟等。

横断面可分为单幅路、两幅路、三幅路、四幅路及特殊形式的断面，如图 4-1 所示。

横断面布置条件：

（1）当快速路两侧设置辅路时，应采用四幅路；当两侧不设置辅路时，应采用两幅路；主干路宜采用四幅路或三幅路；次干路宜采用单幅路或两幅路，支路宜采用单幅路。

（2）对设置公交专用车道的道路，横断面布置应结合公交专用车道的位置和类型全面综合考虑，并应优先布置公交专用车道。

（3）同一条道路宜采用相同形式的横断面。当道路横断面变化时，应设置过渡段。

（4）桥梁与隧道横断面形式、车行道及路缘带宽度应与路段相同。特大桥、大中桥分隔带宽度可适当缩窄，但应满足设置桥梁防护设施的要求。

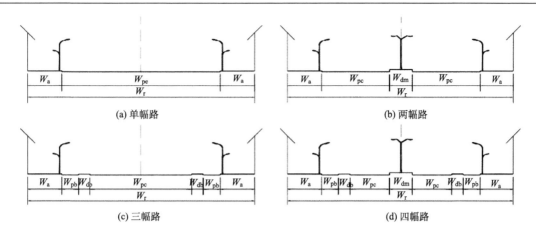

图 4-1　横断面形式

W_r. 红线宽度；W_{pc}. 机动车道路面宽度；W_a. 路侧带宽度；W_{dm}. 中间分隔带宽度；W_{db}. 两侧分隔带宽度；

W_{pb}. 非机动车道路面宽度

2. 机动车道

机动车道路面宽度应包括车行道宽度及两侧路缘带宽度，单幅路及三幅路采用中间分隔物或双黄线分隔对向交通时，机动车道路面宽度还应包括分隔物或双黄线的宽度。不同类型的机动车在不同的行驶状态下有不同的净空要求。机动车道的规划设计要根据不同的交通组织确定机动车道的具体尺寸。一条机动车道最小宽度应符合表 4-3 的规定。

表 4-3　一条机动车道最小宽度

车型及车道类型	设计速度/（km/h）	
	>60	≤60
大型车或混行车道/m	3.75	3.5
小客车专用车道/m	3.5	3.25

确定机动车道宽度注意的问题有一条车道的通行能力、车道宽度的相互调剂与搭配、不同方向的机动车道数、道路断面布局形式。

3. 非机动车道

目前城市道路上非机动车还占有相当大的比例，自行车在短途出行中起着重要的作用。因此，非机动车道通常按照自行车道进行设计，以其他非机动车进行校核。一条非机动车道宽度应符合表 4-4 的规定。

表 4-4　一条非机动车道宽度

车辆种类	自行车	三轮车
非机动车道宽度/m	1.0	2.0

与机动车道合并设置的非机动车道，车道数单向不应小于 2 条，宽度不应小于 2.5m。非机动车专用道路面宽度应包括车道宽度及两侧路缘带宽度，单向不宜小于 3.5m，双向不宜小于 4.5m。

　4. 路侧带及人行道

　路侧带可由人行道、绿化带、设施带等组成（图 4-2），路侧带的设计应符合如下规定。

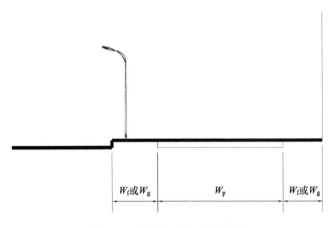

图 4-2　路侧带及人行道示意图

W_f. 设施带宽度；W_g. 绿化带宽度；W_p. 人行道宽度

　人行道宽度必须满足行人安全顺畅通过的要求，并应设置无障碍设施。人行道最小宽度应符合表 4-5 的规定。

表 4-5　人行道最小宽度

项目	人行道最小宽度/m	
	一般值	最小值
各级道路	3.0	2.0
商业或公共场所集中路段	5.0	4.0
火车站、码头附近路段	5.0	4.0
长途汽车站	4.0	3.0

　绿化带的宽度应符合行业标准《城市道路绿化规划与设计规范》CJJ 75—97 的相关要求。设施带宽度应满足设置护栏、照明灯柱、标志牌、信号灯、城市公共服务设施等的要求，各种设施布局应综合考虑。设施带可与绿化带结合设置，但应避免各种设施与树木间的干扰。

4.1.3　道路平面规划设计

　道路平面设计是在道路系统规划的基础上，根据具体规划确定的道路走向、横断面类型、红线宽度等，具体确定道路的平面位置，选定合理的平面线形及各种设施的平面布置。道路的平面设计与纵断面设计有着密切的关系，设计师要通盘考虑。道路平面线形由直线、平曲线组成，平曲线宜由圆曲线、缓和曲线组成。应处理好直线与平曲线的衔接，合理地设置缓和曲线、超高、加宽等。

1. 道路平曲线

1）平曲线最小半径

机动车辆在平曲线上做圆周运动时受水平方向的离心力作用，促使车辆向曲线外侧滑移和倾覆。为了使车辆从一条折线段平顺进入另一条折线段，需要设置道路平面曲线（简称平曲线），并妥善选择道路曲线段线形。

平曲线最小半径是指保证机动车辆以设计车速安全行驶时圆曲线的最小半径。

平曲线的最小半径主要取决于道路的设计车速。不同等级的道路规定有不同的设计车速，因此不同等级道路的最小半径也各不相同。平曲线最小半径的确定，必须综合考虑机动车辆在曲线上行驶的稳定性、乘客的舒适程度、车辆燃烧消耗和轮胎磨损等各方面的因素。

2）超高

当受地形、地物等条件限制而不允许设置平曲线最小半径时，可以将道路外侧抬高，使道路横坡呈单向内侧倾斜，称为超高。当一条路的设计车速 V 与横向力系数 μ 选定后，超高横坡的大小将取决于曲线半径的大小。按《城市道路设计规范》规定，平曲线半径小于不设超高最小半径时，在平曲线范围内应设置超高。

3）平曲线半径的选择

在道路定线过程中，道路圆曲线半径应根据道路的等级和地形、地物条件综合选定。各级道路的平曲线原则上应尽量采用较大的半径，以提高道路的使用质量、驾驶员的安全性和舒适性。一般情况下，道路的平曲线半径应大于或等于《城市道路设计规范》中不设超高的最小半径。在地形复杂的城市或山区城市，如采用不设超高的半径会过分增加工程量或者受建筑物等其他条件限制时，可采用设超高推荐半径值。当地形、地物条件特别困难时，可采用设超高最小半径值。

2. 曲线加宽与超高、加宽缓和段

1）平曲线路面加宽

在曲线端上行驶的车辆所占有的行驶宽度比直线段宽，所以曲线段的车行道往往需要加宽，其加宽值与曲线半径、车辆几何尺寸、车速要求等有关。

按《城市道路设计规范》的规定，道路平曲线半径小于或等于 250m 时，应在平曲线内侧加宽，每条车道加宽值见表 4-6。

表 4-6　平曲线每条车道的加宽值　　　　　（单位：m）

类型	平曲线半径								
	200～250	150～200	100～150	60～100	50～60	40～50	30～40	20～30	15～20
小型汽车	0.28	0.30	0.32	0.35	0.39	0.40	0.45	0.60	0.70
普通汽车	0.40	0.45	0.60	0.70	0.90	1.00	1.30	1.80	2.40
铰接车	0.45	0.55	0.75	0.95	1.25	1.50	1.90	2.80	3.50

2）超高、加宽缓和段

超高缓和段是由线段上的双向坡横断面过渡到具有完全超高的单向坡横断面的路段。超高缓和段的长度不宜过短，否则车辆行驶时会发生侧向摆动，行车十分不稳定。一般情况下，超高缓和段长度最好不超过 15～20m。

加宽缓和段是在平曲线的两端，从直线上的正常宽度逐渐增加到曲线上的全加宽的路段。当曲线加宽与超高同时设置时，加宽缓和段长度应与超高缓和段长度相等，内侧增加宽度，外侧增加超高。如曲线不设超高而只有加宽，则可采用不小于 10m 的加宽缓和段长度。

4.1.4　道路纵断面规划设计

1. 道路纵断面设计的基本内容和要求

道路的纵断面是指沿着道路中心线方向的剖面，道路纵坡是指道路中心线的纵向坡度。道路纵断面设计的基本内容有：根据城市竖向规划的控制标高，按照道路的等级、沿线地形地物、工程地质、水文、管线等条件，确定道路中心线的竖向高程、纵向坡度起伏关系和立体交叉、桥涵等构筑物的控制标高，设置竖曲线，有时还需要确定道路排水设施的坡度、标高。

道路纵断面设计要求道路线形尽可能平顺，土方尽可能平衡，道路与两侧建筑物衔接良好和排水良好。

2. 道路纵坡的确定

道路纵坡主要取决于自然地形、道路两旁地物、道路构筑物净空限界要求、车辆性能和道路等级。机动车道的最大纵坡决定于道路的设计车速。非机动车道的最大坡度，按照自行车的行驶能力控制在 2.5%以下为宜。

等级高的道路设计车速高，需尽量采用平缓的坡度；等级低的道路设计车速低，对纵坡的要求就不很严格。另外，道路路面抗滑性能好的，纵坡可以大些；路面抗滑性能差的，纵坡宜小些。

城市道路最小纵坡主要取决于道路排水和地下管道的埋设要求，与雨量大小、路面种类有关。一般希望道路最小纵坡口控制在 0.3%以上，纵坡小于 0.2%时，应设置锯齿形街沟解决排水问题。

3. 竖曲线

在道路纵坡转折点设置竖曲线将相邻的直线坡段平滑地连接起来，以使行车平稳，避免车辆颠簸，并满足驾驶员的视线要求。

竖曲线分为凸形和凹形两种。凸形竖曲线的设置主要满足视线视距的要求，凹形竖曲线的设置主要满足车辆行驶平稳（离心力）的要求。道路竖曲线设置时，应尽量选择大半径的竖曲线。一般当城市干路相邻坡段的坡度差小于 5%或外距小于 5cm 时，可以不设置竖曲线。

城市道路设计时一般希望将平曲线与竖曲线分开设置。如果确实需要重合设置，通常要求将竖曲线在平曲线内设置，不应有交叉现象。为了保持平面和纵断面的线形平顺，一般取凸形竖曲线的半径为平曲线半径的 10～20 倍。应避免将小半径的竖曲线设在长直线段上。

4.1.5　道路与道路交叉口规划设计

1. 交叉口交通组织方式

交叉口的通行能力和行车安全在很大程度上取决于交叉口的交通组织与管理。交叉口的交通组织方式有四种：

（1）无交通管制。适合于交通量很小的次要道路交叉口。

（2）采用渠化交通。在道路上施画各种交通管理标线及设置交通岛，用以组织不同类型、不同方向的车流行驶，使车辆互不干扰地通过交叉口。适用于交通量较小的次要交叉口、交通组织复杂的异形交叉口和城市边缘地区的道路交叉口。

（3）实施交通指挥。常用于一般十字交叉口。

（4）设置立体交叉。适用于快速、有连续交通要求的大交通量交叉口。

2. 交叉口设计的基本内容

交叉口设计的主要目的是确保行人和车辆安全，使车流和人流受到最小的阻碍，使交叉口的通行能力能满足各道路的交通量需求。交叉口设计应根据相交道路的功能、性质、等级、计算行车速度、设计小时交通量、流向及自然条件等进行。另外，需考虑与地下管线、绿化、照明、排水及交叉口建设的配合和协调等。道路交叉口设计应符合行业标准《城市道路交叉口设计规程》CJJ 152—2010 的规定。

一般平面交叉口的具体设计内容如下。

（1）正确选择交叉口的形式，设计交叉口各组成部分的几何尺寸（包括交叉口的转弯半径、交叉口车道数和宽度等）。

（2）确定视距三角形和交叉口红线的位置，如图 4-3 所示。

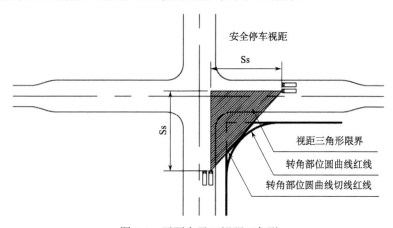

图 4-3　平面交叉口视距三角形

（3）合理组织交叉口交通管制，设置必要的交通设施，布置交通岛、人行横道线等。

（4）进行交叉口竖向设计，妥善布置排水设施。

3. 交叉口的基本类型及其特点

交叉口按竖向位置可分为平面交叉与立体交叉两大基本类型。

1）平面交叉口分类

（1）十字交叉口：两条道路以近于直角（75°～105°）相交[图 4-4（a）]。

（2）X 形交叉口：两条道路呈锐角（<75°）或钝角（>105°）斜向交叉[图 4-4（b）]。

（3）丁字形（T 形）交叉口：一条尽头道路与另一条道路以近于直角（75°～105°）相交[图 4-4（c）]。

（4）Y 形交叉口：3 条道路呈钝角（>105°）相交[图 4-4（d）]。

（5）多路交叉口：5 条或 5 条以上的道路在同一地点交汇 [图 4-4（e）]。

（6）环形交叉口：车辆沿环道按逆时针方向绕中心岛环形通过交叉口[图 4-4（f）]。

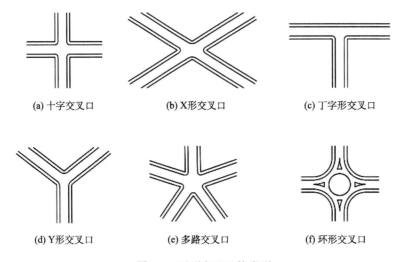

(a) 十字交叉口　　　　　(b) X形交叉口　　　　　(c) 丁字形交叉口

(d) Y形交叉口　　　　　(e) 多路交叉口　　　　　(f) 环形交叉口

图 4-4　平面交叉口的类型

2）立体式交叉口分类

（1）分离式立交：道路相交而不相通，交通分离。主要有铁路与城市道路的立交，快速道路与地方性道路（次干路、支路、自行车专用路、步行路）的立交。

（2）互通式立交：可以实现相交道路上的交通在立交上互相转换。又分为非定向立交（包括直通式、环形、菱形、梨形、苜蓿叶形等形式）和定向立交（有定向匝道）两类，如图 4-5 所示。

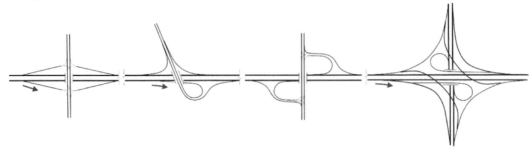

图 4-5　互通式立体交叉

4.1.6 道路规划设计相关规范

目前道路规划设计的常用规范包括《城市道路工程设计规范》、《城市道路路线设计规范》、《城市道路交叉口设计规程》等，主要内容见表 4-7。

表 4-7　道路系统规划相关规范

规范名称	主要内容
《城市道路工程设计规范》CJJ 37—2012	规范城市道路工程设计，统一城市道路工程设计主要技术指标
《城市道路路线设计规范》CJJ 193—2012	规范城市道路工程设计，确定路线设计技术指标
《城市道路交叉口设计规程》CJJ 152—2010	规定了道路交叉口设计的原则及技术标准等

4.2　停车设施规划

1. 停车设施基本概念

停车设施是指供机动车与非机动车停放的场所，由出入口、停车位、通道和标志标牌等附属设施组成。停车设施规划旨在科学安排停车设施，构建有序停车环境，合理引导交通需求，逐步形成与城市资源条件和土地利用相协调，与公交优先发展战略相适应的可持续停车发展模式。

1）停车设施类型

停车设施按所停车辆类型分为机动车停车场（库）和非机动车停车场（库），按建设方式可划分为独立式和附建式。机动车停车场（库）的建筑规模应按停车当量数划分为特大型、大型、中型、小型，非机动车停车场（库）应按停车当量数划分为大型、中型、小型。停车场（库）建设规模及停车当量数应符合表 4-8 的规定。

表 4-8　停车场（库）建设规模及停车当量数

停车当量数	规模			
	特大型	大型	中型	小型
机动车库停车当量数	>1000	301～1000	51～300	≤50
非机动车库停车当量数	—	>500	251～500	≤250

2）车辆停发方式

前进停车、后退发车：停车迅速，发车费时，不易迅速疏散，常用于斜向停车和要求尽快停车就位的停车场[图 4-6（a）]；

后退停车、前进发车：停车较慢，发车迅速，是最常见的停车方式，平均占地面积少，常用于垂直停车和要求尽快发车的停车场[图 4-6（b）]；

前进停车、前进发车：车辆停发均能方便迅速，但占地面积较大，常用于公共汽车和大型货车停车场[图 4-6（c）]。

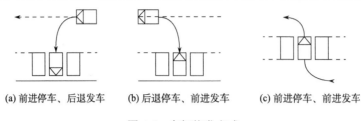

(a) 前进停车、后退发车　　　(b) 后退停车、前进发车　　　(c) 前进停车、前进发车

图 4-6　车辆停发方式

2. 机动车停车设施设计

1) 机动车库的一般规定

机动车库规模应根据换算成计算当量为小汽车的停车数量进行确定, 各类车辆的换算当量系数应符合表 4-9 的规定。机动车库单位停车尺寸应根据停放车辆的设计外形尺寸进行设计。

表 4-9　机动车换算当量系数

车型	微型车	小型车	轻型车	中型车	大型车
换算当量系数	0.7	1.0	1.5	2.0	2.5

机动车库内标志标线应符合以下规定:

(1) 应在每层出入口的显著部位设置标明楼层和行驶方向的标志。

(2) 应在机动车库地面山公用彩色线条标明行驶方向、用 10～15cm 宽线条标明停车位。

(3) 在各层柱间及通车道尽端, 应设置停车区位的标志。

2) 出入口设计

机动车库按出入口的方式可分为平入式、坡道式、升降梯式三种类型。

车辆出入口之间的间距不应小于 15m, 应与基地内部道路相通, 符合《车库建筑设计规范》JGJ 100—2015 的规定。出入口的布置应按现行国家标准《民用建筑设计通则》GB 50352—2005 的有关规定设置缓冲段与基地道路相通。车辆出入口的宽度, 双向行驶时不应小于 7m, 单向行驶时不应小于 4m。

机动车库出入口的数量和车道数与机动车库的规模密切相关, 应符合表 4-10 的规定。

表 4-10　机动车库出入口和车道数量

规模	特大型	大型		中型		小型	
	＞1000	501～1000	301～500	101～300	51～100	25～50	＜25
机动车出入口数量	≥3	≥2		≥2	≥1	≥1	
非居住建筑出入口车道数量	≥5	≥4	≥3	≥2		≥2	≥1
居住建筑出入口车道数量	≥3	≥2	≥2	≥2		≥2	≥1

当车道数大于等于 5 且停车当量大于 3000 辆时, 机动车出入口数量应经过交通模拟计算确定; 当停车当量小于 25 辆时, 出入口可设一个单车道, 并应采取进出车辆的避让措施。

3）停车区域设计

机动车停车位按车身纵方向与通道的夹角关系可分为：平行式、垂直式和斜放式（又分为与通道成30°、45°、60°停放）三种（图4-7）。各种停车方式的技术数据可查表得到。

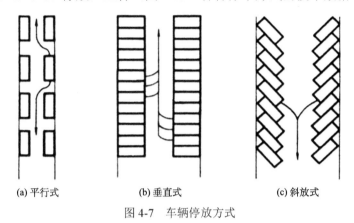

(a) 平行式　　　　　(b) 垂直式　　　　　(c) 斜放式

图 4-7　车辆停放方式

（1）平行停车方式。车辆停放时车身方向与通道平行，是路边停车带或狭长地段停车的常用方式。其特点是停车带和通道的宽度最小，车辆驶出方便迅速，能同时停放不同车型的车辆，但单位停车面积最大。

（2）垂直停车方式。车辆停放时车身方向与通道垂直，是最常用的停车方式。其特点是通道较宽，单位长度内停放的车辆最多，占用停车道宽度最大，但用地紧凑且进出方便。

（3）斜向停车方式。车辆停放时车身方向与通道成锐角斜向停放，也是常用的停车方式。其特点是停车道宽度随车长和停放角度有所不同，车辆出入方便，且出入时占用车行道宽度最小，有利于迅速停放与疏散。

4）机动车停车库分类

多层车库的进出口应该分开设置，并设置有限速、禁止任意停车、禁止鸣笛等日夜显示的交通标志和照明、消防及排除有害气体的设施。

（1）直坡道式停车库，如图4-8所示。停车楼面水平布置，每层楼面间用直坡道相连，坡道可设在库内，也可设在库外；可单行布置，也可双行布置。直坡道式停车库的布局简单整齐，交通线路明确，但用地不够经济，单位停车位占用面积较多。

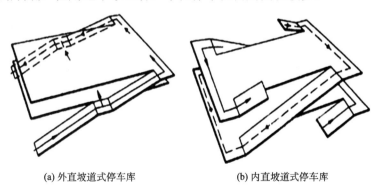

(a) 外直坡道式停车库　　　　　　　(b) 内直坡道式停车库

图 4-8　直坡道式停车库

（2）螺旋坡道式停车库，如图4-9所示。停车楼面采用水平布置，基本停车部分布置方式与直坡道式相同，每层楼面之间用圆形螺旋式坡道相连，坡道可为单向行驶（上下分设）或双向行驶（上下合一，上行在外、下行在里）。螺旋坡道式停车库布局简单整齐，交通线路明确，上下行坡道干扰少，车辆停发速度较快，但螺旋式坡道造价高，用地稍比直行坡道节省，单位停车面积较多，是常用的一种停车库类型。

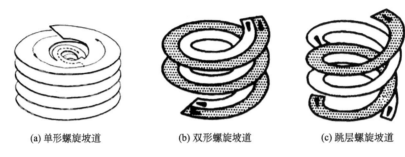

(a) 单形螺旋坡道　　　　　(b) 双形螺旋坡道　　　　　(c) 跳层螺旋坡道

图 4-9　螺旋坡道式停车库

（3）错层式（半坡道式）停车库，如图4-10所示。错层式是由直坡道式发展而形成的，停车楼面分为错开半层的两段或三段楼面，楼面之间用短坡道相连，因而大大缩短了坡道长度，坡度也可适当加大。错层式停车库用地较节省，单位停车面积较小，但交通路线对部分停车位的进出有干扰，建筑外立面呈错层形式。

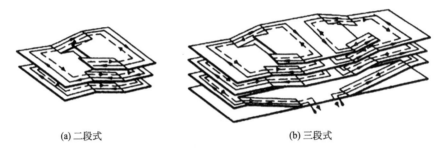

(a) 二段式　　　　　　　　　　　(b) 三段式

图 4-10　错层式（半坡道式）停车库

（4）斜楼板式停车库，如图4-11所示。停车楼板呈缓坡板倾斜状布置，利用通道的倾斜作为楼层转换的坡道，因而无须再设置专用的坡道，用地最为节省，单位停车面积最少。但由于坡道和通道合一，交通线路较长，对停车位的进出普遍存在干扰。斜楼板式停车库是常用的停车库类型，建筑外立面呈倾斜状，具有停车库的建筑个性。

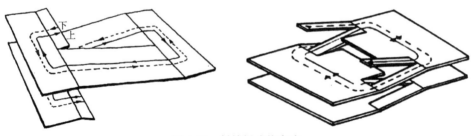

图 4-11　斜楼板式停车库

3. 非机动车停车设施设计

1）非机动停车设施一般规定

非机动车停车场地位置的选择应依据道路、广场及公共建筑布置，以中、小型分散就近为主。对大型集会地和大量人流集中的文化娱乐、商业贸易等场所，应在其四周设置固定的专用非机动车停车场（库），并应根据其容纳人数估计其存放量。

在非机动车停车场（库）中，非机动车及二轮摩托车应以自行车为计算当量进行停车当量的换算，车辆换算的当量系数应符合表 4-11 的规定。

表 4-11　非机动车及二轮摩托车车辆换算当量系数

车型	非机动车				二轮摩托车
	自行车	三轮车	电动自行车	机动轮椅车	
换算当量系数	1.0	3.0	1.2	1.5	1.5

非机动车停车场（库）不宜设在地下二层及以下，当地下停车层地坪与室外地坪高差大于 7m 时，应设机械提升装置。

2）出入口及坡道设计

非机动车停车场（库）停车当量数不大于 500 时，可设置一个直通室外的带坡道的车辆出入口；超过 500 时，应设置两个或两个以上的出入口，且每增加 500 宜增设一个出入口。其出入口形式可采用踏步式出入口或坡道式出入口。

自行车和电动自行车车库的出入口净宽不应小于 1.8m；机动轮椅车和三轮车车库单项出入口净宽不应小于车宽加 0.6m。

非机动车库出入口宜与机动车出入口分开设置，且出地面处的最小距离应不小于 7.5m。当中型和小型非机动车库受条件限制，其出入口坡道需与机动车出入口设置在一起时，应设置安全分隔设施，且应在地面出入口 7.5m 范围内设置遮挡视线的安全隔离栏杆。

3）停车区域设计

大型非机动车车库车辆应分组设置，每组的当量停车数不应超过 500。大型和中型非机动车车库宜在出入口附近设管理用房及相应的服务设施，且不应影响非机动车的通行。

非机动车中自行车的停车方式可采取垂直式和斜列式。自行车停车位的宽度、通道宽度应符合表 4-12 的规定，其他类型的非机动车应按照本表做相应调整。

表 4-12　自行车停车位宽度和通道宽度

垂直排列		停车位宽度/m		车辆横向间距/m	通道宽度/m	
		单排停车	双排停车		一侧停车	两侧停车
		2.0	3.2	0.6	1.5	2.6
斜排式	60°	1.7	3.0	0.5	1.5	2.6
	45°	1.4	2.4	0.5	1.2	2.0
	30°	1.0	1.8	0.5	1.2	2.0

注：角度为自行车与通道夹角。

4. 停车设施规范规划设计相关

停车设施规划设计相关规范主要包括《车库建筑设计规范》、《停车场规划设计规则（试行）》等，具体内容见表 4-13。

表 4-13　停车设施规划设计相关规范

规范名称	主要内容
《车库建筑设计规范》JGJ 100—2015	规范了车库建筑设计标准
《停车场规划设计规则（试行）》	指导了城市和重点旅游区停车场的规划设计，规范了设计标准

4.3　交通枢纽规划

4.3.1　交通枢纽的概念及分类

交通枢纽是在两条或者两条以上运输线路的交汇、衔接处形成的，具有运输组织与管理、中转换乘及换装、装卸储存、多式联运、信息流通和辅助服务等功能的综合性设施。作为交通运输的生产组织基地和交通运输网络中客货集散、转运及过境的场所，交通枢纽是提高客货运输速度的关键环节。其中，服务于一种交通方式的枢纽称为单方式交通枢纽，如单一的铁路枢纽、水运枢纽、公路主枢纽、航空枢纽等；服务于两种或两种以上交通方式的枢纽称为综合交通枢纽。

综合交通枢纽是国家或区域交通运输系统的重要组成部分，是不同运输方式网络相邻路径的交汇点，是拥有融铁路、公路、水运、航空、管道及城市交通等多种运输方式所连接的固定设备和活动设备为一体的运输空间结构，对所在区域的综合交通运输网络的高效运转具有重要作用。

交通枢纽根据不同的标准可以进行不同的分类。首先，根据枢纽地区主要的交通方式划分，可以分为城市航空运输枢纽、城市铁路运输枢纽、城市公路运输枢纽、城市轨道交通运输枢纽、城市公共交通运输枢纽、城市水运运输枢纽等；其次，根据枢纽服务的主要对象，可以分为城市客运枢纽、城市货运枢纽等；再次，根据交通功能、布置形式、规模等标准还可以进一步分类，如对外枢纽、市内枢纽、立体枢纽、平面枢纽、一级枢纽等。

4.3.2　客运枢纽规划设计

城市客运交通枢纽是城市人流的集散中心。城市客运枢纽规划的关键是以最短的路程、最少的时间、最方便的方式、最佳的环境质量、最多样的选择途径来满足大量人流的换乘需求。一般情况下，城市客运交通枢纽可以分为三个等级。

1. 市级客运枢纽

与城市对外客运交通枢纽（港口、铁路客运站、长途汽车站、机场等）结合布置的换乘枢纽，以及设置在城市中心附近的多条轨道交通线路或者公交干线换乘的枢纽等。

在对外客运交通枢纽中，主要的交通方式包括：对外客运交通、轨道线和公交干线、小汽车、自行车和步行等。

在城市中心附近的客运交通枢纽中，主要的交通方式包括：轨道交通线路、公交线路、小汽车、自行车和步行等。

2. 组团级客运枢纽

各组团中心或主要客流集中地设置的市级公交干线与组团级普通公交线路衔接换乘的枢纽。其主要交通方式包括：公交干线、普通公交线路、小汽车、自行车和步行。

3. 其他地段或特定公交设施的换乘枢纽

包括城市中心交通限控区换乘设施、市区公交线路与郊区公交线路衔接换成枢纽及大型公共设施（如体育中心、游览中心、购物中心等）服务的换乘枢纽。

城市客运交通枢纽规划设计的主要内容包括：

（1）依据城市客运交通枢纽总体布局，进一步确定枢纽的具体选址与功能定位。

（2）枢纽的客流预测及各种交通方式间的换乘客流预测。

（3）枢纽内部和外部的平面布置与空间设计。

（4）内部流线设计。

（5）外部交通组织。

4.3.3　货运枢纽规划设计

1. 货运枢纽特点

货运枢纽是城市物流园区的基础功能区，是综合运输和物流网络中起重要作用的物流节点。货运枢纽也是大型物流基础设施赖以形成的重要基础条件。它是设备完善、功能齐全、货运吞吐量大的物流节点，同时为各物流配送区提供货物集散功能支持。在城市物流基础设施发展中，加快货运枢纽的规划和建设有着十分重要的意义。货运枢纽在调整产业结构、促进物流的技术升级、改善城市功能方面具有十分重要的作用。

2. 货运枢纽功能作用

作为物流节点的货运枢纽在物流系统中的功能作用主要有以下几点。

1）衔接功能

货运枢纽主要通过转换运输方式衔接不同的运输手段；通过加工衔接干线运输和物流配送；通过存储衔接不同时间的货物供应和货物需求；通过集装箱、托盘等集装箱处理衔接整个"门到门"的运输。

2）信息功能

作为物流节点，货运枢纽也是整个物流系统或与节点相接物流的信息传递、收集、处理、发送的集中地，这种信息作用是复杂的物流单元能联结成有机整体的重要保证。在现在物流体系中，每一个节点都是物流信息的一个点，若干个这种类型的信息和物流系统的信息中心结合起来，便形成了指挥、管理、调度整个物流系统的信息网络。

3）管理功能

货运枢纽是集管理、指挥、调度、信息、衔接及货物处理为一体的综合设施，整个货运系统运转的有序化和正常化，整个货运系统的效率和水平取决于货运枢纽系统管理功能的实现。

货运枢纽作为物流园区的基础设施，承担着物流园区的核心功能，即内陆口岸、物流集散、中转和运输组织、配送、装卸储存、通信信息六大功能。可以说货运枢纽起着"物流港"的作用。

3. 货运枢纽规划设计的内容及原则

1）货运枢纽规划设计的内容

货运枢纽的具体选址与功能定位、货运枢纽规模的确定与运量预测、货运枢纽的平面布置与空间设计、货运枢纽内部流线设计、货运枢纽外部交通组织。

2）货运枢纽规划设计的原则

（1）动态原则。货运枢纽规划应在详细分析现状及对未来变化做出预期的基础上进行，而且要有相当的柔性，以在一定范围内能够适应数量、用户、成本等多方面的变化。

（2）竞争原则。物流活动是服务性、竞争性非常强烈的活动，如果不考虑市场机制，而单纯从路线最短、成本最低、速度最快等角度考虑问题，一旦布局完成，便会导致垄断的形成和服务质量的下降，甚至由于服务性不够而在竞争中失败。因此货运枢纽的布局应体现多家竞争的特点。

（3）低费用原则。货运枢纽必须承担组织运输与配送活动，因而运费原则具有特殊性。

（4）交通原则。货运枢纽的运输配送活动需要依赖于交通条件。一方面布局时要考虑现有交通条件；另一方面，布局货运枢纽时，交通应作为同时布局的内容。

（5）统筹原则。货运枢纽的层次、数量、布局是与生产力布局、消费布局等密切相关的，是互相交织且互相促进制约的。设定一个非常合理的货运枢纽布局，必须统筹兼顾、全面安排、将宏观与微观一并考虑。

4.3.4　交通广场规划设计

1. 交通广场特点

城市广场按照性质、用途及在路网中的地位可以分为公共活动广场、集散广场、交通广场、纪念性广场与商业广场等。从交通规划设计的角度来看，站前广场最具有典型性。

站前广场综合了轨道交通、公交车、长途汽车、出租车、私人小汽车及自行车等多种交通方式，实现了多种交通方式之间客货流的转换与流动。站前广场具有交通繁忙、人流车流的连续性和脉冲性及服务对象极为广泛的特点。

2. 交通广场规划设计原则

交通广场设置的目的就是有机地连接各种交通方式，顺利而又高效地实现客货流之间的转换和流动。在规划和设计交通广场时，应充分考虑如下原则。

（1）公交优先的原则。以最少的车辆交通量集散最大客流的原则。

（2）人车分离、减少冲突的原则。采取各种措施尽量排除人流、车流的干扰，增强交通的便捷性和流动性。

3. 交通广场规划设计内容

在交通广场的规划设计中，主要有以下内容。

（1）静态交通组织。交通广场的静态交通组织中最主要的就是各类停车场地的规划布局，主要包括公交站点布置、社会车辆停车场布置、出租车停车场布置、自行车停车场布置、长途汽车站布置等。

（2）动态交通组织。交通广场的交通组织除了应该配合停车场地的设计，还应该协调好交通广场和周围集散道路的关系。主要内容包括排除过境交通、简化交通流线、实现人车分离等。

（3）景观功能设计。交通枢纽是交通广场功能的第一位，也是城市形象的缩影。因此，交通广场的设计必须首先考虑交通枢纽的功能，同时与城市总体环境相协调，体现城市的风貌特色。

4.3.5　交通枢纽规划设计相关规范

交通枢纽规划设计相关规范包括《汽车客运站级别划分和建设要求》、《汽车货运站（场）级别划分和建设要求》等，主要内容见表 4-14。

表 4-14　交通枢纽规划设计相关规范

规范名称	主要内容
《汽车客运站级别划分和建设要求》JT 200—2004	明确了汽车客运站级别划分，规范了客运站的建设要求
《汽车货运站（场）级别划分和建设要求》JT/T 402—1999	明确了汽车货运站级别划分，规范了货运站（场）的建设要求

4.4　轨道交通规划

4.4.1　轨道交通基本概念

轨道交通是指具有固定线路、铺设固定轨道、配备运输车辆及服务设施等的公共交通设施。具有运量大、速度快、安全、准点、保护环境、节约能源和用地等特点。

城市和区域轨道交通的系统制式可按运能、线路敷设方式、路权等多个方面进行划分，从目前国内外轨道交通的发展现状及趋势来看，城市和区域轨道交通的发展模式主要有地铁、轻轨、单轨系统、区域快速铁路、有轨电车及新交通系统等几种。

1. 地铁

地铁（subway，又称 metro）是大容量的快速客运系统。单向运量为 3 万～6 万人次/h，平均旅速为 30～40km/h，最高速度可达 80km/h。地铁适用于人口密集的城区，主要承担城市中心区主要交通走廊中居民的出行。线路一般位于地下，也可在地面或高架运行，但在市区仍以地下线居多，属全封闭系统。地铁造价较高，地下线一般在每千米 5 亿元以上。作为最主要的一种轨道交通制式，地铁在世界范围内很多城市都有发展。德国柏林地铁与英国伦敦地铁如图 4-12、图 4-13 所示。

图 4-12　德国柏林地铁　　　　　图 4-13　英国伦敦地铁

2. 轻轨

轻轨（light rail transit，LRT）是在有轨电车的基础上发展起来的中容量中速客运系统。单向运量为 1.5 万～3 万人次/h，平均旅速为 25～35km/h，最高速度可达 60～80km/h。轻轨线路有地面、高架和地下线三种，以地面和高架为主，属全封闭、半封闭系统。与地铁相比，轻轨的线路半径、坡度等限制相对宽松，因此适用性较强，同时其建设工期较短，造价也较低，一般地面线为每千米 1.5 亿元左右。轻轨所具有的这些优势，使其在国内外很多城市也有很大的发展。美国波特兰轻轨与上海轻轨如图 4-14、图 4-15 所示。

图 4-14　美国波特兰轻轨　　　　　图 4-15　上海轻轨 5 号线

3. 单轨系统

单轨系统（monorail system）是指以单一轨道梁支撑车厢并提供引导作用而运行的轨道交通系统，依据支撑方式的不同，可以分为跨座式与悬挂式两种。单向运量为 0.5 万～2 万人次/h，平均旅速为 30～45km/h，最高速度为 75～80km/h。单轨系统适用于中运量及短途、低运量的城市客运交通。大多采用高架方式，景观性较好，属全封闭系统。其爬坡能力强、转弯半径小，适用于地形较为复杂的城市。单轨系统建设工期短，跨座式造价为每千米 2 亿～2.5 亿元，悬挂式为 3 亿元左右。目前世界上单轨系统在日本、德国（图 4-16）应用较多，我国重庆的轻轨 2 号线也采用了单轨系统（图 4-17）。

图 4-16　德国伍珀塔尔悬挂式单轨　　　　　图 4-17　重庆轻轨 2 号线

4. 区域快速铁路

区域快速铁路（区域快线）（area rapid transit 或 regional express railway）是在市郊铁路基础上发展起来的大容量快速客运系统，某些国家和地区仍称作市郊铁路或通勤铁路（commuter rail）。单向运量可达 4 万～7 万人次/h，平均旅速一般不低于 45km/h，最高速度可达 120km/h 以上。区域快线主要承担城市市区与市郊及卫星城之间居民的中长距离出行。其线路有地面、高架和地下线三种，以地面和高架为主，属全封闭系统。区域快线的主要特点是高速度和大站距，站间距一般都超过 2km，个别地段可超过 5km。由于线路长度和全程运营的时间较长，需要较高的座位率和舒适度，因此很多区域快线都采用横排式座位。目前世界上较为典型的区域快线系统有巴黎的 RER 系统、日本的 JR 铁路（图 4-18）、旧金山的 BART 系统（图 4-19）及香港的新机场快速铁路。

图 4-18　日本东京 JR 铁路　　　　　图 4-19　美国旧金山 BART 快速铁路

5. 有轨电车

有轨电车（tramcar）实际上是轻轨的最早形式，它也是最便宜的轨道交通运输工具。单向运量为 0.2 万～1 万人次/h，平均旅速为 10～20km/h，最高为 50～70km/h。有轨电车适用于城市居民的短距离出行，一般在混行车道上运行，属于开放式系统。世界范围内很多城市的有轨电车已经被拆除，我国也只在大连等极少数城市还保留了有轨电车，但最近欧洲出现了一种新型有轨电车系统，例如，巴黎 2006 年年底开通的 T3 线（图 4-20），其技术特性已基本和轻轨无异。西班牙巴塞罗那有轨电车如图 4-21 所示。

图 4-20　法国巴黎 T3 线有轨电车　　　图 4-21　西班牙巴塞罗那有轨电车

6. 新交通系统

目前世界上还开发了自动导轨运输系统（automated guideway transit，AGT）、直线电机轨道交通（linear metro）等新型轨道交通系统制式，统称为新交通系统（new transport system）。

自动导轨运输系统是一种车辆采用橡胶车轮，依靠导向轮引导方向，在两条平行的平板轨道上自动控制运行的新型快速客运交通系统。单向运量为 2 万～4 万人次/h，平均旅速为 20～30km/h，最高为 50～60km/h。其固定轨道可能为地下或高架方式，也可敷设于地面，但必须完全与街道中的车辆及行人交通隔离，属于全封闭系统。当前世界上新交通系统发展比较好的有日本东京临海新交通系统（图 4-22）和法国的 VAL 系统（图 4-23）。

图 4-22　日本东京临海新交通系统　　　图 4-23　法国 VAL 系统

直线电机轨道交通系统是由线性电机牵引、轮轨导向的中运量轨道交通系统，是利用直线电机和轨道中间安装的感应板之间的电磁效应产生的推力作为列车的牵引力或电制动力。单向运量为 3 万～5 万人次/h，平均旅速为 40～50km/h，最高可达 90km/h。车辆编组运行在小断面隧道、地面和高架专用线路上，属于全封闭系统。其特点是爬坡能力强、转弯半径小及噪声和振动小等。目前世界上此技术比较成熟的国家有日本和加拿大等,加拿大温哥华 Sky Train 如图 4-24 所示。我国于 2005 年投入运营的广州地铁 4 号线(图 4-25)及 2007 年年底全线贯通的北京机场线也选择了这种新型的轨道交通系统。

图 4-24　加拿大温哥华 Sky Train　　　　　　图 4-25　广州地铁 4 号线

城市和区域轨道交通种类繁多,且系统运能、敷设形式、运营组织等方面都存在不同,应用范围也不相同,因此不同的城市应根据当地情况选择与之相适应的模式。表 4-15 对不同类型轨道交通系统的技术特点进行了对比。

表 4-15　城市和区域轨道交通各种方式的技术特性对比

特性 ＼ 制式	地铁	轻轨	单轨	区域快线	有轨电车	新交通系统
系统运能/(万人/h)	3~6	1.5~3	0.5~2	4~7	0.2~1	2~4
封闭形式	全封闭	全封闭、半封闭	全封闭	全封闭	开放式	全封闭
敷设形式	地下、地面、高架	地面、高架、地下	高架	地下、高架、地面	地面	地面、高架、地下
站间距/km	0.8~1.5	0.5~1.0	0.5~1.0	2.0~5.0	0.3~0.8	0.8~1.2
运营组织	追踪	追踪	追踪	追踪、越行	追踪	追踪
最小间隔/min	1.5	2.5	2.5	2	2	2.5
最高速度/(km/h)	80	60~80	75~80	≥120	50~70	50~60
平均旅速/(km/h)	30~40	25~35	30~45	45~60	10~20	20~30

4.4.2　轨道交通线网规划

1. 轨道交通线网规划原则与流程

轨道交通线网规划是在一定线路数量规模条件下,确定路网的形态及各条线路走向的决策过程。线网规划具有非可逆性,线路一经建成便不可更改。

线网规划的研究范围一般需要根据规划目的来确定,一般的远景规划应涵盖整个城市地区,线网建设规划则侧重城市建成区。在研究范围内,还应进一步明确重点研究范围,即城市轨道交通建设线路中最为集中、规划难点也是最为集中的区域,一般指城市中心区域。

　　从规划年限来看，线网规划可划分为近期规划和远期规划。近期规划主要研究线网重点部分的修建顺序及对城市发展的影响，其年限应与城市总体规划的规划年限一致。远期规划是指城市理想状态下轨道交通系统的最终规划，可以没有具体年限。一般地，可以按城市总体远景发展规划和城区用地控制范围及推算的人口规模和就业分布为基础，作为线网远景规模的控制条件。

　　线网规划原则应以城市总体规划为依据，充分考虑城市内诸多因素的约束与支持。规划原则主要如下：以所在城市总体规划为指导，体现城市社会经济发展目标和战略要求，符合城市综合交通规划的发展目标和总体思想，以城市社会、经济与地理特征为基础。

　　城市轨道交通规划的全过程大致可分为三部分，即基础研究、线网构架研究和规划、可实施性研究。

　　2. 轨道交通线网形态

　　轨道交通线网形态主要取决于城市地理形态、规划年城市用地布局和人口分布，同时主观决策因素也发挥着重要作用。典型的线网形态是网格式、无环放射式和有环放射式。不同城市的线网形态各有特色，总体上可归纳总结为以下三类。

　　1）放射性线网

　　该类型的线网以城市中心区为核心，呈全方位或扇形放射发展，其基本骨架包括至少三条相互交叉的线路，逐步扩展、加密。放射型线网方向可达性高，符合一般城市由中心区向边缘区土地利用强度递减的特点，但容易造成换乘客流过于集中的现象，以及工程造价高。

　　例如，莫斯科地铁在中心区较为集中，在线网扩充规划中，需要考虑在城市外围增加弦线和大环形线，以缓解矛盾，其轨道线网如图 4-26 所示。

　　2）设置环线的线网

　　城市轨道交通环线主要有两个作用：一是加强中心区边缘客流集散点的联系；二是通过换乘分流外围区之间的客流，减轻这些客流进入中心区所带来的压力。但城市轨道交通受技术条件的限制，线路间的交通转换要通过出行者自己换乘的办法实现，而换乘时间的损耗也是明显的。因此城市轨道交通环线的作用受到一定的限制，除非穿越非常拥挤的市中心，否则其交通屏蔽作用不如道路环线明显。

　　在首尔城市轨道交通线网中设置的环线，偏于中心区一侧，环线的形状依据城市形态和布局呈椭圆形，线路较长，其目的是沟通汉江两侧的主要客流集散点，加强市区的交通周转能力，其轨道线网如图 4-27 所示。

　　3）棋盘式线网

　　棋盘式线网是指主要由两组互相垂直的线路构成的网络，其特点是平行线路多、相互交叉次数少。棋盘式线网更适合于城市呈片状发展、街道呈棋盘式布局的地方。其优点是线网布局均匀，换乘节点能分散布置；线路顺直，工程易于实施。该类线网的不足有两点：一是线路走向比较单一，对角线方向的出行需要绕行，市中心区域与郊区之间的出行常需要换乘；二是线网平行线路间的相互联系较差，平行线路间的换乘比较麻烦，一般要换乘两次以上，且路网密度较小、平行线之间间距较大时，平行线间的换乘是很费时的，需要通过第三方来完成。

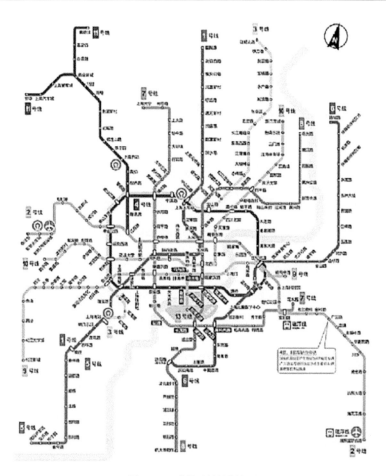

图 4-26　莫斯科轨道线网

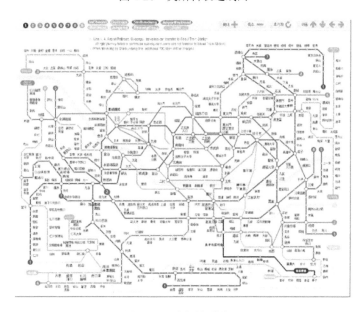

图 4-27　首尔轨道线网

采用这种线网形式的城市有北京、墨西哥，北京轨道线网如图 4-28 所示。

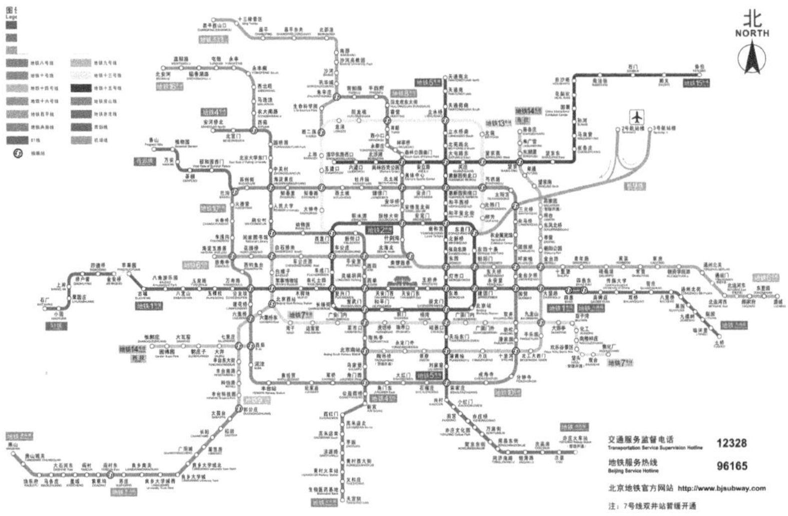

图 4-28　北京轨道线网

3. 轨道交通线网规划内容

（1）交通现状分析。研究城市现有交通网络规模和布局，为城市轨道交通线网规划奠定基础。

（2）交通需求分析。交通需求分析应以交通需求预测模型为基础，分析城市交通系统运行状况和城市轨道交通需求。

（3）轨道交通建设的必要性。分析城市轨道交通的优势，研究轨道交通对城市发展的意义。

（4）轨道交通功能定位与发展目标。

（5）线网方案与评价。线网方案应划分城市轨道交通线网的功能层次，确定城市轨道交通线网的合理规模和规划布局，并对城市轨道交通线网方案进行功能与效益评价。

（6）车辆基地规划。车辆基地规划应坚持资源共享的原则，节约使用土地。主要内容包括车辆基地的分工、类型、规模及布局等。

（7）用地控制规划。对城市轨道交通设施用地提出规划控制原则与要求，通过预留与控制设施用地，为城市轨道交通建设提供用地条件。

4.4.3　轨道交通与城市土地利用规划

进行城市总体规划及轨道交通线网规划时，应充分结合轨道线网规划，优化城市功能布局和空间结构，实现城市人口与就业岗位沿轨道交通廊道集约布局。

在轨道建设规划阶段，协同规划轨道沿线建设用地，完善各站点公共设施和交通设施布局，以组织城市生活为目的，使市民可以结合换乘，完成购物、娱乐、接送小孩、用餐、继续教育等日常活动；在轨道工程可行性研究阶段，通过一体化设计，统筹布局轨道站点与周边建筑、地下空间，结合轨道交通站点，在实现轨道交通与地面公共交通的无缝衔接的同时，实现轨道站点和周边用地功能与空间的协同发展，推进城市紧凑集约发展，提高城市活力。轨道影响区范围示例如图 4-29 所示。

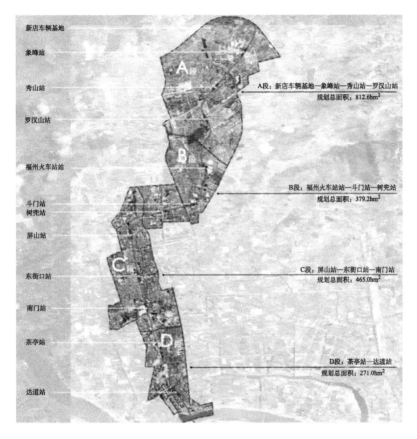

图 4-29　轨道影响区范围示例

1. 轨道交通规划引导范围

城市层面轨道交通规划引导的范围为城市总体规划确定的城市建设用地范围。线路层面规划引导的范围为轨道影响区，具体范围可根据地形、现状用地条件、城市道路、河流水系、地块功能及用地完整性等实际情况进行调整。站点层面规划设计引导的范围为轨道站点核心区，具体范围可根据站点类型、地形、现状用地条件、城市道路等实际情况进行调整。山地城市应因地制宜，确定站点层面规划设计引导的边界。

轨道影响区：距离站点 500～800m，步行 15min 以内可以到达站点入口，与轨道功能紧密关联的地区。轨道站点未确定位置时，可采用线路两侧各 500～800m 作为轨道影响区范围。一般情况下，单一线路的城市轨道影响区可作为一个带型地区统一规划控制。轨道站点核心区：距离站点 300～500m，与站点建筑和公共空间直接相连的街坊或开发地块。

2. 轨道站点的分类分级

线网分级：根据城市总体规划确定的中心城区规划城市人口规模，将城市轨道线网等级分为Ⅰ级和Ⅱ级。Ⅰ级为规划中心城区城市人口超过 500 万人的城市轨道线网，Ⅱ级为规划中心城区城市人口为 150 万～500 万人的城市轨道线网。

站点类型：城市轨道站点的用地功能应与其交通服务范围及服务水平相匹配。城市公共交通服务水平高的轨道枢纽站和重要站点，应作为城市各级核心商业商务服务中心。

枢纽站（A 类）：依托高铁站等大型对外交通设施设置的轨道站点，是城市内外交通转换的重要节点，也是城镇群范围内以公共交通支撑和引导城市发展的重要节点，鼓励结合区域级及市级商业商务服务中心进行规划。

中心站（B 类）：承担城市级中心或副中心功能的轨道站点，原则上为多条轨道交通线路的交汇站。

组团站（C 类）：承担组团级公共服务中心功能的轨道站点，为多条轨道交通线路交汇站或轨道交通与城市公交枢纽的重要换乘节点。

特殊控制站（D 类）：指位于历史街区、风景名胜区、生态敏感区等特殊区域，应采取特殊控制要求的站点。

端头站（E 类）：指轨道交通线路的起终点站。

一般站（F 类）：指上述站点以外的轨道站点。

站点类型如表 4-16 所示。

表 4-16　站点类型

线网等级＼站点类型	A 类	B 类	C 类	D 类	E 类	F 类
Ⅰ级	Ⅰ A 枢纽站	Ⅰ B 中心站	Ⅰ C 组团站	Ⅰ D 特殊控制站	Ⅰ E 端头站	Ⅰ F 一般站
Ⅱ级	Ⅱ A 枢纽站	Ⅱ B 中心站	Ⅱ C 组团站	Ⅱ D 特殊控制站	Ⅱ E 端头站	Ⅱ F 一般站

4.4.4　轨道交通规划设计相关规范

相关规范包括《城市轨道交通线网规划编制标准》、《城市轨道沿线地区规划设计导则》、《城市轨道交通工程项目建设标准》等，具体内容见表 4-17。

表 4-17　轨道交通规划设计相关规范

规范名称	主要内容
《城市轨道交通线网规划编制标准》GB/T 50546—2009	城市轨道交通线网规划的编制内容、方法、基本原则和技术要求等
《城市轨道沿线地区规划设计导则》建规函[2015]276 号	指导了城市轨道沿线地区规划设计
《城市轨道交通工程项目建设标准》建标 104—2008	为编制、评估和审批城市轨道交通"项目建议书"、"预可行性研究报告"和"可行性研究报告"的重要依据

4.5 其他城乡基础设施规划

4.5.1 市政公用设施规划

市政公用设施，泛指由国家或各种公益部门建设管理、为社会生活和生产提供基本服务的行业和设施。其内容十分广泛，主要包括六大系统：道路与交通系统、水系统（包含给水和排水系统）、能源系统（包括供电、燃气、供热系统）、通信系统、环境卫生系统、综合防灾系统，共八项市政工程规划。本节主要针对给水、排水、电力、燃气、供热、通信、环卫设施等工程进行介绍，其中因道路与交通系统和综合防灾系统涉及问题较多，故而在本书中单列详细介绍。

1. 城市给水工程规划

城市给水工程规划包括城市取水工程、净水工程、输配水工程等。

1）城市取水工程

城市取水工程包括城市水源（含地表水、地下水）、取水口、取水构筑物、提升原水的一级泵站及输送原水到净水工程的输水管等设施，还应包括在特殊情况下为蓄、引城市水源所筑的水闸、堤坝等。取水工程的功能是将原水取、送到城市净水工程，为城市提供足够的水量。

2）城市净水工程

净水工程包括城市自来水厂、清水库、输送净水的一级泵站等设施。净水工程的功能是将原水净化处理成符合城市用水水质标准的净水，并加压输入城市供水管网。

3）城市输配水工程

输配水工程包括从净水工程输入城市供配水管网的输水管道、供配水管网、调节水量和水压的高压水池、水塔、清水增压泵站等设施。输配水工程的功能是将净水保质保量、稳压地输送至用户。

城市给水工程规划的主要任务是，根据城市和区域水资源的状况，合理选择水源，科学合理地确定用水量标准，预测城乡生态、生产、生活等需水量，确定城市自来水厂等设施的规模和布局，布置给水设施，规划各级供水管线的走向、位置、管径等，满足用户对水质、水量、水压等要求。规划中应按照可持续发展原则，最大限度地保护和合理利用水资源，充分利用再生水、雨洪水等非常规水资源。必要时应开展专项的水资源规划工作，进行水资源供需平衡分析，确定城市水资源利用与保护战略，提出水资源节约利用目标、对策，制定水资源的保护措施。

2. 城市排水工程规划

城市排水工程系统由雨水排放工程、污水处理与排放工程组成。

1）城市雨水排放工程

城市雨水排放工程有雨水管渠、雨水收集口、雨水检查井、雨水提升泵站、排涝泵站、雨水排放口等设施，还包括为确保城市雨水排放所建的闸、堤坝等设施。城市雨水排放工程的功能是及时收集与排放城区雨水，抵御洪水和潮汛侵袭，避免和迅速排放城区渍水。

2）城市污水处理与排放工程

城市污水处理与排放工程包括污水处理厂（站）、污水管道、污水检查井、污水提升泵站、污水排放口等设施。污水处理与排放工程的功能是收集与处理城市各种生活污水、生产废水，综合利用、妥善排放处理后的污水，控制与治理城市水污染，保护城市水环境。

城市排水工程规划的主要任务是，根据城市用水状况和自然环境条件，确定排水制度，划分雨、污排水区域，根据规划排放标准估算排放量，确定雨、污排放设施的规模与布局，布置各级污水管网系统，明确管线的走向、位置、管径等。城市雨水排放设施还应着重考虑雨水排除出路和雨水的回收利用；城市污水排放设施应重点分析污水处理厂的选址、数量、规模、处理等级等问题，做到既切合实际又留有余地。

3. 城市电力工程规划

城市电力工程规划由城市电源工程和输配电网络工程组成。

1）城市电源工程

城市电源工程主要有城市电厂和区域变电所（站）等电源设施。城市电厂是专为本城市服务的。区域变电所（站）是区域电网上供给城市电源所接入的变电所（站），通常是大于或等于 110kV 电压的高压变电所（站）或超高压变电所（站）。城市电源工程由自身发电或从区域电网上获取电源，为城市提供电能。

2）城市输配电网络工程

城市输配电网络工程由输送电网与配电网组成。城市输送电网包含城市变电所（站）和从城市电厂、区域变电所（站）接入的输送电线路等设施。输送电网将城市电源输入城区，并将电源变压进入城市配电网。

城市配电网由高压和低压配电网组成。高压配电网为低压配电网变、配电源，或直接为高压电用户送电；低压配电网含配电所、开关站、低压电力线路等设施，直接为城市居民提供电能。

城市高压线走廊是指高压架空输电线路的专用通道，在此通道控制的用地范围内，一般严格禁止作为城市建设用地，也不允许作为任何有碍输电安全的用途。

城市电力工程规划的主要任务是，根据城市和区域电力资源状况，合理确定规划期内的城市用电量、用电负荷，进行城市电源规划；确定城市输配电设施的规模、布局及电压等级和层次；布置变电所（站）等变电设施和输配电网络；制定各类供电设施和电力线路的保护措施。

4. 城市燃气工程规划

城市燃气工程系统由燃气气源工程、储气工程、输配气管网工程等组成。

1）城市燃气气源工程

城市燃气气源工程含煤气厂、天然气门站、石油液化气气化站等设施。煤气厂主要有炼焦煤气厂、直立炉煤气厂、水煤气厂、油制气煤气厂等类型。天然气门站收集当地或远距离输送来的天然气。石油液化气气化站用作管道燃气和气源。气源工程为城市提供可靠的燃气气源。

2）燃气储气工程

燃气储气工程含各种管道燃气的储气站、石油液化气的储气站等设施。储气站储存煤气厂生产的燃气或输送来的天然气，满足城市日常和高峰时的用气需要。石油液化气气化站具有满足液化气气化站用气需求和城市石油液化气供应站的需求等功能。

3）输配气管网工程

燃气输配气管网工程含燃气调压站、不同压力等级的燃气输送管网、配气管道。一般情况下，燃气输送管网采用中、高压管道，具有中、长距离输送燃气的功能，直接供给用户使用。配气管为低压管道，直接为用户供给燃气。燃气调压站调节管道内燃气压力，便于燃气输送。

城市燃气工程规划的主要任务是，根据城市和区域燃料资源状况，选择城市燃气气源，合理确定规划期内各种燃气的用量，进行城市燃气气源规划；确定各种供气设施的规模、布局；选择确定城市燃气管网系统；科学布置气源厂、气化站等产、供气设施和输配气管网；制定燃气设施和管道的保护措施。

5. 城市供热工程规划

城市供热工程规划由供热热源工程和供热管网工程组成。

1）供热热源工程

供热热源工程包括城市热电厂（站）、区域锅炉房等设施。城市热电厂（站）是以城市供热为主要功能的火力发电厂（站），供给高压蒸汽、采暖热水等。区域锅炉房是城市地区性集中供热的锅炉房，用于城市取暖或提供近距离的高压蒸汽。

2）供热管网工程

供热管网工程包括热力泵站、热力调压站和不同压力等级的蒸汽管道、热水管道等设施。热力泵站主要用于远距离输送蒸汽和热水。热力调压站调节蒸汽管道的压力。

城市供热工程规划主要任务是，根据当地气候条件，结合生活与生产需要，确定城市集中供热对象、供热标准、供热方式；确定城市供热量和负荷选择并进行城市热源规划，确定城市热电厂、热力站等供热设施的规模和布局；布置各种供热设施和供热管网；制定节能保温的对策与措施，以及供热设施的防护措施。

6. 城市通信工程规划

城市通信工程规划由城市邮政、有线电话、无线通信、广播电视四个子系统组成。

1）城市邮政系统

城市邮政系统由邮政局所、邮政通信枢纽、报刊门市部、邮亭等设施组成。邮政局所经营邮件传递、报刊发行、电报及邮政储蓄等业务。邮政通信枢纽起收发、分拣各种邮件的作用。邮政系统应快速、安全地传递城市各类邮件、报刊和电报等。

2）城市有线电话系统

城市有线电话系统是城市各种电信业中最基本的网络。它由电信局（所、站）工程与电信网络工程组成，为城市提供电话业务，还可开设会议电话、传真、电报、数据网等业务。

3）城市无线通信系统

城市无线通信系统包括电台、微波通信、移动电话、无线寻呼等。

4）城市广播电视系统

城市广播电视系统分广播系统与电视系统两个部分。广播系统由无线广播电台、有线广播电台、广播节目制作中心及广播线路工程等设施组成。电视系统由无线电视台、电视节目制作中心、电视转播台、电视差转台及有线电视台、有线电视线路工程等设施组成。

有些城市将广播电台、电视台和节目制作中心设置在一起，建成广播电视中心，共同制作节目内容，共享信息系统。

城市通信工程规划的主要任务是，根据城市通信实况和发展趋势，确定规划期内城市通信发展目标，预测通信需求；确定邮政、电信、广播、电视等通信设施和通信线路；制定通信设施综合利用对策与措施，以及通信设施保护措施。

7. 城市环境卫生设施规划

城市环境卫生设施规划主要由固体废弃物收集系统、固体废弃物转运系统、固体废弃物处理系统和环卫及附属设施组成。

1）固体废弃物收集系统

固体废弃物收集系统由废物箱、垃圾箱、垃圾收集点、垃圾收集管道等组成。生活垃圾收集方式主要有垃圾箱收集、垃圾管道收集、袋装化收集、垃圾气动系统收集，厨余垃圾在一些发达国家地区采取粉碎装置冲入排水管，进入城市排水系统进行处理。工业垃圾、医疗垃圾及危害垃圾均有相应特殊的收集装置和要求。

2）固体废弃物转运系统

固体废弃物转运系统由垃圾转运站、环卫码头、环卫车辆等垃圾转运交通设施等构成。

3）固体废弃物处理系统

根据垃圾常规的回收、堆存、填埋、焚烧、热解等处理、处置方式，固体废弃物处理系统包括垃圾压缩站、垃圾分拣站、垃圾焚烧厂或垃圾填埋场等。

4）环卫及附属设施

环卫及附属设施主要包括公厕、环卫管理机构、保洁工人休息场所、防护隔离设施等。

城市环境卫生设施规划的主要任务是，根据城市发展目标和城市布局，确定城市环境卫生设施配置标准和垃圾集运、处理方式；布局各类环境卫生设施、确定服务范围、设置规模、设置标准、用地指标等；布置垃圾处理场等各种环境卫生设施，制定环境卫生设施的隔离与防护措施；提出垃圾回收利用的对策与措施。

4.5.2 管线综合工程规划

管线综合工程就是将地上、地下的管线结合道路及其他设施，在空间进行综合安排，在建造的时间顺序上互相协调，解决其中可能发生的各种矛盾的工程。

1. 城市管线的分类

城市常见的工程管线按其用途主要可分为六种：给水管道、排水管沟、电力线路、电信线路、热力管道、燃气管道。按敷设方式可分为架空敷设与地下敷设两种。按输送方式可分为压力管道（如给水、煤气管道）与重力管道（如雨水、污水管道）两种。

2. 管线综合工程原则

（1）采用统一的城市坐标系统及标高系统。

（2）管线综合布置与总平面布置、竖向设计和绿化布置统一进行。应使管线之间、管线与建筑物之间在平面及空间上相互协调，紧凑合理。

（3）管线线路应依托道路铺设，尽量短捷，节约投资。

（4）地下管线应沿道路平行埋设，不宜从道路一侧转到另一侧，避免增加管线间的交叉。

（5）减少管线检修造成的交通影响。管线安排优先考虑在人行道及非机动车道下面布置，其次将检修次数少的管线布置在机动车道下面。

（6）根据管线的性质、埋设深度等决定管线布置空间次序。可燃、易燃、对建筑物有潜在危害及埋设深度大的管线，应远离建筑物埋设。

（7）减少管线与铁路、道路及其他干管的交叉。当管线与铁路或道路交叉时应为正交，在困难情况下，其交叉角不宜小于 45°。

（8）管线布置发生冲突时，要按具体情况进行处理。一般原则是：压力管线让重力管线、可弯曲的管线让不可弯曲的管线、小管线让大管线、临时管线让永久管线、新建管线让现有管线。

（9）可燃、易燃管线一般不允许在交通桥梁上跨河。如果需要敷设，应按有关的技术规定。管线跨越通航河道时，必须符合航运部门的规定。

（10）电力与电信线路通常不合杆架设，如遇特殊情况时，应经有关部门同意，并采取技术措施。高压输电与电信线平行架设时，要考虑干扰因素。

（11）管线之间、管线与建（构）筑物之间的水平距离，应满足有关技术、卫生、安全等方面的要求。

（12）充分利用现状管线，不轻易废弃或拆迁现状管线。

3. 地下管线综合管廊

地下管线综合管廊，是指将两种以上的城市管线集中设置在同一地下人工空间内，形成一种现代化、集约化的城市基础设施。

随着现代化城市经济的发展、人民生活水平的不断提高和土地开发强度的增加，城市对市政管线的需求量也越来越大，但许多老城区城市道路狭窄和管道位置不足致使各类管道的新建、扩建和改建日益困难。另外，由于各类管线的无序发展，争夺着有限的地下空间，给城市的发展带来了诸多问题，如城区道路反复开挖、肆意浪费地下资源、工程施工事故不断等。地下管线综合管廊的建设可以大大改善因重复修建地下管线而引起的道路阻塞、城市地面混乱等问题，对城市环境影响较小，避免城市建设无序发展、各行其是。因此，我国许多城市都在开展地下管线综合管廊的研究，采用综合管廊进行管道的敷设必将成为未来城市建设和发展的趋势和潮流。

4.5.3　用地竖向工程规划

城市用地竖向工程规划是将城市用地的一些主要控制标高加以综合考虑，使建筑、道路、排水的标高相互协调。避免因单项工程独立规划设计造成的标高不统一，互不衔接，桥梁的净空不够，或一些地区地面水无出路，道路标高与居住区标高不配合等问题，保证科学利用地形、节约土石方工程及城市整体竖向空间的美观，达到工程合理、造价经济、景观美好的目的。

城市用地竖向规划的基本内容如下。

（1）结合城市用地选择，分析研究自然地形，充分利用地形，对一些需要采用工程措施后才能用于城市建设的地段提出工程措施方案。

（2）综合解决城市规划用地的各项控制标高问题，如防洪堤、排水干管出口、桥梁和道路交叉口等。

（3）使城市道路的纵坡度既能配合地形又能满足交通上的要求。

（4）合理组织城市用地的地面排水。

（5）经济合理地组织好市用地的土方工程，考虑填方和挖方的平衡。

（6）考虑配合地形，注意城市环境的立体空间的美观要求。

城市用地竖向工程规划一般分为总体规划与详细规划阶段。各阶段的工作内容与具体做法要与该阶段的工程深度、所能提供的资料，以及要求综合解决的问题相适应。

4.5.4 防灾减灾规划

城市防灾减灾规划包括两方面：硬件方面，要布置安排各种防灾工程设施；软件方面，要拟定城市防灾的各项管理政策及指挥运作的体系，也就是灾害预防及灾害救护两方面。城市防灾减灾规划主要包括防洪规划、防震规划、消防规划和防空规划。

1. 城市防洪规划

城市防洪规划目的是采取工程和非工程措施，协调和处理城市发展与城市排洪、城市所在江河行洪之间的关系。根据不同城市的等级和防洪标准，以及洪水类型，选用各种防洪措施，组成完整的防洪体系。河洪防治方面，应与上下游、左右岸流域防洪设施相协调，注意城乡接合部不同防洪标准的衔接处理。海潮防治方面，应分析海流和风浪的破坏作用，确定设计风浪侵袭高度，采取有效的消浪措施和基础防护措施。山洪、泥石流防治应以小流域为单元进行综合治理，坡面汇水区应以生物措施为主，沟壑治理应以工程措施为主。

2. 城市防震规划

城市防震规划是保障城市综合抗震防灾能力的重要支撑。规划任务主要包括：分析城市抗震防灾的现状及存在的问题，对城市地震环境综合评价，划分抗震设防区（包括场地适应性分区和危险与不利地段），明确各类用地上工程建设的抗震性能要求，提出基础设施防灾措施、建筑物的防灾措施、地震次生灾害措施、避震疏散措施及其他措施，如历史文化名城的文物、古迹、古建筑的保护等。最终目标是建立起地震监测预报、震灾预防和紧急救援三大工作体系，把城市建设成为一个有备无患的抗震设防城市。

当遭遇基本烈度六度地震影响时，城市功能正常，建设工程一般不发生破坏，生产条件和居民生活基本正常，不产生较大次生灾害。

当遭遇基本烈度七度地震影响时，城市生命线系统和重要设施基本正常，一般建设工程可能发生破坏但基本不影响城市总体功能，不发生严重次生灾害，重要工矿企业生产基本不受影响或能迅速恢复生产，居民能维持低标准生活和生产条件。

当遭遇基本烈度八度地震影响时，城市功能基本不瘫痪，要害系统、生命线系统和重要工程设施不遭受严重破坏，无重大人员伤亡，灾情能得到及时有效控制，不发生严重的次生灾害。

3. 城市消防规划

城市消防规划按照"量力而行、尽力而为"的原则，重点解决城市消防体系中存在的主要问题和薄弱环节，逐步完善城市各项消防设施，改善消防装备，提升消防通信的现代化程度，提高消防监督管理水平和灭火救援能力，有效提高城市消防体系的综合水平。主要规划内容如下。

1）消防站布局

消防站分为普通消防站（一级、二级）、特勤消防站和战勤保障消防站三类。各级消防站设置应符合下列规定：城市必须设立一级普通消防站；地级以上城市及经济较发达的县级城市应设特勤消防站和战勤保障消防站；城市建成区内设置一级普通消防站确有困难的区域，经论证可设二级消防站；有任务需要的城市可设水上消防站和航空消防站等专业消防站。

2）重点消防保护区规划

重点消防保护区是城市人口、建筑密集区，重要建筑和公共设施、危险易燃品集中分布区。针对这些分区，应优先落实完善重点消防保护区的各项消防和安全规划措施。

3）消防车通道、消火栓、消防通信系统规划

消防车通道规划结合城市道路网规划进行，城市路网格局应满足消防要求。

消火栓结合地表水工程全部为地上式，以保证消防用水需要，并在适宜地段设置取水口，满足城市管网出现异常情况下城市防灾的需求。

消防站通信装备的配备应符合现行国家标准《消防通信指挥系统设计规范》（GB 50313—2013）的规定。

4）消防安全重点保护规划

为了保证在火灾或重大灾害发生时，能够实现指挥调度准确及时、疏散迅速、防止灾害扩大、在最短的时间内扑灭火灾，需要对重点部门和单位进行重点保护规划并设专线电话。

4. 城市防空规划

城市防空规划根据国务院、中国共产党中央军事委员会对不同城市确定的防空等级和标准，贯彻"长期准备、重点建设、平战结合"的原则，重点安排平战两用人员掩蔽工程，实现战备需要、社会需求和经济效益的统一。规划目标为至规划期末初步建立市、区、街道（镇、乡）三级人防指挥、防护和生活保障体系，规划建成区人防工程总量达到人均建筑面积 1 m^2，初步构建城市人民防空防护体系。主要规划内容包括：

（1）研究核威慑条件下高技术局部战争中城市遭受空袭的特点，预测城市被毁伤及受次生灾害危害的程度，分析已建人防工程和其他普通地下空间的现状与存在的主要问题。

（2）提出城市人防远景发展目标、总体规模、防护系统构成、各类重点目标和重要经济目标、防护要求及人防专业队工程配套建设比例，提出各类人防通信警报设施、人防工程

总体布局原则。

（3）确定规划期内各类人防通信警报设施与人防工程发展规模及配套程度，明确城市音响警报覆盖度、人均人防工程面积、战时留城人员掩蔽率等控制指标。

（4）确定防空区（片）内各类人防通信警报设施与人防工程的组成、规模及类型，提出各类工程防护标准与配置方案。

（5）综合协调人防工程与城市建设相结合的空间分布，确定城市普通地下工程建设兼顾人防需要的设防要求，明确普通地下空间战时利用项目的战时用途和防护标准，重点确定编制人防工程建设规划和疏散保障工程规划。

（6）提出早期和简易人防工程加固、改造与平战转换的要求及措施。提出普通地下室及其他普通地下空间加固、改造与平战转换的要求及措施。提出人防工程之间、人防工程与其他普通地下空间之间相互连通的要求。

【思考题】

（1）思考城市总体规划阶段道路规划设计的基本内容。

（2）视距三角形的位置是按照什么方法确定的？

（3）选取地表水取水构筑物位置时应考虑的基本要求有哪些？

（4）思考城市竖向工程规划应遵循的主要原则。

（5）总结交通规划设计的要点。

（6）总结公用设施规划的要点。

【实践练习】

（1）通过拍摄或手绘表达自己最喜欢的城市印象。

（2）选取道路、停车设施、交通枢纽、轨道交通各一案例进行调研，完成自己对于交通规划与设计的建议。

（3）选取市政公用设施、用地竖向工程、工程管线综合、防灾规划中的各一案例进行分组调研，完成自己对于基础设施规划与设计的建议。

【延伸阅读】

（1）过秀成. 2010. 城市交通规划. 南京：东南大学出版社.

（2）山中英生. 2009. 城市交通中存在的问题及其对策. 张丽丽，译. 北京：中国建筑工业出版社.

（3）戴慎志，刘婷婷. 2016. 城市基础设施规划与建设. 北京：中国建筑工业出版社.

（4）雷明. 2017. 场地竖向设计. 北京：中国建筑工业出版社.

第三篇　城乡空间规划

第5章 城乡用地

5.1 土地的概念

人类对土地概念的界定，是随着社会生产力的发展、科学技术的进步及人们对土地的认识和理解的逐步加深而不断深化的。土地的含义有广义、狭义之分。不同学科的学者，从各自研究的角度赋予土地不同的含义。

狭义的土地，仅指陆地部分。较有代表性的是土地规划学者和自然地理学者的观点。土地规划学者认为："土地是指地球陆地表层，它是自然历史的产物，是由土壤植被、地表水以及表层的岩石和地下水等诸多要素组成的自然综合体"；自然地理学者认为："土地是地理环境（主要是陆地环境）中互相联系的各自然地理成分所组成，包括人类活动影响在内的自然地域综合体。"

土地管理学所研究的土地是指地球表面的陆地和水面的总称，同时，土地还是一个空间的概念，它是由气候、地貌、土壤、水文、岩石、植被等构成的自然历史综合体，并包含人类活动的成果。

由于土地概念涉及并影响世界各国，所以联合国也先后对土地作过定义。1972年，联合国粮食及农业组织在荷兰瓦格宁根召开的农村进行土地评价专家会议对土地下了这样的定义："土地包含地球特定地域表面及以上和以下的大气、土壤及基础地质、水文和植被。它还包含这一地域范围内过去和目前人类活动的种种结果，以及动物就它们对目前和未来人类利用土地所施加的重要影响"；1975年，联合国发表的《土地评价纲要》对土地的定义是："一片土地的地理学定义是指地球表面的一个特定地区，其特性包含着此地面以上和以下垂直的生物圈中一切比较稳定或周期循环的要素，如大气、土壤水文、动植物密度，人类过去和现在活动及相互作用的结果，对人类和将来的土地利用都会产生深远影响。

土地是自然资源，随着科学技术的进步，人类控制、利用自然能力的增强，人们对土地的认识也不断地深化。在以农业生产为主的社会里，人们主要利用地球陆地表层的可更新资源，因而将土壤看成是土地。在工业社会里，人们扩大了土地利用范围，在将其作为农地利用的同时，城市用地、交通用地等非农业用地的比重迅速增大，土地的含义就被扩大成地球表面的陆地。随着人口-资源-环境矛盾的日益尖锐、科学技术的不断进步，人们在大量开发陆地资源、极大地提高对陆地利用集约度的同时，将土地利用的范围逐渐扩大到内陆水域，如发展水产养殖、航运等，于是，土地的含义又扩大成地球表面的陆地和内陆水域。目前世界上很多国家正掀起开发海洋的热潮，竞相开发海洋动、植物资源、矿产资源、能源资源及海洋空间资源（海运、海港、海上城市等），一些学者认为，土地的含义应扩大为地球表面的陆地和水域（含海洋）。水域（包括内陆水域和海域）实际上是表层被水覆盖的低洼地，我们也把它作为土地来理解。"

土地是一个空间的概念。随着人口的增长、科学技术的发展，对土地的利用已从地表迅速向空间发展，包括地上空间和地下空间。例如，向高空发展的摩天大楼，向地下发展的地下室、地下铁道、海底隧道，以及充分利用空间的立体农业等。土地权利所及范围也随之扩大到地面上下空间。所以，对土地的利用与管理是不能脱离其上下空间的。

由于人类栖息生活在陆地上，对土地的利用也主要是对陆地的利用，对水面的利用比较粗放，当然，对海洋的利用比对内陆水域的利用则更是粗放。因此，目前，陆地和内陆水域与人类的关系较为密切，是土地规划学研究的重点。

5.2　土地利用的概念、属性与价值

5.2.1　土地利用的概念

土地利用指人类通过一定的活动，利用土地的性能来满足自身需要的过程。土地利用可以是生产性的活动，如种植作物、养殖动物、建造工厂等；也可以是非生产性活动，如建造住宅、设旅游风景区、施行自然环境保护等。

土地利用是土地的利用方式、利用程度和利用效果的总称。它包括的主要内容是：①确定土地的用途；②在国民经济各部门间和各行业间合理分配土地资源；③采取各种措施开发、整治、经营、保护土地资源，提高土地利用效果。

由于土地利用不仅受气候、地形地貌、土壤、水文地质等土地自然性状的影响，还受社会制度、科学技术、交通条件、人口密度等社会经济因素的制约，因此，土地利用不单属于自然范畴，还属于社会经济范畴。土地利用不是一成不变的，是一个动态过程。土地的用途、土地资源的分配、土地利用效益是随着社会经济因素和自然因素的变化而不断变化的。

5.2.2　城乡用地的属性

土地利用的社会化过程，已不断地强化了土地的本质属性，扩展了它的社会属性，这些属性已使得城市和村镇的土地在城乡发展、土地经济和城乡规划与建设中显示出越来越重要的作用。

1. 自然属性

土地的自然属性，即土地各自具有的自然环境性能的附着与不可变更的特性，它将影响城乡用地的选择、城乡土地的用途结构及建设的经济性等方面。土地的自然生成，具有不可移动性，即有着明确的空间定位，由此导致每块土地所具有相对的地理优势或劣势，以及具有独特土壤和地貌特征，另外土地还有着耐久性和不可再生性。一般来说，土地始终存在着不可能生长或毁失。常见的变化只是人为地或自然地改变土地的表层结构或形态。

2. 社会属性

土地的社会属性是指在自然属性以外，由人的政治、经济和社会活动而赋予土地的特性，也被称为土地的社会经济属性。随着人类社会的发展和社会行为的变化，土地的社会属性可能发生变化。土地的社会属性体现但不限于以下几个方面。

权力表征：在今天的地球表面，绝大部分的土地已有了明确的隶属，即土地已依附于一

定的社会权力，在不同的社会形态下，政治和社会权力不同程度代表地权的延伸和表达。

经济表征：土地的经济性是指通过人类社会活动而体现出的经济价值。城乡用地可因人为的土地利用方式，得以开发土地的经济潜力，如通过不同的城乡用地结构、改变土地用途等，造成土地的价值差异；也可能通过增加土地的容积率、完善土地的基础设施等法规和建设条件，提高土地的经济价值。

法律表征：我国土地产权的国有或集体所有，或是地权中部分权益转让等社会隶属形式，都有国家法律的明确保障，因而土地具有明确的法律属性。

5.3 城乡用地区划

城乡地域因不同的目的和不同的使用方式，而需将用地划分成不同的范围或区块，以表达一定的用途、权属、性质或量值等。城乡规划过程中，需要了解和考虑各种既定的，或是有关专业可能应用的各种城乡用地的区划界限与规定，以作为规划的依据。通常城乡用地的区划有下面几种。

5.3.1 行政区划

按照国家行政建制等有关法律所规定的城乡行政区划系列，如省级（省、自治区、直辖市）、地级（地级市、地区）、县级（县、县级市、市辖区）、乡级（乡、镇、街道、类似乡级单位）、村级（村民委员会、居民委员会、类似村民委员会、类似居民委员会）。市区、郊区、区，县、乡、镇、街道或村等；还有如特别设置或临时设置而具有行政管辖权限的各种开发区、管理区等。城乡的行政区划的性质和界限，是城乡用地规划和城乡规划管理的基本依据。

5.3.2 用途区划

1. 总分类标准

2017 年 11 月 1 日，由国土资源部组织修订的国家标准《土地利用现状分类》（GB/T 21010—2017），经国家质量监督检验检疫总局、国家标准化管理委员会批准发布并实施，适用于土地调查、规划、审批、供应、整治、执法、评价、统计、登记及信息化管理等工作，土地利用现状分类采用一级、二级两个层次的分类体系，共分 12 个一级类、73 个二级类，并且可根据需要在该标准上续分土地利用类型。土地按用途可划分为建设用地和非建设用地，非建设用地一般包括耕地、园地、林地、草地，建设用地包括商服用地、工矿仓储用地、住宅用地、公共管理与公共服务用地、特殊用地、交通运输用地、水域及水利设施用地，其他用地为非建设用地（表 5-1）。

2. 城镇与村庄土地利用分类

1）城市土地利用分类

2012 年 1 月 1 日，住房和城乡建设部组织修订国家标准《城市用地分类与规划建设用地标准》（GB 50137—2011），此标准适用于城市总体规划和控制性详细规划的编制，用地统计和用地管理工作，县人民政府所在地镇及其他有条件的镇可参照执行。此标准将城乡用地分为了建设用地和非建设用地 2 大类，在此基础上细分为 9 中类和 14 小类，并将城市的建设用地细分为 8 大类、35 中类、43 小类。

表 5-1　土地利用现状分类一级类标准

一级类编码	名称	含义
01	耕地	指种植农作物的土地，包括熟地，新开发、复垦、整理地，休闲地（含轮、歇地、休耕地）；以种植农作物（含蔬菜）为主，间有零星果树、桑树或其他树木的土地；平均每年能保证收获一季的已垦滩地和海涂。耕地中还包括南方宽度<1.0m，北方宽<20m 的沟、渠、路和地坎（埂）；临时种植药材、草皮、花卉、苗木等的耕地，临时种植果树、茶树和林木且耕作层未破坏的耕地，以及其他临时改变用途的耕地；二级类包括水田、水浇地、旱地
02	园地	指种植以采集果、叶、根、茎、汁等为主的集约经营的多年生木本和草本作物，覆盖度大于 50%或每亩株数大于合理株数 70%的土地。包括用于育苗的土地。二级类包括果园、茶园、橡胶园、其他园地
03	林地	指生长乔木、竹类、灌木的土地，以及沿海生长红树林的土地。包括迹地，不包括城镇、村庄范围内的绿化林木用地，铁路、公路征地范围内的林木，以及河流、沟渠的护堤林；二级类包括乔木林地、竹林地、红树林地、森林沼泽、灌木林地、灌木沼泽、其他林地
04	草地	指生长草本植物为主的土地；二级类包括天然牧草地、沼泽草地、人工牧草地、其他草地
05	商服用地	指主要用于商业、服务业的土地；二级类包括零售商业用地、批发市场用地、餐饮用地、旅馆用地、商业金融用地、娱乐用地、其他商服用地
06	工矿仓储用地	指主要用于工业生产、物资存放场所的土地；二级类包括工业用地、采矿用地、盐田、仓储用地
07	住宅用地	指主要用于人们生活居住的房基地及其附属设施的土地；二级类包括城镇住宅用地、农村宅基地
08	公共管理与公共服务用地	指用于机关团体、新闻出版、科教文卫、公用设施等的土地；二级类包括机关团体用地、新闻出版社用地、教育用地、科研用地、医疗卫生用地、社会福利用地、文化设施用地、体育用地、公共设施用地、公园与绿地
09	特殊用地	指用于军事设施、涉外、宗教、监教、殡葬、风景名胜等的土地；二级类包括军事设施用地、使领馆用地、监教场所用地、宗教用地、殡葬用地、风景名胜设施用地
10	交通运输用地	指用于运输通行的地面线路、场站等的土地。包括民用机场、汽车客货运场站、港口、码头、地面运输管道和各种道路及轨道交通用地；二级类包括铁路用地、轨道交通用地、公路用地、城镇村道路用地、交通服务场站用地、农村道路、机场用地、港口码头用地、管道运输用地
11	水域及水利设施用地	指陆地水域，滩涂、沟渠、沼泽、水工建筑物等用地。不包括滞洪区和已垦滩涂中的耕地、园地、林地、城镇、村庄、道路等用地；二级类包括河流水面、湖泊水面、水库水面、坑塘水面、沿海滩涂、内陆滩涂、沟渠、沼泽地、水工建筑用地、冰川及永久积雪
12	其他土地	指上述地类以外的其他类型的土地；二级类包括空闲地、设施农用地、田坎、盐碱地、沙地、裸土地、裸岩石砾地

2）镇土地利用分类

2007 年 5 月 1 日，住房和城乡建设部组织修订《镇规划标准》（GB 50188—2007），将镇用地分为了 9 大类、30 小类，此标准适用于全国县级人民政府驻地以外的镇规划乡规划。

3）村庄土地利用分类

2014 年 7 月 11 日，住房和城乡建设部组织制定《村庄规划用地分类指南》，用地分类采用大类、中类和小类 3 级分类体系，将村庄用地分为 3 大类、10 中类、15 小类，该指南适用于村庄的规划编制、用地统计和用地管理工作。

3. 专项土地利用分类

例如，1993 年 7 月 16 日，建设部制定了国家标准《城市居住区规划设计规范》GB50180—93，主要将城市用地分为了居住用地和其他用地 2 大类，并将居住用地分为 4 类，适用于城市居住区的规划设计。

5.3.3　权属区划

由地产或房产所有权所做的权属土地区划，如我国土地权属划分为国有土地、集体所有土地；或按照房屋所有权或者土地使用权划分的地籍区划等。这类土地区划因涉及业主的所有权益，是城乡用地规划需要参照和慎重对待的依据。

5.3.4　地价区划

土地作为商品进入市场，是以地价（在我国实际为土地使用权的地租）等形式来体现土地的区位、环境、性状及可使用程度等价值的。为了优化土地利用、保障土地所有者的合理权益，规范土地市场和土地价格体系，我国对城市用地按照其所具条件，进行价值鉴定，由此做出城市土地的价格或租金的区划。例如，上海市于 1998 年起在全市范围实施基准地价，规定上海全市区土地划分为 11 级，并按级规定基准地价。此外，全国各个城市也根据自身的情况编制了适应使用要求的基准地价区划，例如，合肥是按照不同的用地性质分别制订地价区划的（图 5-1～图 5-3）。

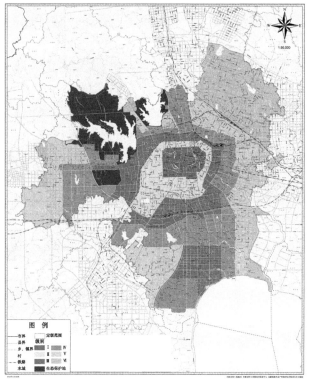

图 5-1　2016 年合肥市住宅用地级别及基准地价图

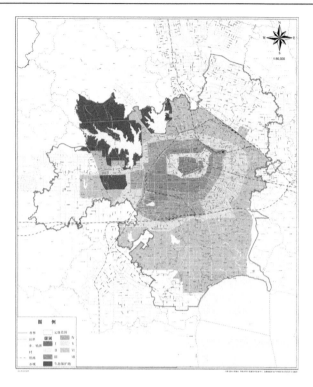

图 5-2　2016 年合肥市商服用地级别及基准地价图

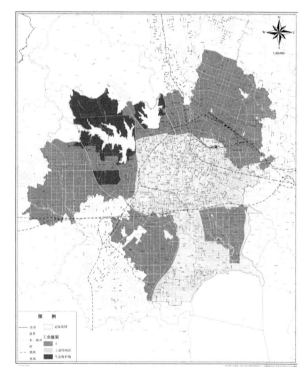

图 5-3　2016 年合肥市工业用地级别及基准地价图

资料来源：合肥市国土资源局. http://www.hfgt.gov.cn/6188/6249/201608/t20160819_2042734.html

城市现状、规划的用地功能区划与城市用地结构，是制定土地地价区划的基本依据，而城市各项设施建设也要充分考虑地价的因素，做出合理的规划布置，此外，与城市规划和建设相关的还有环境区划、农业区划等专业性类别。

以上用地区划中行政区划与地权区划一般都有明确的立法支持，而如用途区划等专业性区划可以是城市规划和专业规划的一项结果，当被法定化后同样具有法律性质。上述各种用地区划的界限、范围或数量等都是有可能变动的，城市规划过程中，既要考虑各种区划的作用和所涉及方面的利益，同时在必要时亦可按照规划的合理需要提出维持或调整的建议。

5.3.5 价值

土地是一项资源，当然也具有价值。它的价值表现在以下两个方面。

1. 使用价值

土地具有空间承载功能，在土地上可以施加各种城乡建设工程，作为各种活动及农业生产的场所，故而土地具有使用价值。这一价值还可通过人为地对土地加工，使之向深度与广度延伸，如对地形地貌的塑造，使其具有景观的功能价值；又如对土地上下空间的开发，使土地得到多层面的利用从而扩大了原有土地的使用价值。城乡用地的形状、地质、区位、高程，以及土地所附有的建筑设施等状况将影响土地使用价值的高低。

2. 交换价值

当土地作为商品或其某方面权利的有偿转移而进入市场，就显示出它的交换价值，这种价值转化以地价租金或费用为其表现形式。由于土地的自然性状或在城市或村镇中地理位置的差别，其有不同的价值，这被称为"价值极差"，例如，大都市城市中心区的地价比之郊区，可能相差几十或几百倍。

地价、租金或费用的市场调节机制，使城乡的土地利用结构同用地的价格产生深刻的相互依存与制约关系。中华人民共和国成立初期实行土地国有化政策，并进行国家划拨，把土地无偿地供给集体、单位或个人使用。随着改革开放的推进，曾以征收土地使用费的方式，来体现土地的经济价值。1987 年年底起，城市开始将土地使用权从土地所有权中分离出来，并进行公开地，有偿、有限期地转让土地使用权，将其作为一项经济活动。这一重大决策经立法过程，现已得到普遍的推行，在一些大中城市已经或正在形成活跃的多级土地市场。通过土地市场的营运，土地的经济价值得以充分地发挥。2009 年一年，全国土地出让面积达到20 余万公顷，出让成交价款 16000 亿元，约占全国地方财政收入的一半，土地的经济产出在城乡发展中起着非常重要的作用。

5.4 城乡用地控制

在一定地域范围内，单个土地利用类型斑块有边界、面积，作为生产资料或载体，其附着物包括建构筑物、生物体，或自然地理要素等，从而具有了土地利用性质及开发利用强度。从而使得土地利用具有了控制属性，土地使用控制指标包括用地边界、用地面积、用地性质、土地使用兼容性；使用强度方面，农用地使用强度主要包括投入强度、集约利用程度、产出效益、持续状况等，而建设用地使用强度包括容积率、建筑密度、居住密度、绿地率等。

土地斑块的组合，使得具有了土地利用的空间结构和数量结构。城镇土地利用空间结构决定了城镇空间布局。城乡空间结构的集中发展和分散发展是两种基本的布局形式，集中式布局常见的有网格状、环形放射状；分散的布局有组团状、带状、星状、环状、卫星状等；数量结构主要指不同用地类型之间的面积、数量比例关系，通常以百分比计算。

土地利用结构对城乡系统的组成、结构和功能具有重大意义，因此，在城乡规划的编制及实施不同阶段，土地利用规划及管理均是重要组成部分。

5.5　城乡用地适用性评价

城乡建设用地、农用地的适用性评价结果，对城市、镇、乡镇的总体规划、详细规划（控制性详细规划、修建性详细规划）中的土地利用规划具有基础和导向作用；但应当注意的是，由于工程技术的进步，以及人类活动的主观能动性，可对用地条件进行改造，因此，适用性评价结果可能并不是土地利用布局的唯一决定性因素。

5.5.1　评价的一般程序

为实现对城乡用地的控制，需进行城乡用地规划。根据《城市用地分类与规划建设用地标准》（GB 50137—2011），农业用地类主要利用了土地的自然属性，发挥其自然生产力，此类用地为耕地、园地、林地、牧草地等用地；而建设用地类，主要利用土地作为空间载体作用，此类用地为居民点建设用地、交通设施用地、公用设施用地等类型的用地。

城乡用地规划需在用地现状调查基础上，综合考虑自然地理要素、社会经济发展需求、生态环境建设等效益，开展城乡用地适用性评价，进行各种用地类型的选择与优化布局，以实现城乡用地的空间结构、数量结构、强度结构的科学性、合理性、可持续性。

城乡用地适用性评价的一般步骤和方法如下：

（1）确定城乡用地类型；

（2）城乡用地影响因素调研与资料收集；

（3）用地适用性评价指标体系确定；

（4）评价模型；

（5）评价指标数据获取与处理；

（6）综合评价。

5.5.2　城乡建设用地适用性评价

1. 城市与自然环境

城市是人类活动聚集而活跃的地域，需要占用大量的自然空间。在城市长期的形成过程中，自然环境作为一个基本的条件深深地影响着城市的发展。在城市，人类为自身的生存与发展所构筑的人工环境，与所处地域的自然环境通过不断的交互作用，而形成特有的城市环境形态。

在古代，我国先民在生存实践中所创立和崇尚的"天人合一"的哲学思想深刻地表达了尊重自然，同自然息息相通的自然观。这观念也影响着城市的选址与营造的理念与过程。春秋时代《管子》一书，就总结了立国建城的一些原则，如"凡立国都，非于大山之下，必于广川之上。高毋近阜而水用足，下毋近水而沟防省。因天材，就地利，故城郭不必中规矩，道路不必中准绳"。

中国历代都城大邑的建设，大多选择山环水足、避害趋利、具有良好自然环境条件的地方，也即自然环境阻力最小的地方，以保障城市的发展与营运（图5-4）。在尼罗河、恒河流域及中亚、欧洲等一些文明古城的择址建城中都遵循相同的原则。

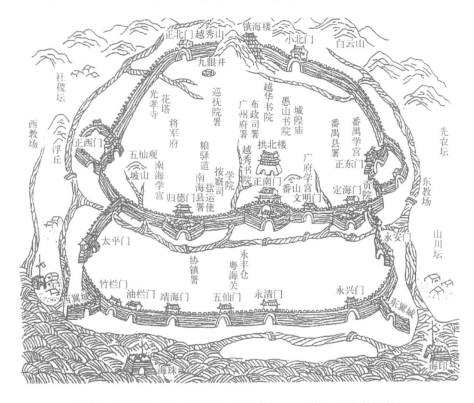

图 5-4　清代广州城，很好地诠释了中国传统城市思想中的自然观

资料来源：贺业锯. 1996. 中国古代城市规划史. 北京：中国建筑工业出版社

自然环境条件关系到城市职能的发挥，例如，一些军事要塞城市多选择在易于攻守的有利地形；商业城市大多有着优良的水陆交通条件，如我国的扬州，因位处大运河和长江的交汇处，历史上曾经是商业繁华的大都市；有的是因为矿产资源的开发利用而形成城市，如我国的唐山、大庆等。

自然条件的变迁可以使城市兴起，也可造成城市的衰落，剧烈自然灾害、土地沙漠化或水运条件的变迁等原因，造成了古今中外诸多名城的湮灭或衰微。

自然环境条件还关系到城市的空间形态和形象特征。例如，天水因受地形的限制，城市只得在沿河的狭长河谷延展，而呈带状城市形态。我国疆域辽阔，地形与气候环境的差异使城市具有不同的个性特征。如江南的苏州、绍兴等水乡城市风貌同山城重庆、攀枝花市等，表现出迥异的城市景观。

此外，自然环境条件还对城市工程的建设经济等多方面产生更为直接的影响。

进入工业时代，随着城镇化的进程，人类的经济活动与建设活动的加剧，原有相对平衡的自然生态格局，不断地受到破坏。为了实现社会经济发展的目标，人类越来越多地向自然索取，超越了自然环境的承受能力，导致了全球生态危机的发生。城市作为高强度的社会经济活动的集聚地，因大量的能耗与物耗，三废的无度排放和环境保护的不力，城市生态失衡与恶化的环境问题尤为严重。

随着人类对环境作用与影响的认知与觉醒，为了维护自身的生存与发展，人们已逐步树立了积极的自然生态观，并以之重新审视和评价人类活动与自然环境的共生与共存的关系，尤其是对快速城镇化所带来负面的环境影响。在 1972 年斯德哥尔摩联合国人类环境会议以后，全球已掀起关注城市生态，建设"绿色城市"的热潮。20 世纪末和 21 世纪初，人类更将环境意识逐步转化为从国家到地方的积极行动。时至今日，已经出现了一系列关于永续发展和解决环境问题的国际公约、国家法律和部门规章，而作为人类有史以来创造的最大的"产品"，城市在其中必须肩负起自身的重任，简言之，就是城市要与自然环境和谐相融，维护人类社会和城市的永续发展。

2. 自然环境条件分析

在城市规划与建设中，自然环境的作用与影响是作为一项基础条件而存在并给予考虑的，通常称为自然环境条件或简称为自然条件。城市自然条件的分析，包括资料的勘察、搜集和按规划阶段的需要进行整理、分析和研究，这是城市规划的基础性工作之一。

影响城市规划与建设的自然条件是多方面的，如物理的、化学的、生物的等。组成的自然环境要素有地质、水文、气候、地形、植被，以及地上地下的自然资源等。这些要素以不同的程度、不同的方式并从不同的范围对城市产生着影响（图 5-5）。鉴于城市是自然演进和人为改造适应自然的综合产物，城市自然环境的原生状态和人为开发活动所影响的状态同时存在与作用。

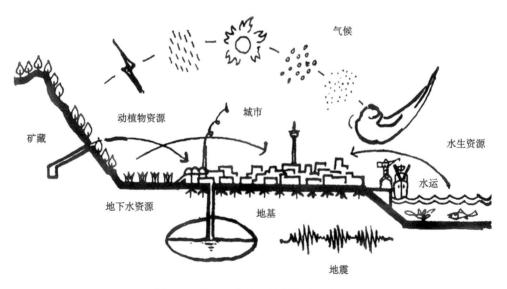

图 5-5　城市与自然环境的关系示意图

图 5-6 所示为自然条件对城市规划和城市发展影响的关系框架。自然环境条件对城市规划与建设的影响分析还需考虑下列情况。

由于地域的差异，自然条件的相殊，同样的自然要素对于不同城市的影响并不相同，有的可能是气候影响为主，有的也许是地质条件较为突出；且一项环境要素，往往可能对城市产生既有利又不利的两方面影响。对此，在城市自然环境条件的分析中应着重于主导要素，研究它的作用规律与影响程度。

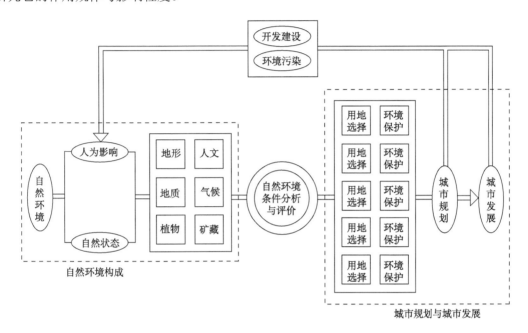

图 5-6　自然环境与城市规划关系图解

有些自然要素的影响，需要超越所在的局部地域，从更大的区域范围来评价　其利弊。如江河洪水侵害等的水文情况，常受上游或下游区域的自然与人为的条件所制约。

各种自然环境要素之间，有的具有相互制约或抵消的关系；有的则相互配合加剧了某种作用。前者如某城区土层为膨胀土，由于当地降水量少，因而减低了土质对建筑地基的破坏作用。后者如在地震发生时，由于某城区土层为砂质土，加以地下水位较高，从而引起地面的砂土液化，加剧了震害。自然环境条件的分析主要是在地质、水文、气候气象和地形等几个方面，下面就它们与城市规划和建设的相互影响分述之。

1）地质条件

地质条件的分析着重在与城市用地选择和工程建设有关的工程地质方面的分析。

（1）建筑地基。城市各项工程建设都由地基来承载。自然地基的构成无非是土与石。由于地层的地质构造和土层的自然堆积情况不一，其组成物质也各有不同，因而对建筑物的承载力也就不一样（表 5-2）。了解建设用地范围内不同的地基承载力，对城市用地选择和建设项目的合理分布及工程建设的经济性，无疑是重要的（图 5-7）。

表 5-2　自然地基类别与建筑物承载力

类别	承载力/(t/m²)	类别	承载力/(t/m²)
碎石（中密）	40～70	细砂（很湿）（中密）	12～16
角砾（中密）	40～70	大孔土	40～70
黏土（固态）	40～70	沿海地区淤泥	40～70
粗砂、中砂（中密）	40～70	泥炭	40～70
细砂（稍湿）、中砂（中密）	40～70		

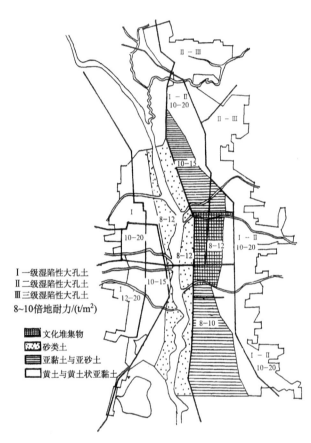

图 5-7　某城市用地地基土分类及地基承载力分析

资料来源：李德华. 2001. 城市规划原理. 3 版. 北京：中国建筑工业出版社

　　有些地基土常在一定条件下改变其物理性状，从而对地基的承载力带来影响。例如，湿陷性黄土在受湿后引起结构变化而下陷，导致建筑的损坏。又如膨胀土的受水膨胀、失水收缩的性能，也给工程建设带来问题。因此在调研各种地基土物理性能的基础上，按照各种建筑物或构筑物对地基的不同要求，在城市用地规划中做出相应安排，并采取防湿或水土保持等措施来减少其影响。在沼泽地区，由于经常处于水饱和状态，地基承载力较低。当必须选作城市用地时，可采取降低地下水位、排除积水的措施，以提高地基承载能力和改善环境卫生状况。

城市建设对工程地基的考虑，不仅限于地表的土层，也必须通过勘探掌握确切的地质资料。例如，在具有可溶性岩石（如石灰岩盐岩、石膏等）的地质构造地区，由于水的溶蚀作用，而形成地下溶洞——岩溶，它将造成水工构筑物的渗水和建筑物的塌陷。因此就需要查清溶洞的分布及其构造特点，然后确定地面建设的内容。有的条件适合的溶洞还可以考虑作为城市人防、地下活动或储存的场所。此外，因矿藏的开掘所形成的地下采空区会波及地面，而致使地面陷塌，对地面的建筑和设施的荷载带来限制条件（图5-8），这就需要从采空矿层的深度、地面沉陷的稳定情况及该地区的地质条件进行勘察分析，来确定这类用地的使用条件和相宜的建筑与设施的分布。

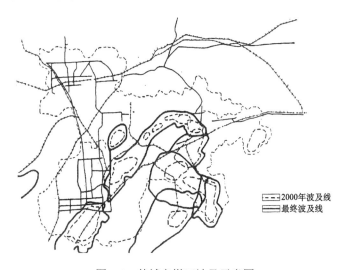

图 5-8 某城市煤田波及示意图

资料来源：李德华. 2001. 城市规划原理. 3 版. 北京：中国建筑工业出版社

（2）滑坡与崩塌。斜坡上的岩土体在重力作用下整体向下滑动的地质现象称为滑坡；峭斜坡上的岩土体突然崩落、滚动堆积在山坡下的地质现象称为崩塌。滑坡和崩塌如同孪生姐妹，甚至有着无法分割的联系。它们常相伴而生，产生于相同的地质构造环境中和相同的地层岩性构造条件下，且有着相同的触发因素，容易产生滑坡的地带也是崩塌的易发区。在现实生活中，往往统称为塌方、坍塌、岩崩、山崩等。

滑坡与崩塌现象常发生在丘陵或山区，在选用坡地或紧靠崖岩建设时往往出现这种情况造成工程的损坏；当裂隙比较发育，且节理面顺向崩塌的方向时更易于崩落，尤其是争取用地，过分的人工开挖，导致坡体失去稳定而崩塌（图5-9、图5-10）。滑坡与崩塌的破坏作用还会发生在河道、路堤，使河岸、堤壁滑塌。为避免滑坡所造成的危害，必须对建设用地的地形特征、地质构造、水文、气候及土或岩体的物理力学性质做出综合分析与评定。

在选择建设用地时应避免不稳定的坡面。在用地规划时，应确定滑坡地带与稳定用地边界的距离。在必须选用有滑坡可能的用地时，则应采取具体工程措施。例如，减少地下水或地表水的影响；避免切坡和保护坡脚等。

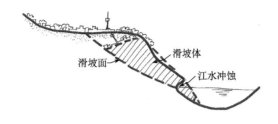

图 5-9　城市建设导致滑坡的形成

资料来源：李德华. 2001. 城市规划原理. 3 版. 北京：中国建筑
工业出版社

图 5-10　城市建设导致崩塌的形成

资料来源：李德华. 2001. 城市规划原理. 3 版. 北京：中国建筑
工业出版社

（3）冲沟。冲沟是由间断流水在地表冲刷形成的沟槽。适宜的岩层或土层、地形及气候条件是形成冲沟的主要条件。冲沟切割用地，使之支离破碎，对土地使用造成不利。道路线穿越或者平行于冲沟常因此而增加土石方工程或桥涵、排洪工程等。尤其在冲沟发育地带，水土的流失，更给建设带来困难。所以在用地选择时，应分析冲沟的分布、坡度、活动与否，并弄清冲沟的发育条件，采取相应的治理措施，如对地表水进行导流或通过绿化、修筑护坡工程等办法，或防止沟壁水土流失等。

（4）地震。地震是一种自然地质现象，地球上每年发生 500 多万次地震，不过，它们之中的绝大多数太小或离我们太远，我们感觉不到。真正能对人类造成严重破坏的地震，全世界每年有一二十次；能造成唐山、汶川等特别严重灾害的地震每年一两次。我国属于多震国家，历史上多次发生强烈地震。由于目前尚不能精确地预报，因此对于地震灾害的预防必须引起人们的重视。

在可能发生较强地震的地区，地震是城市规划必须考虑的问题之一。它对城市用地选择、规划布局、具体的建筑布置，以及各项工程的抗震设防等方面都有一定的影响。造成破坏的绝大多数是构造地震，即由地质构造运动所引起的地震，如在有着活动断裂带的地区，最易频发震害。而在断裂带的弯曲突出处和两端或断裂带的交叉处，岩石多破碎，应力集中，又往往是震中所在（图 5-11）。

目前对地震这一自然灾害，只能消极预防，尽量减少其破坏程度。在城市规划中的防震措施主要考虑以下几个方面。

（1）确定建设地区的地震烈度。以便制定各项建设工程的设防标准。地震烈度有基本烈度与设计烈度之分。前者通常是以 100 年内在该地区可能遭遇的地震最大烈度为准，它是设防的依据。如 1976 年唐山的地震，由于过去对地震基本烈度定得偏低，因而加重和扩大了震害。

设计烈度则是在地区宏观基本烈度的基础上，考虑到地区内的地质构造特点，地形、水文、土壤条件等的不一致性所出现小区域地震烈度的增减，而据此来制定更为切实而经济的小区域烈度标准（表 5-3）。例如，在山坡、陡岸等倾斜地形比平地地震害要重一些；疏松且水饱和度大的土壤比干燥致密的土壤易于出现砂土液化，而加重地基的形变等。

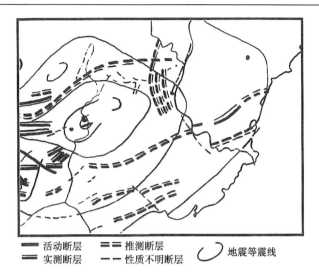

图 5-11 某地区主要地质构造和地震强烈关系图

表 5-3 地质构造类别与地震强烈局部增加量

类别	地震烈度局部增加量/度
花岗岩	0
石灰岩和砂岩	0～1
半坚硬土	1
粗壮碎屑土（碎石、卵石、砾石）	1～2
砂质土	1～2
黏质土	1～2
疏松的堆积土	2～3

（2）避免在强震区建设城市。在 9 度以上地区则不宜选作城市用地。

（3）在城市规划时，应按照用地的设计烈度及地质、地形情况，安排相宜的城市设施。例如，重要工业不宜放在软地基、古河道或易于滑塌的地区。同时在排布建筑时，尽量避开断裂破碎地带，以减少震时的破坏，例如，某市的规划方案考虑到地下断层的存在，在地下有断裂带的地面上，设置 100m 宽的居住区卫生防护带，在这里不布置设防要求较高的建筑及设施，以减少震时可能引起的破坏。为保证震时救灾的需要，对一些通信、消防、救护等机构不仅应有较高的设防标准，还应有适宜的位置。在对外交通联系方面要保证畅通。在供水、供电、道路等公用设施方面也应有安全措施，如采用多水源、多电源、多线路、多套管网等。

在规划布置中为减少次生灾害的损失。建筑不宜连绵成片，应留以适当的防火间隔，同时对易于产生次生灾害的城市设施，要先期选择合适的位置，例如，油库、有害的化工工厂及贮存库等不宜放在居民密集地区的上风或上游；大型水库不宜建在强震区的上游，以免震时洪水下泄，危及城市。如果必须建造，则应考虑提高坝体的设防标准，或采取可靠的泄洪、导流措施。

2）水文条件

（1）水文条件。江河湖泊等水体，不但可作为城市水源，同时它还在水运交通、改善气候、稀释污水、排除雨水及美化环境等方面发挥作用。但某些水文条件也可能带来不利的影响，如洪水侵患、年水量的不均匀性、流速变化、水流对河岸的冲刷及河床泥沙的淤积等。

城市用地范围内的江、河、湖水的水文条件与较大区域的气候特点，流域的水系分布，区域的地质、地形条件等有密切关系。而城市建设也可能造成对原有水系的破坏，过量取水、排水，改变水道和断面等都能导致水文条件的变化。所以在城市规划与建设之前，以及在城市建设实施的过程中，就有必要不断地对水体的流量、流速、水位等水情资料进行调查分析，随时掌握水情动态。

江河等的水文条件，对规划与建设的一些影响和关系，可用下列图解来表示（图 5-12）。

在建设实践中，对水文条件的考虑不足造成不良后果的例子屡见不鲜。例如，某市在江流上游修建水闸，使得下泄水量减少，对江底的冲刷作用削弱，江口被外海海水潮汐带来的泥沙逐渐淤积，使河床抬高而影响通航，并影响到沿岸工厂、仓库的水运作业，同时也增加了疏浚航道的日常费用（图 5-13）。又如图 5-14 所示，大江流速大于夹江，使得原以为可通过大江稀释的污水，被逼流入布有多处取水口的夹江，从而影响了水质。

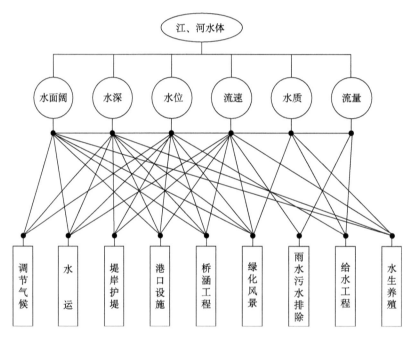

图 5-12　江河水情要素同城市规划与建设关系图解

在沿江河的城市，常会受洪水的威胁。周期性的全球性气候变化，加上区域性的自然与人为的原因，导致一些江间的洪水频发。1998 年，在我国长江中下游流域范围和松花江流域所发生的超百年纪录特大洪水，严重地影响到沿岸城市的安全。如位于长江北岸的沙市，地面标高为 30～32m，为防洪分洪而建的荆江大堤，高出地面 10 多米，一旦决口，对城市及广大地区将是毁灭性的灾害。为防治洪水，在城市用地选择时要按照洪水频率，利用高亢地形，同时要避开在洼地、滞洪区等部位建设。城市防洪标准要区别不同城市及设施的重要性，采用不同的设计标准频率。如重要城市、重要工业区及面积达 100 万～500 万亩的农业地区，设计洪水标准频率为 2～1，即洪水的重现期为 50～100 年，更重要的城市及设施，要采用 1～0.33 标准频率，重现期为 100～300 年。

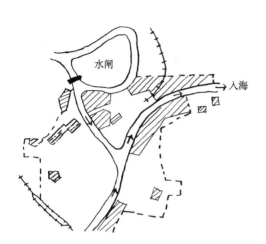

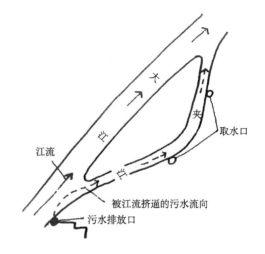

图 5-13　修建水闸导致航道淤积　　　　图 5-14　污水排放口未考虑水文状况导致的污染

（2）水文地质条件。它指地下水的存在形式、含水层厚度、矿化度、硬度水温及动态等条件。地下水常是城市的水源，特别是远离江湖或是地面水量、水质不敷需用的地区。勘明地下水资源对于城市选址、确定工业建设项目和城市规模等都有重要关系。

地下水按其成因与埋藏条件，可以分成上层滞水、潜水和承压水三类（图 5-15）。具有城市用水意义的地下水，主要是潜水和承压水。潜水基本上是渗入成因，大气降水是其补给来源。所以潜水位及其动态与地面状况是有关的。潜水埋深因各地的地面蒸发、地质构造（如隔水层深浅）和地形等不同而相差悬殊。承压水因有隔水顶板，受大气影响较小，也不易受地面污染，因此往往是主要水源。

地下水的水质、水温由于地质情况和矿化程度不一，对城市用水和建筑工程的适用性应予注意。以地下水作为城市水源，若盲目过量地抽用，将会出现地下水位下降，形成"漏斗"严重的甚至水源枯竭。地下水位下降几十米的城市并不少见。有的还因井距不合理或井点分布不当，而加剧了水位的变化。

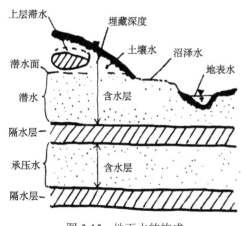

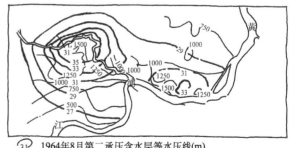

图 5-15　地下水的构成　　　　　　图 5-16　1965 年上海市地下水位降落漏斗与地面沉降
　　　　　　　　　　　　　　　　　　　　　　　　　　中心关系图

长期大量抽用地下水还可能引起地面下沉。在一些大工业城市,这一后果十分明显。例如,上海市由于超采地下水,1921 年开始出现明显沉降,1925～1965 年,市区地面平均下降 1.69m,最严重地区下沉 2.37m,市区及邻近地区形成一碟形洼地(图 5-16)。之后通过限制地下水开采和采取冬灌等措施,遏制了地面下沉的程度。1966～2003 年全市地面沉降累计为 0.248m,每年平均下降不足 10mm,控沉效果显著。又如无锡市也因大量抽取地下水,在 20 世纪 80 年代末以后的 10 年间,地面已下沉达 1m。

地面下沉将导致江、海水倒灌,或地面积水等,给防汛、排水、通航等市政工程造成麻烦。特别在沿海城市要考虑到地球气候变暖而引起海平面上升的可能趋势,更要控制地面下沉,加强防汛、防洪和排涝等措施。

在城市规划布局中,地下水的流向应与地面建设用地的分布及其他自然条件(如风向等)一并考虑。防止因地下水受到工业排放物的污染,影响供水水源的水质。例如,某市因工业对地下水污染不断扩大,进而波及城市水厂,只得耗用巨资到几十公里外的河源取水。但也必须注意到,有的规划虽然合理,然而因地下水漏斗的出现,造成地下水流向紊乱,从而恶化水质。如某地原有有害工业布置在居住区的下风和地下水下游一侧。城市水厂的水质受工业排放物的污染较少。但在新建用水量较大的工业后,由于大量抽取地下水,形成地下水漏斗,改变了地下水的流向,使得城市水厂的水质受到有害工业的严重污染。

对污染地下水的污染源(如工业的三废、农药、化肥、生活污水等)应严加管制。同时弄清地面水与地下水的补给关系,对防止地下水污染也很重要。

当地下水位过高时,将不利于工程的地基,在必要时可采取降低地下水位的措施。

我国是水资源贫乏的国家,随着城市的发展和城市生活的逐渐现代化,城市用水量不断增大,保护水资源的重要性已十分突出。为了合理地利用水资源,应综合勘察地下、地表水源,按工农业生产与城市生活对水量、水质、用水时间的不同要求,进行全面规划、合理分配,使城市用水与水源供水的可能相适应。

3)气候条件

气候条件对城市规划与建设有着多方面的影响,尤其与为居民创造适宜的生活环境、防止环境污染等方面关系十分密切。我国地域广袤,南北从热带到寒温带跨越纬度 47°;东西也因距海远近而气候相差悬殊。气候条件对城市的影响有着有利与不利两个方面。它的作用往往通过其他自然环境条件的"协作",而变得缓和或是加强。为了研究气候条件对城市规划的影响,需要搜集当地有关的气象资料,必要时必须协同气象部门对建设地区进行气象测定;尤其是在地形复杂的地区,气候的状况对于城市用地选择和详细规划方案的制订等都有着直接的影响。城市的气候除了大气环流和海陆位置不同所形成的大气候外,在较小的地区范围还存在地方气候与小气候。

在城市地区,城市所造成的大气下垫面层的改变,以及城市与外界的温差所形成的热力差异,将促使某些气象要素的变化,而出现"城市气候"的特征。影响规划与建设的气象要素主要有:太阳辐射、风向、温度、湿度与降水等几方面。

(1)太阳辐射。太阳辐射具有重要的卫生价值,同时也是取之不竭的能源。太阳辐射的强度与日照率,在不同纬度和不同地区存在着差别。分析研究城市所在地区的太阳运行规律和辐射强度,对建筑的日照标准、间距、朝向的确定、建筑的遮阳设施及各项工程的热工设计,将有所依据。其中建筑日照间距的考虑还将影响建筑密度、用地指标与用地规模。此外，太阳辐射的强弱所造成的不同的小气候形态，对城市建筑群体的布置也有一定的影响。

（2）风向。风对城市规划与建设有着多方面的影响，如防风、通风、工程的抗风设计等。特别是在环境保护方面，由于其与风向的密切关系，对城市风气候的研究已成为一个重要课题。风是以风向与风速两个量来表示的。风向一般是分 8 个或 16 个方位观测。累计某一时期中（如一月、一季、一年或多年）各个方位风向的次数，并以各个风向次数所占该时期不同风向的总次数的百分比值（即风向的频率）来表示。表 5-4 和图 5-17 为某城市累年的风向观测记录和根据记录所绘制的风向频率图。各个风向的风速值，也可用同样的方法，按照每个风向的风速累计平均值，绘制成风速图。为了给城市规划提供较为可靠的风向资料，要有该地方多年长期的记录资料为依据。

表 5-4 某城市地区累年风向频率和平均风速

方位	北	东北北	东北	东北东	东	东南东	东南	东南南
风向频率	12	18	16	4.5	3.1	4.5	4.7	6.2
平均风速/（m/s）	3.2	3.5	3.2	2.2	1.9	2.3	2.7	3.6
方位	南	西南南	西南	西南西	西	西北西	西北	西北北	静风
风向频率	4.7	2.9	5.4	3.2	2.1	1	3.5	3.3	7.6
平均风速/（m/s）	3.6	4	3.7	2.7	2.7	2.3	2.6	3	0

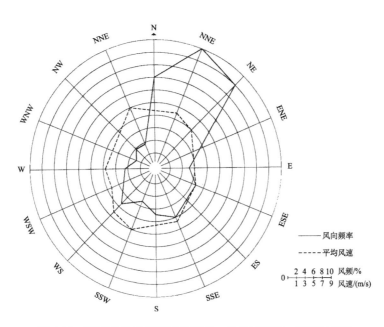

图 5-17 某城市地区累年风向频率、平均风速图，俗称风玫瑰

盛行风向是按照城市不同风向的最大频率来确定的。由于我国地处欧亚大陆东岸，东半部受季风环流的影响。风向呈现明显的季节变化：夏季为偏南风，冬季则盛行偏北风。因此在我国东部广大地区，一年中基本上有两个盛行风向。西南地区因受印度洋环流控制，夏季多西南风。但一些地区因地貌或地物的特点，风向与风速也会有局部变化。在有些环境条件特殊的地区，还有着多个方位的盛行风。

为了在规划布局中正确运用气象，每个城市应分析本地全年占优势的盛行风向，最小风频风向、静风频率及盛行风的季节变化规律。在城市规划布局中为了减轻工业排放的有害气体对居住区的危害，一般工业区应按当地盛行风向位于居住区下风向进行城市规划布局。图 5-18 为适于我国东部地区季风气候特征的城市用地布局的参考图式。

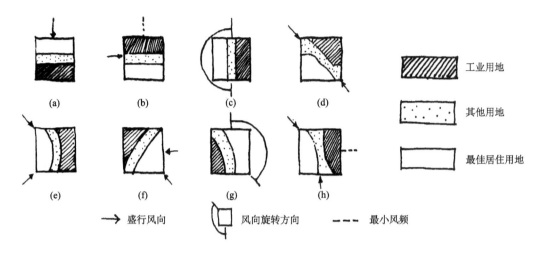

图 5-18　工业与居住用地典型分布图式

（a）如果全年只有一个盛行风向且与此相对的方向风频最小[图 5-18（a）]，或最小风频风向与盛行风向转换夹角大于 90°[图 5-18（b）]，则工业用地应放在最小风频之上风向，居住区位于其下风向。

（b）在全年拥有两个方向的盛行风时，应避免使有污染的工业处于两盛行风向的上风方向。工业及居住区一般可布置在盛行风向的两侧[图 5-18（c）、（d）、（e）、（f）、（g）、（h）]。

在分析、确定城市盛行风向和进行用地分布时，要特别注意微风与静风的频率。在一些位于盆地或峡谷的城市，静风往往占有相当比例。如果只按盛行风向作为分布用地的依据，而忽视静风的影响，则有可能加剧环境污染之害。例如，某城市工业布置虽是在盛行风向的下风地带，但因该地区静风占全年风频的 70%，结果大部分时日烟气滞留上空，在水平向扩散并影响邻近上风侧的生活居住区，在出现逆温时尤甚。又如，国外某一大城市由于位于北部的高山挡住了海上吹来的劲风，形成城市少风的气候特点，全年有 200 天因城市上空的有害烟气滞留而严重地影响市民的健康，甚至要关闭小学，以缓解对儿童健康的危害。

为了有利于城市的自然通风，在城市布局、道路走向和绿地分布等方面，考虑与城市盛行风向的关系，而留出楔形绿地、风道等开敞空间。

除大气候风外，城市地区由于地形的不同特点，所受太阳辐射的强弱不一，以及热量聚散速度的差异，而会形成局部地区的空气环流，即地方风，如城市风、山谷风、海陆风等（图 5-19～图 5-21）。

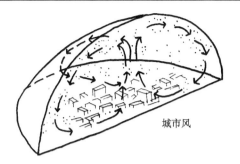

图 5-19　城市风示意

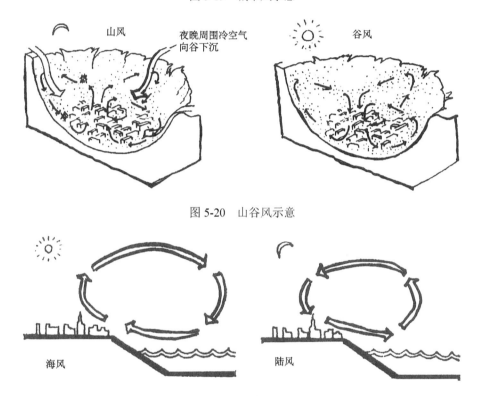

图 5-20　山谷风示意

图 5-21　海陆风示意

在城市局部地段，当在静风或大气候风微弱的情况下，也会由于地面设施的不同（如散热量大的工业、建筑地区和绿地、水面等），在温差热力作用下出现小范围空气环流，这将有利于该地区的自然通风。但若地面设施布置不当，局部环流也可能对环境带来不良影响（图 5-22）。

此外在山地背风面，会产生机械涡流，如在该处布置驻军等建筑，将有利于通风。但若上风为污染源时，则反将因之而加剧污染（图 5-23）。

（3）温度。由于地表是球面，所接受的太阳辐射强度不一。纬度由赤道向北每增加 1°，气温平均降低 1.50℃ 左右。气温经向的变化是由海陆位置不同所引起的，海陆气流对温度影响很大。

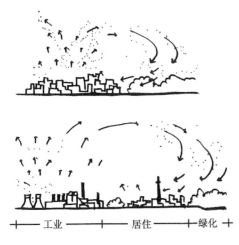

图 5-22　城市地区的局部空气环流

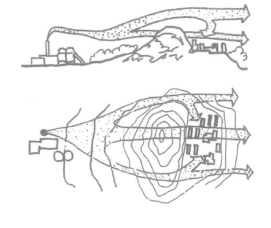

图 5-23　山地背风面涡流

气温对城市规划与建设的影响主要反映在：地区的气温日较差、年较差较大，会给建筑、工程的设计与施工带来影响；在城市的工厂选址时，根据气温的条件，考虑工业工艺的适应性与经济性问题，并根据气温状况考虑城市地区的降温、采暖设备的设置、能源耗费等问题。

温度影响还表现在垂直方向因逆温的产生，加剧对城市大气的污染。在气温日较差较大的地区（尤其在冬天），常因夜晚地面散热冷却比上部空气快，在城市上空出现逆温层结，或称逆温层（图 5-24）。这时大气比较稳定，有害的工业烟气不易扩散，滞留在城市上空，尤其在静风或地处谷地，山坡冷气流下沉，更加剧了逆温层的形成和增厚，所以必须对当地气温的变化规律，结合地形和其他自然条件及城市设施热量散发状况等，进行测定与分析，以便为工业的布置、环境保护，以及工厂烟囱的设计等提供依据。

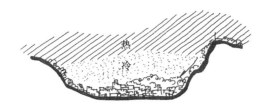

图 5-24　谷地逆温层

在大中城市，由于建筑密集，绿地、水面偏少，生产与生活活动过程散发大量的热量，出现市区气温比郊外要高的现象，即"热岛效应"（图 5-25）。尤其在夏天"热岛效应"的作用加剧了地区的高温酷热，不仅为防暑降温，要增加大量的能耗，还明显增高如心脑血管、呼吸道等疾病的发病率。如上海市近 40 年来夏季平均最高气温市区比郊区出现持续增高的现象。1997 年市区最高气温已普遍比郊区高出 3℃。据 1997 年 6 月 6 日实测，市区温度为37.1℃，比边缘宝山区的 32.6℃ 竟然高出 4.5℃。图 5-26 为华盛顿地区在 1990 年 8 月 8 日的红外线图片，体现出大城市建筑与热岛现象的关系。为了减弱城市热岛效应，改善城市气候环境，要十分重视城市规划的布局与城市人口与建筑密度的控制，尤其是要重视绿地建设，保持水面等自然开敞空间。仍以上海为例，在 2003 年以后，由于进行了大规模的绿化建设，

"城市热岛"已经出现了明显的负增长，城市中心区与郊区的温差不断减小。

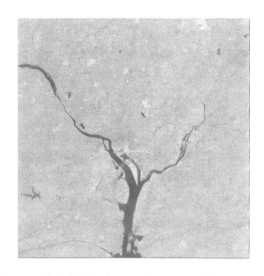

图 5-25　典型的大城市热岛（巴黎地区，以年平　　图 5-26　华盛顿地区在 1990 年 8 月 8 日的红外线图片
　　　　　均等温线表示）

（4）降水与湿度。我国大部分地区受季风影响，夏季多雨，且时有暴雨。雨量的多少
及降水强度对城市排水设施有较为突出的影响。此外，山洪的形成、江河汛期的威胁等也给
城市用地选择及防治工程带来问题。相对湿度随地区或季节不同而异。一般城市因人工构筑
物覆盖，相对湿度比郊区要低。湿度的大小不但对某些工业生产工艺有所影响，与居民是否
有舒适的温热感的居住环境也有一定的关系。

　4）地形条件

　城市各项工程建设总是要体现在城市用地上。不同的地形条件，对规划布局、道路走向、
线型、各种工程的建设及建筑的组合布置、城市的轮廓、形态等都有一定的影响。但是，经
过规划与建设，也将对自然地貌进行某种程度的塑造，而使其呈现出新的地表形态。从自然
地理宏观地来划分地形的类型，大体有山地、丘陵与平原三类（表 5-5）。

　由于城市需占有较大地域，为了便于城市的建设与营运，多数城市选择在平原、河谷地
带或是低丘山冈、盆地等地方修建。平原大多是沉积或冲积地层；具有广漠平坦的地貌景观。
在丘陵地区，可能会有一些棘手的工程问题，但在一些低丘地区，恰当地选择用地，通过因

表 5-5　我国地形分类

名称	绝对高度/m	相对高度/m	名称	绝对高度/m	相对高度/m
极高山	＞5000	＞1000	高丘陵	200～500	＞200
高山	3500～5000	＞1000	低丘陵	＞200～500	50～200
高中山	1000～3500	＞1000	高原	＞1500	＜200
中山	1000～3500	500～3500	高平原	200～1500	20～50
低中山	1000～3500	200～500	低平原	＜200	＜20
低山	500～1000	200～500			

地制宜地细致规划，也可以有良好的建设效果。山区由于地形、地质、气候等情况比较复杂，在用地组织和工程建设方面往往会遇到较多困难。受限于中国人口众多、可用地较少，且耕地极为有限的状况，城市对山地的利用强度在逐渐加强，通过越发强大的工程技术手段和长期的实践经验总结，山地城市已经逐步形成了有别于一般城市的规划和设计方法，需要规划职业人员根据具体情况分别对待。但是一般而言，山地城市的工程建设投入大，且使用上多有不便，还是应当慎重选择。

在小地区范围，地形还可以进一步划分为多种形态，如山谷、山坡、冲沟、盆地、谷道、河漫滩、阶地等。城市用地一般除了十分平坦而且简单的地形外，往往是多种地形的组合。

地形条件对规划与建设的影响，具体有以下方面。

（1）影响城市规划的布局、平面结构和空间布置。如河谷地带、低丘山地和水网地区等，往往展现不同的布局结构；而且，这些城市的市政等工程建设也有着相应的特色，如水网地区河道纵横，桥梁工程就比较多。此外，利用地形结合建设，还可使城市轮廓丰富，空间生动，形成一定的城市外观特征。

（2）地面的高程和用地各部位之间的高差是对制高点的利用、用地的竖向规划、地面排水及洪水的防范等方面的设计依据。

（3）地面的坡度，对规划与建设有着多方面的影响。例如，在平地常要求不小于0.3%的坡度，以利于地面水的排除、汇集，减少排水管道泵站的设置。但地形过陡也将出现水土冲刷等问题。地形坡度的大小对道路的选线、纵坡的确定及土石方工程量的影响尤为显著。城市各项设施对用地的坡度都有所要求，《城市用地竖向规划规范》（CJJ 83—1999）规定了城市主要建设用地的适宜规划坡度，见表5-6。

表5-6　城市主要建设用地适宜规划坡度

用地名称	最小坡度/%	最大坡度/%
工业用地	0.2	10
仓储用地	0.2	10
铁路用地	0	2
港口用地	0.2	5
城市道路用地	0.2	8
居住用地	0.2	25
公共设施用地	0.2	20

（4）地形与小气候的形成有利于分析不同地形及与之相伴的小气候特点，可更合理地布局建筑、绿地等设施。例如，在山地利用向阳坡面布置居住建筑，以获得良好日照等。

（5）地形对通信、电波有一定的影响。如微波通信、电视广播、雷达设备等对地形都有一定的要求。

在现代城市规划的理念中，对于城市自然环境的分析和利用不仅是为了节省城市建设的投资，减少城市和居民使用的成本，更有着积极的生态意义。例如，城市对于太阳辐射能量的使用能够成为城市能源系统的有效补充，或可直接利用热能，减少采暖能量的消耗；城市布局和空间形态对城市风向的有效引导可以带走城市建筑和设施产生的废热、废气，减少能源的使用（图 5-27）；对城市地形的充分利用可以在最大程度上减少人类对于土壤表层的干扰，维持自然生态系统的相对稳定等。所有这些措施都将减少以化石能源为基础的能量消耗，达到节能减排的目的。相比于建筑单体的生态技术，城市规划中的生态技术更能够产生数倍甚至数十倍的生态产出，值得规划专业工作者深入研究。

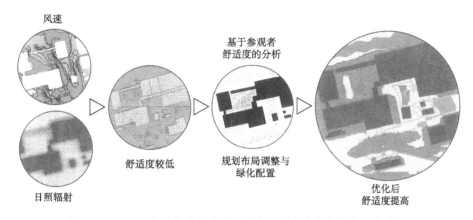

图 5-27   2010 年上海世博会中对城市区域中小气候的塑造与利用

资料来源：吴志强. 2009. 上海世博会可持续规划设计. 北京：中国建筑工业出版社

3. 城市用地适用性评定

1）用地评定的要求

城市用地的自然环境条件适用性评定，是按照生态系统需求、城市规划与建设的需要，进行土地使用的功能和工程的适宜程度，以及城市建设的经济性与可行性，对土地的自然环境的评估。其作用是为城市用地选择和用地布局提供科学依据。

按照我国原建设部 1995 年颁布的《城市规划编制办法实施细则》（以下称《实施细则》）第七条关于总体规划成果内容的规定：对于新建城市和城市新发展地区应绘制城市用地工程地质评价图。内容主要为：①不同工程地质条件和地面坡度的范围、界线、参数；②潜在地质灾害（滑坡、崩塌、溶洞、泥石流、地下采空、地面沉降及各种不良性特殊地基土等）空间分布、强度划分；③活动性地下断裂带位置，地震烈度及灾害异常区；④按防洪标准频率绘制的洪水淹没线；⑤地下矿藏、地下文物埋藏范围；⑥城市土地质量的综合评价，确定适宜性区划（包括适宜修建、不适宜修建和采取工程措施方能修建地区的范围）。

由于城市建设必然要落实在土地上，因此用地的工程地质条件有着更为直接的影响和特别的重要性。但是工程地质条件也可能会不同程度地受到其他相关自然因素的间接影响，前者与后者有着互动或互制的关联性，一些工程地质条件较佳的地区可能也是生态环境的敏感地带，如湿地或某种生物栖息地。在永续发展已经成为全球共识的背景下，对于城市用地自然环境条件，需作为一个整体加以考察与评价。进行城市用地条例的综合评定，须注意以下几点：

（1）用地评定是城市规划的一项基础工作。用地评定工作主要是为城市总体规划服务的。但在进行局部地区的详细规划时，有时也须对环境条件做更为具体的分析与评价，以适应规划与工程设计的需要，所以用地评定的内容与深度要根据不同规划阶段的需要相应地拟定。

（2）城市用地评定需要超越狭隘的建设视野，转变为全球的人居视野。对于城市用地的评价不能仅仅考虑建设的经济性和安全性，还需要考虑该用地在自然生态系统中的作用和意义，保证城市社会的永续发展和人类与自然的生态和谐。

（3）用地评定不应只是各个环境要素单独作用的总和，而是要从环境的整体意义上考察它们的相互作用及其后果，综合鉴定其利弊。同时也要尽可能预计到城市建设的人为影响给自然环境条件带来的变化，对用地质量造成新的影响，并作为评价环境质量的一个因素先期加以考虑。

（4）要注意用地所在区域的环境背景的可能影响。城市用地无论是工程地质、水文地质以及气候等条件，往往都受到区域状态的牵制，如地震、洪水侵害、地下水的补给、滑坡与泥石流等方面的区域关联性。

（5）用地评定要因地制宜，按照用地的自然特性，抓住主导环境条件对之分析与评价，并对与之相关的其他自然环境因素的相互作用可能产生的次生、后发、联动影响做出评价。

2）用地评定的分类

根据 2006 年 4 月 1 日开始执行的《城市规划编制办法》（中华人民共和国建设部令第 146 号）第三十一条第三款规定：（中心城区规划应当包括）划定禁建区、限建区、适建区和已建区，并制定空间管制措施。由于目前相应《实施细则》缺位，除已建区含义相对明晰外，对于其他三种区域的划分标准仍没有确定的标准。在划定"四区"的背后，是对城市各个系统的分析和评价。

我国城市规划实践中最先受到重视，至今依然应当重视的是建筑适宜性评价，即评价城市建设的工程地质和自然地理条件，一般将之分成三类：

一类用地：是指用地的工程地质等自然环境条件比较优越，能适应各项城市设施的建设需要，一般不需或只需稍加工程措施即可用于建设的用地。

二类用地：是指需要采取一定的工程措施，改善条件后才能修建的用地。它对城市设施或工程项目的分布有一定的限制。

三类用地：是指不适于修建的用地，即现代工程技术难以修建的用地。所谓不适于修建的用地是指用地条件极差，必须付以特殊工程技术措施后才能用作建设的用地，这取决于科学技术和经济的发展水平。

用地类别的划分是需要按各地区的具体条件相对来拟定的，如甲城市的一类用地在乙城市可能只是二类用地。同时，类别的多少也要视环境条件的复杂程度和规划的要求来确定，如有的分四类，有的只需二类即可。所以用地分类具有地方性和实用性，不同地区不能作质量类比。

在山区或丘陵地区，地面坡度的大小往往影响着土地的使用和建筑布置，因此坡度也是用地评定的一个必要因素。一般是按适用程度划分为<10%、10%～25%、>25%三类（也有分成 0%～8%、8%～15%、15% ～25%和>25%四类的）。

为了具体说明用地类别划分，可以平原地区的划分为例，供参考（表 5-7）。

表 5-7 平原地区用地分类

用地类别		地基承载力/ (kg/cm²)	地下水位埋深/m	坡度/%	洪水淹没程度	地理现象
类	级					
一	1	>11.5	2	<10	在百年洪水位以上	无冲沟
	2	>1.5	1.5~2.0	10~15	在百年洪水位以上	有停止活动冲沟
二	1	1.0~1.5	1.0~1.5	<10	在百年洪水位以上	无冲沟
	2	1.0~1.5	<1.0	15~20	有些年份受洪水淹没	有活动性不大的冲沟
三	1	<1.0	<1.0	>20	有些年份受洪水淹没	有活动性不大的冲沟
	2	<1.0	<1.0	>25	洪水季节淹没	有活动性冲沟

用地评定的内容方法与深度随着城市规划与工程建设学科的发展，不断地充实和深化。今天的用地适用性评价不仅表现在影响工程经济方面，而且逐渐对诸如地域生态、自然景观等环境条件的评价也产生影响。在目前的城市用地评定操作中，还深入研究了城市地域中的水环境敏感区（水源、地下水补给区、湿地等），大气环境（环境空气质量功能区等），生物网络（生物栖息地、迁徙点、廊道等），文化和地理条件（人文历史遗迹、特色地貌景观区等），自然生产系统（基本农田、物种保护区、矿产区等）以及敏感设施影响（核电站、放射性材料生产与储存地、机场控制区等）等相关内容。

由于生态和地理系统的脆弱性、关联性和不可逆性，这些新出现的要素的核心区往往直接被划入"禁建区"范围，而其周边则划定一定范围的缓冲空间和防护空间，作为限建区。

用地评定的成果包括图纸和文字说明，它是城市规划文件之一。用地评定图可以按用地的具体情况分别表示出各项分析与评定的内容，如地下水深线、洪水淹没线、地形坡度、地基承载力等。经过综合评价加以分类，并划定不同类别用地的范围。图纸的比例宜与规划图纸的比例相一致，以便于对照。

5.6 城乡农用地适用性评价

农用地是指直接用于农业生产的土地，包括耕地、林地、草地、农田水利用地、养殖水面等，主要是利用土地的自然生产力，在人的耕养管理下，生产农产品的用地类型。

城乡农用地适用性评定就是评定农用地对于某种农业用途是否适宜以及适宜的程度，它是进行农用地利用决策、科学地编制农用地利用规划的依据。城乡农用地适用性评定是根据土地的自然因素、工程技术经济和社会经济属性，研究农用地对预定用途的适宜与否、适宜程度及其限制状况。一般而言，其影响因素主要分为自然因素、工程技术经济和社会经济因素三大类。

5.6.1 农用地评价程序

依据全国统一制定的标准耕作制度，以指定作物的光温（气候）生产潜力为基础，通过对土地自然质量、土地利用水平、土地经济水平逐级订正，综合评定农用地质量等别。

农用地质量分等的方法步骤一般如下：

（1）资料收集整理与外业调查；

（2）划分指标区、确定指标区分等因素及权重；

（3）划分分等单元并计算农用地自然质量分；

（4）查全国各省作物生产潜力指数速查表，确定产量比，计算农用地自然等指数；

（5）计算土地利用系数及农用地利用等指数；

（6）计算土地经济系数及农用地经济等指数；

（7）划分与校验农用地自然等别、利用等别和经济等别；

（8）整理、验收成果。

5.6.2　农用地适用性评价因素

1. 自然因素

1）土壤

pH：又称土壤酸碱度，是土壤溶液的酸碱反映。主要取决于土壤溶液中氢离子的浓度，以 pH 表示。pH 等于 7 为中性溶液；pH 小于 7，为酸性溶液；pH 大于 7 为碱性溶液。pH 小于 4.5 为极强酸性；4.5～5.5 为强酸性；5.5～6.5 为酸性，6.5～7.5 为中性；7.5～8.5 为碱性；8.5～9.5 为强碱性；大于 9.5 为极强碱性。

土壤母质：或称成土母质，地表岩石经风化作用使岩石破碎形成的松散碎屑，物理性质改变，形成疏松的风化物，是形成土壤的基本原始物质，是形成土壤的物质基础和植物矿物养分元素（除氮外）的最初来源。成土母质分为残积母质和运积母质两种类型，其中，残积母质指就地风化而未经搬运的岩石风化物。由于此种母质受其下层分布的基岩的影响，与基岩呈逐渐过渡的趋势，结构依土壤—风化物—半风化物—基岩逐渐过渡；运积母质指经重力、水利、风、冰川等搬运后再沉积的母质。

土壤质地：土壤中各粒级占土壤质量的百分比，称为土壤质地。土壤质地是土壤最基本的物理性质之一，对土壤的各种性状，如土壤的通透性、保蓄性、耕性以及养分含量等都有很大的影响，它是评价土壤肥力和作物适宜性的重要依据。不同的土壤质地往往具有明显不同的农业生产性状，了解土壤的质地类型对农业生产具有指导价值。世界各国通常有不同的土壤粒级划分标准，例如，20 世纪 30 年代，采用的是美国土壤质地分类；20 世纪 50 年代，中国开始采用苏联的卡钦斯基制（Katschinski）；1992 年全国土壤普查办公室制定了中国土壤质地分类系统。

目前我国土壤质地分类制也是根据砂粒、粉粒、黏粒含量进行土壤质地划分，其中，土壤黏粒粒径＜0.002mm、粉粒粒径 0.002～0.05mm 及砂粒粒径 0.05～2mm，黏粒含量大于 30% 的土壤均划分为黏质土类，砂粒含量大于 60% 的土壤均划分为砂质土类。

土壤障碍层及有效土层厚度：土壤的障碍层次类型就是影响作物生长的土壤层次的种类，如黏磐层，土壤黏性太高，过于紧实，植物根系下扎不下去；还有卵石层、白浆层、潜育层、沙层等，障碍层次的位置即其所处的土壤深度。有效土层厚度就是能生长植物的实际土层厚度，一般位于障碍层次以上，没有障碍层次可能只包括表土层和部分心土层。

有机质含量：土壤有机质是泛指土壤中来源于生命的物质。土壤有机质是土壤固相部分的重要组成成分，是植物营养的主要来源之一，能促进植物的生长发育，改善土壤的物理性质，促进微生物和土壤生物的活动，促进土壤中营养元素的分解，提高土壤的保肥性和缓冲性。它与土壤的结构性、通气性、渗透性和吸附性、缓冲性有密切的关系，通常在其他条件相同或相近的情况下，在一定含量范围内，有机质的含量与土壤肥力水平呈正相关。

土壤结构：是指土壤颗粒（包括团聚体）的排列与组合形式。在田间鉴别时，土壤结构通常指那些不同形态和大小，且能彼此分开的结构体。土壤结构是成土过程或利用过程中由物理的、化学的和生物的多种因素综合作用而形成的，按形状可分为块状、片状和柱状三大类型；按其大小、发育程度和稳定性等，再分为团粒、团块、块状、棱块状、棱柱状、柱状和片状等结构。

地下水位：是指地下水面相对于基准面的高程，通常以绝对标高计算。潜水面的高程称为"潜水位"；承压水面的高程称为"承压水位"。根据钻探观测时间可分为初见水位、稳定水位、丰水期水位、枯水期水位、冻前水位等。

2）微地貌

地形是指地势高低起伏的变化，即地表的形态，分为高原、山地、平原、丘陵、裂谷系、盆地六大基本地形（地貌形态）等。地貌常分为山地、盆地、丘陵，平原、高原等。按照地貌形态的空间规模差异，可以把地貌形态分为星体、巨地貌、大地貌、中地貌、小地貌、微地貌等不同规模的空间单元。微地貌是规模相对比较微小的地貌形态，也是最小的地貌形态单元，如各种风化沙丘上的波纹、河床上的各种沙波、各种海成的波痕（纹）、风蚀壁龛上的石窝、潮水沟等都属于微地貌。

高程：海拔，是指地面某个地点高出海平面的垂直距离，是某地与海平面的高度差，通常以平均海平面做标准来计算。海拔的起点称为海拔零点或水准零点，是某一滨海地点的平均海水面。它是根据当地测潮站的多年记录，把海水面的位置加以平均而得出的。

相对高程：是指两个地点的绝对高度（也称海拔）之差，即选某一指定参考平面为基准面，物体重心在空中距离指定参考平面的垂直距离。相对高度的起点是不固定的。在建筑规范中，相对高度指计算处的高度 z 与建筑物总高度 H 的比值，即 z/H。

坡形：各种不同坡面的几何形态称为坡形。地面实际上是由各种不同的坡面所组成的，如山坡、岸坡、谷坡等。在三维空间中坡形是曲面，在二维空间中坡形是曲线。为了研究方便，通常在二维空间中研究坡形，坡形分为直线性坡形和曲线性坡形两类，曲线性坡形又分凸形、凹形和 S 形坡等。坡形变化复杂的可称为复合形坡。凸形坡表示坡面呈一上凸的曲线，表明山体浑圆，坡上部平缓，下部较陡；凹形坡表示坡面呈一下凹的曲线，表明山体较陡，尤其是上部更为陡峭。所谓复合形坡表示坡形有时呈拉长了的"S"形，即坡上部浑圆而上凸，下部陡而下凹等。

坡长：坡长通常是指地面上一点沿水流方向到其流向起点间的最大地面距离在水平面上的投影长度。

坡度：坡度（slope）是地表单元陡缓的程度，坡度的表示方法有百分比法、度数法、密位法和分数法四种，其中以百分比法和度数法较为常用。百分比法是表示坡度最为常用的方法，即两点的高程差与其水平距离的百分比，其计算公式如下

$$坡度 = 高程差/水平距离 \times 100\%$$

例如，坡度 3%是指水平距离每 100m，垂直方向上升（下降）3m；1%是指水平距离每

100m，垂直方向上升（下降）1m，依次类推。度数法用度数来表示坡度，利用反三角函数计算而得，α（坡度）=arctan（高程差/水平距离）。

坡向：是指坡面法线在水平面上投影的方向（也可以通俗理解为由高及低的方向）。坡向对于山地生态有着较大的作用，山地的方位对日照时数和太阳辐射强度有影响。对于北半球而言，辐射收入南坡最多，其次为东南坡和西南坡，再次为东坡与西坡及东北坡和西北坡，最少为北坡。

3）气象气候

农业气候是指和农业生产有关的气候。不同的农业生产对象（作物、牲畜等）和农业生产过程都对气候有特殊要求。气候要素在一定的指标范围内，为农业生产提供物质和能量，对农业生产有利的，即是农业气候资源；超过一定的指标范围，可能对农业生产不利，称为农业气候灾害。

农业气候指标的种类与形式多种多样，有的以光、热、水等气候要素值表示，有的以有关气候要素在作物生长发育期出现日期或日数表示，如作物正常生长需要的积温、水分总量、无霜期、安全越冬的温度等。可以是单一要素值，也可以是几个气候要素值的组合。不同的地区、不同的农业技术措施和生产水平对农业气候指标的要求不同。农业气候的主要数量指标有：光能资源、热量资源和水分资源这三个。

光能资源：光能（太阳辐射）是地球上一切生命存在和发展的能量基础，也是农业生产最主要的能量来源。光能资源常从光的强度和总量、光谱成分（光质）和光照时间长短这三个大的方面来归纳。具体的指标有：太阳总辐射、直接辐射、散射辐射、地面反射辐射、光合有效辐射、地面有效辐射、净辐射、日照时数和日照百分率。

热量资源：适宜的温度条件和足够的热量资源是保证农作物进行正常生理活动所必需的环境条件。热量资源主要来源于太阳辐射的热效应，温度是物质运动状态的一个表征量，它影响光合作用和代谢活动，不直接参与光合有机物生长和代谢过程。鉴于温度条件在农业生产中的重要性，人们习惯称之为热量资源，常用的指标有：气温、地温以及与之有关的各种统计量，如年平均代温、积温、最热月均温、最冷月均温、年绝对最低气温等，各级农业界限温度及其始日、终日、持续天数等。

水分资源：水分是动植物体的主要组成物质，是光合作用的原料，也是养分和有机物的输送者，大气降水是农业生产中水分的主要来源，降水量及自然水体储水量的多少，决定了一个地区的农业生产类型，如旱地农业、灌溉农业、雨养农业、水田农业等。表示水分资源的主要指标有：降水量、降水变率、降水日数、雨季开始日、空气水汽压、相对湿度、蒸发量、干燥度和土壤湿度等。

气象灾害：干旱、水涝、霜冻、大风、冰雹、高温等都能给农业生产带来不同程度的危害。这些灾害的发生，从长期看，在空间上和时间上有其规律性。农业气候灾害是农业气候资源的反常变化，对资源起限制、破坏作用。例如，水是资源，但太少就发生旱灾，过多就发生涝灾；温度是资源，但过低就发生寒害，太高就发生热害；微风对作物有好处，大风则可能造成风灾。

2. 工程技术因素

1）灌溉条件

农业灌溉，主要是指对农业耕作区进行的灌溉作业。农业灌溉方式一般可分为传统的地面灌溉、普通喷灌以及微灌。传统的灌水方法中，水是从地表面进入田间并借重力和毛细管作用浸润土壤，所以也称为重力灌水法。这种办法是最古老的也是目前应用最广泛、最主要的一种灌水方法，但这类灌溉方式往往耗水量大、水的利用率较低，是一种很不合理的农业灌溉方式。另外，普通喷灌技术是中国农业生产中较普遍的灌溉方式。但普通喷灌技术中水的利用效率也不高。现代农业微灌技术包括微喷灌、滴灌、渗灌等。这些灌溉技术一般节水性能好、水的利用率较传统灌溉模式高。灌溉条件指标主要包括灌溉面积占农田面积比重、灌溉保证率、节水灌溉占灌溉系统比例、灌溉量、渠系水利用系数。

2）排水条件

农田排水是指将农田中过多的地面水、土壤水和地下水排除，改善土壤的水、肥、气、热关系，以利于作物生长的人工措施。主要是指标为防洪、排涝的标准。

3）农业机械化水平

农业各部门中最大限度地使用各种机械代替手工工具进行生产是农业现代化的基本内容之一。例如，在种植业中，使用拖拉机、播种机、收割机、动力排灌机、机动车辆等进行土地翻耕、播种、收割、灌溉、田间管理、运输等各项作业，使全部生产过程主要依靠机械动力和电力，而不是依靠人力、畜力来完成。使用机器是现代农业的一个基本特征，对于利用资源、抗御自然灾害、推广现代农业技术、促进农业集约经营、增加单产与总产、提高农业劳动生产率、降低农产品成本，以及对于减轻农民劳动强度和缩小工农差别，都有着重大的作用。在社会主义条件下，机器还是城乡协作、工农联盟的重要物质基础。

3. 社会经济因素

区位及交通条件、土地利用现状、生产及消费习惯等对农业生产有重要影响，进而影响到农用地适应性评价与选择。

5.6.3　农用地适用性评定

1. 评定要求

根据《农用地质量分等规程》（GB/T 28407—2012）中相关内容介绍，划分农用地质量等别的要求如下：

（1）根据农用地自然等指数、农用地利用等指数、农用地经济等指数分别进行农用地自然等、农用地利用等和农用地经济等的划分；

（2）采用等间距法进行农用地各等别的初步划分，各省根据自己的情况和需要确定本省农用地自然等、农用地利用等、农用地经济等的划分间距；国家通过对各省分等结果的分析、协调确定国家农用地自然等、农用地利用等、农用地经济等的划分间距；

（3）农用地自然等别、农用地利用等别和农用地经济等别初步划分的结果填入质量分等单元综合数据表。

农用地质量分等的主要成果如下：文字成果；图件成果；数据表格成果；数据库成果；标准样地成果；基础资料汇编。文字成果主要包括工作报告和技术报告。

农用地质量分等成果图件比例尺为 1∶1000～1∶5000，一般包括工作底图、中间成果图和最终成果图。最终成果图包括：农用地自然等别图、农用地利用等别图、农用地经济等别图、标准样地分布图。

2. 用地评定分类

参照《农用地质量分等规程》（GB/T 28407—2012）中内容，确定了土壤盐碱度、土壤质地、土壤盐渍化程度、土壤有效土层厚度、土壤障碍层距地表的深度、土壤有机质含量、土壤剖面构型、土壤排水条件、土壤地形坡度、土壤灌溉保证率、土壤地表岩石露头度和土壤灌溉水源 12 个农用地质量分等因素是指对农用地质量有显著影响的农用地质量构成因素。影响农用地质量因素的分等定级和权重具体见《农用地质量分等规程》（GB/T 28407—2012）中附录 C。

《农用地质量分等规程》（GB/T 28407—2012）附录 C 中对于 12 个指标的分等定级做出了参考等级。土壤 pH 按照其对作物生长的影响程度分为 6 个等级；表层土壤质地一般指耕层土壤的质地，质地分为砂土、壤土、黏土和砾质土 4 个级别；土壤盐渍化程度分为无、轻度盐化、中度盐化、重度盐化 4 个区间；有效土层厚度是指土壤层和松散的母质层之和，共分为 5 个等级；土壤障碍层指在耕层以下出现白浆层、石灰姜石层、砾石层、黏土磐和铁磐等阻碍耕系伸展或影响水分渗透的层次，根据其距地表的距离分为 3 个级别；土壤有机质含量分为 6 个级别；剖面构型是指土壤剖面中不同质地的土层的排列次序，包括：①均质质地剖面构型；②夹层质地剖面构型；③体（垫）层质地剖面构型；排水条件是指受地形和排水体系共同影响的雨后（或灌溉后）地表积水情况，分为 4 个级别；水田、水浇地、望天田和菜地一般均作为平地处理，只对旱地进行坡度分级，坡度分为 6 个级别；灌溉保证率分为 4 个级别；地表岩石露头度是指基岩出露地面占地面的白分比，根据地表岩石露头度对耕作的干扰程度可分为 4 个级别；灌溉水源分为 3 个级别。

通过分析 12 个农用地质量分等因素，对于某种用途来说，可以计算分析出农用地的适宜性程度，主要有农用地自然等级、农用地利用等级和农用地经济等级三个指标。在计算出农用地自然等指数、农用地利用等指数和农用地经济等指数之后，采用等间距法对农用地各等别进行划分，划分间距由用途的情况和需要确定。

全国性土壤指标分级及其分值以及全国性土壤环境指标分级及其分值见表 5-8、表 5-9。

表 5-8　全国性土壤指标分级及其分值

分值	有效土层厚度/cm	表层土壤质地	剖面构型	盐渍化程度	土壤有机质含量	土壤 pH	障碍层距地表深度/cm
100	≥150	壤土	通体壤、壤/砂/壤	无	1 级	1 级	60～90
90	100～150	黏土	壤/黏/壤	轻度	2 级	2 级	
80					3 级	3 级	30～60
70	60～100	砂土	砂/黏/砂、壤/黏/黏、壤/砂/砂	中度	4 级		
60			砂/黏/黏		5 级	4 级	<30
50	30～60		黏/砂/黏		6 级		
40		砾质土	通体砂	重度			
30			通体砾			5 级	
20							
10	<30						

表 5-9　全国性土壤环境指标分级及其分值

分值	排水条件	地形坡度/(°)	灌溉保证率	地表岩石露头度	灌溉水源
100	1 级	<2	充分满足	1 级	地表水
90	2 级	2～5	基本满足	2 级	浅层地下水
80		5～8			地下水
70	3 级	8～15	一般满足	3 级	
60		15～25			
50					
40	4 级	≥25		4 级	
30			无灌溉条件		
20					
10					

划分类别的多少视环境条件的复杂程度和规划的要求来确定，没有固定的类别个数，农用地分类具有针对性和实用性，不同用途不能作质量类比。

根据土地对评价用途的适宜性程度、限制性强度和生产能力的高低，一般可以将农用地分为四等：

高度适宜（S1）：土地质量最好，土地利用高度适宜。土地质量评价的各项因子均处于最优或较优的状态。土地对所定用途可持续利用且无明显限制，土地具有较高的生产率和较好的效益。

一般适宜（S2）：土地质量较好，土地利用一般适宜。土地质量评价的各项因子处于较优状态。土地对所定用途具有轻微的限制性，经济效益一般，但明显低于高度适宜等级，若不采取相应措施进行持久使用会引起土地退化。

临界适宜（S3）：土地质量较低，土地对所定用途具有较为明显的限制性，勉强适宜于所定用途，土地的生产率或效益很低，利用不当容易引起土地退化。

不适宜（S4）：是指在当前的社会技术经济条件下，这类土地对所定用途不能利用或不能持续利用。

【思考题】

（1）土地用途区划的分类依据及其主要类型有哪些？

（2）自然条件对城乡建设用地规划有什么影响？

（3）城乡建设用地的适用性评价方法与结果分别是什么？

（4）城乡农用地的影响因素有哪些？

（5）城乡农用地分等方法与结果是什么？

【实践练习】

（1）通过调研拍摄不同的城乡用地类型景观与印象。

（2）选取一城镇规划案例，分析自然地理条件对城镇规划的影响机制，探讨建设用地适用性评价的因子选择、数据获取与处理、综合评价、结果分析，并分析其对城镇规划的影响和作用。

（3）选取一农业园区规划案例，分析自然地理、工程技术、社会经济等因素对农用地的影响，探讨农用地适用性评价的因子选择、数据获取与处理、综合评价、结果分析，并分析其对农业产业化规划的影响和作用。

【延伸阅读】

（1）伯克 P，戈德沙克 D，凯泽 E，等. 2009. 城市土地使用规划（原著第五版）. 吴志强译制组 译. 北京：中国建筑工业出版社.

（2）田莉，等. 2016. 城市土地利用规划. 北京：清华大学出版社.

（3）北京市城市规划设计研究院. 2009. 城市土地使用与交通协调发展. 北京：中国建筑工业出版社.

（4）奥图 W，享德森 P. 2013. 公共交通、土地利用与城市形态. 龚迪嘉 译. 北京：中国建筑工业出版社.

（5）彭补拙，周生路，陈逸,等. 2013. 土地利用规划学（修订版）.南京：东南大学出版社.

（6）许月明，等. 2009. 农村土地利用. 北京：中国农业出版社.

第6章　城乡规划调研

6.1　城乡规划社会调研

6.1.1　什么是城乡规划社会调研

城乡规划社会调研是指针对城市的自然环境、基础设施建设、经济发展水平、人口组织结构、城市发展定位、公众意向等内容展开调查和研究，为城乡规划师或者公共官员提供具有参考价值的内容。

城乡规划社会调研按照对象和工作性质可以大致分为三类。

1. 对空间现状的掌握

任何城市建设都需落实在具体的空间上。在更多情况下，城市依托已有的建成区发展。因此，城乡规划社会调研首要掌握城市的空间现状，如各类建筑物的分布状况、城市道路等基础设施的状况，或者未来城市发展预定地区的现状，如地形、地貌、河流、公路走向等。通常，这类工作主要通过地形图测量、航空摄影、航天遥感等技术预先获取的信息完成。同时，根据规划类型和内容的需要，在上述信息的基础上，采用现场勘察、观察记录等手段，进一步补充编制规划所需要的各类信息。

2. 对各种文献资料的收集整理

城乡规划社会调研可以利用的一类既有信息是有关城市各方面情况的文献记载和历年统计资料。例如，有关城市发展历史的情况可以通过查阅各种地方史志获取；有关城市人口增长、经济、社会发展的情况可以通过对城市历年统计资料的记载获取。

3. 对市民意向的了解和掌握

城乡规划不仅是规划城市的空间形态，更重要的是要面对城市的使用者——广大市民，掌握其需求，为其服务。因此，城乡规划需要从总体上掌握广大市民的需求和意愿。对此，城乡规划通常借用社会调研的方法，对包括公共官员在内的各阶层市民意识进行较为广泛的调查。

由于城乡规划涉及城市社会、经济、人口、自然、历史文化等诸多方面，因此，城乡规划基础资料的收集及相应的调查研究工作也同样涉及多方面的内容。这些内容概括起来大概可以分成以下几个大类（表6-1）。每一类基础资料的内容都直接或间接地成为编制城乡规划时的依据或者参考。

通过各种方法获取与城乡规划相关的信息是社会调研的第一步。接下来还要利用各种定性、定量的方法，对所获得的信息进行整理、汇总、分析，并通过研究得出可以指导城乡规划方案编制的具体结论。

表 6-1　城乡规划基础资料一览表

类别	分项	内容
城市自然环境与资源	地质情况	工程地质（地质结构、土地承载力、地面土层物理状况、滑坡塌陷等特殊地质构造等） 地震地质（地质断裂带、地震动参数区划等） 水文地质（地下水存在形式、储量、水质、开采补给条件等）
	气象资料	温度、湿度、降雨、蒸发、风向、风速、日照、冰冻
	水文资料	江河湖海水位、流量、流速、水量、洪水淹没线、流域规划、山洪、泥石流及其防护设施等
	地形地貌特征	地形图、航空影像图、航天遥感影像图等
	自然资源的分布、数量及利用价值	水资源、燃料动力资源、矿产资源、农副产品资源等
城市人口	现状及历年人口规模	城镇常住人口（包括非农业人口、农业人口）、暂住人口（在城市中居住一年以上）、流动人口等
	人口构成	年龄构成、劳动力构成、家庭人口构成、就业状况等
	人口变动率	出生率、死亡率、自然增长率、机械增长率
	人口分布	人口密度、人口分布等
城市社会经济发展状况	国民经济和社会发展现状、计划及长远展望	国内生产总值（GDP）、固定资产投资、财政收入、产业发展水平、文化教育科技发展水平、居民生活水平、环境状况等
	各类工矿企事业单位现状及发展计划	用地面积、建筑面积、产品产量、产品产值、职工人数、货运要求、环境污染等
	城市公共设施的现状及发展规划	各类学校文化教育设施、医疗卫生设施、科研机构、商业、金融、服务设施等的用地面积、建筑面积、职工人数等
高层次及相关规划	国土规划、区域规划	与该城相关地区的社会、经济发展状况，发展潜力劣势，区域资源与环境状况，区域基础设施建设计划等
	城镇体系规划	有关该城市的规模、性质、在城镇群中的等级、职能分工等
	土地利用总体规划	居民点及工矿用地（含城镇用地）、基本保护农田，以及各类用地的范围、规模及分布状况
城市历史	历史沿革	历史沿革、城址变迁、市区扩展过程、历次规划资料等
	文化遗产	文物古迹、历史建筑一览及分布等
城市土地利用与建筑物现状	土地利用	城市土地利用现状、历年变化情况、土地权属情况
	建筑物的现状	建筑物的用途、占地面积、建筑基底面积、总建筑面积、高度、层数、建筑质量、结构形式、居住建筑的居住人数，以及根据上述数据计算出的建筑密度、容积率等
城市交通及交通设施状况	对外交通设施现状与规划	机场、火车站、长途汽车站、码头等设施的现状（用地规模、客货运量等）及相关部门编制的发展规划
	城市道路、广场	城市各类道路的延长、断面形式、交通性广场、桥梁、公共停车场等设施的状况
	城市公共交通设施	各类公共交通线路、车辆数、运量、站点的现状及相关部门的发展规划
	交通流量	主要道路交通断面交通量、居民出行状况、机动车交通状况等
城市园林绿化、开敞空间及非城市建设用地	城市公园、绿地	各类城市公园、街头绿地、生产防护绿地的现状规模、分布，以及园林绿化部门发展规划等
	风景名胜区	城市中或者城市附近风景名胜区的情况、相关规划
	非城市建设用地	水面、农田、林地、草地、弃置地等非城市建设用地的现状分布情况

续表

类别	分项	内容
城市基础设施	市政设施现状	给水、排水、电力、电信、燃气、供热、防洪、战备防空、环境保护、环卫等设施的分布、系统网络、管径、容量等
	市政设施规划	同上内容的规划资料
城市环境状况	污染源监测数据	污染物类型、排放数量、危害程度等
	环境质量监测数据	大气、水质、噪声

6.1.2 社会调研在城乡规划中的意义与作用

城乡规划是对城市未来发展做出的预测、决策和引导。所以，在城乡规划工作中对城市现实状况把握得准确与否是城乡规划能否发现现实中的核心问题，能否提出切合实际的解决办法，从而真正起到指导城市发展与建设作用的关键。因此，可以说城乡规划社会调研是所有城乡规划工作的基础，其重要性应得到足够的认识。另外，由于城乡规划所涉及的领域宽广、内容繁杂，所以城乡规划从对基础资料的收集到方案构思，再到补充调研、方案修改，直至最终定案是一个内容复杂、工作周期较长的过程。而这一过程也正是城乡规划工作人员对一个城市从感性认识上升至理性认识的过程。因此，毫不夸张地说，对城市的认识贯穿于整个城乡规划工作的全过程。这种认识过程除通过规划人员深入现场进行实地踏勘外，更主要的是依赖于对各种基础资料的收集和分析。

对城乡规划社会调研重要性的认识还是城乡规划科学方法论的重要体现。近现代城乡规划与传统城乡规划（或者更确切地称为城市设计）的最大区别就在于前者从对客观世界的感性认识中解脱出来，从主观上将城乡规划作为一门客观的、理性的、符合逻辑的科学，以取代主观色彩浓厚的设计。近现代城乡规划广泛地借鉴了其他科学领域中的方法。从斯诺医生绘制的伦敦霍乱病死亡者分布图，到盖迪斯所提倡的调查—分析—规划的科学方法，以及第二次世界大战后西方规划界所盛行的理性主义规划（rational planning）思想和方法，无一不体现出城乡规划理性和科学的一面。

因为城乡规划面对的是一个物质与非物质复合而成的客观现实世界，其有着客观的规律和因时因地而变化的特点，所以任何以往的经验和想当然的观念不足以充分保证对具体城市认知和把握的准确程度。从这个意义上来讲，城乡规划最能体现"没有调查就没有发言权"这一真理，任何将所谓城乡规划权威凌驾于客观事实之上，甚至将其神化的观念或实践都是极其有害的。

此外，城乡规划的综合性质和作为解决社会经济问题的技术工具的特征都决定了其复杂程度已远远超出人类个体依靠感性认识所能把握的程度，必须借助团体的力量、多学科的知识和方法、定性判断与定量分析相结合的手段来综合处理和解决所面临的问题。

以上都需要建立在对客观世界的现实状况准确了解和把握的基础之上，而城乡规划社会调研正是达到这一目的的必要手段。

6.2　社会调研基础知识

城乡规划社会调研的实践大致依据两种不同的方法进行。一种是基于经验和感性判断的规范化途径，通常这方面的数据通过采用定向调研来获得。另一种是以定量描述、分析、预测客观世界为基础的系统化途径，通常是以量化分析为基础，按照通过经验获取的规律和理论，运用统计学、数学等方法进行的预测、推论和评价。现实中，这两种途径并无明显的界限，只是侧重有所不同。

6.2.1　定性调研

定性调研（qualitative research）用于收集、分析和解释那些不能被数量化的数据或者不能用数字概括的数据。因此，定性调研有时也被称为"软性调研"（soft research）。一般来说，定性调研只研究相对较少的受访者单位，以开展非结构、灵活的数据收集方式为主要特征。换而言之，调查大规模、代表性的样本，即使采用了非结构性询问或观察技术，通常也不会被称为定性调研。

其中，"焦点人群访问（访谈式）"是采用最广泛的定性调研方式，在调研者需要深度刺激接受采访者，以获取更多和更深入的信息时，还可以采用深度访问和投射技术等方式。

定性调研有助于了解受访者的观点（如不同人对城市景观的感受、专家对具体规划方案的评价）、揭示潜在问题的信号、提出存在问题的原因、指出可能的市场机会等，是城乡规划社会调研中采用比较多的调研形式。

但需要指出的是，定性调研的每个环节中都包含一定程度的主观性，包括样本选取、数据收集、分析、解释等关键环节，而这些都会对结果有效性产生重要影响。因此，在进行具体调研时要注意谨慎负责地选取定性调研方式，并对无效数据进行排除。

6.2.2　定量调研

同定性调研相比，定量调研（quantitative research）的特点在于更有结构性、规模更大和更具代表性的受访者样本。因此，定量调研技术（通常为大规模调研或结构性观察）一般用于逻辑性比较强的结论性调研项目。

定量调研一般都是采用数字或数学的方法来描述和解释现实世界，如人口的数量、地区气温的变化等。同时，这些数据可以通过一定的统计学方法转化为可以用数字描述的意思，然后采用定量分析方法进行后期处理。

城市和城乡规划都是复杂的巨系统，目前为止还没有谁可以用数学模型的方法将其逼真地模拟出来。对于一些全局性的问题，更多的还是依靠传统的基于经验和感性的判断。但是在规律性较强和统计资料比较完备的城乡规划子系统中，如交通规划，采用定量分析方法和数学模型进行模拟已经是一种极为普遍的现象。

6.3　城乡规划社会调研的主要方法

城乡规划社会调研其实是一个城市数据采集的过程。有了充分的数据，才能对数据进行分析，得到相应的结果。通常城乡规划社会调研可以采用以下几种方法。

6.3.1　现场勘察法

现场勘察法是指利用勘察工具，在现场对城市数据进行采集的方法。现场勘察是城乡规划社会调研中十分重要的一步，通过现场勘察得到的数据能够客观地反映城市真实的情况。

6.3.2　资料收集法

城市在不断地发展与完善，有很多数据存在于各类文献资料中。要善于查找和利用这些资源，如期刊文献、地方报表、测绘图纸、地方史志等，图 6-1 展示了江西省地图册。同时也需要注意甄别信息的来源与准确性。

图 6-1　江西省地图册

6.3.3　问卷法

问卷法是指调查者通过统一设计的问卷来向被调查者了解情况、征询意见的一种资料收集方法。问卷法可以认为是访谈法的延伸，其将访谈法中的问题固定于纸面上，以问卷的形式向受访者提出问题，受访者在问卷上作答。问卷法的优点在于覆盖面广，可以在相对较短的时间内收集大量回复，同时调查的结果能够得到有效的记录，便于后期数据处理和分析。因此，问卷法在城乡规划社会调研中具有广泛的应用性。

问卷法的主要内容包括问卷设计和问卷使用。问卷设计是问卷法的重要环节之一，问卷结构通常包括问卷题目、封面信、指导语、问题和答案。

1）问卷题目

问卷题目应当符合研究题目。题目可以是具体的或抽象的，如问卷内容涉及隐私，使用抽象的比较好。

案例：

  新型农村合作医疗群众调查问卷（问卷题目）

  农民朋友们：

  你们好！本次调查的目的是了解农民对新型农村合作医疗的参保情况、农民对新型农村合作医疗制度的知晓程度和了解情况，以及相关医疗情况满意程度的调查。（封面信）

  我们专门设计了此次调查问卷，请在您认为合适的选项上打"√"，或在（）中写出相应答案。（指导语）

  1. 您的性别是：

  A. 男   B. 女

  2. 年龄：（）岁

  3. 如果您生病了，方便选择什么地方看病？

  A. 村医   B. 卫生院   C. 市级医院

  ………

2）封面信

说明"我是谁"，介绍调查者的身份、单位等信息；介绍调查的内容和目的，即调查什么，为什么调查，其中需要说明调查对象的选取方法和保密措施、感谢语、署名。

案例：

  各位同学：

  你们好！我们是重庆交通大学的学生，现在正在全市范围内进行关于大学生创业情况的调查，我们想通过您了解目前大学生创业的真实情况，为教育部门进一步做好大学生创业工作提供科学依据。

  我们从全市各高等院校中随机抽取了一部分大学生进行调查，您的参与对本次调查十分重要。本次调查不用填写姓名，答案没有对错之分，您提供的情况我们将严格保密。

  谢谢合作！

重庆交通大学"大学生创业调查"课题组

联系电话：×××××

调查负责人：×××

3）指导语——填表说明

对填表方法、要求与注意事项做一个说明，目的是让调查者知道该怎么填写。

通常可以写在封面信中，也可以单独写在封面信后，还可以分散在调查问卷后。

案例：
　　（1）请在每一问题后适合自己情况的答案序号上画上圆圈，或在横线处写适当内容。
　　（2）×××部分为工作人员填写，您不必填写。
　　（3）如无特殊情况，每个问题只能选择一个答案。

4）问题和答案——问卷的主体

问题内容应与研究目的相符，表达简洁明了。问题形式可以分为开放式（自由填写）和封闭式（选择题、排序题）两种。问题内容一般应包括背景资料、事实类、态度类等。

（1）类型一：开放式问题——问题+留白。

开放式问题灵活性大、适应性强、有利于被调查者自由表达意见。其缺点是标准化程度低、容易出现无价值的信息、回答不准确、答非所问、影响回收效率、对被调查者文化程度要求高、要花费较多时间填写。

案例：
　　（1）空闲时间里您最喜欢干什么？
　　（2）您找配偶时最看重什么条件？

（2）类型二：封闭式问题——问题+答案。

封闭式问题通常将问题答案全部列出，由被调查者从中选取一种或几种答案的问题。其优点是容易进行编码和定量分析、回答问题节省时间，以及容易取得被调查者配合。其缺点是缺乏弹性、容易造成强迫性回答、有可能造成不知道如何回答或具有模糊认识的人乱填答案。封闭式问题主要有以下几种形式。

　　（a）两项式，即只有 2 个答案；
　　（b）多项式，有 2 个以上答案；
　　（c）顺序填写式或等级式，即列出多种答案，要求被调查者列出先后顺序或不同等级。

案例：
　　您在当前生产经营中常遇到哪些困难？（请按照困难程度给下列问题编号，困难最大为 1，最小为 6）
　　（　）资金不足　　　（　）缺乏技术　　　（　）买难卖难
　　（　）土地划分不当　（　）摊派过多　　　（　）信息闭塞

5）问卷设计的注意事项

第一，问卷设计要明确研究目的。问题应当具体明确，不能提笼统抽象的问题。

第二，避免出现复合型问题。

案例：

　　您父母退休了吗？（到底是问父亲，还是母亲，还是两个都问）

　　您喜欢看电影、电视、报纸吗？（会让人疑惑是单选还是多选）

　　第三，问题应通俗易懂，使用的语言要尽量简单，不要使用复杂抽象的概念及专业术语（如核心家庭、社会分层、政治体制）及缩略语（如 CPI、SUV）。

　　第四，避免诱导性问题。通常社会头衔、权威地位、职业、情感字眼题目的提法都会影响被调查者对问题的理解和答案的选择。

案例：

　　（1）大多数医生认为被动吸烟会导致肺癌，您同意吗？

　　（2）您同意某些专家所提出的企业高管降薪的提法吗？

　　第五，不用否定形式提问。

　　第六，不提敏感性或威胁性的问题，如关于个人利害关系的问题、个人隐私问题、各地的风俗习惯和社会禁忌等问题。

　　第七，有时候，在问卷中必须提出一些敏感性问题，而这些问题对于研究较有价值，无法回避。问卷设计可以用以下方式提出，或将其不恰当的影响降至最低。

案例：

　　（1）使问题适度模糊

　　（2）转移对象

　　（3）采用假定法

　　（4）提供背景信息

　　（5）设计辅助题目

　　6）问卷题目的数目

　　一份问卷包含多少问题，要以研究目的、研究内容、样本性质、分析方法、人力、物力、财力等因素决定，没有固定标准。通常情况下，问题的数量和内容，使得被调查者在 20min 内完成为宜，最多也不要超过 30min。

　　如果研究经费充足，能采用结构式访问的方式进行，并付给调查者一份报酬或赠送一份纪念品，那样问卷质量会比较高。如果调查内容是回答者熟悉、关系、感兴趣的事物，问卷长一些也无妨。反之，应尽量简短。

　　7）问卷的发放、回收、分析

　　（1）问卷的发放。可以采用邮寄发放、当面发放、网络发放等。

　　为了解决样本偏差问题，要求样本量足够大，具有代表性，因此要尽可能多渠道投放问卷。

　　（2）问卷的回收。问卷的回收率如果仅在 30% 左右，资料只能做参考；在 50% 以上时，可以采纳建议；在 70%～75%及以上时，可以作为研究结论的依据。问卷回收还要确定问卷的总数、有效问卷的数目及比例。

（3）问卷的分析。通常问卷数据的整理分析需要删除不完整答卷、多选题全选的答案、逻辑矛盾的答卷，还需要根据答题时长来筛除问卷，问卷答题时间太短反映了答题态度不认真，答题时间太长反映了答题时受外界干扰较多。准确丰富的筛查手段有助于进一步提高数据的质量。

问卷的定量分析是对问卷结果做出一系列的分析，如百分比、平均数、频数。一般的选择题可根据各个选项数与问卷总数的比例进行汇总分析。复杂的定量分析可以使用 SPSS、SAS 等工具。

6.3.4　抽样法与普查法

从样本总体（population）中得出推论的方法主要有两种：一种是普查研究，从研究全体中得出推论；另一种是抽样（sampling）研究，从样本总体中抽取一部分进行考察和分析，并用这部分的特征去推断总体的特征。最终作用是为了对研究全体得出概括性结论。

与普查研究相比，抽样研究的主要优势是成本较低，同时也能为研究项目节省时间。虽然有人提出："普查研究虽然比抽样研究更耗时，但是由于其数据来源于总体的每一个单位样本，难道不比抽样研究更精确吗？"但令人惊讶的是，研究表明这个问题的答案是"并非必然"。事实上，美国人口普查局在 2000 年就曾考虑用统计抽样来替代全国范围内逐人进行的普查。

当然，在包含小样本总体的调研题目中，从成本、时间和精确度来讲，普查是切实可行的。同时，只有当样品总体极端多样化，即每个单位样本都可能与其他的单位非常不同时，普查才是必要的。

一般情况下，社会调查都是采用抽样研究的方法。

6.3.5　访谈法

访谈法也称为采访法，通过提问交流的方式获得受访人的意向或者对某事物的看法。访谈所获得的内容，可以被筛选、组织起来形成强有力的数据。根据调研要求的不同，访谈的形式可以做很多调整来适应所需要的目标。访谈的执行者、谈话人一般可以称为主持人，接受访谈的对象称为受访人。

1. 受访人分类

（1）公众。针对此类群体的访谈一般都是以社会公共问题或者社会热点为主，了解不同的个体对此类事件的感受或者观点。此类访谈反馈的结果个体差异十分明显，需要对结果进行归纳总结并加以分析才能得到相应的结论。

（2）特定人群。特定人群是指具有某些共同特征的一类人群，该类人群的特点是对某类事件具有高度的相关性或者参与度。针对某类事件的调研可以对与该事件相关的特定人群进行访谈。此类访谈反馈的结果一般具有倾向性，需要对结果进行梳理，找出其中的规律，得出相应的结论。

（3）政府官员。政府官员属于特定人群中的一类，作为城市发展的"掌舵者"，政府官员在城乡规划社会调研中具有特殊的地位。此类访谈反馈的结果一般代表了政府对当地城市的定位和发展方向，同时也体现了当地政府的管理能力和执政水平。

2. 访谈的类型

访谈的类型可以分为结构化访谈和非结构化访谈。

（1）结构化访谈又称标准化访谈，是一种对访谈过程高度控制的访谈方式。访谈时对受访人提出的问题、提问的次序和方式，以及受访人回答的记录方式都保持一致。因此，结构化访谈的问题较少使用开放式问法，询问结果大多可以直接作为选择题目的答案，然后进行量化和统计分析。街头访谈就属于结构化访谈的一种，广泛地应用于城市规化社会调研中。结构化访谈的优点是过程简短、标准化，方便对比和量化分析；缺点是不能做太多语言表述的展开。

（2）非结构化访谈又称为开放式访谈或者半结构化访谈，是一种较为开放的探索性访谈方式。访谈时提出的问题，不需要受访人按某种固定格式回答，可以由受访人自由地描述事件、态度、感受。针对某些特定人群，如知名学者、政府官员等，往往采用非结构化访谈，充分地了解该类人对某事件的看法，或者令其阐述观点。在非结构化访谈中，较多考验主持人对访谈问题的理解，对主持人的主持功力有一定的要求。

3. 访谈的结构

访谈的结构一般包含介绍、暖场、一般问题、深入问题、回顾与总结、结束语与感谢。

（1）介绍。访谈开始时，主持人会进行一个自我介绍，并对此次访谈的内容做一个简要的说明，让受访人明白自身所处的情况并拉近彼此之间的距离。

（2）暖场。暖场就是在正式访谈开始前，通过一定的沟通让整个气氛更为融洽，让受访人进入放松自在的心情状态。访谈的介绍部分和暖场部分是紧密相连的，一句简单的"你好"也是一种有效的暖场方式。

（3）一般问题。一般问题可以用于各个访谈对象，该类问题一般是可以让受访人不用多加思索就能回答的问题，如"您上班是否经常遭遇堵车"等。

（4）深入问题。一般问题往往可以引出深入问题。通常，在街头访谈等结构化访谈中，多数为一般问题，只有少数为深入问题。深入问题往往更注意细节，并与访谈的目的更为紧密，如"您认为造成堵车的原因是什么"、"您认为某桥梁建成后能够多大程度上缓解道路拥堵的问题"等。而在专访等非结构化访谈中，穿插着大量的深入问题。通过受访人对这些深入问题的回答，得到内容丰富的访谈结果。

（5）回顾与总结。在访谈进行到一定阶段或者访谈结束后，主持人可以略微回顾和总结一下受访人回答的情况，重复释义是一种很好的回顾与总结的方式。这样主持人可以和受访人进行互动，确认自己的理解与受访人表达的观点是否一致，同时也便于主持人对访谈的结果进行记录和整理。

（6）结束语与感谢。访谈结束后要注意结束语，结束语可以使得整个访谈不会戛然而止、令人感觉突兀。一句"谢谢"就是一个最为简单而有效的结束语。

6.4　城乡规划社会调研的实施

6.4.1　确定调研目标和方法

　　调研的第一步，也是最重要的一步，就是明确调研的目标，并根据目标选择合适的调研方法。由于城乡规划是一个庞大而复杂的课题，涉及的内容十分广泛。调研团队需要从自身调研目的出发，选择合适的调研目标展开调研，做到有的放矢。

　　另外，城乡规划中既包括如"某区域地形地貌"之类的自然环境调研，也包括如"某广场噪声环境"之类的调研。针对不同的调研目标可以采用不同的调研方法。例如，前者可以采用查阅相关资料的方式来进行调研，后者则可以通过现场监测或者街头问卷等方式来进行调研。

6.4.2　制定调研计划

　　明确了调研目标和方法后，就需要制定详细的调研计划。这是对整个调研的细化，能够帮助我们在调研过程中明确方向与重点，把控时间节点，并使调研结果的形成具有大致的方向。调研计划主要包括以下几部分内容。

1. 调研背景

　　城乡规划调研一般是由政府主导的官方行为，或者由研究机构主导的学术行为，其目的都是服务于公众，并和国家的发展战略息息相关，如"海绵城市建设"、"一带一路经济带建设"等。在开展相关城乡规划社会调研时需要对调研的背景进行了解，把握住大的调研方向。

2. 调研目的

　　调研背景中往往会提出一些问题，调研团队需要在调研设计中回答或完成具体的内容，即调研的目的。例如，对某工业园区建设评估调研，可以提出"该工业园区对当地经济的带动作用"、"该工业园区对周边环境的影响"等问题。

3. 调研方案

　　调研方案是对整个调研过程的初步规划，其结合调研背景与调研目的，选取合适的调研方法和调研对象展开调研工作。在调研方案制定的过程中还要根据调研团队的实际情况合理安排人员和分配任务，充分发挥团队协作的优势。

4. 进度安排

　　进度安排即调研项目的时间计划表。建立进度安排的主要目的是控制整个调研的进度，避免调研过程因各种干扰因素产生延误，也可以告知调研团队其他成员调研进展的情况，同时也能对整个团队起到督促作用。

5. 预计成果

　　每个调研项目最终都会形成一个调研成果。对于城乡规划社会调研项目，其最终成果一般包含两种形式：汇报成果和专题成果。

前者言简意赅、生动形象，通常由团队成员以讲述 PPT 或者短视频的方式向调研任务下达方或者公众对调研成果进行成果汇报。

后者内容翔实、条理清晰，是对整个调研过程的记录及分析。通常以学术论文的形式发表，或者作为内部资料进行保存。

在实际学习中，可以通过对某种有趣的、小范围的社会问题进行研究，按照多人小组的形式开展一次城乡规划社会调研。在调研过程中，灵活应用多种调研方法，尽量使调研结果真实而完整，并在完成书面报告后进行口头汇报。

6.5　数据分析与处理

6.5.1　无效数据的排除

在进行数据收集时，尽管在设计问卷、人员培训上投入了大量的工作，但是总会出现一些未曾预料的错误，这些错误如果没有及时发现或者纠正，会产生一些无意义的甚至是错误的结论。为了排除这些错误，可以采用以下几种方法。

1. 现场编辑

现场编辑（field edit）是当场对收集到的所有数据进行检查，这项工作需要在填表的同一天进行，最好是在每天的采集工作完成后立即进行。现场编辑可以发现一些明显的错误，降低废卷率。

现场编辑有两个目标：一是确保受访者是按照程序选择的，采访并记录他们的反应。二是在出现重大问题之前纠正错误，如受访者选择不当、访谈记录不完整（一个或几个问题未回答且未说明原因）、回答模糊不清（特别是针对开放性问题）。

2. 办公室编辑

办公室编辑（office edit）或最终编辑是审核调查问题回答的一致性和准确性，做出必要的更正，并决定是否应该抛弃部分或者全部数据。因此，编辑的第二阶段是把现场编辑后的所有数据集中在一个中心地点进行编辑。

办公室编辑比现场编辑更全面，工作也要复杂得多。下面的案例列举了办公室编辑要处理的各种问题。

案例 A 中受访者的年龄与教育程度似乎不一致。案例 B 中受访者对所有问题回答一致，显然回答时心不在焉，是无效的。在这种情况下只能丢弃整个问卷。

案例：

A. 受访者 18 岁，但他是博士。

B. 在一份问卷调查中，受访者对所有问题的回答都是"非常赞成"。

6.5.2 数据收集与处理

在收集到了合理的数据之后，用统计技术对数据进行分析之前，研究者必须对数据有一个总体的印象，这就是数据的初步分析。初步数据分析的目的是解释所收集数据的基本特征和结构，为接下来的研究工作和进一步的数据分析提供有用建议。

初步数据分析可以描述数据的集中趋势和离散趋势。

集中趋势的测量有三个常用指数：众数（mode）、中位数（median）和均值（mean）。众数是指出现次数最频繁的数值，中位数是所有数据按照升序或者降序排列后居中的数值，均值是所有变量响应值的简单算术平均值。这三个数值都是进行数据分析最先需要获得的，也是进行后续分析的必要前提。

离散程度（measure of dispersion）是指数据远离其"中位数"的程度，最常用的度量数据分布离散程度的指标是极差（range）、平均差（average）。

在获取了初步数据之后，可以对数据进行深入的整理，在不满足于单纯的数据描述时，可以采用推断分析的方法。推断分析会涉及一些假设检验，需要自行设置相应的检验标准。也可以采用其他相关分析和回归分析的方法，如斯皮尔曼相关系数、一元回归分析、多元回归分析等。

当涉及多变量分析方法和数据挖掘时，可以采用相依分析、互依分析、方差分析、因子方差分析、判别分析、聚类分析、多维标度分析和联合分析等。

同时，数据分析很大程度上依赖于相关软件进行，现在最常用的是使用 SPSS 软件和 SAS 软件对数据进行分析。

6.6 提交调研报告

6.6.1 调研报告的撰写

将调研结果有效传达给读者的首要问题是很好地理解听众和他们的信息需要。传达调研结果最常用的工具为书面报告。书面报告由标题页、目录、执行概要、报告主体和附录组成。

为获得有效性，书面报告必须遵循 SIMPLE 的原则：简短（short）、有趣（interesting）、逻辑性（methodical）、准确（precise）、明了（clear）、无误（lucid）。虽然这六个原则互相关联，但每个原则具有某些特定的要求。

（1）简短。一份报告应该只讨论与调研相关且从读者角度看是重要的方面。其他方面，如方法细节，尽管调研者会很喜欢但却会混淆读者，所以必须省略或只做简要讨论。

（2）有趣。报告的风格、模式和内容都必须吸引并保持读者的注意力。

（3）逻辑性。在选择报告中包括的内容时必须考虑读者的需要，按照逻辑顺序来安排。

（4）准确。报告必须清楚和完整。清楚是书写风格和格式的函数。完整意味着报告必须包括足够的细节以提供该调研的准确和完整画面，报告应该承认主要限制并说明这些限制如何制约调研结果。

（5）明了。报告必须以读者熟悉的语言来撰写。它必须采用简单的文字和语句，以及合适的表格和图形清楚和迅速地传达报告内容。

　　（6）无误。即使细微的计算、语法错误或印刷错位也会影响读者并损害报告的可信度。在报告完成之前，必须花费足够时间和精力来发现和更正这些错误。

　　除此之外，各种图形演示如扇形图、线条图、层次图和柱状图，可以提高清楚度和有效性。

6.6.2　调研的汇报

　　除了提供书面报告之外，调研者还经常采用口头报告。准备书面报告的原则也适用于准备有效的口头报告。了解听众、从主要信息中提炼需要报告的关键点、正确使用合适的图像辅助对口头报告的有效性非常重要。一个成功的口头报告要求在规划和预演上花费足够的时间和精力。

　　由于与听众直接互动，准备口头报告在某种程度上比书面报告更困难。在口头报告中任何迟疑都会对听众产生负面影响，降低报告人的自信。有效的口头报告需要认真准备内容及阐述方式，也需要考虑某些意外因素，如图像投放设备突然瘫痪或来自听众的未预计到的严重问题。因此，即使是 30min 的汇报也需要数小时（或数天）的准备。认真规划和预演是口头报告有效性的关键。

有效使用幻灯片的指南：

　　文字幻灯片

　　·保持简洁，只使用关键文字

　　·使用黑体和彩色以突出重点

　　·将信息分解为系列循环的幻灯片

　　框图

　　·用于组织图、流程图

　　·简化以增加知识性

　　·将复杂图形分解为系列幻灯片（按照时间序列划分流程图，在组织图中显示总图和部门"放大图"）

　　柱状图

　　·用于分类排列的数据（年、月等）

　　·选择纵向或横向柱（在横向幻灯模式中）

　　·为维度柱增加下拉块（drop shadow）

　　……

【思考题】

　　（1）一般而言，一项完整的城市社会学分析研究工作包括：①选题；②确定研究框架和提纲；③收集和阅读相关文献；④开展系统的调查；⑤确定调查、研究方法和技术路线；⑥最后的成文。思考其正确的步骤。

　　（2）城乡规划社会调研所用到的相关数据、资料的种类除了问卷调查数据和访谈资料外还包括哪几部分的数据和种类？

（3）社会调研的前期准备工作包括哪些内容？问卷设计讲究的主要技巧是什么？

（4）进行调研时需要携带的工具有哪些？调研时怎么选择调研对象？如何提高有效调研率？

（5）在处理数据时，哪些数据需要着重处理？哪些数据属于无效数据需要排除？

【实践练习】

（1）根据所处城市地区，选择社会矛盾突出地带，进行一次城乡规划社会调研。在本次调研中，要求采用 2 种或以上的调研手法，且样本数量不得过小。

（2）根据社会调研完成情况，完成相应的社会调研报告，并以汇报的形式进行评分。

【延伸阅读】

（1）郝大海. 2015. 社会调查方法. 3 版. 北京：中国人民大学出版社.

（2）风笑天. 2014. 社会调查中的问卷设计. 3 版. 北京：中国人民大学出版社.

（3）戴力农. 2014. 设计调研. 北京：电子工业出版.

（4）刘宝珊. 2010. 调研理论与操作实务："三三要素"构建的理论体系. 北京：中国言实出版社.

第7章　城镇体系规划

7.1　城镇体系的概念与演化规律

7.1.1　城镇体系的概念

任何一个城市都不可能孤立存在，城市与城市之间、城市与外部区域之间总是在不断地进行着物质、能量、人员、信息等各种要素的交换与相互作用。正是这种相互作用，才把区域内彼此分离的城市（镇）结合为具有特定结构和功能的有机整体，即城镇体系（urban system）。城镇体系作为一个科学概念，在国外出现于 20 世纪 60 年代初期，起源于城市地理学和一般系统论的有机集合。

《城市规划基本术语标准》中对城镇体系的解释是：一定区域范围内在经济社会和空间发展上具有有机联系的城镇群体。这个概念有以下几层含义：

（1）城镇体系是以一个相对完整区域内的城镇群体为研究对象，不同区域有不同的城镇体系。城镇体系只是区域的城镇体系，而不是把一座城市当作一个区域系统来研究。

（2）城镇体系的核心是具有一定经济社会影响力的中心城市，没有一个具有一定经济社会影响力的中心城市，不可能形成有现代意义的城镇体系。

（3）城镇体系由一定数量的城镇所组成，城镇之间存在性质、规模和功能方面的差别，即各城镇都有自己的特色，而这些差别和特色则是依据各城镇在区域发展条件制约下，通过客观的和人为的作用形成的区域分工产物。

（4）城镇体系最本质的特点是相互联系，从而构成一个有机整体。通过不同区位、等级、规模、职能，城镇之间形成纵向和横向的各种联系，从而构成一个有机整体。在一定区域空间内分布着大小不等而缺乏相互联系的城镇，这只是一种商品经济不发达时期城镇群体的空间形态，而不是城镇体系。

7.1.2　城镇体系基本特征

城镇体系与任何一个系统（system）一样，具有群体性、关联性、层次性、整体性、开放性和动态性的特征。

（1）群体性。群体性是城镇体系的前提，是由两个或两个以上要素（部分或环节）组成的整体。构成这个整体的各个要素可以是单个事物（城镇），也可以是一群事物组成的子系统（地域城镇子系统），反映在组织结构上为地域空间结构、等级规模结构、职能类型结构和网络系统四个不同的形态。

（2）关联性。城镇体系内各城镇之间、城镇与体系之间及体系与外部环境之间存在着政治、经济、文化等方面的相互联系，它们既依赖于区域而发展，又反作用于区域，促进区域社会经济的发展。城镇体系内部一个城镇或部分城镇的变化，会通过城镇间互相制约、相互依赖的关系影响到其他城镇的发展。20 世纪 70 年代哈肯教授的"协同学"理论认为：子系统之间的联系和相互作用决定着系统整体的演化过程。当子系统间的关联足以束缚子系统本身，而使系统的总体在客观上显示出一定结构时，系统才能趋于有序。正是这个原因，城镇体系内这种联系紧密程度的差别使体系内部呈现出不同的层次。

（3）层次性。城镇体系是一个复杂的系统，一般由次级系统组成，次级系统又可能派生出许多子系统，子系统又由许多城镇所组成，具有明显的层次性。这种层次性，既与城镇规模的等级序列有关，也与地域内各城镇的区域地位和作用相联系。每个层次都是较高一级层次的组成部分，这个层次本身又是较低一级的系统，由每个层次的中心及其腹地组成。各级中心城市的腹地范围既有专有部分也有共有部分。因此，各城市辐射面往往交叉重叠，具有浸润性的模糊特点。每个城镇体系一般均拥有一个起"龙头"作用的最高级中心。

（4）整体性。城镇体系是实体系统，属社会系统、非严密结构的整体，它构成地域城镇各组成部分的总和。与此同时，这些组成部分的相互作用还产生了一种新的体系性质，这种性质不是各城市组成部分的性质总和，其量的整体性在于整体效益大于各组成部分效益之和，其质的整体性在于体系内部各城镇的有机联系和结构，而不同于各个城镇具有的新的总体功能，即体系功能（system function）。

（5）开放性。耗散结构理论认为：系统宏观有序结构的形成和维持必须保持在开放的条件下，不断地使系统与外界进行能量和物质的交换，使系统负熵流增加，迫使系统从无序向有序转化。由于商品和市场经济的发展，现代化的城镇均具有开放型的特点，由于城镇体系是城镇群的有机组合，同样也必须顺应商品和市场经济的发展和体系的有序转化，形成对外开放系统。体系内经常发生能量的输入和输出，十分注重发展横向经济联系，不仅要注意发展地域内城镇的相互联系，而且要注意发展地域间城镇的相互联系。

（6）动态性。城镇体系的动态性，首先在于对于任何一个城镇体系来说，它总存在一定环境，处于体系孕育、产生、发展、成熟、衰退和消亡的变化过程中，与外部环境之间有着物质、能量和信息的交换。其次在于各种各样的人流、物流、信息流不停地在城镇体系内外流动。对城镇体系内外流而言，前者比后者的数量大、频率高、错综复杂。城镇体系内各个城镇职能、规模及布局形态也因地域物质、能量和信息的变化处于不断的变化中。

7.1.3　城镇体系发育理论框架

城镇体系是区域城镇群体发展到一定阶段的产物，也是区域社会经济发展到一定阶段的产物。因此，城镇体系存在着一个"形成—发展—成熟"的过程。

1. 城镇体系演化发展阶段

按社会发展阶段分，城镇体系演化发展可分为：

（1）前工业化阶段。以规模小、职能单一、孤立分散的低水平均衡分布为特征。

（2）工业化阶段。以中心城市发展、集聚的高水平不均衡分布为特征。

（3）工业化后期到后工业化阶段。以中心城市扩散、各种类型城市区域的形成、各类城镇普遍发展、区域趋于整体性城镇化的高水平均衡分布为特点。

2. 城镇体系演化过程

从空间演化形态看，区域城镇体系的演化一般会经历"点—轴—网"的逐步演化过程。

（1）"点—轴"形成前的均衡阶段，区域是比较均质的空间，社会经济客体虽说呈"有序"状态分布，但却是无组织状态，这种空间无组织状态具有极端的低效率。

（2）点、轴同时开始形成，区域局部开始有组织状态，区域资源开发和经济进入动态增长时期。

（3）主要的"点—轴"系统框架形成，社会经济发展迅速，空间结构变动幅度大。

（4）"点—轴—网"空间结构系统形成，区域进入全面有组织状态。它的形成是社会经济要素长期自组织过程的结果，也是科学的区域发展政策和计划、规划的结果。

3. 城镇体系的发展机制

经济活动的空间组织始终处于从均衡到不均衡再到均衡的螺旋形发展演化之中。由于经济发展与城市化具有一致性，最初先在空间上的某个点形成一个发展极，资本、劳动力、技术、贸易、信息都向这个点集中，然后通过产品的交易过程向周边扩散。集聚与扩散的过程使区域经济发展从点到线，然后连线成网，再从网到片。城市体系的发展过程实际上就是这样一种不均衡发展的过程。

现代城镇，主要是一定规模的非农业人口的聚居中心，是人们生产、生活高度集聚的场所，是区域经济、社会发展的枢纽。城市发展与区域发展具有相互依存、相互制约、不可分割的关系；同时，城市与区域间的聚集作用和辐射作用贯穿于整个城镇体系的形成、发展的全过程，这正是城市—区域相互关系的本质特征。在一定的区域中，城镇以经济、社会、科技和文化等活动条件确定其作为一定区域范围（不同层次）的客观存在的中心地位。同时，它又通过自身各项优越条件对城市—区域的经济全面发展起着集聚作用和辐射作用。城镇这种地域中心集聚与辐射作用的形成，正是城镇体系不断完善发展的机制所在。

城镇不仅是人类物质文明和精神文明的中心，更是财富创造的中心。随着财富创造活动的开展，一方面，产生了以社会劳动分工为基础的工农差别和以地域劳动分工为特点的城乡差别，工业的发展与居民生活水平的提高导致了服务行业的兴起与增加，劳动力储备与工作地点的重心也就自然地由周围农村移往城镇，从而加大了城市的吸引力，导致了工业、人口的进一步集聚，即"城市向心增长"；另一方面，商品销售与城乡交换也日益发展，而作为传输媒介的交通网络（还有其他网络）也必然从中心城市向广大周围地区不断伸展。同时，为了减少商品的运价，获得最低的生产成本，随着城市腹地的扩展，城市企业一般都趋向外围扩散，从而形成新的工业中心或经济中心，导致了人口在新中心的逐步集聚，相对于原来中心呈现出"城市离心增长"。

向心与离心增长是城市—区域在一定条件下不断向前推进的发展过程。城市与区域的这种集聚与辐射的动态发展，在一定的区域经济条件下，将逐步成为一定区域的带有层次性的城镇群体。区域城镇体系内的核心城市一般拥有很大的吸引力，但由于其本身环境容量的局限性及区域经济均衡发展的要求，势必出现对其发展规模的合理控制，即有计划地实行城市内部的向外疏散及整个城镇体系的广域扩展。在技术进步、生产工艺自动化、运输工具现代化的条件下，这种扩散过程是完全必要和可能的。由此可见，城镇体系内城镇间的集聚和辐射是一个对立统一体，如图7-1所示，城镇体系规划旨在协调它们之间的关系，以求得城市、区域的同步发展和区域经济、社会、环境效益的统一。

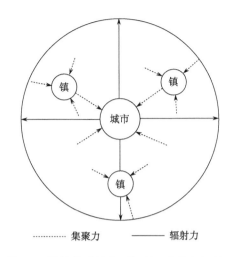

………… 集聚力　　——— 辐射力

图 7-1　城镇体系的发展机制"集聚与辐射"

7.1.4　城镇体系基本观点

城镇是地域经济、社会空间组织的主要依托中心。城镇体系规划依据地域经济结构、社会结构和自然环境的空间分布特点，合理地组织地域城镇群体的发展及其空间组合，以达到上述的目标和要求。但由于城镇体系位于一个特定的地域，具有特定的地域环境，且规划布局应具有明确的时间性和体系发展的一定阶段性，故具体的规划布局指导思想往往是不一致的。目前，主要有以下八种观点可供借鉴。

1. 地理观——中心地理论

德国地理学家克里斯泰勒根据调查研究，分析了市场区形成的经济过程，1933 年写成《德国南部的中心地》，得出了三角形聚落分布、六边形市场区的高效市场网络理论——中心地理论（center place theory），首次以城市为中心进行了市场腹地的分析。该理论最终由迪金森等正式提出，后又得到廖什、贝里和加里森的进一步发展。

克里斯泰勒中心地理论的主要观点是：各级城市都在相应的市场区内起着商品集散与加工中心的作用，统称为中心地。中心地的每一种经营活动都是以盈利为准则的，为维持经营活动所必须赚取的最低收入称为"门槛"。由于最低收入难以测定，所以用保持一定数量的顾客——"门槛人口"来替代。鉴于"门槛人口"的限制，每个中心地不可能提供所有的商品及经营活动。根据廖什分析，任何服务活动都与需求状况有关。在有关买卖啤酒的农场主的例子中，廖什的需求圆锥体随着中心地市场需求的扩大和圆圈的逐渐变小，产生了一个为了购买商品和获得服务的圆形市场区域——市场范围，服务活动的市场范围就是人们所愿意到达服务场所的出行距离。这也就是说，某种服务活动的市场范围是市场区域的边际界限，一旦超越这一界限，人们就将转向另一个中心地。"门槛人口"与市场范围之间的关系可用图 7-2 表达。

1）市场原则的中心地等级体系

市场原则的中心地体系是以 $K=3$ 来组织的[①]，$K=3$，可称为三倍制，不过在中心地数目方面，最高中心地有一个，第二级中心地有却只有两个，以下各级才以三倍增加辖区。

如图 7-3 所示，当每一个较低级中心地的人要购买较高级中心地的商品时，都有三个等距离的较高级中心地可供选择。因此，较低级中心地的购买量可以分三等份给三个较高级中心地，而每个较高级中心地便在它的市场区内的六个较低级中心地中，接收它们每个地区三分之一的生意，也就是为相当两个较低级中心地（即 6×1/3=2）的人口服务。但这个较高级中心地也为自己原来的较低级中心地服务。这样，就每一级中心地而言，它实际上管辖了三个次级中心地。

---

① K 值的意义是指每一级中心管辖（dominate）次一级中心的数目，以及每一级市场区和次一级市场数目的关系。

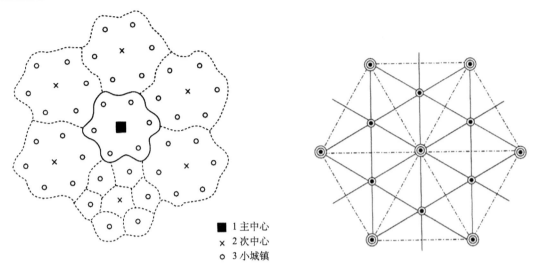

■ 1 主中心
× 2 次中心
○ 3 小城镇

图 7-2　"门槛人口"与市场范围的关系图　　　　图 7-3　市场原则中心地体系（K=3）

2）运输原则的中心地等级体系

在有直线道路连接较高级中心地的区域，较低级中心地便建立在交通线上，这样，中心地等级体系按 K=4 组织。如图 7-4 所示，较高级中心地为六个较低级中心地服务，但因为这六个中心地都只有一半在高级市场区之内，所以只相当于三个低级中心地的人口，再加上它自己的较低级中心地在内，共计为四个较低级中心地服务。

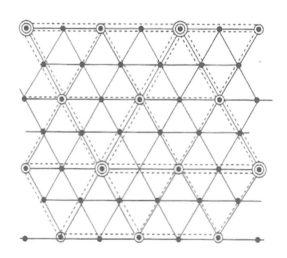

图 7-4　运输原则中心地体系（K=4）

3）行政原则的中心地体系

行政原则要求每一个较高级中心地完全控制围绕它的六个次级中心地，这些次级中心地不能分属于其他中心地管辖，这就要求按 K=7 组织中心地体系。将 K=7 的中心地体系扩展到第四级，则各级管辖区和中心地间的关系如图 7-5 所示。

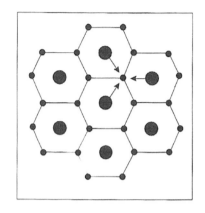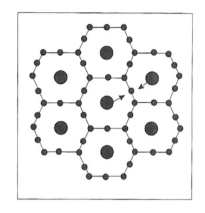

图 7-5　行政原则中心地体系（$K=7$）

2. 经济观——增长极理论

这一学派主张地域城镇体系布局以区域经济发展为核心目的。1950 年法国经济学家帕鲁克斯在经济空间和优势概念下发展的增长极理论（growth pole theory）就是代表。在地理概念上，增长极主要是指集中于一定地区的建设和投资，通过建立"核心外围"模式，改变区域的结构，推动整个区域的发展。目前，增长极理论已发展到把"增长极"扩展到"增长地区"（growth area）或"增长轴"（growth axis），即几个增长极的连接地带。

增长极理论主要由下述三个基本经济概念构成。

（1）主导产业和"龙头"企业。主导产业是指那些比较新兴，具有先进技术水平，能够为区域发展和增长创造良好条件的产业部门。而在主导产业部门有一种占统治地位的大型企业，称为"龙头"企业，它可以是一个工厂，也可以是由几个企业的核心机构组成的综合体。

（2）极化效应与聚集经济。极化是指迅速增长的主导企业引起其他经济活动趋向于增长极核的过程。在这一过程中，会出现三种主要聚集经济类型，即企业聚集经济、区位聚集经济和城市化聚集经济。

（3）扩散效应。扩散效应是指在一段时间内，增长极核的推动力不断向周围地区发展。作为政策工具的增长极理论近年来已经被人们广泛接受，其中扩散效应起了很大的作用。

3. 空间观——核心—边缘理论

依据增长极核理论，弗雷德曼总结了一套区域开发模式。他认为，区域发展经历以下四个阶段。

（1）地方中心比较独立，没有城市等级体系，为工业发展之前的典型结构，每一个城市都独占一个小区域中心，形成平衡静止状态。

（2）区域核心城市出现，是工业化初期的典型现象，全区域经济形成一个城市区，极化作用很强。

（3）强有力的区域副中心城市出现，工业化区域成熟。由于次级核心形成，整个区域形成大小不等的城市区域，但极化作用仍然大于熵流作用。

（4）有机联系的城市体系形成，全区域经济融为一体，区位效能充分发挥，最具成长潜力。

弗雷德曼"核心—边缘"模式如图7-6所示。

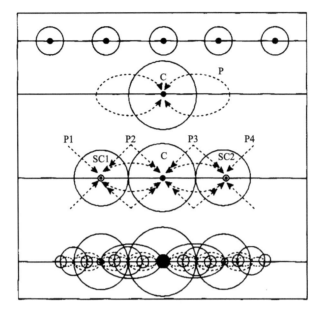

图7-6　弗雷德曼"核心—边缘"模式

4. 区域观——生产—居民点地域综合体理论

城市是区域的增长极，是区域的核心，而区域是城市的载体、支撑和扩散的腹地，两者不可分割。这一学派以苏联"生产地域综合体"为代表。生产地域综合体是指一个工业点或整个地区内的企业与地域经济的有机结合。而地域城镇体系应紧紧围绕区域生产综合体的建立进行规划布局，城镇建设将成为地域经济开发和区域生产综合体建立的重要手段。

区域生产综合体包括的内容有：①利用动力的区域组织及供电线路，克服自然资源在空间上的分散；②利用经济区的形式，建立自然力和生产力最有利的组合；③在区内建立最有利的专门化企业，由正确组织的区内交通运输和动力将其连接在一个共同的区域综合体内。其后，苏联及许多国家的学者对这一理论作了补充和发展，最后发展了生产—居民点地域综合体理论。

5. 环境观——可持续发展理论

这一学派的观点认为，城镇体系规划布局应以最大限度满足居民需要的居住环境为基本出发点。20世纪80年代以来，针对片面追求经济的高速增长带来的一系列社会问题，科学家提出可持续发展的思想。该思想以既满足当代人的需求，又不对后代人的生存需求构成危害为发展宗旨，摒弃以牺牲自然资源和生态环境为代价来谋求一时经济繁荣的传统发展道路，得到了国际社会、政府和民众的广泛重视。作为人类社会的文明中心，城市的可持续发展是可持续发展战略实施的重要内容，其核心内容就是协调城市经济发展与社会、文化和自然环境之间的关系，在保证人类自身发展的基础上实现人与自然的协调发展。

城市可持续发展，一方面是一个时空过程，另一方面又是一个反馈调控过程，是在对城市系统时、空、量、序的演变机理深入研究的基础上，建立健全调控反馈机制，使城市系统在自然调控、经济调控和政策调控下实现持续功能完善和高效和谐的运营。可持续发展城市应包括：可持续的土地利用、可持续的人居环境、可持续的能量利用、可持续的交通和通行系统。在多层次的共同努力、积极参与及政府各部门间的相互协调下，实现城市的可持续发展是可能的。

6. 生态观——生态城市理论

随着自然环境的利益破坏，城市生态理论愈加得到重视。1921 年芝加哥城市社会学家提出了"人类生态学"（human ecology）概念。1965 年坦斯莱又提出了比较重要的生态系统概念，它要求对一个社区及其环境的结构和功能做出明确的阐述并予以量化。自此，城市生态学研究得以广泛开展。

生态城市的实现是一个系统工程，它需要综合考虑城市物质环境和机制环境。就目前发达国家生态城市建设而言，主要偏重于强调公共交通系统和土地的综合利用。很多学者认为，实现生态城市就要鼓励公共交通运输。同时，在城市规划与设计中，把工作、居住和其他服务设施结合起来，综合地予以考虑，使人们能够就近入学、工作和享用各种服务设施，缩短每天的出行距离，减少能源消耗，最终实现土地的综合利用。

7. 几何观——对称分布理论

苏联矿物学家沙夫兰诺夫斯基在《矿物形态学讲义》一书中写道："矿物外部形态实际的对称性，是其内部结构固有的对称性与外部生成环境的对称性所共有的对称性。"城市可以看成是经济的集中体现，人口数是城市最重要的特征。叶大年认为：城市具有对称分布的规律，即城市在地图（空间）上存在有规律的重复性。

城市对称分布是一种广义对称概念，并没有初中几何学上的对称概念那样严密。概括起来，城市的广义对称分布具有八种类型如图 7-7 所示。

8. 发展观——协调发展理论

在社会主义市场经济体制下，规划对实现国家战略目标、弥补市场失灵、有效配置公共资源、促进协调发展等方面具有重要作用，尤其是国家"十五"计划进一步提出了"以人为本"的思想。但是，实践中还是把经济增长，特别是 GDP 增长作为发展的核心，客观上对社会发展和人的发展重视不够。21 世纪之初，党中央提出了全面建设小康社会的战略构想，并把人的全面发展和政治文明建设作为中国发展的重要内容。

综上所述，不难看出，地理观、空间观、几何观注重要素的提炼，经济观、区域观都视经济因素为主导，而环境观、生态观和科学发展观则将最大限度地满足居民需要的居住环境放在首位。无论是经济、区域，还是环境等学派观点，作为城镇体系规划原理，都有其明显的缺陷或不足。在现阶段的生产力水平下，人们的生产不再是为了满足消费，人们也不

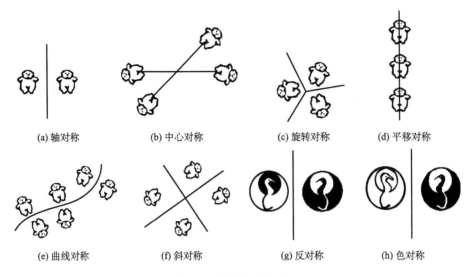

图 7-7　城市的对称分布

再疲于温饱住行，由于经济水平还没有达到按需分配的境界，有限的经济能力一时还无法满足人们对环境无限制的需求欲望。城镇体系规划布局的指导思想应以科学发展观为主导，兼顾经济、社会和环境要素的要求，达到经济发展与环境质量相协调，以取得区域与城市体系发展中的经济、社会、环境最佳效益。

7.2　城镇体系规划的地位、作用与任务

7.2.1　城镇体系规划

　　城镇体系是兼有自然、经济、政治、文化等多种层面的自然—社会系统。作为自然系统，城镇体系会受到自然条件变化和自然资源开发利用的影响，地震、洪水、泥石流、沙漠化、海平面上升、干旱缺水等都会影响某些城镇的发展，进而影响城镇体系的空间格局；矿产资源、海洋资源、水资源及旅游资源的开发利用会促进某些城镇的兴起，进而也会影响城镇体系的整体发展。作为社会系统，城镇体系容易受到来自外部的、难以预料的复杂影响，如人口流动、外来项目投资、政策制度变化和项目决策等，使之具有不稳定性。总体而言，城镇体系的演变是有一定规律性的，但对于每个具体变动的阶段性反馈则有较大程度的不确定性。因此，按照系统的规律性而言，城镇体系不属于规定性系统，而属于随机系统。通过地域城镇体系研究，可以在一个地域范围内，合理组织城镇体系内各城镇之间、城镇体系与体系之间及体系与外部环境之间的各种经济和社会方面的相互联系，达到社会、经济、环境效益协调发展的目标。因此，《城乡规划法》将其纳入法定城乡规划体系之中。

　　城镇体系规划的目标在于：运用现代系统理论与方法探究体系的整体效益，即寻找整体（体系）效益大于局部（单个城镇）效益之和的部分。在开放系统条件下强化体系与外界进行的"能量"和物质交换，使体系内负熵流增加，促使体系向有序化转化，达到社会、经济、环境效益最佳的区域发展总目标。具体来说，城镇体系规划要通过区域人口、产业和城镇的合理布局，协调体系内各城镇之间、城镇与体系之间及体系与外部环境之间的各种经济、社

会等方面的相互联系；要运用现代系统理论与方法，促进区域社会、经济、环境综合效益最优化，实现城镇体系的有机增长。

7.2.2　城镇体系规划的地位

（1）《城市规划基本术语标准》中对城镇体系规划的定义是：一定区域范围内，以生产力合理布局和城镇职能分工为依据，确定不同人口规模等级和职能分工的城镇的分布和发展规划。

（2）2005 年国务院城乡规划主管部门会同国务院有关部门首次组织编制了《全国城镇体系规划（2005～2020 年）》。

（3）在 2008 年开始实行的《中华人民共和国城乡规划法》中明确规定："国务院城乡规划主管部门会同国务院有关部门组织编制全国城镇体系规划，用于指导省域城镇体系规划，城市总体规划的编制。"

7.2.3　城镇体系规划的作用

城镇体系规划需妥善处理各城镇之间、单个或数个城镇与城镇群体之间及群体与外部环境之间的关系，即一方面需要合理地解决体系内部各要素之间的相互关系，另一方面又需要协调体系与外部环境之间的关系。作为致力于追求体系整体经济、社会、环境最佳效益的城镇体系规划，其作用主要体现在区域统筹协调发展上。

（1）指导总体规划的编制，发挥上下衔接的功能，对实现区域层面的规划和城市总体规划的有效衔接意义重大。

（2）全面考察区域发展态势，发挥对重大开发建设项目及重大基础设施布局的综合指导功能。避免"就城市论城市"的思想，从区域整体效益最优化的角度实现重大基础设施的合理布局。

（3）综合评价区域发展基础，发挥资源保护和利用的统筹功能。

（4）协调区域城市间的发展，促进城市之间形成有序竞争与合作的关系。

7.2.4　城镇体系规划的任务

（1）根据《中华人民共和国城乡规划法》及《城市规划编制办法》的规定，全国城镇体系规划用于指导省域城镇体系规划，全国城镇体系规划和省域城镇体系规划是城市总体规划编制的法定依据。

（2）在《中华人民共和国城乡规划法》中进一步明确：市域城镇体系规划作为城市总体规划的一部分，为下层面各城镇总体规划的编制提供区域性依据，其重点是"从区域经济社会发展的角度研究城市定位和发展战略，按照人口与产业、就业岗位的协调发展要求，控制人口规模，提高人口素质，按照有效配置公共资源，改善人居环境的要求，充分发挥中心城市的区域辐射和带动作用，合理确定城乡空间布局，促进区域经济社会全面、协调和可持续发展"。

（3）从理论上讲，城镇体系规划属于区域规划的一部分，但是由于历史的原因，在我国的城乡规划编制体系中城镇体系规划事实上长期扮演着区域性规划的角色，具有区域性、宏观性、总体性的作用，尤其是对城乡总体规划起着重要的指导作用。

7.3　城镇体系规划的编制内容

7.3.1　城镇体系规划孕育过程

我国早期的城市规划基本上是以单个城市的合理发展为目标编制的，城市发展的区域研究常常被忽视，因此在城市的发展建设中存在许多问题。大量的经验教训使人们逐步认识到"就城市论城市"的城市规划不符合城市发展规律。在经济体系改革中，我国提出了"要以经济比较发达的城市为中心，带动周围的农村，统一组织生产和流通，逐步形成以城市为依托的各种规模和各种类型的经济区"的方针。在这种思想指导下，自 1983 年起国家在全国范围推行"市带县"和"整县改市"的行政体制，扩大了城市的管辖范围。为指导城乡兼有的市域发展，客观上提出了编制城镇体系规划的要求。城市地理学者承担编制了全国许多省市各个层次的城镇体系规划任务。

1984 年国务院颁布的《城市规划条例》规定，"直辖市和市的总体规划应当把行政区域作为统一的整体，合理部署城镇体系"，第一次为我国城镇体系规划确定了相应的法律地位。1987 年顾朝林等汲取国外经验，结合中国实际，提出了城镇体系规划"三个结构一个网络"的理论，1988 年宋家泰、顾朝林等提出城镇体系规划的理论与方法，促进了城市规划编制过程中城镇体系规划的规范化。1989 年全国人民代表大会常务委员会通过施行的《中华人民共和国城市规划法》进一步把城镇体系规划的区域尺度向上下两头延伸，明确规定"国务院城市规划行政主管部门和省、自治区、直辖市人民政府应当分别组织编制全国和各省、自治区、直辖市的城镇体系规划，用以指导城市规划的编制（第十一条）"，"设市城市和县城的总体规划应当包括市或县的行政区域的城镇体系规划（第十九条）"。建筑部城市规划司及时总结经验，于 1991 年颁布《城市规划编制办法》，将城镇体系规划正式纳入城市总体规划的内容（第十六条第一款）；1994 年建设部正式颁布《城镇体系规划编制审批办法》，明确了省域、市域、县域及其他特定区域的城镇体系规划的编制程序、编制内容及编制标准。

2007 年 10 月 28 日，第十届全国人民代表大会常务委员会第三十次会议审议并通过了《中华人民共和国城乡规划法》，共 7 章 70 条，自 2008 年 1 月 1 日起施行，《中华人民共和国城市规划法》同时废止。其明确提出城市规划包括"城镇体系规划、城市规划、镇规划、乡规划和村庄规划（第二条）"，"国务院城乡规划主管部门会同国务院有关部门组织编制全国城镇体系规划，用于指导省域城镇体系规划、城市总体规划的编制（第十二条）"，"省、自治区人民政府组织编制省域城镇体系规划，报国务院审批（第十三条）"，进一步明晰了城镇体系规划编制的权责关系。2010 年 4 月 25 日中华人民共和国住房和城乡建设部颁布了《省域城镇体系规划编制审批办法》。

7.3.2　城镇体系规划研究内容

城镇体系研究，就是研究和揭示城镇体系规划前后状态变化的基本规律。城镇体系规划布局就是在规划基础理论指导下，编制一个切实可行的城镇体系"理想状态"，通过城镇体系内要素及其内部功能结构的组合，使"现实状态"比较稳定地逐步过渡到城镇体系客观过程所需要的相对的"理想状态"。

一个地域城镇体系如何从"现实状态"过渡到"理想状态"，按照系统论的观点，体系输出的"现实状态"主要取决于体系的紊乱程度或熵量的增减；而体系的（相对）"理想状态"主要取决于体系的组织程度和信息含量。可见，体系的"现实状态"与"理想状态"的差距，实质上主要表现在体系的紊乱程度与组织程度或熵量与信息含量的矛盾。要使体系"现实状态"稳定地保持或达到"理想状态"，就必须强化体系内部的控制和调节作用，以克服体系内部与外部由于某种因素所造成的紊乱现象，从而提高体系的组织程度。基于此，城镇体系规划的基本内容是：①作为节点的城镇研究，包括地域空间结构、等级规模结构和职能类型结构；②反映节点间相互关系的研究，包括城镇联系与扩散形式和城镇网络系统。具体包括以下四个方面。

1）地域空间结构：集中与分散布局

城镇体系规划的地域空间结构是地域范围内城镇之间的空间组合形式，是地域经济结构、社会结构和自然环境在城镇体系布局上的空间投影。由于城镇体系的发展机制表现为集聚与分散两个方面，其空间组织也必然同时受区域和城市的影响制约。地域城镇体系布局具有多种空间结构形式，最基本的形式不外乎集中或分散布局两种，集中又可分为集中型、集中-分散型，分散也可分为分散型和分散-集中型。

2）等级规模结构：等级与规模关系

城市的存在与发展取决于其作为一个中心对周围的吸引力和辐射力。这种中心功能，由于影响范围的大小不同，形成了地域空间的等级体系特征。我国城镇体系形成了全国性、区域性和地方性的城市（镇）网，其空间组合如图 7-8 所示。

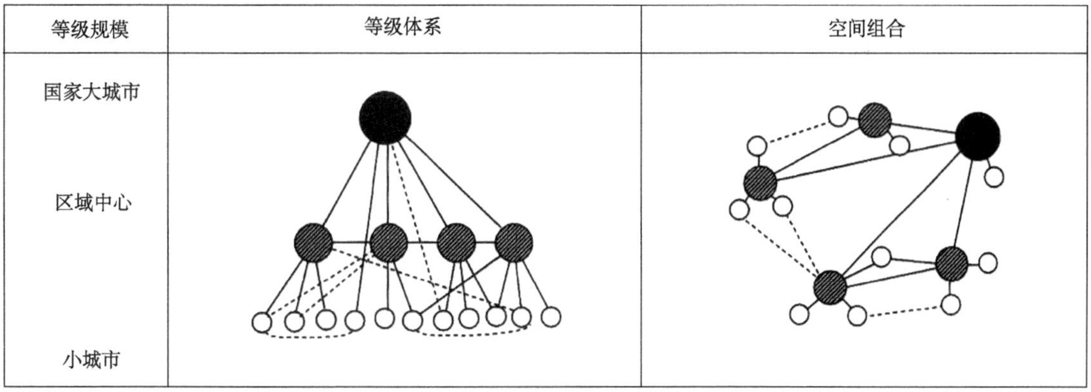

等级规模	等级体系	空间组合
国家大城市 区域中心 小城市		

图 7-8　城镇体系等级体系及其空间组合

根据我国人口众多，城镇人口绝对数量大的特点，参照国家城市等级规模分类和配套相应服务设施的经济规模，我国地域城镇体系的等级规模系列分为五型六类（表 7-1）。

3）职能类型结构：类型组合与职能协调

地域发展条件、基础和过程不同，导致了城镇体系内部经济结构的地域差异。例如，矿产资源丰富的地区，城镇体系一般以矿工型城镇为主等。从我国实际情况出发，城镇职能体系一般分为以下几个基本类型：①行政中心体系。系列特征为"首都—省会（直辖市）—地区级城市—县级市—县—镇"。②交通中心体系。这一体系由铁路枢纽、港口城镇、公路中

表 7-1　我国城市规模等级表

等级	名称		人口规模
I	超（巨）大城市		1000 万人以上
II	特大城市		500 万～1000 万
III	大城市		100 万～500 万
IV	中等城市		50～100 万
V	小城市	I 型小城市	20 万～50 万
VI		II 型小城市	20 万人以下

资料来源：中国中小城市发展报告（2010）：中国中小城市绿色发展之路.

心城镇和航空港城市四个次级体系构成，形成了我国商品流通、交通运输的中心体系。③矿工业（包括农副产品加工）城镇体系。由于地区资源的差异和矿业、工业企业之间横向联系的地区性，这类城镇体系以块状形式出现，构成我国的区域生产综合体和不同类型的工业城镇体系。④旅游中心城镇体系。我国旅游资源丰富，自然风景名胜地和历史文化古城众多，构成了一个完整的大系统。

城镇的职能和类型是为地域经济的发展而服务的，在城镇体系内，同层次的城镇（基层除外）应当尽可能避免其职能的雷同性，不同层次城镇之间的职能类型也不是完全相同，只是有其类似性。地域城镇体系的职能组合是以一定城市类型的结合为基础的，其组合可分为矿产资源、农业、重加工、轻加工和综合发展等几种基本类型。地域城镇体系职能结构如图 7-9 所示。

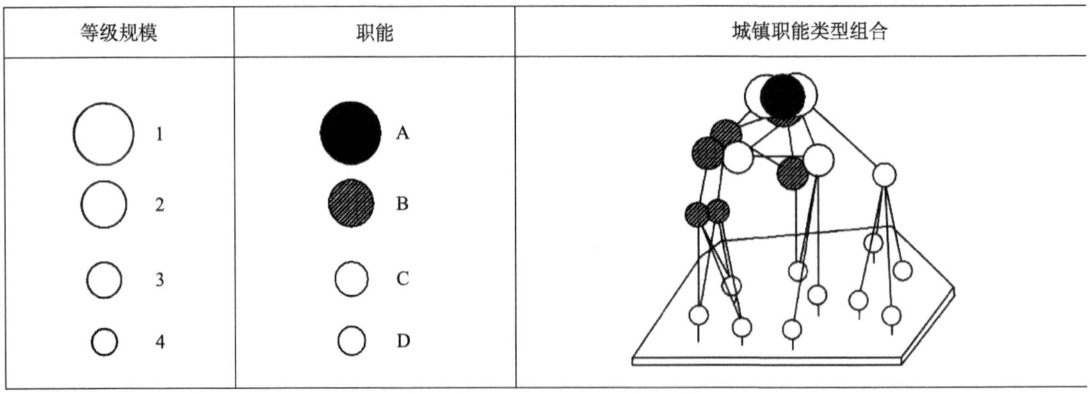

图 7-9　地域城镇体系职能结构

4）网络系统组织：城镇联系与网络组织

城镇体系规划最终的目的就是形成城乡协调发展的网状有机系统。这种网络系统呈现多种形态：有发生在生产过程的，也有发生在流通过程的；有按照隶属系统从上到下的纵向联系，也有经济单位之间的横向联系；有以一个经济单位、一个经济部门为中心形成的，也有以一个城市一个地区为中心而形成的。城镇体系规划的空间发展联系如表 7-2 所示。

表 7-2　城镇体系规划空间发展联系一览表

类型	形式
自然及交通联系	道路网络、河流及水运网、铁路网、生态相互关系等
经济联系	市场网络、原材料及半成品流、资金流、生产联系（包括"产前"、"产后"、"横向"联系）、收入流、部门及区际日用品流等
人口活动联系	移民流（临时和永久性）、工作通勤流、旅行与旅游流等
技术联系	技术扩散形式（集聚型和分散型）、灌溉系统、电信系统等
社会联系	居民原籍关系、亲属关系、风俗、礼节、宗教活动、社会团体相互关系等
服务性联系	能源供应与网络、信贷与财政网、教育训练进修联系、卫生医疗网、交通服务系统、商品供应系统等
行政管理联系	机构关系、政府预算过程及其形成、权力—批准—监督机构关系、组织党派关系及其组合、日常政策制定执行及其监督等

　　区域城镇体系的城镇网络规划主要在于：按照国家和地方国民经济、社会发展的总要求，从地域的具体条件出发，参考各城镇总体规划目标，确定各自城镇的发展方向、性质、规模和布局等，并综合成为一个以中心城市为依托，以各级城镇为节点，组成经济上相互联系、职能上互有分工、规模上具有等级系列特征的综合城镇体系网络。

7.3.3　城镇体系规划编制的法定内容

　　全国城镇体系规划是统筹安排全国城镇发展和城镇空间布局的宏观性、战略性法定规划，是国家制定城镇化政策，引导城镇化健康发展的重要依据，也是编制、审批省域城镇体系规划和城市总体规划的依据，有利于加强政府对城镇发展的宏观调控。

　　1. 全国城镇体系规划编制的主要内容

　　（1）明确国家城镇化的总体战略与分期目标。根据不同发展时期，制定相应的城镇化发展目标和空间发展重点。

　　（2）确立国家城镇化的道路与差别化战略。从多种资源环境要素的适宜性承载程度来分析城镇发展的可能，提出不同区域差别化的城镇化战略。

　　（3）规划全国城镇体系的总体空间格局。构筑全国城镇空间发展的总体格局，分省区或分大区域提出差别化的空间发展指引和控制要求，对全国不同等级的城镇与乡村空间重组提出引导。

　　（4）构架全国重大基础设施支撑系统。根据城镇化总体目标，对交通、能源、环境等支撑城镇发展的基础条件进行规划。

　　（5）特定与重点地区的规划。全国城镇体系规划中确定重点城镇群、跨省界城镇发展协调地区、重要江河流域、湖泊地区和海岸带等，在提升国家参与国际竞争的能力、协调区域发展和资源保护方面具有重要的战略意义。

　　2. 省域城镇体系规划编制的主要内容

　　省域城镇体系规划是各省、自治区经济社会发展目标和发展战略的重要组成部分，引导区域城镇化和城市合理发展，对省域内各城市总体规划的编制具有重要的指导作用。

1）编制省域城镇体系规划时应注意的原则

（1）符合全国城镇体系规划，与全国城市发展政策相符，与国土规划、土地利用总体规划等其他相关法定规划相协调。

（2）协调区域内各城市在城市规模、发展力及基础设施布局等方面的矛盾，有利于城乡之间、产业之间的协调发展，避免重复建设。

（3）体现国家关于可持续发展的战略要求，充分考虑水、土地资源和环境的制约因素和保护耕地的方针。

（4）与周边省（区、市）的发展相协调。

2）省域城镇体系规划编制的两个阶段

《省域城镇体系规划编制审批办法》中明确：省域城镇体系规划编制工作一般分为编制省域城镇体系规划纲要和编制省域城镇体系规划成果两个阶段。

3）省域城镇体系规划纲要应当包括的内容

（1）分析评价现行省域城镇体系规划实施情况，明确规划编制原则、重点和应当解决的主要问题。

（2）按照全国城镇体系规划的要求，提出本省、自治区在国家城镇化与区域协调发展中的地位和作用。

（3）综合评价土地资源、水资源、能源、生态环境承载能力等城镇发展支撑条件和制约因素，提出城镇化进程中重要资源、能源合理利用与保护，生态环境保护和防灾减灾的要求。

（4）综合分析经济社会发展目标和产业发展趋势、城乡人口流动和人口分布趋势、省域内城镇化和城镇发展的区域差异等影响本省、自治区城镇发展的主要因素，提出城镇化的目标、任务及要求。

（5）按照城乡区域全面协调可持续发展的要求，综合考虑经济社会发展与人口资源环境条件，提出优化城乡空间格局（包括省域城乡空间、城乡居民点体系和农村居民点）的规划要求；提出省域综合交通和重大市政基础设施、公共设施布局的建议；提出需要从省域层重点协调、引导的地区，以及需要与相邻省（自治区、直辖市）共同协调解决的重大基础设施布局等相关问题。

（6）按照保护资源、生态环境和优化省域城乡空间布局的综合要求，研究提出适宜建设区、限制建设区、禁止建设区的划定原则和划定依据，明确限制建设区、禁止建设区的基本类型。

4）省域城镇体系规划成果应当包括的内容

（1）明确全省、自治区城乡统筹发展的总体要求。包括城镇化目标和战略，城镇化发展质量目标及相关指标，城镇化途径和相应的城镇协调发展政策和策略，城乡统筹发展目标、城乡结构变化趋势和规划策略，根据省、自治区内的区域差异提出分类指导的城镇化政策。

（2）明确资源利用与资源生态环境保护的目标、要求和措施。包括土地资源、水资源、能源等的合理利用与保护，历史文化遗产的保护，地域传统文化特色的保护，生态环境保护。

（3）明确省域城乡空间和规模控制要求。包括中心城市等级体系和空间布局，从省域层面重点协调、引导地区定位的措施，优化农村居民点布局的目标、原则和规划要求。

（4）明确与城乡空间布局相协调的区域综合交通体系。包括省域综合交通发展目标、策略及综合交通设施与城乡空间布局协调的原则，省域综合交通网络和重要交通设施布局，综合交通枢纽城市及其规划要求。

（5）明确城乡基础设施支撑体系。包括统筹城乡的区域重大基础设施和公共设施布原则和规划要求，中心镇基础设施和基本公共设施的配套要求；农村居民点建设和环境综合整治的总体要求；综合防灾与重大公共安全保障体系的规划要求等。

（6）明确空间开发管制要求。包括限制建设区、禁止建设区的区位和范围，提出管制要求和实现空间管制的措施，为省域内各市（县）在城市总体规划中划定"四线"等规划控制线提供依据。

（7）明确对下一层次城乡规划编制的要求。包括结合本省、自治区的实际情况，综合提出对各地区在城镇协调发展、城乡空间布局、资源生态环境保护、交通和基础设施布局、空间开发管制等方面的规划要求。

（8）明确规划实施的政策措施。包括城乡统筹和城镇协调发展的政策，需要进一步深化落实的规划内容，规划实施的制度保障，规划实施的方法。

3. 市（县）域城镇体系规划编制的主要内容

1）编制市域城镇体系规划的主要目的

（1）贯彻落实城镇化和城镇现代化发展战略，确定与市域社会经济发展相协调的城镇化发展途径和城镇体系网络。

（2）明确市域及各级城镇功能，优化产业结构和布局，对开发建设活动提出鼓励或限制措施。

（3）统筹安排和合理布局基础设施，实现区域基础设施的互利共享和有效利用。

（4）通过不同空间职能分类和管制要求，优化空间布局结构，协调城乡发展，促进各类用地的空间聚集。

2）市域城镇体系规划应当包括的内容

（1）提出市域城乡统筹的发展战略。其中位于人口、经济、建设高度聚集的城镇密集地区的中心城市，应当根据需要，提出与相邻行政区域在空间发展布局、重大基础设施和公共服务设施建设、生态环境保护、城乡统筹发展等方面进行协调的建议。

（2）确定生态环境、土地和水资源、能源、自然和历史文化遗产等方面的保护与利用的综合目标和要求，提出空间管制原则和措施。

（3）预测市域总人口及城镇化水平，确定各城镇人口规模、职能分工、空间布局和建设标准。

（4）提出重点城镇的发展定位、用地规模和建设用地控制范围。

（5）确定市域交通发展策略，确定市域交通、通信、能源、供水、排水、防洪、垃圾处理等重大基础设施、重要社会服务设施布局，危险品生产储存设施的布局。

（6）在城市管辖范围内，根据城市建设发展和资源管理的需要划定城市规划区。

（7）提出实施规划的措施和有关建议。

7.4　城镇体系规划的编制要求

7.4.1　城镇体系规划基础资料收集

就时间而言，城镇体系规划基础资料可分成历史资料、现状资料、规划（计划）发展资料三类；就范围而言，城镇体系规划基础资料可分成体系外部资料和体系本身资料两类。而它们的内容和范围，可由如下几方面组成。

（1）自然条件：气象、水文、地貌、地质、自然灾害、生态环境。

（2）资源条件：自然资源（如农业）、矿产资源、水资源、燃料动力资源、劳动力资源（数量及剩余劳动力）、农副产品资源（分布—开采—数量）。

（3）区域基础设施状况：交通设施（航空、铁路、水运、公路）、电力、通信、水利设施。

（4）市域社会经济发展情况：①历年人口、工农业总产值、地区生产总值、国民收入、财政状况；②第一、二、三产业构成情况；③第一、二、三产业内部结构；④全市经济社会发展规划、发展战略、区域规划；⑤全市农业区划、土地利用总体规划、土地利用开发情况；⑥主要产业及工矿企业（包括乡镇企业）状况。

（5）主要风景名胜、文物古迹、自然保护区的分布、特色及开发利用条件。

（6）现状城镇化水平及城镇体系情况：①城镇化水平用来区分非农业人口水平和城镇人口水平；②城镇体系的规模等级、职能类型和空间结构。

（7）市域教育、医疗、商业、电力、环卫、防灾等各类公共服务和基础设施的分布、位置、规模、线路走向等资料。

（8）市域各文物古迹、历史文化资源分布状况。

城镇体系规划基础资料收集的目的是使规划者能依据充足的资料分析研究，清楚地认识城镇体系发展的状况，以便在规划中采取针对性的对策。

为使城镇体系规划基础资料收集真正达到以上目的，应强调分层次、分区域、分时间的资料收集方法。分层次是指对体系中城镇按不同等级、规模进行数据采集和统计；分区域是指资料按不同区域收集整理；分时间是强调资料能反映城镇体系发展与运转的轨迹。

7.4.2　城镇体系规划的步骤

一般来说，城镇体系规划由如下步骤组成。

（1）准备。包括人员组成、基础资料收集、城镇体系范围确定等，主要是为城镇体系规划提供必要的前提条件。

（2）分析。是在详尽资料信息的基础上，对城镇体系历史、现状、区域发展条件、城镇建设条件等进行分析，以总结城镇体系发展的历史过程、发展的优劣势条件，使规划者对城镇体系迄今的发展状况有一个全面的了解和把握，为进入规划阶段打好基础。

（3）预测。城镇体系规划是对未来发展的设想，因此有关城镇体系各方面的发展预测是规划进行必需的步骤。这一阶段包括人口劳动力预测、区域城市化预测、区域发展方向预测、区域产业发展战略预测、资源利用需求预测、交通运输需求预测及城镇体系远景发展预测等。以上预测中以前两项最为重要，这不仅因为它们是城镇体系规划的基础条件，也因为后几项预测在实际工作中已渗透到规划内容中，较少单独出现。

（4）立意。包括确定城镇体系的规划目标、规划原则、规划指导思想。

（5）规划。主要是对城镇体系规划的基本内容即城镇体系组织结构的规划布局，包括城镇体系的职能类型结构、规模等级结构、空间结构及网络结构，同时还包括依据城镇体系规划布局和区域自然、社会、经济因素，合理进行城镇经济区域的划分，确定区域主要城镇发展方向及城镇分工，提出规划实施措施与建议等。

（6）评估。经过以上尤其是第 5 个步骤，城镇体系规划的基本方案（这里"方案"含义是广义的，指以形象、文字等形式反映的对城镇体系规划的结果）已经产生，但方案的合理性与科学性有必要进行多角度的检验与评估。如能通过检验，则继续进行下一步的工作；否则就需重复以上工作步骤。

（7）成果。通过以上 6 个阶段，城镇体系规划就可进入成果整理编制及制作。

7.4.3　城镇体系规划的成果要求

1. 城镇体系规划的成果

1）城镇体系规划主要文件

（1）规划文本。规划文本是对规划的目标、原则和内容提出规定性和指导性要求的文件。

（2）附录。附录是对规划文本的具体解释，包括综合规划报告、专题规划报告和基础资料汇编。

2）城镇体系规划主要图纸

（1）城镇现状建设和发展条件综合评价图。

（2）城镇体系规划图。

（3）区域社会及工程基础设施配置图。

（4）重点地区城镇发展规划示意图。

图纸比例：全国用 1：2500000，省域用 1：1000000～1：500000，市域、县域用 1：500000～1：100000，重点地区城镇发展规划示意图用 1：50000～1：10000。

2. 城镇体系规划的内容

根据《城镇体系规划编制审批办法》（1994 年 8 月 15 日建设部令第 36 号发布），城镇体系规划成果一般应当包括以下 10 个方面：

（1）综合评价区域与城市的发展和开发建设条件。

（2）预测区域人口增长、确定城市化目标。

（3）确定本区域的城镇发展战略、划分城市经济区。

（4）提出城镇体系的功能结构和城镇分工。

（5）确定城镇体系的等级和规模结构。

（6）确定城镇体系的空间布局。

（7）统筹安排区域基础设施、社会设施。

（8）确定保护区域生态环境、自然和人文景观及历史文化遗产的原则和措施。

（9）确定各时期重点发展的城镇，提出近期重点发展城镇的规划建议。

（10）提出实施规划的政策和措施。

跨行政区域城镇体系规划的内容和深度，由组织编制部门参照上述内容，根据规划区域的实际情况确定。

【思考题】

（1）思考城镇体系最本质的特征及其组织结构演变进程。

（2）我国城乡规划编制体系中城镇体系规划事实上长期扮演着区域性规划的角色，除了指导总体规划的编制外，其主要作用还包括哪些？

（3）城镇体系规划与区域规划的区分是什么？

（4）我国的城镇体系规划由哪几部分构成？

（5）根据《城市规划编制办法》，在城市总体规划纲要编制阶段，市域城镇体系规划纲要的内容主要包括哪些？

【延伸阅读】

（1）张京祥，胡嘉佩. 2016. 中国城镇体系规划的发展演进. 南京：东南大学出版社.

（2）中华人民共和国住房和城乡建设部城乡规划司，中国城市规划设计研究院. 2010. 全国城镇体系规划（2006—2020 年）. 北京：商务印书馆.

（3）蓝万炼. 2011. 高速公路背景下的城市区位于城镇体系规划研究. 南京：东南大学出版社.

（4）尧传华，于勇，王忠. 2012. 基于 3S 和 4D 的城镇体系规划技术研究和系统开发. 北京：中国建筑工业出版社.

（5）范毓灼，陈送财. 2010. 城镇规划. 合肥：合肥工业大学出版社.

（6）李秉毅. 2006. 构建和谐城市：现代城镇体系规划理论. 北京：中国建筑工业出版社.

（7）顾朝林. 2005. 城镇体系规划：理论方法实例. 北京：中国建筑工业出版社.

第8章　城市总体规划

8.1　总体规划的概念、功能与定位

8.1.1　总体规划的概念与功能

1. 城市总体规划的概念

城市总体规划是指城市人民政府依据国民经济和社会发展规划及当地的自然环境、资源条件、历史情况、现状特点，统筹兼顾、综合部署，为确定城市性质、规模和发展方向，实现城市的经济和社会发展目标，合理利用城市土地，协调城市空间布局等所作的一定期限内的综合部署和具体安排，还包括选定规划定额指标，制订该市远、近期目标及实施步骤和措施等工作。

2. 城市总体规划的功能

城市总体规划是城市规划编制工作的第一阶段，是城市规划工作体系中的高层次规划，作为宏观层次的规划，是城市规划综合性、整体性和法制性的集中体现，是城市人民政府城乡规划主管部门组织编制城市控制性详细规划、城市分区规划、各类专项规划及近期建设规划的依据，也是开展城市建设和管理工作的依据。例如，根据城市总体规划确定城市建设活动开展的边界，不得在城市总体规划确定的建设用地之外设立各类开发区和城市新区。

城市总体规划包括市域城镇体系规划和中心城区规划两大部分内容，具体包括"城市、镇的发展布局，功能分区，用地布局，综合交通体系，禁止、限制和适宜建设的地域范围，各类专项规划等"内容。同时，根据《城市规划编制办法》（2006），编制城市总体规划应先组织编制总体规划纲要，研究确定总体规划中的重大问题，以作为编制规划成果的依据。

8.1.2　总体规划的定位

城市总体规划是指导和控制城市发展和建设的蓝图，在规划体系中，属于较高层次的规划，具有不可替代的作用。

我国现行城乡规划体系按照层级关系分为城镇体系规划、城市规划、镇规划、乡规划和村庄规划五级，其中城市规划、镇规划分为总体规划和详细规划，详细规划分为控制性详细规划和修建性详细规划。城市总体规划是"战略性规划"，城市发展战略具体来说是指"对城市经济、社会、环境的发展所作的全局性、长远性和纲领性的谋划"，其核心是要解决一定时期的城市发展目标和确定实现这一目标的途径，一般包括战略目标、战略重点、战略措施等内容。从本质上来说，城市总体规划就是对城市发展的战略安排，是战略性的发展规划，总体规划工作是以空间部署为核心制定城市发展战略的过程，是推动整个城市战略目标实现的组成部分。

具体来说，全国城镇体系规划是指导全国各城市总体规划编制的依据，省域城镇体系规

划是指导省域城市总体规划编制的依据，同时，城市总体规划又是城市控制性详细规划、城市分区规划、各类专项规划及近期建设规划编制的直接依据。城市总体规划由城市人民政府组织编制，镇人民政府组织编制镇总体规划。

8.2   总体规划编制的基本要求与程序

8.2.1   总体规划编制的基本要求

编制城市总体规划，应当以全国城镇体系规划、省域城镇体系规划及其他上层次法定规划为依据，从区域经济社会发展的角度研究城市定位和发展战略，按照人口与产业、就业岗位的协调发展要求，控制人口规模、提高人口素质，按照有效配置公共资源、改善人居环境的要求，充分发挥中心城市的区域辐射和带动作用，合理确定城乡空间布局，促进区域经济社会全面、协调和可持续发展。具体来说包含以下内容。

（1）规划编制应规范化。鉴于总体规划的重要作用和法律地位，无论是制定的程序还是编制的内容都必须严谨、规范，要保证与政策的高度一致性。

（2）规划编制应有针对性。总体规划的编制要针对城市的发展规律、所处的地理环境、发展的阶段等进行。

（3）规划编制应有科学性。总体规划涉及城市发展战略的重大问题，必须科学、严谨地对待。

（4）规划编制应具有综合性。城市是一个巨系统，涉及的问题众多，总体规划理应综合考虑。

8.2.2   总体规划编制的基本程序

1. 项目准备阶段

（1）开展现有城市总体规划实施评估工作，确定是否有开展城市总体规划编制（修编或调整）工作的必要。

（2）当地人民政府向上一级人民政府提出编制城市总体规划的请示。

（3）上一级人民政府的批示文件。

（4）规划编制单位与委托单位商定规划编制工作计划。

2. 资料收集与现状调研阶段

（1）规划编制单位组织项目组人员到现场进行资料收集与现状踏勘工作。

（2）规划编制单位在前期资料收集基础上再次拟定需要补充收集的资料，如有必要需开展第二次或更多次的针对性现场踏勘工作。

3. 初步方案阶段

（1）规划编制单位开展前期资料分析论证，对现状问题进行梳理汇总，提炼出重点问题。

（2）开展初步方案编制工作，包括制定各种相关研究专题，绘制各种相关图纸等。

（3）与委托方进行初步方案沟通。

（4）在同规划行政主管部门充分沟通、修改完善后，向当地人民政府汇报初步方案，征求地方人民政府相关意见。

4. 城市总体规划纲要编制阶段

（1）在初步方案的基础上进一步修改完善，对影响城市发展的重大原则问题进一步深入论证，完成并提交《城市人口与用地规划专题》等相关专题研究报告。

（2）根据上级行政主管部门批复，修改完善规划方案，并召开方案意见咨询会。

（3）按相关规划编制办法完成城市总体规划纲要成果，并通过专家评审会审议。

5. 正式成果编制阶段

（1）在规划纲要的基础上，按照相关技术规定继续深化完善规划成果，并报地方规划委员会审议。

（2）通过地方规划委员会审议后，经修改完善，提交上一级人民政府审批。

（3）最终成果制定需在成果中附上级人民政府的批复文件、历次方案咨询和评审会议纪要及重大会议纪要。

6. 审批实施阶段

由地方人民政府向其上一级人民政府报批城市总体规划，待上级人民政府批准之日起，开始按照已批复的规划组织规划实施，地方城市规划行政主管部门负责实施过程中的解释权。

8.3　前期调研与现行总体规划实施评估

8.3.1　城市总体规划前期调研

对城市现状基础资料的收集与调研是整个总体规划编制的基础工作。需要通过现场踏勘或观察、抽样调查或问卷、访谈和座谈会、文献资料等多种方法对城市的区域、社会、经济、自然、历史环境展开全面和细致的调研。

在收集与调研过程中对城市建设用地调查是一项重要内容。要对城市存量建设用地的数量和用地性质进行核查和分析，切实掌握土地使用的真实状况、效益，分析人均用地水平、用地结构和区域建设用地分配等资料。通过全面、细致掌握城市建设用地现状为提出合理、高效的土地使用策略提供依据。

调查研究的成果形成城市基础资料汇编，包括城市现状图和一套完整的现状基础资料报告。

编制总体规划需要收集的基础资料一般包括如下内容。

1. 市（县）域基础资料

（1）市（县）域的地形图，图纸比例为 1∶50000～1∶200000。

（2）自然条件，包括气象、水文、地貌、地质、自然灾害、生态环境等。

（3）资源条件。

（4）主要产业及工矿企业（包括乡镇企业）状况。

（5）主要城镇的分布、历史沿革、性质、人口和用地规模、经济发展水平。

（6）区域基础设施状况。

（7）主要风景名胜、文物古迹、自然保护区的分布和开发利用条件。

（8）"三废"污染状况。

（9）土地开发利用状况。

（10）国民生产总值、工农业总产值、国民收入和财政状况。

（11）有关经济社会发展计划、发展战略、区域规划等方面的状况。

2. 城市基础资料

（1）近期绘制的城市地形图，图纸比例尺为 1∶25000～1∶5000。

（2）城市自然条件及历史资料。

（a）气象资料；

（b）水文资料；

（c）地质和地震资料，包括地质质量的总体验证和重要地质灾害的评估；

（d）城市历史资料，包括城市的历史沿革、城址变迁、市区扩展、历次城市规划的成果资料等；

（3）城市经济社会发展资料。

（a）经济发展资料，包括历年国民生产总值、财政收入、固定资产投资、产业结构及产值构成等；

（b）城市人口资料，包括现状非农业人口、流动人口及暂住人口数量，人口的年龄构成、劳动构成、城市人口的自然增长和机械增长状况等；

（c）城市土地利用资料，城市规划发展用地范围内的土地利用现状，城市用地的综合评价；

（d）工矿企业的现状及发展资料；

（e）对外交通运输现状及发展资料；

（f）各类商场、市场现状和发展资料；

（g）各类仓库、货场现状和发展资料；

（h）高等院校及中等专业学校现状和发展资料；

（i）科研、信息机构现状和发展资料；

（j）行政、社会团体、经济、金融等机构现状和发展资料；

（k）体育、文化、卫生设施现状和发展资料。

（4）城市建筑及公用设施资料。

（a）住宅建筑面积、建筑质量、居住水平、居住环境质量；

（b）各项公共服务设施的规模、用地面积、建筑面积、建筑质量和分布状况；

（c）市政、公用工程设施和管网资料，公共交通及客货运量、流向等资料；

（d）园林、绿地、风景名胜、文物古迹、历史地段等方面的资料；

（e）人防设施、各类防灾设施及其他地下构筑物等的资料。

（5）城市环境及其他资料。

（a）环境监测成果资料；

（b）"三废"排放的数量和危害情况，城市垃圾数量、分布及处理情况；

（c）其他影响城市环境的有害因素（易燃、易爆、放射、噪声、恶臭、震动）的分布及危害情况；

（d）地方病及其有害居民健康的环境资料。

8.3.2　现行城市总体规划的实施评估

城市总体规划的组织编制机关，应当组织有关部门和专家定期对规划实施情况进行评估，并采取论证会、听证会或者其他方式征求公众意见。

1. 开展城市总体规划实施评估的目的

城乡规划是政府指导和调控城乡建设发展的基本手段之一，也是政府在一定时期内履行经济调节、市场监管、社会管理和公共服务职能的重要依据。对城乡规划实施定期进行评估，是修改城乡规划的前置条件。

2. 城市总体规划实施评估的工作要求

城市总体规划的实施是城市政府依据制定的规划，运用多种手段，合理配置城市空间资源，保障城市建设发展有序进行的一个动态过程。评估中要系统地回顾上一版城市总体规划的编制背景和技术内容，全面总结现行城市总体规划各项内容的执行情况，总结成功经验，查找规划实施过程中存在的主要问题，深入分析问题的成因，研究提出改进规划，制定和实施管理的具体对策、措施、建议，同时对城市总体规划修编的必要性进行分析。

城市人民政府是城市总体规划实施评估工作的组织机关，城市人民政府应当按照政府组织、部门合作、公众参与的原则，建立相应的评估工作机制和工作程序，城市总体规划评估原则上应当每 2 年进行一次。进行城市总体规划实施评估，可根据实际需要，采取切实有效的形式，了解公众对规划实施的意见和建议。进行城市总体规划实施评估，要将依法批准的城市总体规划与现状情况进行对照，采取定性和定量相结合的方法，全面总结现行城市总体规划各项内容的执行情况，客观评估规划实施的效果。

3. 城市总体规划实施评估的成果构成

城市总体规划实施评估的成果由评估报告和附录组成，评估报告主要包括城市总体规划实施的基本情况、存在的问题、下一步实施的建议等，附录主要是征求和采纳公众意见的情况。

城市总体规划实施评估报告的内容一般包括：

（1）城市发展方向和空间布局是否与规划一致。

（2）规划阶段性目标的落实情况。

（3）各项强制性内容的执行情况。

（4）规划委员会制度、信息公开制度、公众参与制度等决策机制的建立和运行情况。

（5）土地、交通、产业、环保、人口、财政、投资等相关政策对规划实施的影响。

（6）依据城市总体规划的要求，制定各项专业规划、近期建设规划及控制性详细规划的情况。

（7）相关的建议。

8.4　总体规划纲要的编制

8.4.1　城市总体规划纲要的任务

编制城市总体规划应先编制总体规划纲要，以作为指导总体规划编制的重要依据。城市总体规划纲要的任务是研究总体规划中的重大问题，提出解决方案并进行论证。经过审查的纲要也是总体规划成果审批的依据。

8.4.2　城市总体规划纲要的主要内容

（1）确定市域城镇体系规划纲要，其内容包括：提出市域城乡统筹发展战略；确定生态环境、土地和水资源、能源、自然和历史文化遗产保护等方面的综合目标和保护要求，提出空间管制原则；预测市域总人口及城镇化水平，确定各城镇人口规模、职能分工、空间布局方案和建设标准；原则上确定市域交通发展策略。

（2）提出城市规划区范围。

（3）分析城市职能、提出城市性质和发展目标。

（4）提出禁建区、限建区、适建区范围。

（5）预测城市人口规模。

（6）研究中心城区空间增长边界，提出建设用地规模和建设用地范围。

（7）提出交通发展战略及主要对外交通设施布局原则。

（8）提出重大基础设施和公共服务设施的发展目标。

（9）提出建立综合防灾体系的原则和建设方针。

8.4.3　城市总体规划纲要的成果要求

城市总体规划纲要的成果包括文字说明、图纸和专题研究报告。

1. 文字说明

（1）简述城市自然、历史、现状特点。

（2）分析论证城市在区域发展中的地位和作用、经济和社会发展的目标、发展优势与制约因素，提出市域城乡统筹发展战略，确定城市规划区范围。

（3）确定生态环境、土地和水资源、能源、自然和历史文化遗产保护等方面的综合目标和保护要求，提出空间管制原则。

（4）确定市域总人口、城镇化水平及各城镇人口规模。

（5）确定规划期内的城市发展目标、城市性质，初步预测人口规模。

（6）初步提出禁建区、限建区、适建区范围，研究中心城区空间增长边界，确定城市用地发展方向，提出建设用地规模和建设用地范围。

（7）对城市能源、水源、交通、基础设施、公共设施、综合防灾、环境保护、重点建设等主要问题提出规划意见。

2. 图纸

（1）区域城镇关系示意图：比例尺为 1∶20000～1∶1000000，标明相邻城镇位置、行政区划、重要交通设施、重要工矿和风景名胜区。

（2）市域城镇分布现状图：比例尺为 1∶50000～1∶200000，标明行政区划、城镇分布、城镇规模、交通网络、重要基础设施、主要风景旅游资源、主要矿藏资源。

（3）市域城镇体系规划方案图：比例尺为 1∶50000～1∶200000，标明行政区划、城镇分布、城镇规模、城镇等级、城镇职能分工、市域主要发展轴（带）和发展方向、城镇规划区范围。

（4）市域空间管制示意图：比例尺为 1∶50000～1∶200000，标明风景名胜区、自然保护区、基本农田保护区、水源保护区、生态敏感区的范围，重要的自然和历史文化遗产位置和范围、市域功能空间区划。

（5）城市现状图：比例尺为 1∶5000～1∶25000，标明城市主要用地范围、主要干路及重要的基础设施。

（6）城市总体规划方案图：比例尺为 1∶5000～1∶25000，初步标明中心城区空间增长边界和规划建设用地大致范围、各类主要建设用地、规划主要干路、河湖水面、重要的对外交通设施、重大基础设施。

（7）其他必要的分析图纸。

3. 专题研究报告

在纲要编制阶段应对城市重大问题进行研究，撰写专题研究报告，如人口规模预测专题、城市用地分析专题等。

8.4.4　城市总体规划专题研究报告编制

1. 城市空间发展方向专题研究

城市总体规划必须对城市空间的发展方向做出分析和判断，应使城市用地的扩展或改造适应城市人口的变化。由于当前我国正处于城市高速发展的阶段，城市化的特征主要体现在人口向城市地区的集聚，即城市人口的快速增长和城市用地规模的外延型扩张。因此，在城市的发展中，非城市建设用地向城市用地的转变仍是城市空间变化与拓展的主要形式。而当未来城市化速度放慢时，则有可能出现以城市更新、改造为主的城市空间变化与拓展模式。

虽然城市用地的发展体现为城市空间的拓展，但与城市及其所在区域的整治、经济、社会、文化、环境因素密切相关。因此，城市用地的发展方向也是城市发展战略中需重点研究的问题之一，城市总体规划对此应进行专门的分析、研究与论证。由于城市用地发展事实上的不可逆性，对城市发展方向做出重大调整时，一定要经过充分的论证。对城市发展方向的分析研究往往伴随着对城市结构的研究，但各自又有所侧重。如果说对城市结构的研究着眼于城市空间整体的合理性，那么对城市发展方向的分析研究则更注重于城市空间发展的可能性及合理性。

影响城市发展方向的因素较多，可大致归纳为以下几种。

（1）自然条件。地形地貌、河流水系、地质条件等土地的自然因素通常是制约城市用地发展的重要因素之一；同时，出于维护生态平衡、保护自然环境目的的各种对开发建设活动的限制也是城市用地发展的制约条件之一。

（2）人工环境。高速公路、铁路、高压输电线等区域基础设施的建设状况及区域产业布局和区域中各城市间的相对位置关系等因素均有可能成为制约或诱导城市向某一特定方向发展的重要因素。

（3）城市建设现状与城市形态结构。除个别完全新建的城市外，大部分城市均依托已有的城市发展。因此，城市现状的建设水平不可避免地影响到与新区的关系，进而影响到城市整体的形态结构。城市新区是依托旧城区在各个方向上均等发展，还是摆脱旧城区，在某一特定方向上另行建立完整新区，决定了城市用地的发展方向。

（4）规划及政策性因素。城市用地的发展方向不可避免地受到政策性因素及其他各种规划的影响。例如，土地部门主导的土地利用总体规划中，必定体现农田保护政策，从而制约城市用地的扩展过多地占用耕地；而文化部门所制定的有关文物保护的规划或政策，则限制城市用地向地下文化遗址或地上文物古迹集中地区的扩展。

（5）其他因素。除以上因素外，土地产权问题、农民土地征用补偿问题、城市建设中的城中村问题等社会问题也是需要关注和考虑的因素。

2. 城市人口规模预测专题研究

城市人口规模预测是按照一定的规律对城市未来一段时间内人口发展动态所做出的判断。其基本思路是：在正常的城市化过程中，城市社会经济的发展，尤其是产业的发展对劳动力产生需求（或者认为是可以提供就业岗位），从而导致城市人口的增长。因此，整个社会的城市化进程、城市社会经济的发展及由此产生的城市就业岗位是造成城市人口增减的根本原因。

预测城市人口规模，既要从社会发展的一般规律出发，考虑经济发展的需求，也要考虑城市的环境容量等。

（1）城市总体规划采用的城市人口规模预测方法主要有以下几种。

（a）综合平衡法。根据城市的人口自然增长和机械增长来预测城市人口的发展规模。适用于基本人口（或生产性劳动人口）的规模难以确定的城市，需要有历年来城市人口自然增长和机械增长方面的调查资料。

（b）时间序列法。从人口增长与时间变化的关系中找出两者间的规律，建立数学公式来进行预测。这种方法要求城市人口要有较长的时间序列统计数据，而且人口数据没有较大的起伏。适用于相对封闭、历史长、影响发展因素缓和的城市。

（c）相关分析法（间接推算法）。找出与人口关系密切、有较长时序的统计数据，且用易于把握的影响因素（如就业、产值等）进行预测。适用于影响因素的个数及作用大小较为确定的城市，如工矿城市、海港城市。

（d）区位法。根据城市在区域中的地位、作用来对城市人口规模进行分析预测。如确定城市规模分布模式的"等级—大小"模式、"断裂点"分布模式。该方法适用于城镇体系发育比较完善、等级系列比较完整、接近克里斯泰勒中心地理论模式地区的城市。

（e）职工带眷系数法。根据职工人数与部分职工带眷情况来预测城市人口发展规模。

由于事物未来发展不可预知的特性，城市总体规划中对城市未来人口规模的预测是一种建立在经验数据之上的估计，其准确程度受很多因素的影响，并且随预测年限的增加而降低。因此，实践中多以一种预测方法为主，同时辅以多种方法校核来最终确定人口规模。

（2）某些人口规模预测方法不宜单独作为预测城市人口规模的方法，但可以作为校核方法使用，如以下几种方法。

（a）环境容量法（门槛约束法）。根据环境条件来确定城市允许发展的最大规模。有些城市受自然条件的限制比较大，如水资源短缺、地形条件恶劣、开发城市用地困难、断裂带穿越城市、地震威胁大、有严重的地方病等。这些问题都不是目前的技术条件所能解决的，或是要投入大量的人力和物力才能解决，由城市人口的增长而增加的经济效益低于扩充环境容量所需的成本，经济上不可行。

（b）比例分配法。是当特定地区的城市化按照一定的速度发展，该地区城市人口总规模基本确定的前提下，按照某一城市的城市人口占该地区城市人口总规模的比例确定城市人口规模的方法。在我国现行规划体系中，各级行政范围内城镇体系规划所确定的各个城市的人口规模可以看作是按照这一方法预测的。

（c）类比法。通过与发展条件、阶段、现状规模和城市性质相似的城市进行对比分析，根据类比对象城市的人口发展速度、特征和规模来预测城市人口规模。

3. 城市用地规模预测专题研究

城市用地规模是指到规划期末城市规划区内各项城市建设用地的总和。

城市的用地规模=预测的城市人口规模×人均建设用地面积标准。计算范围应当与人口计算范围相一致，人口数宜以非农业人口数为准。人均建设用地指标按照国家标准《城市用地分类与规划建设用地标准》（GB 50137—2011）确定。

1）一般标准

（1）用地应按平面投影面积计算。每块用地应只计算一次，不得重复计算。分片布局的城市（镇）应先分片计算用地，再进行汇总。

（2）城市（镇）总体规划用地应采用 1∶10000 或 1∶5000 比例尺的图纸进行分类计算。现状和规划的用地计算范围应一致。

（3）用地规模应根据图纸比例确定统计精度，1∶10000 比例尺的图纸应精确至个位，1∶5000 比例尺的图纸应精确至小数点后一位。

（4）用地统计范围与人口统计范围必须一致，人口规模应按常住人口进行统计。

（5）城市（镇）总体规划用地的数据计算应统一按附录 A 附表的格式进行汇总。

（6）规划建设用地标准应包括规划人均城市建设用地标准、规划人均单项城市建设用地标准和规划城市建设用地结构三部分。

2）规划人均城市建设用地标准

新建城市的规划人均城市建设用地指标应在 85.1～105.0 m²/人内确定。首都的规划人均城市建设用地指标应在 105.1～115.0 m²/人内确定。偏远地区、少数民族地区及部分山地城市、人口较少的工矿业城市、风景旅游城市等具有特殊情况的城市，应专门论证确定规划人均城市建设用地指标，且上限不得大于 150.0 m²/人。编制和修订城市（镇）总体规划应以该标准作为城市建设用地的远期规划控制标准，如表 8-1 所示。

表 8-1　城市规划人均建设用地标准

气候区	现状人均城市建设用地规模	规划人均城市建设用地规模取值区间	允许调整幅度		
			规划人口规模≤20.0 万人	规划人口规模20.1 万～50.0 万人	规划人口规模＞50.0 万人
I、II、VI、VII	≤65.0	65.0 ～ 85.0	>0	>0	>0
	65.1 ～ 75.0	65.0 ～ 95.0	+0.1 ～ +20.0	+0.1 ～ +20.0	+0.1 ～ +20.0
	75.1 ～ 85.0	75.0 ～ 105.0	+0.1 ～ +20.0	+0.1 ～ +20.0	+0.1 ～ +15.0
	85.1 ～ 95.0	80.0 ～ 110.0	+0.1 ～ +20.0	−5.0 ～ +20.0	−5.0 ～ +15.0
	95.1 ～ 105.0	90.0 ～ 110.0	−5.0 ～ +15.0	−10.0 ～ +15.0	−10.0 ～ +10.0
	105.1 ～ 115.0	95.0 ～ 115.0	−10.0 ～ −0.1	−15.0 ～ −0.1	−20.0 ～ −0.1
	>115.0	≤115.0	<0	<0	<0
III、IV、V	≤65.0	65.0 ～ 85.0	>0	>0	>0
	65.1 ～ 75.0	65.0 ～ 95.0	+0.1 ～ +20.0	+0.1 ～ 20.0	+0.1 ～ +20.0
	75.1 ～ 85.0	75.0 ～ 100.0	−5.0 ～ +20.0	−5.0 ～ +20.0	−5.0 ～ +15.0
	85.1 ～ 95.0	80.0 ～ 105.0	−10.0 ～ +15.0	−10.0 ～ +15.0	−10.0 ～ +10.0
	95.1 ～ 105.0	85.0 ～ 105.0	−15.0 ～ +10.0	−15.0 ～ +10.0	−15.0 ～ +5.0
	105.1 ～ 115.0	90.0 ～ 110.0	−20.0 ～ −0.1	−20.0 ～ −0.1	−25.0 ～ −5.0
	>115.0	≤110.0	<0	<0	<0

注：气候区应符合《建筑气候区划标准》（GB 50178—93）的规定，具体参见《城市用地分类与规划建设用地标准》（GB 50137—2011）附录 B 图 B——中国建筑气候区划图执行。

3）规划人均单项城市建设用地标准

（1）规划人均公共管理与公共服务用地面积不应小于 5.5 m²/人。

（2）规划人均交通设施用地面积不应小于 12.0 m²/人。

（3）规划人均绿地面积不应小于 10.0 m²/人，其中人均公园绿地面积不应小于 8.0 m²/人。

（4）规划人均居住用地指标应符合表 8-2 的规定。

表 8-2　城市规划人均居住用地指标（m²/人）

建筑气候区划	I 、II、VI、VII气候区	III、IV、V气候区
人均居住用地面积	28.0 ～ 38.0	23.0 ～ 36.0

注：气候区应符合《建筑气候区划标准》（GB 50178—93）的规定，具体参见《城市用地分类与规划建设用地标准》（GB 50137—2011）附录 B 图 B——中国建筑气候区划图执行。

（5）编制和修订城市（镇）总体规划应以该标准作为规划单项市建设用地的远期规划控制标准。

4. 城市总体规划其他专题研究

城市总体规划的专题研究是针对城市规划过程中所面对或需要解决的问题而进行的研究。这类研究通常都是寻找针对具体问题的应对策略，是城市总体规划编制工作进一步开展的基础。通过专题研究，为编制城市总体规划时对这些问题的解决提供依据，同时可以使规划过程更加科学和合理。

城市总体规划的专题研究根据各个城市的具体情况和具体要求而定，除了对城市性规模、发展方向等进行专题研究外，在城市总体规划阶段，还进行了其他多项专题研究，包括城市发展的区域研究、远景规划模式研究与比较、产业发展战略研究、城市化的目标模式与建设指标体系研究、城市基础设施发展战略研究、城市用地的策略研究、对外交通系统研究、城市住房与居住环境质量的制度与实施的研究等。这些研究覆盖了城市总体规划中所涉及的主要内容和特别需要关注的重大问题，为城市总体规划编制的合理和科学性提供依据。

8.5　市域城镇体系规划的编制

8.5.1　市域城镇体系规划的任务

总体规划中通过市域城镇体系规划的编制，以全国城镇体系规划、省域城镇体系规划及其他上层次法定规划为依据，从区域经济社会发展的角度研究城市定位和发展战略，按照人口与产业、就业岗位的协调发展要求，控制人口规模、提高人口素质，按照有效配置公共资源、改善人居环境的要求，充分发挥中心城市的区域辐射和带动作用，合理确定城乡空间布局，促进区域经济社会全面、协调和可持续发展。

8.5.2　市域城镇体系规划的主要内容

（1）提出市域城乡统筹的发展战略。其中位于人口、经济、建设高度聚集的城镇密集地区的中心城市，应当根据需要，提出与相邻行政区域在空间发展布局、重大基础设施和公共服务设施建设、生态环境保护、城乡统筹发展等方面进行协调的建议。

（2）确定生态环境、土地和水资源、能源、自然和历史文化遗产等方面的保护与利用的综合目标和要求，提出空间管制原则和措施。

（3）预测市域总人口及城镇化水平，确定各城镇人口规模、职能分工、空间布局和建设标准。

（4）提出重点城镇的发展定位、用地规模和建设用地控制范围。

（5）确定市域交通发展策略，确定市域交通、通信、能源、供水、排水、防洪、垃圾处理等重大基础设施、重要社会服务设施、危险品生产储存设施的布局。

（6）根据城市建设、发展和资源管理的需要划定城市规划区。城市规划区的范围应当位于城市的行政管辖范围内。

（7）提出实施规划的措施和有关建议。

8.5.3　市域城乡空间的基本构成及空间管制

1. 市域城乡空间的基本构成

市域城乡空间一般可以划分为建设空间、农业开敞空间和生态敏感空间三大类，也可以细分为城镇建设用地、乡村建设用地、交通用地、其他建设用地、农业生产用地、生态旅游用地等。

（1）城镇建设用地。指城镇各种建设行为所占据的用地。

（2）乡村建设用地。指集镇区建设用地及乡村居民点建设用地。

（3）交通用地。指区域性交通线路及其附属设施所占用的土地。

（4）其他建设用地。主要指独立工矿、独立布局的区域性基础设施用地及特殊用地等。独立工矿用地指独立分布于城镇建成区之外，以工矿生产为主要内容的用地类型，在市域规划中一般指分布于各乡镇的市属及非市属工矿企业用地。独立布局的区域性基础设施用地，指独立于一般城镇建成区的区域性水、电、气、电信等设施所占用的土地。特殊用地指军事、外事、保安等设施用地。这些建设用地类型一般与城乡居民生活无直接关系，因此规划中应单独列出，不宜作为城镇或乡村人均建设用地进行平衡。

（5）农业生产用地。指各类农业生产活动所占用的土地。

（6）生态旅游用地。指各级自然生态环境保护区及其他具有生态意义的山体、水面、水源保护涵养区，具有旅游功能的区域等。

2. 市域城乡空间管制策略

立足于生态敏感性分析和未来区域开发态势的判断，通常对市域城乡空间进行生态适宜性分区，并分别采取不同的空间管制策略。

（1）一般来说，分为以下三类。

（a）鼓励开发区。一般指市域发展方向上的生态敏感度低的城市发展急需的空间。该区用地一般来说基地条件良好，已有一定开发基础，适宜城市优先发展，建设用地比例按照城市规划标准设定。

（b）控制开发区。一般包括农业开敞空间和未来的战略储备空间，航空、电信、高压走廊，自然保护区的外围协调区、文物古迹保护区的外围协调区。该区用地既要满足城市长远发展的空间需求，也要担负区域基本农田保护任务，并具有一定的生态功能，建设用地的投放主要是为满足乡村居民点建设的需要。

（c）禁止开发区。指生态敏感度高、关系区域生态安全的空间，主要是自然保护区、文化保护区、环境灾害区、水面等。

（2）根据国家关于主体功能区的提法及目标要求，又可分为以下四类。

（a）优化调整区。主要指发展基础、区位条件均最为优越，但发展过度或发展方式问题导致资源环境支撑条件相对不足的地区。未来发展的方向是转变经济增长方式、增强科技发展能力、调整空间布局、提高发展的质量与效率。特别应该指出，优化调整区并非所有城市都会出现，只有我国东部发达地区那些工业化、城市化程度较高且资源环境压力较大的部分县市级单元才有可能出现这种空间发展类型。

（b）重点发展区。主要指发展基础厚实、区位条件优越、资源环境支撑能力较强的地区，是区域未来工业化、城市化的最适宜扩展区和人口集聚区。未来主要以加快发展，壮大规模为主，并合理布局产业，促进产业集聚。

（c）适度发展区。主要指发展基础中等，区位条件一般，资源环境支撑能力不足，工业化、城市化发展条件一般的地区；或者虽然各方面发展条件较好，但由于受到土地开发总量的限制或者出于景观生态角度的考虑而无法列入重点发展区的地区。

（d）控制发展区。主要指工业化、城市化的不适宜区，包括各类生态脆弱区，以及各方面发展潜力不够，工业化、城市化发展条件最差的地区。这类区域的主体功能是生态环境功能，是整个区域主要的生态屏障。其中，建立于生态保护价值基础的旅游资源开发，是该区的重要功能。

8.5.4 市域城镇空间组合的基本形式

市域城镇空间由中心城区及周边其他城镇组成，主要有如下几种组合类型。

（1）均衡式。市域范围内中心城区与其他城镇的分布较为均衡，没有呈现明显的聚集。

（2）单中心集核式。中心城区集聚了市域范围内大量的资源，首位度高，其他城镇的分布呈现围绕中心城区、依赖中心城区的态势，中心城区往往是市域的政治、经济、文化中心。

（3）分片组团式。市域范围内城镇由于地形、经济、社会、文化等因素的影响，若干个城镇聚集成团，呈分片布局形态。

（4）轴带式。这类市域城镇组合类型一般是由于中心城区沿某种地理要素扩散，如交通道路、河流及海岸等，市域城镇沿一条主要伸展轴发展，呈"串珠"状发展形态。中心城区向外集中发展，形成轴带，市域内城镇沿轴带间隔分布。

市域城镇空间组合类型示意图如图 8-1 所示。

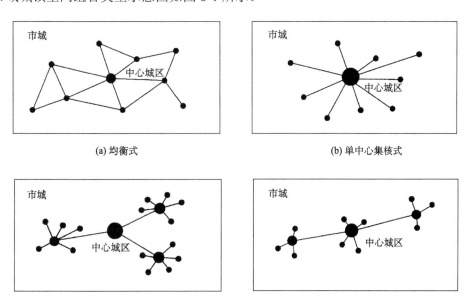

(a) 均衡式 (b) 单中心集核式

(c) 分片组团式 (d) 轴带式

图 8-1 市域城镇空间组合类型示意图

8.5.5 市域城镇发展布局规划的主要内容

1. 市域城镇聚落体系的确定与相应发展策略

目前，市域城镇发展布局规划将市域城镇聚落体系分为"中心城市—县城—镇区—乡集镇—中心村"五级体系。一些经济发达的地区，从节约资源和城乡统筹的要求出发，结合行政区划调整，实行"中心城区—中心镇—新型农村社区"的城市型居民点体系。市域城镇发展布局应根据当地城镇发展条件，对市域城镇聚落体系进行合理安排，并提出相应发展策略促使市域城镇聚落体系优化发展。

2. 市域城镇空间规模与建设标准

基于科学发展观和五个统筹的思想，市域城镇空间规模应秉承合理利用土地、集约发展的原则。市域城镇发展规划应结合市域城乡空间管制的内容，根据城镇的发展条件和发展状况，对未来市域城镇空间的城市化水平、人口规模、用地规模等进行合理预测，并针对不同城镇确定相应的建设标准。

3. 重点城镇的建设规模与用地控制

重点城镇是市域城镇发展的集中区，也是各种发展要素的聚集地，对于拉动整个市域的发展有着重要作用。重点镇建设规模是否合理关系到整个市域的健康、快速发展。市域城镇发展布局规划应专门针对重点镇的建设规模进行研究，提出相应的用地控制原则，引导重点镇的良好发展。

4. 市域交通与基础设施协调布局

市域交通与基础设施的合理布局是市域城镇发展的基础。交通和基础设施的布局一方面要满足市域内城镇发展的基本要求，另一方面又要引导市域城镇在空间上的合理布局。市域城镇发展布局规划应对市域交通与基础设施的布局进行协调，按照可持续发展原则，避免重复建设，优化市域城镇的发展条件。

5. 相邻地段城镇协调发展的要求

市域是一个开放系统，一方面市域城镇聚落体系是和周边市的发展相互联系的，存在着相互之间交叉服务的情况，另一方面市域基础设施也是与大区域内的基础设施相连接的。因此，在进行市域城镇发展布局规划时，要对周边市的发展状况详细调查，从大区域上协调本市与相邻地段城镇的发展。

6. 划定城市规划区

市域城镇发展布局规划应根据城市建设、发展和资源管理的需要划定城市规划区。城市规划区应当位于城市行政管辖范围内。

8.6　中心城区规划的编制

8.6.1　中心城区规划的任务

中心城区是城市发展的核心地域，包括规划城市建设用地和近郊地区。中心城区规划的编制要从城市整体发展的角度，在综合确定城市发展目标和发展战略的基础上统筹安排城市各项建设，体现城市规划工作的特点。首先城市规划对中心城区建设和发展所具有的引导和控制功能既要从发展需求的角度合理安排城市的功能和布局，又要处理好保护和发展关系，对各类资源和环境实施有效保护和空间管制并以强制性规定加以明确。其次在提高中心城区发展效率的同时，要充分关注社会的公共利益，在居住、交通及公益性公共服务和基础设施配置等方面体现城市规划的公共政策属性。最后要处理好前瞻性和操作性的关系，既要从长远角度提出中心城区发展的重点和方向，又要从规划实施和控制角度明确规划管理的标准和任务，为保证规划落实提供依据。

此外，在城市总体规划阶段，涉及的专项规划包括综合交通、环境保护、商业网点、医疗卫生、绿地系统、河湖水系、历史文化名城保护、地下空间、基础设施、综合防灾等。在总体规划阶段应当明确这些专项规划的原则。

8.6.2　中心城区规划的主要内容

（1）分析确定城市性质、职能和发展目标。

（2）预测城市人口规模。

（3）划定禁建区、限建区、适建区和已建区，并制定空间管制措施。

（4）确定村镇发展与控制的原则和措施；确定需要发展、限制发展和不再保留的村庄，提出村镇建设控制标准。

（5）安排建设用地、农业用地、生态用地和其他用地。

（6）研究中心城区空间增长边界，确定建设用地规模，划定建设用地范围。

（7）确定建设用地的空间布局，提出土地使用强度管制区划和相应的控制指标（建筑密度、建筑高度、容积率、人口容量等）。

（8）确定市级和区级中心的位置和规模，提出主要的公共服务设施的布局。

（9）确定交通发展战略和城市公共交通的总体布局，落实公交优先政策，确定主要对外交通设施和主要道路交通设施布局。

（10）确定绿地系统的发展目标及总体布局，划定各种功能绿地的保护范围（绿线），划定河湖水面的保护范围（蓝线），确定岸线使用原则。

（11）确定历史文化保护及地方传统特色保护的内容和要求，划定历史文化街区、历史建筑保护范围（紫线），确定各级文物保护单位的范围；确定特色风貌保护重点区域及保护措施。

（12）研究住房需求，确定住房政策、建设标准和居住用地布局；重点确定经济适用房、普通商品住房等满足中低收入人群住房需求的居住用地布局及标准。

（13）确定电信、供水、排水、供电、燃气、供热、环卫发展目标及重大设施总体布局。

（14）确定生态环境保护与建设目标，提出污染控制与治理措施。

（15）确定综合防灾与公共安全保障体系，提出防洪、消防、人防、抗震、地质灾害防护等规划原则和建设方针。

（16）划定旧区范围，确定旧区有机更新的原则和方法，提出改善旧区生产、生活环境的标准和要求。

（17）提出地下空间开发利用的原则和建设方针。

（18）确定空间发展时序，提出规划实施步骤、措施和政策建议。

8.6.3　城市发展战略规划

1. 城市发展目标、战略重点与措施

1）城市发展目标

城市发展目标是一定时期内城市经济、社会、环境的发展所达到的目的和指标，通常可分为以下四个方面的内容。

（1）经济发展目标。包括国内生产总值（GDP）等经济总指标、人均国民收入等经济效益指标及第一、第二、第三产业之间的比例等经济结构指标。

（2）社会发展目标。包括人口规模等人口总量指标、年龄结构等人口构成指标、平均寿命等反映居民生活水平的指标及居民受教育程度等人口素质指标。

（3）城市建设目标。建设规模、用地结构、人居环境质量、基础设施和社会公共设施配套水平等方面的指标。

（4）环境保护目标。城市形象与生态环境水平等方面的指标。

2）城市发展战略重点

战略重点是指对城市发展具有全局性或关键性意义的问题，为了达到战略目标必须要明确战略重点。城市发展的战略重点所涉及的是影响城市长期发展和事关全局的关键部门和地区的问题。战略重点通常表现在以下方面。

（1）城市竞争中的优势领域。遵循客观的市场竞争规律把自己的优势作为战略重点，在比较优势的基础上不断提升核心竞争优势，争取主动，求得不断创新和发展。例如，有的城市虽然交通区位突出但并没有转化为经济区位优势，对此就应注重对交通资源的整合，处理好交通发展与城市功能布局的关系。

（2）城市发展中的基础性建设。科技是推动社会经济发展的根本动力资源，能源是工业发展和社会经济发展的基础，教育是提高劳动力素质和产生人才的基础，交通是经济运转和流通的基础，因此科技、能源、教育和交通经常被列为城市发展的重点。

（3）城市发展中的薄弱环节。城市是由不同的系统构成的有机联系和互相制约的整体，如果系统或某一环节出现问题将影响整个战略的实施，该系统或环节也会成为战略重点。例如，受到资源约束的城市要深入分析本地区的资源环境承载能力。

（4）城市空间结构和拓展方向。城市空间增长的过程反映了社会经济发展的需求。例如，城市发展的方向、空间布局结构及在时序关系上都会因不同阶段城市发展的需求而改变。

需要指出的是战略重点是阶段性的，随着内外部发展条件的变化，城市发展的主要矛盾和矛盾的主要方面也会发生变化，重点发展的部门和区域会发生转换，因而城市发展战略重点会发生转移。战略重点的转移往往成为划分城市发展阶段的依据。

3）城市战略措施

战略措施是实现战略目标的步骤和途径，是把比较抽象的战略目标、重点具体化、使之可操作的过程。战略措施通常包括基本产业的政策、产业结构的调整、空间布局的改变、空间开发的顺序、重大工程项目的安排等方面。政策研究在战略措施中占有重要地位。

城市发展战略的制定必须具有前瞻性、针对性和综合性。既要有宏观的视角，也要有微观的可操作的措施，必须考虑城市发展的"软件"因素，同时注意体现"软中有硬"的整体发展思路。

2. 城市职能

1）城市职能的概念

城市职能是指城市在一定地域内的经济、社会发展中所发挥的作用和承担的分工。城市内部各种功能要素的相互作用是城市职能的基础，城市与外部（区域或其他城市）的联系和作用是城市职能的集中体现。城市是外部作用与内部功能相统一的整体。

城市职能是由该城市为外部提供的产品和服务来体现的，由专业化部门（对外服务部门）、职能强度（对外服务部门的专业化程度反映了该职能在该城市经济中的作用大小）、职能规模（某一职能对外服务规模大小反映了该职能在区域或国家经济中的贡献）三个要素组成。

2）城市职能分析

分析城市的职能一般可以根据以下的城市职能构成来考虑。

（1）特殊职能与一般职能。特殊职能是指代表城市特征的、不为每个城市所共有的职能，如金融中心、风景旅游、采掘工业、冶金工业等，特殊职能一般较能体现城市性质；一般职能则是指每个城市必须具备的功能，如为本城市居民服务的商业、饮食业、服务业和建筑业等。

（2）基本职能与非基本职能。基本职能是指为城市以外地区服务的职能，非基本职能是指城市为自身居民服务的职能。基本职能是城市发展的主动和主导的促进因素。

（3）主要职能和辅助职能。主要职能是城市职能中比较突出的、对城市发展起决定性作用的职能，辅助职能是为主要职能服务的职能。

城市的特殊职能与一般职能、基本职能与非基本职能、主要职能与辅助职能相互交织，构成了城市职能的整体。每类的前者体现了城市对外的关联作用，其重要性在于对国家建设和经济社会发展的直接贡献。而每类的后者虽然不能直接体现对外的作用，却直接制约着整个城市的协调运转和有序发展，对前者有着不可忽视的影响。

3）城市职能的分类

城市职能分类的研究是为确定城市性质而进行的。总体规划一般采用分析现状和未来各经济部门的产值和就业结构比例及各功能用地结构来确定主导职能，从而作为确定城市性质的主要依据。较具代表性的城市职能定性分类大致有以下几种方式。

（1）以各级行政中心职能划分。

城市按行政机构等级划分为首都、省会城市、地区中心城市、县城、片区中心乡镇等，这类城市一般具有行政、经济、文化、交通中心等功能。其中，县城在我国城市中数量最多，是联系广大农村的纽带和工农业物资的集散地。在城乡经济迅速发展、城乡关系更加密切的情况下建制镇、集镇、村镇都成为城市规划工作服务的范围。

（2）以经济职能划分。

（a）综合性中心城市。综合性中心城市既有经济、信息、交通等方面的中心职能，也有政治、文教、科研等非经济机构的主要职能。中心城市功能与其影响范围相关，一般为国际性或全国性的中心城市，如北京、上海、天津、重庆等；区域性或省域中心城市，如一般的省会、自治区首府等；此外还有一些更小范围的地区性的中心城市。这类城市一般比周边城市规模更大、服务业更发达、在用地组成与布局上更为综合复杂。

（b）以某种经济职能划分的城市。以经济职能划分可以分为工业城市、商贸城市、交通城市等。工业城市以工业生产职能为主，一般工业用地及对外交通用地占较大比例。这类城市又可按工业构成情况划分为单一性工业城市和综合性工业城市，单一性工业城市有多种类型，如东营市、玉门市、茂名市等是石油化工城市，伊春市等是林业城市，平顶山市、淮南市等是矿业城市；综合性工业城市则由多种工业部门构成，如株洲市、常州市等。商贸城市如义乌市、台州市的独立组团路桥区等。交通城市往往是由对外交通运输发展起来的，对外交通运输职能决定了城市的性质，其对外交通用地及由此发展的工业用地比重突出。按运输条件可划分为：铁路枢纽城市，如徐州、鹰潭、襄阳、阜阳等市；海港城市，如大连、天津、湛江、秦皇岛、连云港等市；内河港口城市，如芜湖、宜昌、九江、张家港等市；水陆交通枢纽城市，如武汉、重庆等市。

（c）以其他特殊职能划分的城市。有些城市因具有特殊职能，城市建设和布局有异于一般城市。

科研、教育城市。这类城市在国外很多，如牛津、剑桥等。随着我国大力推进科教兴国，近年不少地方纷纷在建设大学城，如陕西杨凌以西北农林科技大学为核心的国家级农业高新技术产业示范区等。

历史文化名城。我国于1982年、1986年、1994年批准了三批国家级历史文化名城共99座，后来增补到110座，并于2003年先后公布了133座历史文化名镇、108个历史文化名村。

风景旅游和休疗养城市。如桂林、北戴河、黄山、三亚等。

边贸城市。如二连浩特、满洲里、景洪、伊宁等。

经济特区城市。如深圳、珠海等。

3. 城市性质

1）城市性质的概念

城市性质是指城市在一定地区、国家以至更大范围内的政治、经济与社会发展中所处的地位和所担负的主要职能。城市性质代表了城市的个性、特点和发展方向。城市性质是由城市形成与发展的主导基础因素决定的，是由该因素组成的基本部门的主要职能所体现的。

城市性质是城市建设的总纲，确定城市性质是总体规划的首要内容。不同的城市性质实际上决定着不同城市的特征和工作重点，是指导城市建设发展的方向和用地构成的重要依据，对确定城市规模、城市用地组织的特点及各种市政公用设施的配置水平等起着重要的作用。正确拟定城市性质是决定一系列技术经济措施及相应的技术经济指标的前提和依据，有利于合理选定城市建设项目，突出规划结构的特点，为规划方案提供可靠的技术经济依据。例如，交通枢纽城市和风景旅游城市在城市用地构成上有明显的差异。

城市性质也不是一成不变的，建设的发展或客观需要、客观条件变化都会促使城市有所变化从而影响城市性质。例如，北京在中华人民共和国成立后提出变消费性城市为生产性城市，随着政治中心和文化中心地位的确立，又提出要发展成为工业经济中心城市。庞大的综合功能，特别是过多发展高能耗、高水耗、大运量、大占地量和污染严重的钢铁、石油化工等多项工业，给城市发展带来了很重负担，导致了交通组织、水电供应、环境条件等方面的一系列问题。1980 年以来，控制和削减不宜在北京发展的若干工业部门，突出其政治、文化中心的职能。2004 年新一轮北京总体规划提出的城市性质是"中华人民共和国的首都、全国的政治中心和文化中心、世界著名古都和现代国际城市"。

2）确定城市性质的依据和方法

确定城市性质就是综合分析城市的主导因素和特点，明确城市的主要职能，指出其发展方向。一般可以从三个方面来认识和确定。

（1）城市的宏观综合影响范围和地位。城市的地位是与城市的宏观影响范围相联系的，这一范围往往是一个相对稳定的、综合的区域，即城市的区域功能作用的范围，也可以概括为宏观区位。在界定宏观区位的基础上，可以分为国际性的、全国性的、地方性的或流域性的，再明确城市在其中的地位，如中心城市、交通枢纽、能源基地、工业基地等。

（2）城市的主导产业结构。分析主导产业结构是认识城市在国民经济中的职能和分工的重要方法。这种方法强调通过对主要部门经济结构的系统研究，拟定具体的发展部门和行业方向。对一个具体城市而言，可以采用规范的经济统计数据，如某一门类产业职工人数、产值或产量所占的比重，分析认识主导产业，如钢铁、汽车工业的地位突出，则可以将这一城市定位为以钢铁工业、汽车工业等为主的城市。构成城市主导职能的各行业或部门会因新的经济形势而发生变化，要避免以静态的部门结构来主导城市性质。

（3）城市的其他主要职能和特点。城市的其他主要职能是指在以政治、经济、文化中心作用为内涵的宏观范围分析和以产业部门为主导的经济职能分析之外的职能，一般包括历史文化属性、风景旅游属性、军事防御属性等。城市自身所具备的条件包括资源条件、自然地理条件、建设条件和历史及现状基础条件，也是确定城市性质时的重要考虑因素。

城市性质的确定往往会在综合以上三个方面的分析基础上，进行对应的具体表述。例如，杭州市城市性质为"长江三角洲中心城市之一，浙江省省会和经济、文化科教中心，国家历史文化名城和重要的风景旅游城市"。

同时，在确定城市性质时，还应注意以下几个方面。

首先，城市性质和城市职能既有联系又有区别。城市性质是最主要、最本质职能的反映，是对城市职能中的特殊职能、基本职能、主要职能的综合概括。城市职能一般是通过城市现状资料的分析对城市现状客观存在的职能的描述。而城市性质则一般表示城市规划期内的目标或方向，带有明显的未来发展指向。既要避免把城市职能现状照搬到城市性质上，又要避免脱离现状职能完全理想化地确定城市性质。同时也要避免城市性质与城市特色混淆，城市特色一般是城市的自然、社会、人文等方面突出的特点，内容较为宽泛。

其次，确定城市性质要从区域视角采取定量和定性分析的方法。确定城市性质既要分析城市本身发展条件和需要，也要从地区乃至更大的范围着眼研究国家的宏观区域政策和上一层次区域规划的要求，开展区域分析和城市对比研究，分析该城市在国家或区域中的独特作用，根据国民经济合理布局及区域城市职能的合理分工来分析确定城市性质，使城市性质与区域发展条件相适应。与相关区域中其他城市，或与发展条件和职能类型相似的城市进行对比分析。定性分析主要研究城市在一定区域内政治、经济、文化等方面的作用和地位。定量分析是在定性基础上对城市职能特别是经济职能，采用一定的技术指标，从数量上确定主导产业部门的性质。只有从区域宏观范畴深入地分析和比较城市的区域条件、经济结构和职能特点，充分考虑发展变化的因素，预测其发展的前景，根据城市的实情，扬长避短发挥优势，才能够更准确地把握各个城市性质的特殊性。

城市性质的表述要准确、简练、明确。一要突出特色充分反映城市特点避免将城市的"共性"作为城市的性质，或者是不区分城市基本因素的主次；二要不回避"雷同"，例如，一般县城都有政治、经济、文化、交通等中心职能，但可用"中心城市"来概括；三要避免罗列，例如，将城市的主导产业方向按照产业门类一一罗列。

8.6.4　中心城区的用地布局规划

1. 城市建设用地选择的原则

（1）遵守《中华人民共和国城乡规划法》、《中华人民共和国土地管理法》、《城市规划编制方法》及相关法律、法规和技术规定中有关土地利用的规定。

（2）了解并遵循《中华人民共和国物权法》、《中华人民共和国环境保护法》、《中华人民共和国水法》等相关国家法律中对于土地利用的相关条文规定。

（3）用地选择应对用地的工程地质条件做出科学的评估，要结合城市不同功能地域对用地的不同空间与环境质量要求，尽可能减少用地的工程准备费用，降低城市工程建设所产生的碳排放，同时做到地尽其利、地尽其用，合理利用土地资源和自然环境资源。

（4）注意保护环境的生态结构原有的自然资源和水系脉络，以及地域的文化遗产。

（5）城市用地选择应当有经济、社会的意识与视角，充分体现出城市空间对于城市经济与产业、社会发展与和谐、区域共生与协作的支撑作用与促进作用。

（6）新城选址或各种开发区选址，既要满足建设空间与环境的需要，又要为将来进一步发展预留余地与方向；旧城扩建用地选择，要结合旧区的布局结构考虑扩展重构城市功能布局的合理性，要充分利用旧城的设施基础节省建设投资。

上述城市用地选择的原则构成的是一个复杂的决策体系，除了法律的刚性规定以外，其他影响因素之间及内部都可能构成相互冲突的两难困境，并且这些要素之间也不存在绝对的优先度，划分不同的城市发展阶段及不同的发展愿景，都可能造成各个要素在城市管理者、市民和规划师心目中权重的变化。在很多情况下对这些影响因素和选择原则的认识、排序与调和决定了城市规划的质量与水平，而在很大程度上，这依赖于城市规划师的知识能力、实践经验、投入程度与沟通技巧。

2. 城市用地布局的类型

集中发展和分散发展始终是影响城市用地布局的两种重要力量。已有的各种理想城市形态也都可以回归到这两种基本发展模式。有关城市布局形态出现过许多类型的研究，综合不同的研究成果，按照城市的用地形态和道路骨架形式可以大体上归纳为集中和分散两大类。

1）集中式布局的城市

集中式的城市布局就是城市各项主要用地集中成片布置。其优点是便于设置较为完善的生活服务设施，城市各项用地紧凑、节约，有利于保证生活经济活动联系的效率和方便居民生活。一般情况下鼓励中小城市集中发展，此类城市在布局中需要处理近期和远期的关系，规划布局要有弹性，为远期发展留有余地，避免远期出现功能混杂和干扰的现象。集中式的城市布局可进一步划分为网格状、环形放射状等类型。

（1）网格状。网格状城市是最为常见和传统的空间布局模式，由相互垂直的道路网构成，城市形态规整，易于适应各类建筑物的布置，但如果处理得不好，也易导致布局上的单调。这种城市形态一般容易在没有外围限制条件的平原地区形成，不适于地形复杂地区。这一形态能够适应城市向各个方向上扩展，更适合于汽车交通的发展。路网具有均等性，各地区的可达性相似，因此不易于形成显著的、集中的中心区。主要案例城市如洛杉矶、凯恩斯等。华盛顿在网格状路网的基础上增加了放射型道路，可视作这一形态的改进型。

（2）环形放射状。环形放射状是大中城市比较常见的城市形态，由放射形和环形的道路网组成，城市交通的通达性较好，有很强的向中心紧凑发展的趋势，往往具有高密度、展示性、富有生命力的市中心。这类形态的城市易于利用放射道路组织城市的轴线系统和景观，但最大的问题在于有可能造成市中心的拥挤和过度集聚，同时用地规整性较差，不利于建筑的布置。这种形态一般不适于小城市。主要案例城市如北京、巴黎等。

2）分散式布局的城市

这种类型的布局形态最主要的特征是城市空间呈现非集聚的分布方式，包括组团状、带状、星状、环状、卫星状、多中心与组群城市等多种形态。

（1）组团状。组团状形态的城市是指一个城市分成若干块不连续的城市用地，每块之间被农田、山地、较宽的河流、大片的森林等分割。这类城市的规划布局可根据用地条件灵活编制，比较好处理城市发展的近、远期关系，容易接近自然并使各项用地各得其所。关键是要处理好集中与分散的"度"，既要合理分工、加强联系，又要在各个组团内形成一定规模，使功能和性质相近的部门相对集中分块布置，组团之间必须有便捷的交通联系。

（2）带状（线状）。带状形态的城市大多是由于受地形的限制和影响，城市被限定在一个狭长的地域空间内，沿着一条主要交通轴线两侧呈长向发展，平面景观和交通流向的方向性较强。这种城市的空间组织有一定优势，但规模应有一定的限制，不宜过长，否则交通物耗过大，必须发展平行于主交通轴的交通线。主要案例城市如深圳、兰州等。

（3）星状（指状）。星状形态的城市通常是从城市的核心地区出发，沿多条交通走廊定向向外扩张形成的空间形态，发展走廊之间保留大量的非建设用地。这种形态可以看成在环形放射城市的基础上叠加多个线形城市形成的发展形态。放射状、大运量公共交通系统的建立，对这一形态的形成具有重要影响。加强对发展走廊非建设用地的控制是保证这种发展形态的重要条件。主要案例城市如哥本哈根等。

（4）环状。环状形态的城市一般围绕着湖泊、山体、农田等核心要素呈环状发展。在结构上可看成是带状城市在特定情况下首尾相接的发展结果。与带状城市相比，由于形成闭合的环状形态，各功能区之间的联系较为方便。由于环形的中心部分以自然空间为主，可为城市创造优美的景观和良好的生态环境条件。但除非有特定的自然条件限制或严格的控制措施，否则城市用地向环状中心扩展的压力极大。典型案例如新加坡、浙江台州、荷兰兰斯塔德地区等。

　　3）城市用地空间布局的主要原则

　　（1）城乡结合、统筹安排。

　　（2）功能协调、结构清晰。

　　（3）依托旧区、紧凑发展。

　　（4）分期建设、留有余地。

　　4）自然条件对城市总体布局的影响

　　（1）地貌类型。地貌类型包括山地、高原、丘陵、盆地、平原、河流谷地等，它对城市的影响体现在选址、地域结构和空间形态等方面。

　　（2）地表形态。地表形态包括地面起伏度、地面坡度、地面切割度等。地表形态对城市布局的影响主要体现在：①山地丘陵城市的市中心一般选在山体的四周进行建设，将自然风光与城市环境有机结合，形成特色；②居住区一般布置在用地充裕、地表水丰富的谷地中；③工业特别是污染工业应布置在地向较高、通风良好的城市下风向区域。

　　（3）地表水系。流域的水系分布、走向对污染较重的工业用地和居住用地的规划布局有直接影响，规划中居住用地、水源地特别是取水口应布置在城市的上游地带。

　　（4）地下水。地下水的流向应与地面建设用地的分布及其他自然条件一并考虑，以防止地下水污染影响到居住区生活用水的质量。

　　（5）风向。在城市用地规划布局时，一定要考虑盛行风、静风所形成的工业污染对居住区的影响。

　　5）城市用地布局模式选择的基本办法

　　城市用地布局应体现前瞻性、综合性和可操作性，紧密结合我国城镇化发展的基本方针，即坚持走中国特色的城镇化道路，按照循序渐进、节约土地、集约发展、合理布局的基本要求，努力促进资源节约、环境友好、经济高效、社会和谐的城镇发展新格局。一般要考虑以下几个方面的基本要求。

　　（1）立足区域，讲求整体。可概括为增强区域整体发展观念；把握影响城市与区域整体性发展的因素；促进城乡融合，建立合理的城乡空间体系。

　　（2）节约紧凑，强化结构。可概括为集中紧凑节约用地；明确重点，抓住城市建设和发展的主要矛盾；规划结构清晰，内外交通便捷。

　　（3）远近结合，弹性生长。可概括为近期建设与远期发展相结合；旧区与新区发展兼顾；注重发展弹性。

　　（4）保护环境，突出特色。可概括为以生态与环境资源作为城市发展的前提；保护环境，营造和谐的城市空间；注重城市空间和景观的布局艺术。

　　3. 居住用地规划布局

　　居住用地规划布局就是为居住功能选择适宜、恰当的用地，并处理好与其他类别用地的关系，同时确定居住功能的组织结构，配置相应的公共服务设施系统，创造良好的居住环境。

　　1）居住用地的组成

　　居住用地指住宅和相应服务设施的用地。具体内容和分类代码见《城市用地分类与规划建设用地标准》（GB 50137—2011）3.3 的规定，如表 8-3 所示。

表 8-3　居住用地分类和代码表

类别代码			类别名称	范围
大类	中类	小类		
R			居住用地	住宅和相应服务设施的用地
	R1		一类居住用地	公用设施、交通设施和公共服务设施齐全，布局完整，环境良好的低层住区用地
		R11	住宅用地	住宅建筑用地、住区内城市支路以下的道路、停车场及社区附属绿地
		R12	服务设施用地	住区主要公共设施和服务设施用地，包括幼托、文化体育设施、商业金融、社区卫生服务站、公用设施等用地，不包括中小学用地
	R2		二类居住用地	公用设施、交通设施和公共服务设施较齐全，布局较完整，环境良好的多、中、高层住区用地
		R20	保障性住宅	住宅建筑用地、住区内城市支路以下的道路、停车场及社区附属绿地
		R21	住宅用地	
		R22	服务设施用地	住区主要公共设施和服务设施用地，包括幼托、文化体育设施、商业金融、社区卫生服务站、公用设施等用地，不包括中小学用地
	R3		三类居住用地	公用设施、交通设施不齐全，公共服务设施较欠缺，环境较差，需要加以改造的简陋住区用地，包括危房、棚户区、临时住宅等用地
		R31	住宅用地	住宅建筑用地、住区内城市支路以下的道路、停车场及社区附属绿地
		R32	服务设施用地	住区主要公共设施和服务设施用地，包括幼托、文化体育设施、商业金融、社区卫生服务站、公用设施等用地，不包括中小学用地

2）居住用地的规划布局

（1）居住用地的选择。居住用地的选择关系到城市的功能布局、居民的生活质量与环境质量、建设经济与开发效益等多个方面。一般应考虑以下几方面要求。

（a）选择自然环境优良的地区，有适于建筑的地形与工程地质条件，避免易发洪水、地震灾害和滑坡、沼泽、风口等不良条件的地区。在丘陵地区，宜选择向阳、通风的坡面。在可能的情况下，尽量接近水面和风景优美的环境。

（b）居住用地的选择应协调与城市就业区和商业中心等功能地域的相互关系，以减少居住—工作、居住—消费的出行距离与时间。

（c）居住用地的选择要十分注重用地及周边的环境污染影响。在接近工业区时，要选择在常年主导风向的上风向，并按环境保护等法规规定间隔有必要的防护距离，为营造卫生、安宁的居住生活空间提供环境保证。

（d）居住用地的选择应有适宜的规模与用地形状，从而合理地组织居住生活、经济有效地配置公共服务设施等。合适的用地形状有利于居住区的空间组织和建设工程经济。

（e）在城市外围选择居住用地，要考虑与现有城区的功能结构关系，利用旧城区公共设施、就业设施，有利于密切新区与旧区的关系，节省居住区建设的初期投资。

（f）居住区用地选择要结合房产市场的需求趋向，考虑建设的可行性与效益。

（g）居住用地的选择要注意留有余地。在居住用地与产业用地相配合一体安排时，要考虑相互发展趋势与需要。例如，产业有一定发展潜力与可能时，居住用地应有相应的发展安排与空间准备。

（2）居住用地的规划布局。城市居住用地在城市总体布局中的分布，主要有以下方式。

（a）集中布置。当城市规模不大，有足够的用地且在用地范围内无自然或人为的障碍，可以成片紧凑地组织用地时，常采用这种布置方式。用地的集中布置可以节约城市市政建设投资，密切城市各部分在空间上的联系，在便利交通，减少能耗、时耗等方面可以取得较好的效果。但若城市规模较大、居住用地过于大片密集布置，可能造成上下班出行距离增加，疏远居住与自然的联系，影响居住生态质量等诸多问题。

（b）分散布置。当城市用地受到地形等自然条件的限制，或受到城市的产业分布和道路交通设施的走向与网络的影响时，居住用地可采取分散布置。前者如在丘陵地区城市用地沿多条谷地展开；后者如在矿区城市，居住用地与采矿点相伴分散布置。

（c）轴向布置。当城市用地以中心地区为核心，沿着多条由中心向外围放射的交通干线发展时，居住用地依托交通干线（如快速路、轨道交通线等），在适宜的出行距离范围内，形成一定的组合形态，并逐步延展。例如，有的城市因轨道交通的建设，带动了沿线房地产业的发展，居住区在沿线集结，呈轴线发展态势。

4. 公共设施用地规划布局

在城市总体规划阶段，公共建筑的分布规划主要是在确定公共建筑用地指标的基础上，根据公共建筑不同的性质，采用集中与分散相结合的方式，对全市性和地区性一级公共建筑进行用地分布，组成城市和地区的公共中心。详细规划阶段则通过具体计算，得出所需公共建筑的用地与建筑面积，结合规划地区的其他建筑，进行具体的布置。

（1）公共建筑的项目要成套地配置。配套的含义或可以有两个方面：一是对整个城市各类的公共建筑，应该配套齐全；二是在局部地段，如居民的公共活动中心，要根据它们的性质和服务对象，配置相互有联系的设施，以方便群众。

（2）各类公共建筑要按照与居民生活的密切程度确定合理的服务半径。根据服务半径确定其服务范围大小及服务人数的多少，以此推算出公共建筑的规模。服务半径的确定是从居民对公共建筑物方便使用的要求出发，同时也要考虑到公共建筑经营的经济性与合理性。不同的设施有不同的服务半径。某项公共建筑服务半径的大小，又将随它的使用频率、服务对象、地形条件、交通的便利程度及人口密度的高低等而有所不同。

（3）公共建筑的分布要结合城市交通组织来考虑。公共建筑是人、车流集散的地点，尤其是一些吸引大量人、车流的大型公共建筑，公共建筑的分布要从使用性质及交通的状况，结合城市道路系统一并安排。例如，幼儿园、小学学校等机构最好是与居住地区的步行道路系统组织在一起，避免车辆交通的干扰。而车站等交通量大的设施，则要与城市干道系统相连接，并不宜过于集中设置，以免引起局部地区交通负荷的剧增。

（4）根据公共建筑本身的特点及其对环境的要求进行布置。公共建筑本身既作为一个环境形成因素，同时它们的分布对周围环境又有所要求。例如，医院一般要求有一个清洁安静的环境；露天剧场或球场的布置，既要考虑它们自身发生的声响对周围的影响，又要防止外界噪声对表演和竞技的妨碍。

（5）公共建筑布置要考虑城市景观组织要求。公共建筑种类多，而且建筑的形体和立面也比较多样而丰富。因此，可通过不同的公共建筑和其他建筑的协调处理与布置，利用地形等其他条件，组织街景与景点，以创造具有地方风貌的城市景观。

（6）公共设施的分布要考虑合理的建设顺序。在按照规划进行分期建设的城市，公共建筑的分布及内容与规模的配置，应该与不同建设阶段城市的规模、建设的发展和居民生活条件的改善过程相适应。安排好公共建筑项目的建设顺序，预留后期发展的用地，使得既在不同建设时期保证必要的公共设施内容，又不至过早或过量地建设，造成投资的浪费。

（7）公共设施的布置要充分利用城市原有基础。老城市公共设施的内容、规模与分布一般不能适应城市的发展和现代城市生活的需要。它的特点是：布点不均匀、门类残缺不一、用地与建筑缺乏、同时建筑质量较差。需要具体结合城市的改建、扩建规划，通过留、并、迁、转、补等措施进行调整与充实。

5. 工业用地规划布局

工业是城市化的动力，更是城市要素之一。工业发展规模及在城市中的布置，往往对城市的性质、规模和总体布局起决定性作用，同时在很大程度上也影响着城市结构的发展。工业生产活动通常占用城市中大面积的土地，工业用地承载着城市的主要活动，构成了城市土地使用的主要组成部分。

1）城市中工业布置的基本要求

工业布局是城市规划的重要组成部分。工业布局合理，将有利于科学地综合开发和利用各地区丰富的自然资源；有利于防止"三废"污染；有利于充分发挥地方的积极性，使工业多快好省地发展；有利于工农结合，城乡结合，加快现代化的步伐。工业布局有以下原则。

（1）工业要接近原料、燃料产地和消费地区。这是社会主义工业合理布局的重要原则之一，这将有利于工业生产力的合理配置和各部门之间的生产协作。

（2）集中与分散相结合。工业区布局适当分散是指在大的地区范围内（省、自治区、直辖市或经济区）要适当分散，多搞一些工业区和工业点，这有利于发展小城镇，控制大城市，并能带动乡镇工业的发展。所谓集中，就是要把互相联系相关的工业企业在一定的地区内适当集中，不宜过于分散。现在许多大城市周围的工业布置过多，过于分散，卫星城市规模过小，生活设施很难配套。这既浪费了大量投资，又对经营管理和生产协作不利。

（3）有利于资源的综合利用和环境保护。环境污染是现代化工业发展过程中产生的一个新问题。环境保护的基本方针是：全面规划，合理布局，综合利用，化害为利。合理地进行工业布局是保护环境的重要措施之一，具体应做到以下几点。

（a）发展有利生产、方便生活的小城镇。这不仅有利于经济发展，而且有利于环境保护。小城镇人口少，污水废物较容易处理，而且周围广阔的田野也利于一些有害物的稀释和净化。

（b）排放"三废"的工业企业，不要布置在城市居民稠密区，已经布置的要改造或逐步迁移。在工业建设中必须把"三废"防治措施与主体工程同时设计，同时施工，同时投产。新建工矿区和居民区间要设置一定的防护绿地。在城市水源地和农业高产区附近不应建"三废"危害严重的工厂。

（c）在峡谷、盆地和气象条件复杂的地区，不应集中布置大量排放"三废"的企业。如必须在这类地区建厂时，则应采取必要的措施，以防止可能出现的污染危害。

（d）要防治工业"三废"对农业的危害，大量排放"三废"的企业，应建立综合利用车间，变废为宝。

2）工业用地的选择

工业用地的选择，不仅应考虑工业用地的自身要求，还应考虑与城市各项用地的关系，尤其是与居住用地的关系，否则，易造成城市布局上难以弥补的缺陷。在现代工业企业中，因生产工艺过程和生产组织的不同，对用地要求也不同。

（1）工业用地一般要求。

在节约用地的前提下，工业用地应有足够的面积，以便合理布置厂房设备，满足生产需要。其地形应能满足生产工艺的要求，用地以规整为好。地势一般以平整为宜，考虑排水，应有 0.5%～2%的地形坡度。

（2）工程地质与水文地质要求。

（a）工业用地应避开 7 级及以上的地震区；

（b）尽量避开断层、滑坡、泥石流、岩溶、湿陷性黄土、淤泥等不良地质地段。

（c）水文地质要求：工业用地的地下水水质应满足有关技术要求，地下水位应低于厂房基础，能满足地下工程的要求。

（d）交通运输要求：工业用地应有便利的交通运输条件，根据当地的情况，应尽量靠近铁路站场（或航运码头、公路干线），并应和有关交通部门协调好引设专用运输线的问题。

（e）防洪要求：工业用地应避开洪水淹没区，或雨水积涝区及大型水库下游地区。应高出当地最高洪水位 0.5m 以上。考虑最高洪水频率，大中型企业采用 100 年一遇，小型企业采用 50 年一遇。

（f）供水与供电要求：在不与农业争水的前提下，工业用地应有水质好、水量够用、距离近的水源地；应有可靠方便的电力供应条件。

（g）有些类型地区不能布置工业项目，如文物古迹埋藏地区、矿物储藏地区、矿物采掘区、埋有较复杂地下设备的地区。

（h）卫生要求：在有烟尘、污水污染的下风、下游地段，有化学或有机物、污染物感染地段，有空气不易流动的窝风地段都不应布置工业项目。

3）工业用地在城市中的布置

在城市中布置工业用地时，一般应按工业性质划分成机械工业用地、化工工业用地、建材工业用地等；同时，根据其污染程度，选择相应的位置。污染严重的工业项目一般都位于城市的下风、下游的边缘地带，而类似服装业、手工业等对居民影响不大的工业项目，则可以分散布置在生活居住用地中，以利于职工就近上下班，但应注意处理好交通问题，尽量减少对生活居住区的干扰。

（1）城市工业用地布置形式有以下几种。

（a）集中的工业区彼此有生产协作关系或共同使用区域性厂外工程的工业企业集中配置在一起，形成一定工业规模和综合生产能力，达到较好的经济效果。工业区按布置的区位不同可分为市区工业区、近郊工业区及远郊工业区。

（b）工业小区（工业街坊）用地规模不大，污染不严重的工业，可集中布置在几个独立的街坊或地段上。这些工业小区或街坊可分布于城市其他用地之间，有利于平衡城市上下班交通量，方便职工上下班。

（c）分散布置用地少、污染小、运输量不大的工业企业可与其他用地混合布置，尤其是一些生产生活用品、食品等，采用前店后厂的小型企业，更适合放在生活居住用地内，既能提高生产厂家的经济效益，又能方便城市居民消费者。

（2）城市工业用地的构成。

不同的工业用地布置形式，其用地构成也不同。用地规模较大的工业区，其构成内容比较多，除了工业企业用地以外，还包括水源（水厂）、动力、能源（电厂或热电站）、污水处理设施、铁路专业线及站场、港口码头、仓库、停车场、公共服务中心、科研教育中心等。

工业小区（街坊）因用地较小，构成除工业企业用地外的其他用地也较小，有变电站、污水处理站、铁路专用线、码头、停车场、公共服务和科研设计单位等。

分散的工业区、点一般以工业企业为主，有的附以变电所等生产必需的设施。

6. 仓库用地规划布局

仓库用地是指专门储存物资的用地。在城市规划中，不包括工业企业内部、对外交通设施内部和商业服务机构内部的仓库占地，而是指在城市中需要单独设置的、短期或长期存放生产与生活资料的仓库和堆场，以及所属道路、行政管理、附属的包装加工及生活服务设施用地。

仓库作为城市的组成要素之一，与其他城市组成要素（如工业、对外交通、生活居住、郊区等）有着密切的联系。它是组织好城市生产活动和生活活动必不可少的物质条件之一。因此，它在城市中的布置涉及面广、因素复杂，必须在城市总体布局中安排好仓库用地。

1）仓库的分类

仓库的分类方法很多，从城市规划的需要角度看，一般可作如下分类。

（1）从城市的卫生安全需要考虑，按储存货物的门类及仓库设备性质分类。

（a）一般性综合仓库。一般性综合仓库的技术设备比较简单，储存物资的物理、化学性能比较稳定，对城市环境没有污染，如百货、土产仓库，无污染、无危险的化工原料仓库，一般性工业成品库和食品仓库（不需冷藏的）等。

（b）特种仓库。是指对用地、交通、设备有特殊要求的仓库，这类仓库对城市环境与安全有一定影响。如冷藏、活口、蔬菜、粮油、燃料、建材及易燃、易爆、剧毒的化工原料等仓库。

（2）从城市的使用要求考虑，按使用性质分类。

（a）储备仓库。储备仓库主要用于存放国家或地区储备或战备物资，如粮食、石油、工业品、设备等。这类仓库主要不是为本城市服务的，存放的物资流动性不大，但仓库的规模一般较大，而且对交通运输条件要求较高。

（b）转运仓库。转运仓库是为路过本城，并在本城中转的物资作短期存放用的仓库。它不承担产品的加工与包装，但这类仓库必须与对外交通设施（如车站、码头等）密切结合。

（c）供应仓库。供应仓库主要是把收购的零散物资暂时存放，待集中后批发转运出去，如农副土特产品的收购仓库等。

2）仓库在城市中的布置

（1）仓库用地布置的一般原则。

（a）满足仓库用地的一般技术要求。地势高亢，地形平坦，地形坡度为 0.5%～3% 的地段最适宜布置仓库。这种地形坡度可保证良好的自然排水。地下水位不能过高，不应把仓库布置于低洼潮湿的地段。蔬菜仓库的地下水位同地面的距离应大于 2.5m，储存室在地下的食品和材料库，地下水位应离地面 4m 以上。土壤承载力要高，尤其沿河岸修仓库时，应认真调查河岸的稳定性和土壤承载力。

（b）有利于交通运输。仓库用地必须具备方便的交通运输条件，最好接近货源和供应服务地区，应合理组织货区和货物运输，最大方便地为生产生活服务。

（c）有利于建设和经营使用。不同类型的仓库最好能分别布置在城市的不同地段，同类型仓库尽可能集中，紧凑布置，但居民日用品供应仓库应均匀分布，以便接近供销网点。

（d）合理利用用地。仓库应有足够的用地，但不应浪费用地。仓库总平面布置应集中紧凑，在条件允许时，应提高仓库建筑层数，积极采用竖向运输与储存设施。

（e）兼顾城市其他要素。在沿河（海）岸边布置仓库时，应同时兼顾居民生活、游憩需要使用河（海）岸线的问题。与城市没有直接关系的储备仓库与转运仓库，应布置在城市生活居住用地以外的河（海）岸边，增加生活岸线长度。

（f）注意保护城市环境。仓库用地的布置应注意环境的保护，防止污染产生，确保城市卫生与安全。

（2）仓库在城市中的布局。

在小城市中，必须设置独立的地段来布置各种类型的仓库。尤其是县城，城市用地范围不大，但由于县城是城乡物资交流与集散的中心，需要设置较多类型的仓库与堆场。在规划布置时，较多类型的仓库中，应以国家（或地区）储备仓库和地区转运仓库作为城市仓库用地布置的重点。因为这类仓库一般储量较多，占地又大，运输繁忙，所以宜相对集中地布置在城市的边缘，并靠近铁路车站、公路或水运码头，以便于城乡物资的集散。在河道较多的小城市，城乡物资交流与集散大多利用河流水运，仓库也可沿河布置。

应当引起注意的是，小城市要防止将那些占地较大的仓库放在市区，造成城市布局的不合理或仓库使用上的不方便。

（a）大中城市的仓库。应按仓库的使用性质与类型分成若干仓库区，仓库区的分布也应采用集中与分散相结合的方式。在布置仓库区时，要配置相应的交通运输线路和基础设施，并按它们各自的特点与要求，在城市中适当分散布置在恰当的地段。在城市中，仓库用地的过分集中或过于分散对城市总体布局、交通运输的组织及战备都不利。

（b）转运仓库。转运仓库属于路过转运、短期储存，与本城市没有多大关系的仓库，一般也应设置在城市边缘或郊区。但布置时，宜靠近铁路车站、公路与码头等对外交通设施，以尽量减少货物的短途运输，方便运转。

（c）收购仓库。如农副产品、当地土特产收购仓库，一般应设置在货源来向的郊区入城干道口或水运必须经过的入口处，便于收购和集中后转运，在布置时要慎重，不能因此而引发收购旺季阻塞入城干道交通的现象再现。

（d）供应仓库或一般性综合仓库。这类仓库储存的物资门类繁多，要根据物资类别和储量大小布置在城市的不同地段。储存与居民生活关系密切的一般性物品仓库，若运输量不大又没有污染，布置时应尽量接近城市内它所供应的街区。例如，一般生活用品仓库就可布置在居住区内，但应具备方便的市区交通运输条件。对那些用地规模大、运输多，或有其他特殊要求的仓库进行布置时应另外考虑。

（e）特种仓库、冷藏库。在城市中，这种仓库往往结合屠宰场、加工厂、毛皮处理厂、活口仓库等一起布置。冷藏库设备多，运输量大，有一定的气味和污染，对环境有一定影响，故多设置在城市郊区，并注意防治其污染。蔬菜仓库应设于城市边缘通向郊区的入城干道处，但不宜过分集中布置，以免运输距离拉得过长，损耗太大。木材与建筑材料仓库这种仓库运输量大、占地多，常设在城郊对外交通运输线的附近。燃料与易燃材料仓库如石油、煤炭及其他易燃物品仓库，应满足防火要求。

7. 城市用地布局与城市交通系统的关系

1）城市交通系统的组成

现代城市交通是由多部门共同构成的一个组织庞大、复杂、严密而又精细的体系。就其空间分布来说有城市对外的市际与城乡间的交通、有城市范围内的市区与市郊间的交通；就其运输方式来说有轨道交通、道路交通（机动车、非机动车与步行）、水上交通、空中交通、管道运输与传送带等；就其运行组织形式来说有公共交通、准公共交通和个体交通；就其输送对象来说有客运交通与货运交通。

随着运输市场的发展必然会出现各种运输方式之间的竞争局面，需求方也有了多种选择的机会。而对于城市规划来说，如何充分利用各种交通条件是一项重要的工作。

2）城市交通系统类型布局的要求

（1）铁路在城市中的布置。铁路运输具有高速度、大运量、成本低、投资多、不受季节气候条件限制、安全可靠性较好等特点，是主要对外交通方式。目前，我国铁路运输的特点是：货运比重逐步上升成为货运的主导方式；铁路短途客运已逐步被公路运输的发展所替代，铁路主要承担长途客运。

铁路与城市发展的关系密切，相辅相成。交通条件越好，经济发展越快，城市越大，越易成为大的交通枢纽。但因铁路运输设备的深入城市，又给城市带来了交通阻断、噪声和环境污染等干扰。在城市中如何合理地布置铁路用地，是城市规划中一项复杂的工作。

（2）公路在城市中的布置。公路运输又称汽车运输，在各类城市对外交通的方式中是唯一可以实现"门到门"式的运输服务，非常方便和灵活，故也是分布面最广的城市对外交通运输方式。公路运输有长途运输与短途运输之分。与较远的城市之间的运输称为长途运输。在城市范围内，直接为城乡的工矿企业和人民生活需要服务的客货运输称为短途运输。随着现代化的发展，汽车运输也出现了许多新的运输方式和运输工具，例如，与铁路运输相结合则出现了驮背运输和公路两用车、人车双载列车等运输方式；滚装船则集汽车与水运的优点于一身。国外还出现了一种被称为"空中休息室"的交通工具，既是公共汽车厢，又能悬挂于直升机下直达民航机场客机前。整个公路运输正向着高速度、大吨位、长距离的方式迈进。

大中城市都是公路的枢纽，县级城市一般也都是公路的起讫点或中间站。我国的许多老城市往往是沿着公路两旁发展起来的。在这些城市中，公路与城市道路并不分设，它往往既是城市的对外公路，又是城市的主要生活性干道。道路两边集中了许多商业服务性设施，城区车辆频繁，行人密集，相互干扰很大。如何合理地引导过境公路交通，疏解公路与城市干道的冲突点，合理确定城市公路运输站场位置，是城市规划中对外公路布局中需主要解决的问题。

（3）港口在城市中的布置。水路运输是城市对外交通中最古老的方式之一，但是在城市建设发展中，仍起着十分重要的作用。因其有运量大、成本低的优势，所以，在港口城市的规划工作中，如何布置港口用地，妥善解决港口与城市的联系，是搞好港口城市规划的关键。

（4）航空港在城市中的布置。现代航空运输的优点是航线直，速度快，能达到地面运输形式难以达到的任何地区。在客运、邮件、贵重物品、紧急物资及易腐保鲜货物的运输，尤其是在长距离运输及陆上交通线尚未开辟到的地域运输，空运有着明显的优势。其不足是运输成本大，技术要求高。城市航空港规划的主要任务，就是合理选择航空港在城市中的位置，处理好航空港与城市的交通联系。

3）城市道路交通系统的布局

（1）城市道路系统与城市用地的协调发展关系。城市道路系统始终伴随着城市的发展。城市由小城市发展到中等城市、大城市、特大城市，由用地集中式布局发展到组合型布局，城市道路系统的形式和结构也要随之发生根本性的变化。

（a）城市形成的初期。城市是小城镇，规模小，多数呈现单中心集中式布局，城市道路大多为规整的方格网式，一般分为主路、支路和街巷三级。

（b）城市发展到中等规模。城市仍可能呈集中式布局，但会出现次级中心，城市形成较为紧凑的组团式布局，城市道路网在中心组团仍维持旧城的基本格局，在外围组团则形成了适应机动交通的三级道路网。

（c）城市发展到大城市，逐渐形成相对分散的、多中心组团式布局。城市中心组团与外围组团间由现代城市交通所需的城市快速路连接，城市道路系统开始向混合式道路网转化。

（d）特大城市呈现组合型城市的布局，城市道路进一步发展形成混合型网，因为有了加强区间联系的需求，快速路网组合为城市的疏通性交通干线路网，城区间利用公路或高速公路相联系。

（2）城市用地布局形态与道路交通网络形式的配合关系。城市用地的布局形态大致可分为集中型和分散型两大类。

（a）集中型较适应规模较小的城市，其道路网形式多为方格网状。

（b）分散型城市，其道路网形式会因城市的分散模式而形成不同的网络形态。

（3）城市用地布局结构与城市道路网络的功能配合关系。各级城市道路既是组织城市的"骨架"，又是城市交通的渠道。城市中各级道路的性质、功能与城市用地布局结构的关系表现为城市道路功能布局。

4）城市交通对城市的影响

（1）对城市形成和发展的影响。交通是城市形成、发展的重要条件，交通运输方式配备的完善程度与城市规模、经济、政治地位有着密切的关系。绝大多数城市都具有水陆交通条件，大部分特大城市是水陆空交通枢纽。

（2）对城市规模的影响。交通对城市规模影响很大，它既是发展的因素，又是制约的因素，特别是城市对外交通联系的方便程度，在很大程度上会影响到城市人口的规模。

（3）对城市布局的影响。城市交通对城市布局有重要的影响，城市的交通走廊一般也是城市空间布局发展的走廊，哥本哈根的指状结构空间形态与支撑这一结构的轨道交通密切相关。

8.6.5　城市综合交通规划

1. 城市综合交通规划的基本概念

城市综合交通涵盖了存在于城市中及与城市有关的各种交通形式，包括城市对外交通和城市交通两大部分。城市现代化发展已经使城市交通系统的综合性和复杂性更为突出，以综合的思维和综合的方法进行城市交通系统规划已势在必行。

城市交通系统规划是与城市用地布局密切相关的一项重要的规划工作。鉴于城市交通的综合性及城市交通与城市对外交通的密切关系，通常把二者结合起来进行综合研究和综合规划。

城市综合交通规划就是将城市对外交通和城市内的各类交通与城市的发展和用地布局结合起来进行系统性综合研究的规划，是城市总体规划中与城市土地使用规划密切结合的一项重要的工作内容。

城市综合交通规划要从"区域"和"城市"两个层面进行研究，并分别对市域的城市对外交通和中心城区的城市交通进行规划，并在两个层次的研究和规划中处理好对外交通和城市交通的衔接关系。

2. 城市综合交通规划的作用与目标

1）城市综合交通规划的作用

（1）建立与城市用地发展相匹配的、完善的城市交通系统，协调城市道路交通系统与城市用地布局和对外交通系统的关系，协调城市中各种交通方式之间的关系。

（2）全面分析城市交通问题产生的原因，提出综合解决城市交通问题的根本措施。

（3）使城市交通系统有效地支撑城市的经济、社会发展和城市建设，并获得最佳效益。

城市综合交通系统示意图如图 8-2 所示。

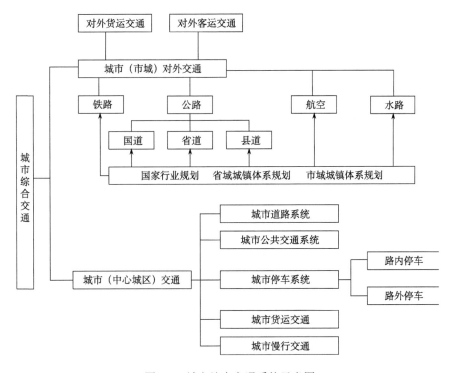

图 8-2　城市综合交通系统示意图

2）城市综合交通规划的目标

（1）通过改善与经济发展直接相关的交通出行来提高城市的经济效益。

（2）确定城市合理的交通结构，充分发挥各种交通方式的综合运输潜力，促进城市客、货运交通系统的整体协调发展和高效运作。

（3）在充分保护有价值的地段（如历史遗迹）、解决居民搬迁和财政允许的前提下，尽快建成相对完善的城市交通设施。

（4）通过多方面投资来提高交通可达性，拓展城市的发展空间，保证新开发的地区都能获得有效的公共交通服务。

（5）在满足各种交通方式合理运行速度的前提下，把城市道路上的交通拥挤控制在一定的范围内。

（6）寻求有效的财政补贴、社会支持和科学的、多元化经营，尽可能使运输价格水平适应市民的承受能力。

3. 城市综合交通规划的主要内容

城市综合交通规划要根据对城市现状存在问题的分析、城市社会经济发展和城市土地使用规划，提出对城市土地使用和道路交通规划的指导性意见，对城区的各类道路、交通设施和交通组织进行规划。城市综合交通规划包括城市交通调查与分析、城市综合交通发展战略与交通预测、城市对外交通规划、城市道路系统规划、城市公共交通系统规划、城市停车系统规划、城市货运交通规划、城市慢行交通规划等八部分。

1）城市交通调查与分析

城市交通调查包括城市交通基础资料调查、城市道路交通调查和交通出行起止点（origin destination，OD）调查等。根据调查的资料，分析城市车辆、客货运量的增长特点和规律；分析交通量在道路上的空间分布和时间分布，以及过境交通对城市道路网的影响，结合道路与用地的功能关系，分析城市交通存在的问题。

2）城市综合交通发展战略与交通预测

确定城市综合交通发展目标，确定城市交通发展模式，制定城市交通发展战略和城市交通政策，预测城市交通发展、交通结构和各项指标，提出实施规划的重要技术经济政策和管理政策。

3）城市道路交通系统规划

城市道路交通系统规划包括城市对外交通规划、城市道路系统规划、城市公共交通系统规划、城市停车系统规划、城市货运交通规划、城市慢行交通规划。依据城市交通发展战略，结合城市土地使用的规划方案，具体提出城市对外交通、城市道路系统、城市公共交通系统、城市停车系统、城市货运交通、城市慢行交通的规划方案，确定相关各项技术要素的规划建设标准，落实城市重要交通设施用地的选址和用地规模。

4. 城市综合交通规划相关规范

相关规范包括《城市综合交通体系规划编制办法》、《城市综合交通体系规划编制导则》、《城市对外交通规划规范》等，明确了城市综合交通规划的主要内容、编制思路与技术要点等方面，如表 8-4 所示。

表 8-4　城市综合交通规划相关规范

规范名称	制定时间	主要内容
《城市综合交通体系规划编制办法》	2010 年 2 月	规定了城市综合交通体系规划应包含的主要内容
《城市综合交通体系规划编制导则》	2010 年 5 月	提出了城市综合交通体系规划编制的目的、原则、主要内容、技术要点及编制程序，并明确了规划成果形式和要求
《城市对外交通规划规范》GB 50925—2013	2014 年 6 月	提出了城市规划区内的铁路、公路、海港、河港、机场等相关系统规划的要求

5. 城市道路系统规划

1）城市道路系统规划的任务

（1）满足组织城市用地的"骨架要求"。城市各级道路应成为划分城市各组团、各片区地段、各类城市用地的分界线。例如，城市一般道路（支路）和次干路可能成为划分小街坊或小区的分界线；城市次干路和主干路可能成为划分大街坊或居住区的分界线；城市交通性主干路和快速路及两旁绿带可能成为划分城市片区或组团的分界线。

城市各级道路应成为联系城市各组团、各片区地段、各类城市用地的通道。例如，城市支路可能成为联系小街坊或小区之间的通道；城市次干路可能成为联系组团内各片区、各大街坊或居住区的通道；城市主干路可能成为联系城市各组团、片区的通道；公路或快速路又把郊区城镇与中心城区联系起来。

城市道路的选线应有利于组织城市的景观，并与城市绿地系统和主体建筑相配合形成城市的"景观骨架"。

（2）满足城市交通运输的要求。

（a）道路功能必须同毗邻道路的用地的性质相协调。道路两旁的土地使用决定了联系这些用地的道路上将会有什么类型、性质和数量的交通，决定了道路的功能；反之，一旦确定了道路的性质和功能，也就决定了道路两旁的土地应该如何使用。如果某条道路在城市中的位置决定了它是交通性的道路，就不应该在道路两侧（及两端）安排可能产生或吸引大量人流的生活性用地，如居住、商业服务中心和大型公共建筑；如果是生活性道路，则不应该在其两侧安排会产生或吸引大量车流、货流的交通性用地，如大中型工业、仓库和运输枢纽等。

（b）城市道路系统完整，交通均衡分布。城市道路系统应该做到系统完整、分级清楚、功能分工明确，适应各种交通的特点和要求，不但要满足城市各区之间方便、迅速、经济、安全的交通联系要求，也应满足发生各种自然灾害时的紧急运输要求。

（c）要有适当的道路网密度和道路用地面积率。城市道路网密度受现状、地形、交通分布、建筑及桥梁位置等条件的影响，不同城市，城市中不同区位、不同性质地段的道路网密度应有所不同。道路网密度过小则交通不便，密度过大不但会形成用地和投资的浪费，也会由于交叉口间距过小，影响道路的畅通，造成通行能力的下降。一般城市中心区的道路网密度较大，边缘较小；商业区的道路网密度较大；工业区的道路网密度较小。

道路用地面积率是道路用地面积占城市总用地面积的比例，一定程度上反映了城市道路网密度和宽度的状况。

（d）城市道路系统要有利于实现交通分流。城市道路系统应满足不同功能交通的不同要求。城市道路系统规划要有利于向机动化和快速交通的方向发展，根据交通发展的要求，逐步形成快速与常速、交通性与生活性、机动与非机动、车与人等不同的系统，如快速机动系统（交通性、疏通性）、常速混行系统（又可分为交通性和生活服务性两类）、公共交通系统（如公交专用道）、自行车系统和步行系统，使每个系统都能高效率地为不同的使用对象服务。

（e）城市道路系统要为交通组织和管理创造良好的条件。城市干路系统应尽可能规整、醒目，并便于组织交叉口的交通。道路交叉口交会的道路通常不宜超过 4～5 条；交叉角不宜小于 60°或大于 120°，否则将使交叉口的交通组织复杂化，影响道路的通行能力和交通安全。道路路线转折角大时，转折点宜放在路段上，不宜设在交叉口上，既有益于丰富道路景观，又有利于交通安全；一般情况下，不要组织多路交叉口，避免布置错口交叉口。

（f）城市道路系统应与城市对外交通有方便的联系。城市内部的道路系统与城镇间道路（公路）系统既要有方便的联系，又不能形成相互冲击和干扰。公路兼有为过境和出入城交通服务的两种作用，不能和城市内部的道路系统相混淆。要使城市出入口道路与区域公路网有顺畅的联系和良好的配合，并注意城市对外的交通联系有一定的机动性和留有一定的发展余地。

（3）满足各种工程管线布置的要求。城市公共事业和市政工程管线，如给水管、雨水管、污水管、电力电缆、照明电缆、通信电缆、供热管道、煤气管道及地上架空线杆等一般都沿道路敷设。城市道路应根据城市工程管线的规划为管线的敷设留有足够的空间。道路系统规划还应与城市人防工程规划密切配合。

（4）满足城市环境的要求。城市道路的布局应尽可能使建筑用地取得良好的朝向，道路的走向最好由东向北偏转一定的角度（一般不大于 15°）。从交通安全角度，道路最好能避免正东西方向，因为日光耀眼易导致交通事故。

城市道路又是城市的通风道，要结合城市绿地规划，把绿地中的新鲜空气，通过道路引入城市。因此道路的走向又要有利于通风，一般平行于夏季主导风向，同时又要考虑抗御冬季寒风和台风等灾害性风的正面袭击。

为了减少车辆噪声的影响，应避免过境交通直穿市区，避免交通性道路（大量货运车辆和有轨车辆）穿越生活居住区。

旧城道路网的规划，应充分考虑旧城历史、地方特色和原有道路网形成发展的过程，切勿随意改变道路走向和空间环境，对有历史文化价值的街道与名胜古迹要加以保护。

2）城市道路路网布局

城市道路网络系统是由于城市的发展，为满足城市交通、土地利用及其他要求而形成的，城市道路网络系统的布局与形态取决于该城市的结构形态、地形地理条件、交通条件、不同功能的用地分布等。

城市道路网络的基本形式大致可以分为方格网、带状、放射状、环形放射状和自由式等。

（1）方格网。方格网是一中常见的道路网络形式（图 8-3）。其优点是各部分的可达性均等、有较强的秩序性和方向感、易于识别、路网可靠度较高、有利于城市用地划分和建筑布置。其缺点是网络空间形式简单、对角线方向交通的直线系数较小。我国西安等城市的城区道路网属于这种形式。

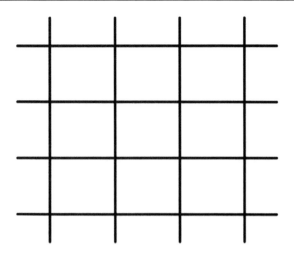

图 8-3　方格网式路网

（2）带状。带状路网是以一条或几条主要道路沿带状轴向延伸，并和一些相垂直的次级道路组成类似方格网（图 8-4）。这种路网形式可使城市沿交通轴向延伸并充分接近自然，对地形、水系等条件适应性较好。我国兰州市的道路网络由于受黄河和南北山脉的影响，其结构属于典型的带状结构。

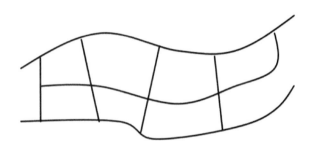

图 8-4　带状路网

（3）放射状。放射状道路网络多为城市沿连接卫星城镇等而设的放射干道发展而成（图 8-5）。该路网形式的缺陷在于放射线间形成扇形交通盲区，导致向心交通压力增加，且非直线系数大。这种路网形式常因城市发展到一定规模，为连接各放射道路而形成环形放射式路网。

（4）环形放射状。环形放射状道路网络由环形和放射交通线路组合而成（图 8-6）。环形放射状路网多用于大城市，放射线有利于市中心同外围市区和郊区的联系，环形线既有利于城市外围地区的相互联系，也在放射线之间形成联络线，可起到调剂和均衡放射线交通负荷的作用，设置环形线是弥补放射状路网功能缺陷的必要手段。该路网形式的不足是容易引起城市沿环形干道开发建设，使城市呈同心圆式不断向外扩张。北京市的道路网络为此种形式。

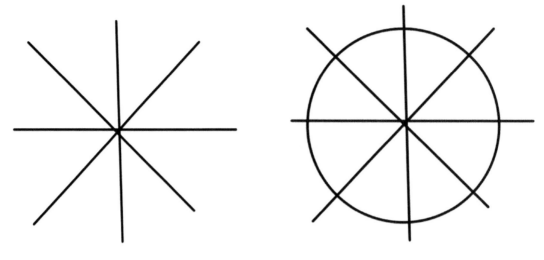

图 8-5　放射状路网　　　　　　　　　图 8-6　环形放射状路网

（5）自由式。自由式结构如图 8-7 所示，该路网多为因地形或其他条件限制而使道路自由布置，因此其优点是较好地满足地形、水系及其他限制条件。缺点是无秩序、区别性差，同时道路交叉口易形成畸形交叉。该种形式的路网适合于地形条件较为复杂及其他限制条件较苛刻的城市。在风景旅游城市或风景旅游区可以采用自由式路网，以便于自然景观的较好协调。上海、天津的道路网属于该种形式。

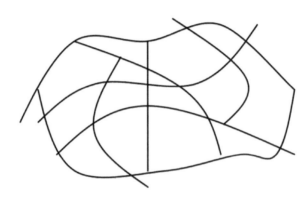

图 8-7　自由式路网

实际上，在特大城市中，道路网并非严格按照上述形式布置，常常是两种或两种以上简单路网形式的组合。

3）城市道路规划

（1）各种城市道路规划原则。

（a）快速路规划。快速干道是为车速高、行程长的汽车交通连续通行设置的重要道路，一般在大城市、带状城市或组团式城市内设置，并与城市出入口道路和市际高等级公路有便捷的联系。

快速路应设置中央分隔带，以分离对向车流，并限制非机动车进入，部分控制快速路两侧出入的道路。快速路上出入道路的间距以不小于 1.5km 为宜。快速路与快速路、主干路及交通量较大的次干路相交时，采用立体交叉方式，与交通量较小的次干路相交时，可采用进口拓宽式信号控制，但应保留修建立交的可能。原则上支路不能与快速路直接相接。

快速路两侧不应设置吸引大量人流和车流的公共建筑物出入口。

（b）主干路规划。主干路是城市道路网络的骨架，是连接城市各主要分区的交通干线，以交通功能为主，与快速路共同承担主要客、货运输。

主干路上机动车与非机动车应事项分流，主干路两侧不宜设置吸引大量人流、车流的公共建筑出入口。主干路与主干路相交时，一般应采用立交方式，近期采用信号控制时，应为以后修建立交留出足够的用地和空间；主干路与次干路、支路相交时，可采用信号控制或交通渠化方式。

（c）次干路规划。次干路是介于城市主干路与支路间的车流、人流交通的主要集散道路，应设置大量的公交线路，广泛联系城内各区。次干路两侧可以设置吸引人流、车流的公共建筑、机动车和非机动车的停车场地、公交车站和出租车服务站。次干路与次干路、支路相交时，可采用平面交叉口。

（d）支路规划。支路是次干路与街坊内的连接线，其上可设置公交线路。支路在城市道路中占有很大的比重，在城市分区规划时必须保证支路的路网密度。支路与支路相交可不设管制或信号控制。

（e）环路规划。当穿越市中心的流量过多，造成市中心区道路超负荷时，应在道路网络中设置环路。环路的设置应根据交通流量与流向而定，可为全环也可为半环，不应套用固定的模式。为了吸引车流，环路的等级不宜低于主干路，环路规划应与对外放射的干线规划相结合。

（f）城市出入口道路规划。城市出入口道路具有城市道路与公路双重功能，考虑到城市用地发展，城市出入口道路两侧的永久性建筑物至少退离道路红线 20～25m。城市每个方向应有两条以上出入口道路，有地震设防的城市，尤其要重视出入口的数量。

（2）城市道路系统的技术空间布置。

（a）交叉口间距。不同规模的城市有不同的交叉口间距要求，不同性质、不同等级的道路也有不同的交叉口间距要求。交叉口间距主要取决于规划规定的道路的设计车速及隔离程度，同时也要考虑不同使用对象的方便性要求。城市各级道路的交叉口间距可按表 8-5 的推荐值选用。

表 8-5　城市各级道路的交叉口间距

项目	快速路	主干路	次干路	支路
设计车速/（km/h）	≥80	40～60	40	≤30
交叉口间距/m	1500～2500	700～1200	350～500[*]	150～250[*]

*小城市取低值。

资料来源：文国玮. 2007. 城市交通与道路系统规划. 北京：清华大学出版社.

（b）道路网密度。可列入城市道路网密度计算的包括上述四级道路，街坊内部道路一般不列入计算。要从使用的功能结构上考虑，按照是否参加城市交通分配来决定是否应列入城市道路网密度的计算范围。城市道路网密度有两种：①城市干路网密度 δ_1：城市干路总长度包括城市快速路、城市主干路和次干路的总长度。规范规定大城市一般 $\delta_1=(2.4\sim3)\,\text{km/km}^2$，中等城市 $\delta_1=(2.2\sim2.6)\,\text{km/km}^2$。建议大城市选用 $\delta_1=(4\sim6)\,\text{km/km}^2$，中、小城市选用 $\delta_1=(5\sim6)\,\text{km/km}^2$。②城市道路网密度 δ_2：城市道路总长度包括所有城市道路的总长度。在单纯考虑机动车交通时可忽略步行、自行车专用道。规范规定大城市一般 $\delta_2=(5\sim7)\,\text{km/km}^2$，中等城市 $\delta_2=(5\sim6)\,\text{km/km}^2$。建议一般选用 $\delta_2=(7\sim8)\,\text{km/km}^2$。

（c）道路红线宽度。道路红线是道路用地和两侧建设用地的分界线，即道路横断面中各种用地总宽度的边界线，道路红线宽度又称为路幅宽度。道路红线宽度的确定应该依据道路性质、位置、道路与两旁建筑的关系、街景设计的要求等，并考虑街道空间尺度比例。

不同等级道路对道路红线宽度的要求如表8-6所示。

表8-6　城市不同等级道路的红线宽度

项目	快速路	主干路	次干路	支路
红线宽度/m	60～100	40～70	30～50	20～30

资料来源：文国玮. 2007. 城市交通与道路系统规划. 北京：清华大学出版社.

4）城市道路相关规范

相关规范涵盖《城市道路交通规划设计规范》、《城市道路工程设计规范》、《城市道路路线设计规范》、《城市道路交叉口设计规程》等，具体内容见表8-7。

表8-7　道路系统规划相关规范

规范名称	主要内容
《城市道路交通规划设计规范》（GB 50220—95）	确定城市道路交通规划的内容及相关指标参数
《城市道路工程设计规范》（CJJ 37—2012）	规范城市道路工程设计，统一城市道路工程设计主要技术指标
《城市道路路线设计规范》（CJJ 193—2012）	规范城市道路工程设计，确定路线设计技术指标
《城市道路交叉口设计规程》（CJJ 152—2010）	规定道路交叉口设计的原则及技术标准等

6. 城市公共交通系统

1）城市公共交通

城市公共交通是城市中供公众乘用的各种交通方式的总称，包括公共汽车、电车、轮渡、出租汽车、地铁、轻轨及缆车、索道等客运交通工具及相关设施。城市公共交通系统由轨道公共交通、公共汽（电）车和准公共交通三部分组成，准公共交通主要是指包括小公共汽车、出租汽车和合乘小客车等在内的各种交通载体。公共交通（准公共交通除外）具有运量大、集约化经营、节省道路空间、污染小等优点。

地铁等轨道公共交通具有速度快、载客量大、能耗和对环境的污染小、对道路上的交通干扰少等优点，但建设和运营成本高；出租汽车交通具有灵活、速度快、"门到门"服务等优点；而以公共汽车为代表的常规路上公共交通在经营良好、服务质量高的情况下具有安全、迅速、准时、方便、可靠、成本低等优点，服务面比上述两种公共交通更广。除出租车外的各类公共交通工具技术经济特征如表 8-8 所示。

表 8-8　公共交通工具技术经济特征表

指标	大运量快速轨道交通（地铁）	中运量快速轨道交通（轻轨）	快速公交系统	有轨电车	公共汽车
单向客运能力/（万人次/h）	3.0～6.0	1.5～3.0	1.5～1.8	1.0～1.5	0.8～1.2
平均运送速度/（km/h）	30～40	20～35	16～30	14～18	16～25
发车频率/（车次/h）	20～30	40～60	20	40～60	30～90
运输成本/%	100	>100		>200	>200
使用年限/年	30	30		20～30	15～20

资料来源：文国玮. 2007. 城市交通与道路系统规划. 北京：清华大学出版社.

2）城市公共停车场布局设计

城市停车设施指城市中的公共停车设施，是城市道路系统的组成部分之一。城市中的公共停车设施，按车辆性质和类别，可分为外来机动车公共停车场、市内公共停车场和自行车公共停车场三类。规范规定：城市公共停车场（包括自行车公共停车场）的用地总面积可以按规划城市人口人均 0.8～1.0m² 安排。其中，机动车停车场的用地面积宜占 80%～90%，自行车停车场的用地面积宜占 10%～20%。市中心和组团中心的机动车停车位应占全部机动车停车位数的 50%～70%，城市对外道路主要出入口的停车场的机动车停车位数占 5%～10%。

根据城市交通的停车要求，可以将停车设施分为六种类型。

（1）城市出入口停车设施。即外来机动车公共停车场，是为外来或过境货运机动车服务的停车设施。其作用是从城市安全、卫生和对市内交通的影响出发，截流外来车辆或过境车辆，经检验后可按指定时间进入城市装卸货物。这类停车设施应设在城市外围的城市主要出入干路附近，附有车辆检查站，配备旅馆、饮食服务、日用品商店及加油、车辆检修、通信等服务设施，还可配备一定的文娱设施。

（2）交通枢纽性停车设施。主要是在城市对外客运交通枢纽和城市客运交通换乘枢纽配备的停车设施，是为疏散交通枢纽的客运、完成客运转换而服务的。近年来，城市中出现了个体或小集体长途汽车运输作为国营长途汽车服务的补充。规划中应考虑为其安排一定的停车场地和服务设施，从布局上也可以设置在国营长途汽车站合理服务范围之外的地点，方便群众使用。这类停车设施一般都结合交通枢纽布置。

（3）生活居住区停车设施。目前主要为自行车停放设施。从安全的角度考虑，一个住宅组群应设置一处有人管理的自行车停放设施，并在生活居住区服务中心附近安排一定规模的机动车、自行车停放场地。面对私人小轿车的发展趋势，许多城市在规划管理中规定了小区的配套停车指标，对于不同类型的居住区，可以有不同的配套标准，一般大城市新建居住区的机动车停车标准已达到每 100 户 30 辆以上。规划中可以预留集中式公用地下机动车停车库的位置，也可以考虑近期在住宅楼附近设置与车型道路相连的地面停车区，远期按照人车分流的要求在小区出入口附近或地下建设停车设施。

一些居住小区在住宅地层设置半地下的私家停车库，只可停放自行车，并可兼作杂物储藏室，如停放机动车将会导致噪声影响。

（4）城市各级商业、文化娱乐中心附近的公共停车设施。根据城市商业、文化娱乐设施的布局安排规模适宜的以停放中、小型客车为主的社会公用停车设施（另设置一定规模的自行车停车场地）。在城市中心地区，可以按社会拥有客运车辆数的 15%～20%规划停车用地。一般这类停车场地应布置在商业、文娱中心的外围，步行距离以不超过 100～150m 为宜，并应避免对商业中心入口广场、影院等建筑正立面景观和空间的遮挡和破坏。

大型公共设施的停车首选地下停车库或专用停车楼，同时要考虑设置一定的地面（邻近建筑）停车场。也可以近期建设地面停车场，远期改建为一定规模的多层（地上或地下）停车库。自行车停放场地可以集中布置，也可以分散布置，步行距离以不超过 50～100m 为宜。大型公共设施占用人行空间停车只能是临时过渡性的，不能固定化、永久化。

为了缓解城市中心地段的交通，实现城市中心地段对机动车的交通管制，规划可以考虑在城市中心地段交通限制区边缘干路附近设置截流性的停车设施，可以结合公共交通换乘枢纽，形成包括小汽车停车功能在内的小汽车与中心地段内部交通工具的换乘设施。

（5）城市外围大型公共活动场所停车设施。包括体育场馆、大型超级商场、大型公园等设施配套的停车设施，这类停车设施的停车量大而且集中，高峰期明显，要求集散迅速。规划时既要处理好停车设施的交通集散与城市干路的关系，又要考虑与建筑、景观的协调，并使步行距离不超过 100～150m。停车场布置在设施的出入口附近，以停放客车为主，也可以结合公共汽车首末站进行布置，并要考虑自行车停车场地的设置。

（6）道路停车设施。是指道路用地内的路边停车带等临时停车设施。城市总体规划应该明确城市主干路不允许路边临时停车，只能在适当位置设置路外停车场；城市次干路应尽可能设置路外停车场，也可以考虑设置少量的路边临时停车带，但需要设分隔带与车行道分离；城市支路应结合路边用地的实际情况和对停车的需求，在适当位置考虑允许路边停车的横断面设计。总体规划不应明确规定城市路边停车带的停车指标、布置路边停车带位置，以免把临时停车正规化。

为了避免沿街任意停车造成的交通混乱现象，方便服务性道路对两侧用地的停车服务，在次干路和支路的必要位置设置的临时路边停车带，要保证不对道路交通产生过多的影响。一般一处路边临时停车带的停放车位数以不超过 10 辆为宜，宜采用港湾式停车方式布置。

在城市总体规划中，除分别对居住区、公共建筑规定配套停车指标外，主要对外来机动车公共停车场、市内各类城市中心附近的公共停车场和城市外围的大型超级商场、大型城外游憩地、大型体育设施配套的停车场进行规划布局，并对道路停车设施的建设做出规定。城市社会停车设施的布局不仅要同城市用地布局配合，而且要与城市交通的组织和管理相配合，建立由专用停车设施和社会公用停车设施组成的城市停车系统。

3）城市公共交通场站的规划

城市公共交通运营管理有多种体制，许多城市采用以"车场"为核心的管理体制，大城市、特大城市的公共交通形成多个车场组合的综合体。公共交通场站的设置应与管理体系相配合。

公共交通场站有三类：①担负公共交通线路分区、分类运营管理和车辆维修的公交车场；②担负公共交通线路运营调度和换乘的各类公交枢纽站；③公交停靠站。

（1）公交车场。公交车场通常设置为综合性管理、车辆保养和停放的"中心车场"，也可以专为车辆大修设"大修厂"，专为车辆保养设"保养场"，或专为车辆停放设"中心站"。

（2）公交枢纽站。公交枢纽站可分为换乘枢纽、首末站和到发站三类。

公交换乘枢纽位于多条公共交通线路会合点，通过各条公交线路的换乘把全市公交线路有机联系为一个完整的系统，以发挥全市公交线路网的整体运输效益。公交换乘枢纽一般在城市对外客运交通枢纽、轨道交通线路中心站点、市区主要公交线路中心站点及市区与郊区公交线路交汇换乘站等处设置。必要时还在城市主要交叉路口处设置中途换乘枢纽站。换乘枢纽一般安排 3 条以上公共交通线路的到发站。

首末站是公共交通运营线路的起终点，除保证公交车辆的回车、停车、乘客候车和调度业务外，还应考虑多种交通方式的换乘。一般每条线路安排 4～5 个停车位，1 条线路使用的首末站占地约 1000m^2，3 条线路共同使用的首末站占地约 3000 m^2。首末站还要考虑附设自行车停车面积。

到发站用于 1 条公共交通线路的运营到发，占地规模一般不超过 1000m^2。

（3）公交停靠站。公共交通站点服务面积，以半径 300m 计算，不得小于城市用地面积的 50%，以半径 500m 计算，不得小于城市用地面积的 90%。

一般 1 个公交站台可以停靠 3 条公交线路，长度约为 20m；超过 3 条线路就需设置第 2 个站台，超过 3 个站台就需要考虑设置公交组合换乘站。

快速路、主干路及郊区双车道公路上的公交停靠点不应占用行车车道，应采用港湾式布置。市区公交港湾式停靠站长度至少应设 2 个停车位。

路段上公交停靠站同向换乘距离不应大于 50m，异向换乘距离不应大于 100m；对向设置的停靠站应在车辆前方向迎面错开 30m。

在道路平面交叉和立体交叉处设置的公交停靠站，换乘距离不宜大于 150m，并不得大于 200m。

为了提高站点能力，避免在交叉口造成交通混乱，停靠站应与交叉口保持一定的距离。一般交叉口处的公交停靠站应该布置在交叉口出口 50m 以外的位置，不宜布置在交叉口进口前的位置，特别是左转公交线路的停靠站不能布置在交叉口进口前。

（4）出租车营业站。出租汽车采用营业站定点服务时，营业站的服务半径不宜大于 1km，用地面积为 250～500 m^2。

出租汽车采用路抛制服务时，应在商业繁华地区、对外交通枢纽和人流活动频繁的集散地附近设置出租汽车停车道（站）。

4）城市公共交通相关规范

相关规范主要有《城市公共交通分类标准》、《停车场规划设计规则（试行）》、《城市道路公共交通站、场、厂工程设计规范》等，这些规范对指导城市公共交通规划，规范城市停车场（库）、交通场站设计标准提供了参考，如表 8-9 所示。

7. 城市道路无障碍设计

1）城市道路无障碍实施范围

（1）道路与桥梁。城市道路与桥梁无障碍设计的范围应符合表 8-10 的规定。

表 8-9　公共交通系统规划相关规范

规范名称	主要内容
《城市公共交通分类标准》（CJJ/T 114—2007）	统一全国城市公共交通分类，规范城市公共交通项目的建设和管理
《停车场规划设计规则（试行）》	指导了城市和重点旅游区停车场的规划设计，规范了设计标准
《城市道路公共交通站、场、厂工程设计规范》（CJJ/T 15—2011）	规范了城市道路公共交通站、场、厂的设计

表 8-10　公共交通工具技术经济特征表

道路类别	设计部位
城市道路	城市市区道路； 城市广场； 卫星城道路、广场； 经济开发区道路； 旅游景点道路等
	（1）人行道； （2）人行横道； （3）人行天桥、人行地道； （4）公交车站； （5）桥梁、隧道； （6）立体交叉

（2）人行道路。人行道路的无障碍设施与设计要求应符合表 8-11 的规定。

表 8-11　人行道路无障碍设施与设计要求

序号	设施类别	设计部位
1	缘石坡道	人行道在交叉路口、街坊路口、单位出口、广场入口、人行横道及桥梁、隧道、立体交叉等路口应设缘石坡道
2	坡道与梯道	城市主要道路、建筑物和居住区的人行天桥和人行地道应设轮椅坡道和安全梯道，在坡道和梯道两侧应设扶手，城市中心地区可设垂直升降梯取代轮椅坡道
3	盲道	（1）城市中心区道路、广场、步行街、商业街、桥梁、隧道、立体交叉及主要建筑物地段的人行道应设盲道； （2）人行天桥、人行地道、人行横道及主要公交车站应设提示盲道
4	人行横道	（1）人行横道的安全岛应能使轮椅通行； （2）城市主要道路的人行横道宜设过街音响信号
5	标志	（1）在城市广场、步行街、商业街、人行天桥、人行地道等无障碍设施的位置应设国际通用无障碍标志牌； （2）城市主要地段的道路和建筑物宜设盲文位置图

2）公交车站设计要求

（1）城市主要道路和居住区的公交车站，应设提示盲道和盲文站牌。

（2）沿人行道的公交车站，提示盲道应符合下列规定。

（a）在候车站牌一侧应设提示盲道，其长度宜为 4.00～6.00m；

（b）提示盲道的宽度应为 0.30～0.60m；

（c）提示盲道距路边应为 0.25～0.50m；

（d）人行道中有行进盲道时，应与公交车站的提示盲道相连接。

沿人行道的公交车站提示盲道如图 8-8 所示。

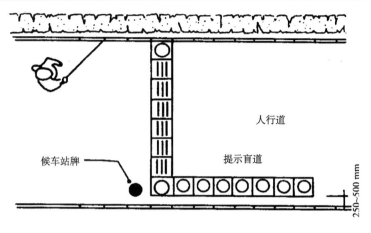

图 8-8　公交车站提示盲道

（3）桥梁隧道设计要求。桥梁、隧道无障碍设计应符合下列规定。

（a）桥梁、隧道的人行道应与道路的人行道衔接，当地面有高差时，应设轮椅坡道，坡道的坡度不应大于 1∶20；

（b）桥梁、隧道入口处的人行道应设缘石坡道，缘石坡道应与人行横道相对应；

（c）桥梁、隧道的人行道应设盲道。

（4）相关规范。相关规范主要包括《无障碍设计规范》、《城市道路和建筑物无障碍设计规范》等，具体内容见表 8-12。

表 8-12　城市道路无障碍设计相关规范

规范名称	主要内容
《无障碍设计规范》（GB 50763—2012）	确定无障碍设施设计的要求，规范设计标准
《城市道路和建筑物无障碍设计规范》（JGJ 50—2001）	明确城市道路、建筑物、居住区无障碍实施范围及设计标准

8.6.6　城市历史文化遗产保护规划

1. 历史文化遗产的概念

1）历史建筑遗产的概念

建筑遗产不仅包括品质超群的单体建筑及其周边环境，而且包括城镇或乡村中所有具有历史和文化意义的地区。建筑遗产的保护应该成为城市和区域规划不可缺少的部分。区域规划政策必须考虑建筑遗产的保护并有利于保护。而且，建筑遗产保护可为经济衰退地区带来新的活力，可以遏制旧区人口减少，并阻止旧建筑衰败和减少资源浪费。

2）历史文化街区的概念

历史文化街区，是指保存文物特别丰富，历史建筑集中成片，能够较完整和真实地体现传统格局和历史风貌，并具有一定规模的区域。历史文化街区是历史文化名城特色与风貌的重要组成部分，历史文化街区的保护是为了在整体上保持和延续名城传统风貌。2002 年修订的《文物保护法》采用了"历史文化街区"这一专有名词，"历史文化保护区"、"历史街区"

等名词被逐步取代。2008 年 8 月 1 日施行的《历史文化名城名镇名村保护条例》，进一步强调了历史文化街区在历史名城中的地位和作用，并对历史文化街区整体保护提出了控制要求，对历史文化街区保护制度的建设与完善起到了积极的作用。

历史文化街区是以保存着真实的历史信息的物质环境为主体构成的，以保存有一定数量和比重的历史建筑为基本特征，历史建筑、构筑物是构成历史文化街区整体风貌的主体要素。历史文化街区内的历史建筑和历史环境要素可以是不同时代的，但必须是真实的历史实物，而不是重建和仿造的建筑。

3）历史文化名城（名镇、名村）的概念

《文物保护法》将历史文化名城定义为"保存文物特别丰富，具有重大历史价值和革命意义的城市"。应该指出历史文化名城这一概念是作为我国对文化遗产传承方式和政府的保护策略而提出的，具有明显的中国特色和实践意义。从法律角度而言，历史文化名城是由国家（或省级人民政府）确认的、具有法定保护意义的历史城市；从保护角度而言，是首先需要建立完整的历史文化保护体系，把"保护"这一主题纳入城市建设的每一过程之中；从政策角度而言，必须在城市总体规划中制定专项保护规划，在政府制定的经济、法律、行政政策中，体现城市文化遗产保护的精神。

2. 历史文化遗产保护的意义与原则

1）历史文化遗产保护的意义

（1）文化遗产是城市历史的见证与记忆。文化遗产是城市历史的见证，保护城市遗产就是保护城市的文化记忆。城市的发展演变过程犹如人的成长历程，有诞生、发展、消亡的过程，而文化遗产反映了城市发展的历史过程，这些文化遗产既包括体现不同时期特有风貌的地上不可移动的文物及建筑，也包括遗留于地下反映不同时代人们生活足迹的遗迹和遗物。这些历史建筑和文物遗存以其独特性、不可复制和不可再生性往往成为一个城市独一无二的发展见证，甚至成为一个城市的重要象征。

（2）文化遗产是城市建设发展的资源。文化遗产是人类文明的结晶，是人类共有的财富。文化遗产又是不可再生的社会资本。保护文化遗产被认为是社会文明进步的标志。今天，文化遗产对社会生活的影响力正在迅速扩大，从公众到个人、从政府到媒体，社会的遗产意识正不断提高。对于与遗产有关的物质环境的规划管理正日益引起人们的重视并成为遗产保护的核心内容。

（3）文化遗产保护是塑造城市特色的基础。城市文化遗产保护是塑造现代城市特色的基础。城市特色是指一座城市的内涵和外在表现明显区别于其他城市的个性特征。城市特色是具有生命力的，是一城市区别于其他城市的可识别、可认知的重要标志。一座现代化的城市，除了要有时代气息外，更要传承地方文化传统。保护城市文化遗产，对于维护和塑造城市特色有着现实的意义。

（4）文化遗产保护是城市永续发展的需要。我国文化遗产蕴涵着中华民族特有的精神价值、思维方式、想象力，体现着中华民族的生命力和创造力，是各民族智慧的结晶，也是全人类文明的瑰宝。保护文化遗产、保持民族文化的传承是连接民族情感纽带，是增进民族团结和维护国家统一及社会稳定的重要文化基础，也是维护世界文化多样性和创造性，促进人类共同发展的前提。加强文化遗产保护，是建设社会主义先进文化、贯彻落实科学发展观和构建社会主义和谐社会的必然选择。

　　2）历史文化遗产保护的原则

　　（1）文化遗产保护的原真性原则。

　　（2）文化遗产保护的完整性原则。

　　（3）文化遗产保护的永续性原则。

3. 历史文化遗产保护的内容

　　历史文化街区的保护内容包括建筑街巷等公共和半公共空间及界面私密和半私密性院落、围墙、门楼、过街楼、牌坊、植物、铺地、河道和水体等构成历史风貌特色的物质要素。一般可归纳为建筑保护、街巷格局、空间肌理及景观界面保持等三方面的内容。

　　（1）建筑保护。在历史文化街区中有两类建筑需要重点保护。一类是必须保护的各级文物保护单位，必须符合文物保护单位的保护要求；另一类是反映地区历史风貌和地方特色的建筑。第二类保护建筑的数量在历史文化街区中占绝大多数，它们的保护应该结合居民生活的改善进行，以保持地段的生命活力。

　　对第二类建筑的保护方式一般概括为整体保存和局部保存两种。整体保存是指在不改变被保护建筑原有特征的基础上，对建筑的外观和内部进行修缮、整治，对建筑整体结构进行加固，对损坏部分进行修复。局部保存是指保留被保护建筑中体现历史风貌的最主要要素，如立面、屋顶、墙面材料和建筑构件等，针对不同的情况保留部分要素并对保留的部分进行修缮，同时对建筑进行不改变原有形象特征的改建。

　　保护建筑的现状及在地段中的位置在很大程度上决定着不同保护方式的采用，对各保护建筑选择恰当的保护方式对整个地段的保护效果往往会产生重要的影响。

　　（2）街巷格局。历史文化街区的街巷格局是构成城市纹理并体现该地段乃至整个城市个性的重要因素，因此在历史文化街区的保护过程中，街巷格局的保持和街巷系统的整理十分重要。

　　保持街巷的格局应该考虑街巷布局与形态、街巷功能和街巷空间及景观三个基本方面。街巷的布局与形态主要包含街巷网络的平面布局特征、主次街巷的相互连接关系、街巷的分级体系和街巷空间的层次关系。一般情况下历史文化街区的街巷形态不应改变，同时历史文化街区街巷的功能应该在原有主体功能的基础上予以扩展，历史文化街区街巷的尺度、界面和空间标志物应该给予保持和保留。

　　（3）空间肌理及景观界面。空间肌理及景观界面是体现一个城市风貌特征的重要部分，也是组成城市纹理的重要因素，两者是相辅相成的。空间肌理由城市各个层次的空间关系与形态、各种空间在城市空间肌理及城市生活中的地位与作用及其中的活动等要素构成。景观界面包括开放空间周围的界面、主要景观视线所及的建筑、自然界面及街巷界面，它不仅集中表现一个城市的精华和特点，同时也展示着城市的文化。

　　在历史文化街区保护规划中确定的需要保护建筑的原则，同样适用于确定需要保护的空间肌理和景观界面。通常情况下历史文化街区的空间肌理应该予以保持，重要的开放空间和有特征的景观界面应该予以保护，重点在于空间功能和形态、空间联系的结构关系和界面景观特征的保持。因而，空间肌理和景观界面的保持往往结合建筑保护进行，在特殊土地利用规划中对现行城市土地利用规划的建筑退界进行修改。

4. 历史文化名城保护规划

我国是一个历史悠久的文明古国，历史古城为数众多，截至 2013 年，国务院共批准设立了 122 个国家级历史文化名城。

1）历史文化名城保护规划的主要内容

历史文化名城保护规划是以保护历史文化名城、协调保护与建设发展为目标，以确定保护的原则、内容和重点，划定保护范围，提出以保护措施为主要内容的规划，是城市总体规划中的专项规划。

历史文化名城保护规划应当包括下列内容：保护原则、保护内容和保护范围；保护措施、开发强度和建设控制要求；传统格局和历史风貌保护要求；历史文化街区、名镇、名村的核心保护范围和建设控制地带；保护规划分期实施方案等。《历史文化名城保护规划规范》进一步细化了历史文化名城保护规划的主要内容，包括：

（1）历史文化名城保护的内容应包括历史文化名城的格局和风貌，与历史文化密切相关的自然地貌、水系、风景名胜、名木古树，反映历史风貌的建筑群、街区、村镇，各级文物保护单位，民俗精华、传统工艺、传统文化等。

（2）历史文化名城保护规划必须分析城市的历史、社会、经济背景和现状，体现名城的历史价值、科学价值、艺术价值和文化内涵。

（3）历史文化名城保护规划应建立历史文化名城、历史文化街区与文物保护单位三个层次的保护体系。

（4）历史文化名城保护规划应确定名城保护目标与保护原则，确定名城保护内容和保护重点，提出名城保护措施。

（5）历史文化名城保护规划应包括城市格局及传统风貌的保持与延续、历史地段和历史建筑群的维修改善与整治、文物古迹的确认。

（6）历史文化名城保护规划应划定历史地段（历史文化街区）、历史建筑（群）、文物古迹和地下文物埋藏区的保护界线，并提出相应的规划控制和建设的要求。

（7）历史文化名城保护规划应合理调整历史城区的职能、控制人口容量、疏解城区交通、改善市政设施、提出规划的分期实施及管理的建议。

2）历史文化名城保护规划的成果要求

历史文化名城保护规划的成果由规划文本、规划图纸和附录三部分组成。

（1）规划文本。表述规划意图、目标，对规划有关内容提出规定性要求。它一般包括以下内容：城市历史文化价值概述；历史文化名城保护原则和保护工作重点；城市整体层次上保护历史文化名城的措施，包括古城功能的改善、用地布局的选择或调整、古城空间形态和视廊的保护等；各级文物保护单位的保护范围、建设控制地带及各类历史文化街区的范围界线，保护和整治的措施要求；对重要历史文化遗存修整、利用和展示的规划意见；重点保护、整治地区的详细规划意向方案；规划实施管理措施等。

（2）规划图纸。用图像表达现状和规划内容。文物古迹、历史文化街区、风景名胜分布图，比例尺为 1：5000～1：10000，可以将市域或古城区按不同比例尺分别绘制，图中标注名称、位置、范围（图面尺寸小于 5mm 者可只标位置）；历史文化名城保护规划总图，比例尺为 1：5000～1：10000，图中标绘各类保护控制区域，包括古城空间保护视廊、各级文物保护单位、风景名胜、历史文化街区的位置、范围和其他保护措施示意；重点保护区域界线图，比例尺为 1：500～1：2000，在绘有现状建筑和地形地物的底图上，逐个、分张画出重点文物的保护范围和建设控制地带的具体界线，逐片、分线画出历史文化街区、风景名胜保护的具体范围，确定重点保护、整治地区的详细规划意向方案。

（3）附录。包括规划说明和基础资料汇编。规划说明书的内容是分析现状、论证规划意图、解释规划文本等。

规划文本和图纸具有同等的法律效力。

5. 历史文化街区保护规划

历史文化街区保护规划的内容主要包括以下部分。

1）现状调查

历史沿革；功能特点，历史风貌所反映的时代；居住人口；建筑物建造时代、历史价值、保存状况、房屋产权、现状用途；反映历史风貌的环境状况，指出其历史价值、保存完好程度；城市市政设施现状，包括供电、供水、排污、燃气的状况，居民厨、厕的现状。

2）保护规划

保护区及外围建设控制地带的范围、界线；保护的原则和目标；建筑物的保护、维修、整治方式；环境风貌的保护和整治方式；基础设施的改造和建设；用地功能和建筑物使用的调整；分期实施计划、近期实施项目的设计和概算。

8.6.7　城市市政工程规划

1. 城市给水工程规划

水是城市生存和发展的必备条件，也是城市发展的关键性制约因素。我国是一个淡水资源贫乏的国家，人均淡水资源量远低于世界平均水平。做好水资源和水环境的保护工作，制订合理、高效、节约、生态的城市给水和排水工程系统规划，对于城市安全、健康、持续发展是十分重要的。

1）城市给水工程系统的构成与功能

城市给水工程系统由取水工程、净水工程、输配水工程等组成。

取水工程包括城市水源（含地表水、地下水）、取水口、取水构筑物、提升原水的一级泵站及输送原水到净水工程的输水管等设施，还应包括在特殊情况下为蓄、引城市水源所筑的水闸、堤坝等设施。取水工程的功能是将原水取、送到城市净水工程，为城市提供足够的水源。

净水工程包括城市自来水厂、清水库、输送净水的二级泵站等设施。净水工程的功能是将原水净化处理成符合城市用水水质标准的净水，并加压输入城市供水管网。

输配水工程包括从净水工程输入城市供配水管网的输水管道、供配水管网及调节水量、水压的高压水池、水塔、清水增压泵站等设施。输配水工程的功能是将净水保质、保量、稳压地输送至用户。

2）城市给水工程系统规划的主要任务与内容

城市给水工程系统规划的主要任务是：根据城市和区域水资源的状况最大限度地保

护和合理利用水资源；合理选择水源，确定供水标准，预测供水负荷；进行城市水源规划和水资源利用平衡工作；确定城市自来水厂等给水设施的规模、容量；科学布局给水设施和各级给水管网系统，满足用户对水质、水量、水压等的要求；制订水源和水资源的保护措施。

城市给水工程系统规划的主要内容分为总体规划和详细规划两个层次。总体规划层次的主要内容包括：确定城市用水标准，预测城市总用水量；平衡供需水量，选择水源，进行城市水源规划；确定给水系统的形式、水厂供水能力和用地范围；布局供水重要设施、输配水干管、输水管网；制订水源保护和水源地卫生防护措施。详细规划层次的主要内容包括：计算详细规划范围的用水量；布置详细规划范围的各类给水设施和给水管网；计算输配水管渠管径；选择供水管材。

3）城市水源选择与保护

城市水资源是指可供城市人民生活、经济发展和城市建设使用的地表水和地下水，包括城市可以利用的河流、湖泊的地表水，逐年可以恢复的地下水及海水和可回用的污水等。

我国是一个缺水国家，人均径流量仅为世界人均占有量的 1/4。水量在地区分布上极不平衡，与人口、耕地的分布不相适应；水量在时程分配上也极不均匀，年际变化大。我国城市缺水十分严重，目前有超过一半的城市缺水。除了水资源先天不足外，污染造成的水质下降也使得沿江、河的城市产生缺水现象。

城市给水水源可分为地下水源及地表水源两大类，此外还要考虑其他形式的水源利用。地下水指埋藏在地下孔隙、裂隙、溶洞等含水层介质中储存运移的水体，包括潜水（无压地下水）、自流水（承压地下水）和泉水。地表水主要指江河、湖泊、蓄水库等水体，一般水量较大，矿化及硬度低但浑浊度大，易污染，开发的投资较大，处理费用较高。但地表水仍是城市主要的水源。其他水源主要包括海水和再生水。海水含盐量很高，淡化比较困难，但由于水资源缺乏，世界上许多沿海国家开始开发利用海水。再生水是指经过处理后回用的工业废水和生活污水。城市污水具有量大、就近可取、水量受季节影响小、基建投资和处理成本比远距离输水低等优点。

城市水源选择应符合以下原则：水源具有充沛的水量以满足城市近、远期发展的需要；采用地表水源时须先考虑自天然河道和湖泊中取水的可能性，其次可采用挡河通坝蓄水库水，而后考虑需调节径流的河流；地下水贮量有限，一般不适用于用水量很大的情况；水源具有较好的水质；坚持开源节流的方针；协调与其他经济部门的关系；水源选择要密切结合城市近、远期规划和发展布局，从整个给水系统（取水、净水、输配水）的安全和经济来考虑；选择水源时还应考虑取水工程本身与其他各种条件如当地的水文、水文地质、工程地质、地形、人防、卫生、施工等方面条件；保证安全供水。大中城市应考虑多水源分区供水，小城市也应有远期备用水源。在无多个水源可选时，结合远期发展应设两个以上取水口。

城市水源保护应根据不同水质的使用功能划分水体功能区，从而可以实施不同的水污染控制标准和保护目标。城市规划中也必须结合水体功能分区进行城市布局。在城市总体规划或区域范围较大的市域规划中，应划定水源的保护地及保护范围。保护区可以分一级、二级保护区及准保护区。

4）城市给水设施规划要点

地表水取水设施选址时应考虑以下基本要求：设在水量充沛、水质较好的地点，宜位于城镇和工业的上游清洁河段；具有稳定的河床和河岸靠近主流，有足够的水源，水深一般不小于 2.5～3.0m；弯曲河段上，宜设在河流的凹岸，但应避开凹岸主流的顶冲点，顺直的河段上，宜设在河床稳定、水深流急、主流靠岸的窄河段处；取水口不宜放在入海的河口地段和支流向主流的汇入口处；尽可能免受泥沙、漂浮物、冰凌、冰絮、水草、支流和咸潮的影响；具有良好的地质、地形及施工条件；应避开断层、滑坡、冲积层、流沙、风化严重和岩溶发育地段；应考虑天然障碍物和桥梁、码头、丁坝、拦河坝等人工障碍物对河流条件的影响。

地下水取水设施要求选择在水量充沛、水质良好的地下水丰水区，设于补给条件好、渗透性强、卫生环境良好的地段，同时有良好的水文、工程地质、卫生防护条件以便于开发、施工和管理。

净水工程设施为给水处理厂（简称水厂），厂址选择必须综合考虑各种因素，通过技术经济比较后确定。其选址要点如下：水厂应选择在工程地质条件较好的地方，一般选在地下水位低、承载力较大、湿陷性等级不高、岩石较少的地层，以降低工程造价和便于施工；水厂应尽可能选择在不受洪水威胁的地方，否则应考虑防洪措施；水厂周围应具有较好的环境卫生条件和安全防护条件并考虑沉淀池、料泥及滤池冲洗水的排除方便；水厂应尽量设置在交通方便、靠近电源的地方，以利于施工管理和降低输电线路的造价；水厂选址要考虑近、远期发展的需要，为新增附加工艺和未来规模扩大发展留有余地。

取用地下水的水厂可设在井群附近，尽量靠近最大用水区，亦可分散布置。井群应按地下水流向布置在城市的上游。根据出水量和岩层的含水情况，井管之间要保持一定的间距。

5）给水管网规划要点

城市用水经过净化之后，还要铺设大口径的输水干管和各种配水管网将净水输配到各用水地区。输水管道不宜少于两条。管网的布置一般有两种形式：树枝状和环状。

树枝状管网的管道总长度较短，一旦管道某一处发生故障，供水区容易断水。环状管网恰恰相反，配水管网一般敷设成环状，在允许间断供水的地方，可敷设树枝状管网。在实践中，可两者结合布置，即总体用环状，局部可用树枝状。

供水管网是供水工程的一个重要部分，它的修建费用占整个供水工程投资的 40%～70%。管网的合理布置不仅能保证供水，而且有很大的经济意义。管网布置的基本要求如下：管网布置应根据城市地形、城市规划或发展方向、道路系统、大用水量用户分布、水压要求、水源位置及与其他管线综合布置等因素进行规划设计。一般要求管网比较均匀地分布在整个用水地区。输水干管通向水量调节构筑物和水量大的用户。干管要布置在地势较高的一边，环状管网环的大小，即干管间距离应根据建筑物用水量和对水压的要求而定。管道应尽量少穿越铁路和河流。过河的管道一般要设两条以保安全。居住区内的最低水头，平房为 10m，二层居住房屋为 12m，二层以上每层增加水头 4m。高层居住大多自设加压设备，规划管网时可不予考虑，以免全面提高供水水压。工业用水的水压因生产要求不同而异，有的工厂低压进水再进行加压。如果工业用水量大，可根据对水压、水质的不同要求，将管网分成几个系统，分别供水。地形高低相差大的城市为了满足地热较高地区的水压要求，避免较低地区的水压过大，应考虑结合地形，分设不同水压的管网系统或按低地要求的压力送水，在高地地区加压。必须节约用水，在用水量很大的工业企业应尽可能地考虑水的重复利用，例如，电厂的冷却用水循环使用或供给其他工厂使用。进行管网规划时必须多做方案比较、综合研究，才能得出比较经济合理的管网布置。

　　城市中生活用水、工业用水、消防用水对水质的要求差别较大，如将生活用水的水质用作工业用水，会形成浪费。近年来一些城市采用分质给水系统。取水设施从同一水源或不同水源取水，经过不同程度的净化过程，用不同的管道分别将不同水质的水供给不同的用户的系统称分质给水系统。在城市中可以对工业集中区与生活居住区采用分质供水，也可在城市一定范围内对饮用水或杂用水进行分质供水。这样可以保证城市中有限水源的优质优用，不过这类系统费用较大，管理也较复杂。

2. 城市排水工程规划

1）城市排水工程系统的构成与功能

　　城市排水工程系统由雨水排放工程、污水处理与排放工程组成。

　　城市雨水排放工程有雨水管渠、雨水收集口、雨水检查井、雨水提升泵站、排涝泵站、雨水排放口等设施，还应包括为确保城市雨水排放所建的水闸、堤坝等设施。城市雨水排放工程的功能是及时收集与排放城区雨水等降水，抗御洪水、潮汛水侵袭，避免和迅速排除城区渍水。

　　污水处理与排放工程包括污水处理厂（站）、污水管道、污水检查井、污水提升泵站、污水排放口等设施。污水处理与排放工程的功能是收集与处理城市各种生活污水、生产废水，综合利用、妥善排放处理后的污水，控制与治理城市水污染，保护城市与区域的水环境。

2）城市排水工程系统规划的主要任务与内容

　　城市排水工程系统规划的主要任务是根据城市自然环境和用水状况，合理确定规划期内的污水处理量、污水处理设施的规模与容量、降水排放设施的规模与容量；科学布局污水处理厂（站）等各种污水处理与收集设施、排涝泵站等雨水排放设施，以及各级污水管网；制定水环境保护、污水治理与利用等对策和措施。

　　城市排水工程系统规划的主要内容分为总体规划和详细规划两个层次。总体规划层次的主要内容是：确定排水体制；划分排水区域；估算雨水、污水总量，制定不同地区污水处理排放标准；进行排水管、渠系统规划布局；确定水闸及雨污水主要泵站数量、位置；确定排水设施和污水处理设施的数量、规模、处理等级及用地范围；确定排水干管、渠的走向和出口位置；提出污水综合治理利用措施。

3）城市排水体制的选择

　　对生活污水、工业废水和降水采用不同的排除方式所形成的排水系统称为排水体制，又称排水制度，可分为合流制和分流制两类。

　　合流制排水系统是将生活污水、工业废水和雨水混合在一个管渠内排除的系统，分为直排式合流制和截流式合流制。直排式合流制指管渠系统的布置就近坡向水体，分若干个排水口混合的污水经处理和利用直接就近排入水体。截流式合流制指在早期直排式合流制排水系统的基础上，临河岸边建造一条截流干管，在截流干管处设溢流井并设污水厂。晴天和初雨时，所有污水都排送至污水厂经处理后排入水体。当雨量增加，混合污水的流量超过截流干管的输水能力后，有部分混合污水将经溢流井溢出直接排入水体。这种排水系统比直排式有较大改进，但在雨天仍有部分混合污水不经处理直接排入水体，对水体有一定程度的污染。

分流制排水系统是将生活污水、工业废水和雨水分别在两个或两个以上各自独立的管渠内排除的系统，分为完全分流制和不完全分流制。完全分流制指分设污水和雨水两个管渠系统，前者汇集生活污水、工业废水送至处理厂，经处理后排放和利用，后者汇集雨水和部分工业废水（较洁净），就近排入水体；不完全分流制指只有污水管道系统而没有完整的雨水管渠的排水系统，污水经由污水管道系统流至污水厂，经过处理利用后排入水体，雨水通过地面漫流进入不成系统的明沟或小河，然后进入较大的水体。

直排式合流制排水系统对水体污染严重，但管渠造价低又不设污水厂，所以投资小，这种体制在城市建设早期使用较多，不少老城区都采用这种方式。因其所造成的污染危害很大，目前一般不宜采用。截流式合流制排水系统比直排式有较大改进，但在雨天，仍有部分混合污水不经处理直接排入水体，对水体有一定程度的污染。

完全分流制排水系统卫生条件较好，但投资较大。不完全分流制排水系统投资省，主要用于有合适的地形，有比较健全的明渠水系的地方，以便顺利排泄雨水。对于新建城市或发展中地区，为了节省投资常先采用明渠排雨水，待有条件后再改建雨水暗管系统，变成完全分流制系统。对于地势平坦、多雨、易造成积水的地区，不宜采用不完全分流制。

4）污水处理设施选址要点

城市污水处理厂是城市污水处理的主要设施，恰当地选择污水处理厂的位置，对于城市规划的总体布局、城市环境保护、污水的合理利用、污水管网系统布局、污水处理厂的投资和运行管理等都有重要影响。其选址要点如下：污水处理厂厂址选择应与排水管道系统布置及水系规划统一考虑，充分考虑城市地形的影响；应设在地势较低处，便于城市污水自流入厂内；污水处理厂宜设在水体附近，便于处理后的污水就近排入水体；排入的水体应有足够环境容量，减少处理后污水对水域的影响；厂址必须位于给水水源的下游，并应设在城镇的下游和夏季主导风向的下方；厂址与城镇、工厂和生活区应有 300m 以上距离，并设卫生防护带；污水处理厂布局应结合污水的出路，考虑污水回用于工业、城市和农业的可能，厂址应尽可能与回用处理后污水的主要用户靠近；污水处理厂选址应注意城市近远期发展问题，近期合适位置与远期合适位置往往不一致，应结合城市总体发展的要求一并考虑，规划的厂址用地应考虑保留扩建的可能性；污水处理厂不宜设在雨季易受水淹的低洼处，靠近水体的污水处理厂应不受洪水的威胁。

5）排水管网规划要点

排水管网规划首先要划分排水区界，排水区界是排水系统敷设的界限，划分排水区界是管网平面布置的起始工作。在排水区界内应根据地形和城市的竖向规划划分排水流域。一般情况下流域边界应与分水线相符合。在地形起伏及丘陵地区流域分界线与分水线基本一致。在地形平坦无显著分水线的地区，应使干管在最大合理埋深的情况下让绝大部分排水自流排出。

城市排水管网规划应把握下列要点：排水管网布置应尽可能在管线较短和埋深较小的情况下让雨污水自流排出。地形、地貌是影响管道定线的主要因素，确定排水管网走线时应充分利用地形。在整个排水区域较低的地方，在集水线或河岸低处敷设主干管及干管，便于支管自流接入。地形较复杂时，宜布置成几个独立的排水管网。污水主干管的走向与数量取决于污水处理厂和出水口的位置与数量。例如，大城市或地形平坦的城市可能要建几个污水处理厂分别处理与利用污水，小城市或地形倾向一方的城市，通常只设一个污水处理厂，则只需敷设一条主干管。若一个区域内几个城镇合建污水处理厂，则需建造相应的区域污水管道系统。管线布置应简捷顺直，尽量减少与河道、山谷、铁路及各种地下构筑物的交叉，并充分考虑地质条件的影响。排水管线一般沿城市道路布置，管线布置考虑城市的远、近期规划及分期建设的安排，与规划年限一致，应使管线的布置与敷设满足近期建设的要求，同时远期有扩建的可能。规划时不同重要性的管道其设计使用年限应有差异，城市主干管的使用年限要长一些，并考虑扩建的可能。城市排水管网规划中，应充分利用和保护现有水系，并注重排水系统的景观和防灾功能，将城市排水与水资源利用、防洪涝灾害、生态与景观建设结合起来综合考虑统筹协调。

3. 城市能源工程规划

1）城市电力工程规划

（1）城市供电工程系统的构成和功能。城市供电工程系统由城市电源工程、输配电网络工程组成。

城市电源工程主要有城市电厂、区域变电所（站）等电源设施。城市电厂是专为本城市服务的火力发电厂、水力发电厂（站）、核能发电厂（站）、风力发电厂、地热发电厂等电厂。区域变电所（站）是区域电网上供给城市电源所接入的变电所（站）。区域变电所（站）通常是大于等于 110kV 电压的高压变电所（站）或超高压变电所（站）。城市电源工程具有自身发电或从区域电网上获取电源为城市提供电源的功能。

城市输配电网络工程由城市输送电网与配电网组成。城市输送电网含有城市变电所（站）和从城市电厂、区域变电所（站）接入的输送电线路等设施。城市变电所通常为大于 10kV 电压的变电所。城市输送电线路以架空电缆为主，重点地段采用直埋电缆、管道电缆等敷设形式。输送电网具有将城市电源输入城区并将电源变压进入城市配电网的功能。城市配电网由高压、低压配电网等组成。高压配电网电压等级为 1～10kV，含有变配电所（站）、开关站、1～10kV 高压配电线路。高压配电网具有为低压配电网变、配电源及直接为高压电用户送电等功能。高压配电线路通常采用直埋电缆、管道电缆等敷设方式。低压配电网电压等级为 220V～1kV，含低压配电所、开关站、低压电力线路等设施，具有直接为用户供电的功能。

（2）城市供电工程系统规划的主要任务和内容。城市供电工程系统规划的主要任务为：结合城市和区域电力资源状况，规划期内的城市用电标准、用电负荷进行城市电源规划；确定城市输、配电设施的规模、容量及电压等级；科学布局变电所（站）等变配电设施和输配电网络；制定各类供电设施和电力线路的保护措施。

城市供电工程系统规划的主要内容分为总体规划和详细规划两个层次。总体规划层次的主要内容是：确定用电标准，预测城市供电负荷；选择供电电源进行供电电源规划；确定城市供电电压等级和变电设施容量、数量；进行变电设施布局；布局高、中压送电网和高压走廊；布局中、低压配电网；制定城市供电设施保护措施。详细规划层次的主要内容是：计算供电负荷；选择和布局规划范围内的变配电设施；规划设计高压配电网；规划设计低压配电网。

（3）城市供电设施规划要点。城市电力设施通常分为城市发电厂和变电所两种基本类型。

城市电力供应可由城市发电厂直接提供，也可由外地发电厂经高压长途输送至电源变电所，再进入城市电网。变电所除变换电压外，还起到集中电力和分配电力的作用，并控制电力流向和调整电压。

城市发电厂有火力发电厂、水力发电站、风力发电厂、太阳能发电厂、地热发电厂和核能发电厂等。目前我国作为城市电源的发电厂以火力发电厂和水力发电站为主，水力发电站布局往往距离城市较远，但一些火力发电厂需要在城市内部和边缘地区进行选址布局。

城市电源变电所一般等级较高，应布置在市区边缘或郊区，宜采用全户外式和半户外式结构。少量电源变电所根据系统需要设置在城区内部，在这种情况下，变电所可以采用户内变电所或地下变电所形式，尽可能减少对周边地区环境和安全的影响。城市内的变电所或配电所的设计应尽量节约用地面积，采用占地较少的户内型、半户外型布置。城市中心区的变电所或配电所应考虑采用占空间较小的全户内型并考虑与其他建筑物混合，必要时也可考虑建设地下变电所。在主要街道、路间绿地及建筑物密集的地区也可采用电缆进出线的箱式配电所。

（4）城市供电线路规划布局要点。城市电力线路分为架空线路和地下电缆线路两类。

市区架空高、中压输电线路可采用双回线或与高压配电线同杆架设，可采用钢管型杆塔或窄基铁塔以减少高压走廊占地面积。从用地、景观和安全角度考虑不宜采用架空电力线路时，城市内的电力线路可以采用地下敷设的方式。电缆线路路径应与城市其他地下管线统一安排通道的宽度、深度，应考虑远期发展的要求，路径选择应考虑安全、可行、维护便利及节省投资等方式。

城市架空高压电力线路规划要点有：高压线路应尽量短捷，减少线路电荷损失，降低工程造价；高压线路与住宅、建筑物、各种工程构筑物之间应有足够的安全距离，按照国家规定，留出合理的高压走廊地带，尤其接近电台、飞机场的线路，更应严格按照规定，以免发生通信干扰、飞机撞线等事故；高压线路不宜穿过城市的中心地区和人口密集的地区；考虑到城市的远景发展，避免线路占用工业备用地或居住备用地；高压线路穿过城市时须考虑对其他管线工程的影响并应尽量减少与河流、铁路、公路及其他管线工程的交叉；高压线路应尽量避免在有高大乔木成群的树林地带通过，保证线路安全、减少砍伐树木、保护绿化植被和生态环境；高压走廊不应设在易被洪水淹没的地方或地质构造不稳定（活动断层、滑坡等）的地方；高压线路尽量远离空气污浊的地方以免影响线路的绝缘而发生短路事故，更应避免接近有爆炸危险的建筑物、仓库区。

2）城市燃气工程规划

（1）城市燃气工程系统的构成和功能。城市燃气工程系统由燃气气源工程、储气工程、输配气管网工程等组成。

城市燃气气源工程包含煤气厂、天然气门站、石油液化气气化站等设施。煤气厂主要有炼焦煤气厂、直立炉煤气厂、水煤气厂、油制气煤气厂四种类型。天然气门站收集当地或远距离输送来的天然气。石油液化气气化站是目前无天然气、煤气厂的城市用作管道燃气的气源，设置方便、灵活。气源工程具有为城市提供可靠的燃气气源的功能。

燃气储气工程包括各种管道燃气的储气站、石油液化气的储存站等设施。储气站储存煤气厂生产的燃气或输送来的天然气，调节满足城市日常和高峰小时的用气需要。石油液化气储存站具有满足液化气气化站用气需求和城市石油液化气供应站的需求等功能。

燃气输配气管网工程包含燃气调压站、不同压力等级的燃气输送管网、配气管道。一般情况下，燃气输送管网采用中、高压管道，配气管为低压管道。燃气输送管网具有中、长距离输送燃气的功能，不直接供给用户使用。配气管则具有直接供给用户使用燃气的功能。燃气调压站具有升降管道燃气压力的功能，以便于燃气远距离输送，或由高压燃气降至低压向用户供气。

（2）城市燃气工程系统规划的主要任务与内容。城市燃气工程系统规划的主要任务是结合城市和区域燃料资源状况选择城市燃气气源，合理确定规划期内各种燃气的用气标准，预测用气负荷，进行城市燃气气源规划；确定各种供气设施的规模、容量；选择并确定城市燃气管网系统；科学布置气源厂、天然气门站、液化气气化站等产、供气设施和输配气管网；制订燃气设施和管道的保护措施。

城市燃气工程系统规划的主要内容也分为总体规划和详细规划两个层次。总体规划层次的主要内容是：确定供热对象和供气标准，预测燃气负荷；选择气源种类，进行城市燃气气源规划；确定城市气源设施和储配设施的容量、数量和位置；选择燃气输配管网的压力级制；布局输配气管网；制定城市燃气设施的保护措施。详细规划层次的主要内容是：计算详细规划范围内的燃气用量；规划布局燃气输配设施，确定其容量、位置和用地范围；规划布局燃气输配管网；计算燃气管网管径。

（3）城市燃气气源与输配设施规划要点。城市燃气一般分为四类：天然气、人工煤气、液化石油气和生物气。城市燃气采用哪些燃气种类要考虑多方面的因素。大多数国家的主要气种经历了煤制气、油制气至天然气的使用过程。针对我国幅员辽阔，能源资源分布不均，各地能源结构、品种、数量不一的特点，发展城市燃气事业要贯彻多种气源、多种途径、因地制宜、合理利用能源的方针，从城市自身条件和环保要求出发，优先使用天然气，发展完善煤制气，合理利用液化石油气，大力回收利用工业余气，建立因地制宜、多气互补的城市燃气供给体系。

城市燃气输配设施一般包括燃气储配站、液化石油气气化站、混气站及瓶装供应站、调压站等。由于燃气易燃易爆的特点，这些设施布局时除了满足系统本身的要求外，要尽量保证设施与周边建筑或用地的安全距离以减少安全隐患。

（4）燃气管网规划要点。城市燃气输配管网按布局方式分为环状管网系统和枝状管网系统。环状管网系统中输气干管布局为环状，保证对各区域实行双向供气，系统可靠性较高；枝状管网系统输气干管为枝状，可靠性较低。对于通往用户的配气管来说一般为枝状管网。

在选择输配管网的形制时主要考虑两方面的因素，即管网形制本身的优缺点和城市的综合条件。管网形制本身的优缺点包括供气的可靠性、安全性、适用性和经济性；城市综合条件方面要考虑气源的类型、城市的规模、市政和住宅的条件、自然条件和近远期结合问题。

布置各种级别的城市燃气管网应遵循的一般原则为：应采用短捷的线路，供气干线尽量靠近主要用户区；应减少穿、跨越河流、水域、铁路等工程以减少投资；高压、中压管网宜布置在城市的边缘或规划道路上，高压管网应避开居民点，连接气源厂（或配气站）与城市环网的枝状干管一般应考虑双线；中压管网是城区内的输气干线，网路较密，为避免施工安装和检修过程中影响交通，一般宜将中压管道敷设在市内非繁华的干道上。

3）城市供热工程规划

（1）城市（集中）供热工程系统构成与功能。城市供热工程系统由供热热源工程和供热管网工程组成。

供热热源工程包含城市热电厂（站）、区域锅炉房等设施。城市热电厂（站）是以城市供热为主要功能的火力发电厂（站），主要用于供给高压蒸汽、采暖热水等。

区域锅炉房是城市地区性集中供热的锅炉房，主要用于城市采暖或提供近距离的高压蒸汽。

供热管网工程包括热力泵站、热力调压站和不同压力等级的蒸汽管道、热水管道等设施。热力泵站主要用于远距离输送蒸汽和热水，热力调压站调节蒸汽管道的压力。

（2）城市（集中）供热工程系统规划的主要任务与内容。城市供热工程系统规划的主要任务是根据当地气候、生活与生产需求确定城市集中供热对象、供热标准、供热方式；合理选择气源，预测供热负荷；进行城市热源工程规划，确定城市热电厂、热力站等供热设施的数量和容量；科学布局各种供热设施和供热管网；制定节能保温的对策与措施，以及供热设施的防护措施。

城市供热工程系统规划的主要内容分为总体规划和详细规划两个层次。总体规划层次的主要内容是：确定集中供热对象和供热标准，预测供热负荷；选择热源和供热方式；确定热源设施的供热能力、数量和布局；布局供热设施和供热干管网；制定供热设施保护措施。详细规划层次的主要内容是：计算规划范围内的供热负荷；布局供热设施和供热管网；计算供热管道管径。

（3）城市热源规划要点。将各种能源形态转化为符合供热要求的热能的装置，称为热源。热源是城市集中供热系统的起始点，集中供热系统热源的选择、规模确定和选址布局对整个系统的合理性有决定性的影响。

当前大多数城市采用的城市集中供热系统热源有热电厂、锅炉房、低温核能供热堆、热泵、工业余热、地热和垃圾焚烧厂。热电厂是指用热力原动机驱动发电机的可实现热电联产的工厂。工业余热是指工业生产过程中产品、排放物及设备放出的热。地热是地球内部的天然热能。垃圾处理过程中，垃圾分类后将可燃部分进行焚烧，以减少垃圾量和产生热能的设施称为垃圾焚烧厂。

上述几种设施中，热电厂（包括核能热电厂）和锅炉房是使用最为广泛的集中供热热源。发达国家的城市采用低温核能供热堆和垃圾焚烧厂作为集中供热热源的较多，对城市环境保护较为有利。热泵一般用于区域供热。在有条件的地区利用工业余热和地热作为集中供热热源，是节约能源和保护环境的好方式。

（4）城市集中供热管网规划要点。根据热源与管网之间的关系，热网可分为区域式和统一式两类。区域式网络仅与一个热源相连并只服务于此热源所及的区域。统一式网络与所有热源相连，可从任一热源得到供应，网络也允许所有热源共同工作。相比之下，统一式热网的可靠性较高但系统较复杂。

根据输送介质的不同，热网可分为蒸汽管网和热水管网。蒸汽管网中的热介质为蒸汽，热水管网中的热介质为热水。一般情况下，从热源到热力站（或冷暖站）的管网更多采用蒸汽管网，而在热力站向民用建筑供暖的管网更多采用热水管网。

按平面布置类型的不同，供热管网可分为枝状管网和环状管网两种。枝状管网结构简单，运行管理较方便，造价也较低，但其可靠性较低。环状管网的可靠性较高但系统复杂，造价高，不易管理。在合理设计、妥善安装和正确操作维修的前提下，供热管网一般采用枝状布置方式。

在城市内布置供热管网时应满足以下要求：供热管网布局要尽量缩短管线的长度，尽可能节省投资和钢材消耗；主要干管应该靠近大型用户和热负荷集中的地区，避免长距离穿越没有热负荷的地段；供热管道要尽量避开主要交通干道和繁华的街道，以免给施工和运行管理带来困难；地下敷设时必须注意地下水位，沟底的标高应高于30年来最高地下水位0.2m，在没有准确的地下水位资料时应高于已知最高地下水位0.5m以上，否则地沟要进行防水处理。

（5）城市能源结构调整与新能源应用规划。我国城市能源结构比较落后，以燃煤为主的一次能源、非清洁能源仍占很大比重。在计划经济体制下形成了条块分割，各城市都力求设有可由本城市管理的电厂，因此小型火力发电厂成为一些城镇的主要能源设施。在居民生活用能方面，一些城市仍以煤（煤制品）为主，冬季多用分散小煤炉取暖，许多地区村镇居民使用柴草。这些情况均会造成对大气环境的污染。

近年来，我国清洁能源发展的速度很快，核电和水电在一次能源中所占比例、天然气在民用燃料中所占比例迅速提高，一些综合利用能源的设施或项目（如工业余热利用、沼气利用、垃圾焚烧发电）也在迅速发展，太阳能、潮汐能、风能等新能源项目逐步进入推广实施阶段。

在这种形势下，城市公共能源供应系统规划应在传统的电力、燃气、集中供热三大部分的基础上增加有关能源结构调整、新能源利用及节能减排的相关内容。特别是在总体规划层面，应提出具有前瞻性的能源供应系统改造要求，并在空间上进行安排。

城市能源结构调整与新能源应用规划应包括以下几个方面的内容：根据国家和地区有关节能减排、新能源发展的政策，提出各个规划时间段内的城市能源结构中清洁能源、可再生能源、新能源所占的比例目标；针对供电、燃气、集中供热等三个主要公共能源供应系统，提出节能减排和新能源利用方面改造的方向、要点、措施并预估节能减排效益；从城市空间上控制预留清洁能源生产设施、新能源设施、能源综合利用设施的用地；提出城市发展新能源、清洁能源的分期实施策略和政策保障措施。

4. 城市通信工程规划

1）城市邮政工程规划

城市邮政系统通常有邮政局所、邮政通信枢纽、报刊门市部、售邮门市部、邮亭等设施。邮政局所经营邮件传递、报刊发行、电报及邮政储蓄等业务。邮政通信枢纽起收发、分拣各种邮件的作用。邮政系统具有快速、安全地传递城市各类邮件、报刊及电报等功能。

（1）邮政通信枢纽规划选址要点。

（a）枢纽应在火车站一侧靠近火车站台；

（b）有方便接发火车邮件的邮运通道；

（c）有方便出入枢纽的汽车通道；

（d）周围环境符合邮政通信安全；

（e）在非必要而又有选择余地时，局址不宜面临广场，也不宜同时有两侧以上临主要街道。

（2）邮政局所规划选址要点。

（a）局址应设在闹市区、居民集聚区、文化游览区、公共活动场所、大型工矿企业、大专院校所在地。车站、机场、港口及宾馆内应设邮电业务设施。

（b）局址应交通便利，运输邮件车辆易于出入。

（c）局址应有较平坦地形，地质条件良好。

2）城市电信工程规划

城市电信系统由电话局（所、站）和电信网组成，有长途电话局和市话局（含各级汇接局、端局等）、微波站、移动电话基站、无线寻呼台及无线电收发讯台等设施。电话局（所、站）具有收发、交换、中继等功能。电信网包括电信光缆、光接点、电话接线箱等设施，具有传送包括语音、数据等各种信息流的功能。

（1）电话局所规划布局要点。规划电话局所时，一般在理论上计算出来的线路网中心基础上，综合考虑用地、经济、地质、环境等影响因素来确定选址。电话局址选择必须符合环境安全、业务方便、技术合理和经济实用的原则。在实际勘定局址时，还应综合各方面情况统一考虑，一般应注意以下几点要求。

（a）电话局所的位置应尽量接近线路网中心，便于电缆管道的敷设。

（b）电话局址的环境条件应尽量安静、清洁和无干扰影响，应尽量避免在有高压电力设施、有较大的振动或强噪声的地点、空气污染区，以及存储有易爆、易燃物的地点附近选址，不要将局所设在有腐蚀性气体或产生较多粉尘、烟雾与水汽的工厂的常年下风侧。

（c）电话局址应选择地质条件良好、地形较平坦、不会受到洪涝灾害影响的地点，并应注意避开雷击区。

（d）要尽量考虑近、远期的结合，以近期为主并适当照顾远期需求，对于局所建设的规模、局所占地范围、房屋建筑面积等都要留有一定的发展余地。

（e）要考虑电信技术设备维护管理便利性的需求，同时考虑不同营业部门共用营业场所，以便于为市民服务。

（2）微波站址规划要点。城市中的微波站选址应注意以下要求。

（a）广播电视微波站应当根据城市经济、政治、文化设施的分布，重要电视发射台（转播台）和人口密集区域位置而确定，以达到最大的有效人口覆盖率。

（b）微波站应设在电视发射台（转播台）内，以保障主要发射台的信号源。

（c）选择地质条件较好、地势较高的稳固地区作为站址。

（d）站址通信方向近处应较开阔、无阻挡及无反射电波的显著物体。

（e）站址能避免本系统干扰（如同波道、越站和汇接分支干扰）和外系统干扰（如雷达、地球站、有线广播电视频道和无线通信干扰）。

（3）城市通信网规划要点。城市通信线路材料目前主要有光纤光缆、电缆和金属明线等。城市通信线路敷设方式有架空、地埋管道、直埋、水底敷设等。

城市通信管道线路规划应注意以下要点。

（a）管道路应尽可能短捷，避免沿交换区界线、铁路、河流等的地带敷设。

（b）管道宜建于光缆、电缆集中的路上，电信、广电光电缆宜同沟敷设，以节省地下空间。

（c）管道应远离电蚀和化学腐蚀地带。

3）城市广播电视工程规划

城市广播电视系统有无线电广播电视和有线广播电视两种发播方式。广播电视系统含有广播电视台站工程和广播电视线路工程。广播电视台站工程有无线广播电视台、有线广播电视台、有线电视前端、有线电视分前端及广播电视节目制作中心等设施。广播电视线路工程主要有有线广播电视的光缆、电缆及光电缆管道等。广播电视台站工程的功能是制作播放广播节目。广播电视线路工程的功能是传递信息，还有数据传输等互联网功能。

5. 城市防灾工程规划

1）城市综合防灾减灾规划的主要任务

城市综合防灾减灾规划是城市总体规划的重要组成部分，其主要内容是《城市规划编制办法》中要求的强制性内容之一。其主要任务是：根据城市自然环境、灾害区划和城市定位，确定城市各项防灾标准，合理确定各项防灾设施的布局、等级、规模；充分考虑防灾设施与城市常用设施的有机结合，制定防灾设施的统筹建设、综合利用、防护管理等对策与措施。

2）城市综合防灾减灾规划原则

为提供城市发展的良好环境，保障城市安全，城市综合防灾减灾规划应遵循以下原则。

（1）城市综合防灾减灾规划必须按照有关法律规范和标准进行编制。近年来，国家发布了一系列关于防洪、消防、抗震、人民防空等防灾减灾的法律、规范和国家标准，各地各部门也在此基础上制定了一系列地方性和行业性的法规和技术标准。

（2）城市综合防灾减灾规划应与各级城市规划及各专业规划相协调，若作为城市规划中的一项专业规划，则此项规划应结合规划用地布局，并与其他专业设施规划相互协调。

（3）城市综合防灾减灾规划应结合当地实际情况，确定城市和地区的设防标准、制定防灾对策、合理布置各项防灾设施，做到近远期规划结合。

（4）城市综合防灾减灾规划应注重防灾工程设施的综合使用和有效管理。城市防灾工程设施投资巨大，保养维护困难，因此防灾工程设施的建设、维护和使用，应考虑平灾结合，综合利用。

3）城市综合防灾减灾规划的主要内容

（1）城市总体规划中的主要内容。确定城市消防、防洪、人防、抗震等设防标准；布局城市消防、防洪、人防等设施；制定防灾对策与措施；组织城市防灾生命线系统。

（2）城市详细规划中的主要内容。确定规划范围内各种消防设施的布局及消防通道、间距等；确定规划范围内地下防空建筑的规模、数量、配套内容、抗力等级、位置布局，以及平战结合的用途；确定规划范围内的防洪堤标高、排涝泵站位置等；确定规划范围内疏散通道、疏散场地布局。

4）城市抗震系统规划

（1）抗震防灾规划的指导思想、目标和措施，规划的主要内容和依据等。

（2）易损性分析和防灾能力评价，地震危险性分析，地震对城市的影响及危害程度估计，不同强度地震下的震害预测等。

（3）城市抗震规划目标、抗震设防标准。

（4）建设用地评价与要求。根据地震危险性分析、地震影响区划和震害预测，划出对抗震有利和不利的区域范围、不同地区适宜于建筑的结构类型、建筑层数和不应进行工程建设的地域范围。

（5）抗震防灾措施。各级避震通道及避震疏散场地（如绿地、广场等）和避难中心的设置与人员疏散的措施；对城市基础设施的规划建设要求，如城市交通、通信、给排水、燃气、电力、热力等生命线系统，以及消防、供油网络、医疗等重要设施的规划布局；重要建（构）筑物，超高建（构）筑物，人员密集的教育、文化、体育等设施的布局、间距和外部通道要求。

（6）防止次生灾害规划。主要包括水灾、火灾、爆炸、溢毒、疫病流行及放射性辐射等次生灾害的危害程度、防灾对策和措施。

（7）震前应急准备及震后抢险救灾规划。

（8）抗震防灾人才培训等。

5）城市防洪（潮、汛）排涝系统规划

（1）对城市历史上的洪水特点进行分析，现有堤防情况、抗洪能力的分析。

（2）被保护对象在城市总体规划和国民经济中的地位，以及洪灾可能影响的程度。选定城市防洪设计标准和计算现有河道的行洪能力。

（3）确定规划目标和规划原则。

（4）制定城市防洪规划方案。包括河道综合治理规划、蓄滞洪区规划、非工程措施规划等。

6）城市消防系统规划

（1）根据城市性质和发展规划，合理安排消防分区，全面考虑易燃易爆工厂、仓库和火灾危险较大的建筑、仓库布局及安全要求。

（2）提出大型公共建筑（如商场、剧场、车站、港口、机场等）的消防工程设施规划。

（3）提出城市广场、主要干路的消防工程设施规划。

（4）提出火灾危险性较大的工厂（如造纸厂、竹木器厂、易燃化学品厂）、仓库（如棉花、油料、粮食、化学纤维仓库）、汽车加油站等保障安全的有效措施。

（5）提出城市古建筑、重点文物单位的安全保护措施。

（6）提出燃气管道、液化气站的安全保护措施。

（7）制定城市旧区改造消防工程设施规划。

（8）初步确定城市消防站、点的分布规划。

（9）初步确定城市消防给水规划，消防水池设置规划。

（10）初步确定消防隙望、消防通信及调度指挥规划。

（11）确定消防训练、消防车通路的规划。

7）城市人防工程规划（与地下空间利用规划衔接）

（1）城市地下空间规划。

（a）城市地下空间规划的基本概念。

地下空间：地表以下，为了满足人类社会生产、生活、交通、环保、能源、安全、防灾减灾等需求而进行开发、建设与利用的空间。

地下空间资源：人类社会为开拓生存与发展空间，将地下空间作为一种宝贵的空间资源。一般包括三方面含义：①依附于土地而存在的资源蕴藏量；②依据一定的技术经济条件可合理开发利用的资源总量；③一定的社会发展时期内有效开发利用的地下空间总量。

城市地下空间需求预测：根据城市的社会、经济、规模、交通、防灾与环境等发展需求，在城市总体规划基础上，对当前及未来城市地下空间资源开发利用的功能、规模、形态与发展趋势等方面做出科学预测。

城市地下空间开发深度：城市地下空间资源开发利用的规划深度。

城市公共地下空间：用于城市公共活动的地下空间，一般包括下沉式广场、地下商业服务设施中的公共部分、轨道交通车站，以及城市公共的地下空间和开发地块中规划规定的公共活动性地下空间等，是城市公共活动系统的重要组成部分。

（b）城市地下空间开发利用的意义。

21 世纪，大城市普遍面临人口、能源、环境、交通等问题，建设资源节约型、环境友好型社会，走可持续发展之路成为城市发展的科学方向。

地下空间是城市的重要组成部分，也是城市宝贵的空间资源。随着我国经济的快速发展和城市化水平的不断提高，地下空间的开发利用已进入一个比较快的发展时期，积极、科学、有序地开发利用地下空间，是节约土地资源、建设紧凑型城市、提高城市运行效率、增强城市防灾减灾能力的有效途径之一。

（c）城市地下空间规划的作用。

城市地下空间规划是城市规划的重要组成部分。各级人民政府在组织编制城市总体规划时，应根据城市发展的需要，编制城市地下空间开发利用规划。

各级人民政府在编制城市详细规划时，根据城市发展需求，依据城市总体规划和城市地下空间开发利用规划对城市地下空间开发利用做出具体规定。

地下工程建设具有不可逆性和难以更改的特点，因而比地面工程更需要科学的统一规划并按规划有序地进行建设，应做到地上、地下相互呼应，相互补充。通过编制城市地下空间规划，规范城市地下空间的开发利用，指导城市地下空间的有序规划建设。

（2）城市地下空间规划的内容与方法。

（a）城市地下空间规划的基本原则。

城市地下空间的开发和利用，应当与经济和技术发展水平相适应，遵循统筹安排、综合开发、合理利用的原则，充分考虑防灾、人民防空和通信等需要，并符合城市规划，履行规划审批手续。

应当以科学发展观为指导，以构建社会主义和谐社会为基本目标，坚持集约利用资源，保护生态环境，保护人文资源，尊重历史文化，坚持因地制宜地确定城市地下空间资源开发利用的发展目标与战略，坚持以人为本，重视使用者的需求和心理感受，创造人性化和舒适的地下空间环境，促进城市地上、地下全面协调及可持续发展。

应当坚持政府组织、专家领衔、部门合作、公众参与、科学决策的原则。地下空间规划作为城市规划体系中的一个综合性专项规划，与城市规划一样，带有很强的综合性与复杂性。为此，在编制地下空间规划的过程中，要保证地下空间规划成果的科学性、合理性、高效性和可操作性。

应当以批准的城市总体规划、分区规划和详细规划为依据；应当遵守国家有关标准和技术规范，采用符合国家有关规定的基础资料；应当与人防、交通、市政、防灾等专项规划相衔接；应当加强城市综合防灾与安全防护设计，满足城市防御战争灾害和自然灾害的双重需求；应当坚持城市地上、地下空间资源统筹规划、综合开发利用的原则。

（b）城市地下空间规划的编制体系。

城市地下空间规划分为总体规划和详细规划两个阶段进行编制。其中，地下空间总体规划可以参照城市总体规划分为总体规划纲要和总体规划两个层次进行编制。前者一般对确定城市发展的主要目标、方向和内容提出原则性意见，作为总体规划编制的依据；后者一般覆盖某个行政区或者针对特定地区，对地下空间的性质、功能、规模、总体布局和建设方针等做出合理安排。地下空间详细规划可以结合地上控制性详细规划和修建性详细规划分两个层次同步编制，也可以依据地上控制性详细规划和修建性详细规划单独编制相应的地下空间控制性详细规划和地下空间修建性详细规划。

城市的中心区、地区中心、重要功能区等重点规划建设地区，应当编制地下空间详细规划。

（c）城市地下空间规划制定的一般程序。

城市地下空间总体规划由市人民政府依据城市总体规划，结合国民经济和社会发展规划及土地利用总体规划，研究制定城市地下空间资源开发利用的发展方针和战略目标。

城市重点规划建设地区的地下空间控制性详细规划，由市人民政府规划主管部门依据已经批准的城市地下空间总体规划（或者城市分区地下空间总体规划）组织编制。

城市地下空间修建性详细规划，由有关单位依据地下控制性详细规划及规划主管部门提出的规划条件委托城市规划编制单位编制。

在城市地下空间总体规划的编制中，对于涉及资源与环境保护、城市发展目标与空间布局、城市综合防空防灾、城市地下交通体系、城市历史文化遗产保护等重大专题，应当在城市人民政府组织下，由相关领域的专家领衔进行专题研究。

全市性地下空间总体规划应当纳入城市总体规划，各区（县）的地下空间总体规划由市人民政府审批。在地下空间总体规划报送审批前，市人民政府应当依法采取有效措施，充分征求社会公众的意见。对地下空间总体规划进行调整，应当按规定向规划审批机关提出调整报告，经认定后依照法律规定组织调整。

重点规划建设地区地下空间详细规划由市人民政府审批，其他地区由市规划主管部门审批。纳入控制性详细规划和城市设计中的地下空间规划，随相应规划一同审批。

（d）城市地下空间总体规划的任务和主要内容。

城市地下空间总体规划的任务包括：提出城市地下空间资源开发利用的基本原则和建设方针，研究确定地下空间资源开发利用的功能、规模、总体布局与分层规划，统筹安排近、远期地下空间资源开发利用的建设项目，并制定各阶段地下空间资源开发利用的发展目标和保障措施。

城市地下空间总体规划的主要内容包括：城市地下空间开发利用的现状分析与评价，城市地下空间资源的评估，城市地下空间开发利用的指导思想与发展战略，城市地下空间开发利用的需求，城市地下空间开发利用的总体布局，城市地下空间开发利用的分层规划，城市地下空间开发利用各专项设施的规划，城市地下空间规划的实施，城市地下空间的近期建设。

（e）城市地下空间控制性详细规划的任务和主要内容。

城市地下空间控制性详细规划的任务包括：以对城市重要规划建设地区地下空间资源开发利用的控制作为规划编制的重点，规定规划区内地下空间开发利用的各项控制指标，为地区地下空间开发建设项目的设计，以及地下空间资源开发利用的规划管理提供科学依据。

城市地下空间控制性详细规划的主要内容应包括：根据城市地下空间总体规划的要求，确定规划范围内各专项地下空间设施的总体规模、平面布局和竖向分层等关系；对地块之间的地下空间连接做出指导性控制；结合各专项地下空间设施的开发建设特点，对地下空间的综合开发建设模式、运营管理提出建议。

地下空间控制性详细规划的成果文件应包括规划文本、规划图纸、控制图则及附录。

（f）城市地下空间修建性详细规划的任务和主要内容。

城市地下空间修建性详细规划的任务包括：以落实地下空间总体规划的意图为目的，依据地下空间控制性详细规划所确定的各项控制要求，对规划区内的地下空间平面布局、空间布置、公共通道、交通系统与主要出入（连通）口、景观环境、安全防灾等进行深入研究，协调公共地下空间与开发地块地下空间及地下交通、市政、民防等设施之间的关系，提出地下空间资源综合开发利用的各项控制指标和其他规划管理要求。

地下空间修建性详细规划的内容包括：根据城市地下空间总体规划和所在地区地下空间控制性详细规划的要求，进一步确定规划区地下空间资源综合开发利用的功能定位、开发规模及地下空间各层的平面和竖向布局；结合地区公共活动特点，合理组织规划区的公共性活动空间，进一步明确地下空间体系中的公共活动系统；根据地区自然环境、历史文化和功能特征，进行地下空间的形态设计，优化地下空间的景观环境品质，提高地下空间的安全防灾性能；根据地区地下空间控制性详细规划确定的控制指标和规划管理要求，进一步明确公共性地下空间的各层功能，与城市公共空间和周边地块的连通方式；明确地下各项设施的设置位置和出入交通组织；明确开发地块内必须开放或鼓励开放的公共性地下空间范围、功能和连通方式等控制要求。

6. 城市管线综合规划

1）城市管线的种类

城市工程管线种类多而复杂，根据不同性能和用途、不同的输送方式、敷设形式、弯曲程度等有不同的分类。

（1）按工程管线性能和用途分类。

（a）给水管道。包括工业给水、生活给水、消防给水等管道。

（b）排水沟道。包括工业污水（废水）、生活污水、雨水、降低地下水等管道和明沟。

（c）电力线路。包括高压输电、高低压配电、生产用电、电车用电等线路。

（d）电信线路。包括市内电话、长途电话、电报、有线广播、有线电视等线路。

（e）热力管道。包括蒸汽、热水等管道。

（f）可燃或助燃气体管道。包括煤气、乙炔、氧气等管道。

（g）空气管道。包括新鲜空气、压缩空气等管道。

（h）灰渣管道。包括排泥、排灰、排渣、排尾矿等管道。

（i）城市垃圾输运管道。

（j）液体燃料管道。包括石油、酒精等管道。

（k）工业生产专用管道。主要是工业生产上用的管道如氯气管道及化工专用的管道等。

在我国作为一般意义上的城市工程管线来说，主要指上述前六种管线。

（2）按工程管线输送方式分类。

（a）压力管线。指管道内流动介质因外部施加力而流动的工程管线，通过一定的加压设备将流体介质由管道系统输送给终端用户。给水、燃气、供热管道一般为压力输送。

（b）重力自流管线。指管道内流动着的介质在重力作用下沿其设置的方向流动的工程管线。这类管线有时还需要中途提升设备，将流体介质引向终端。污水、雨水管道一般为重力自流输送。

（c）光电流管线。管线内输送介质为光、电流。这类管线一般为电力和通信管线。

（3）按工程管线敷设方式分类。

（a）架空敷设管线。指通过地面支撑设施在空中布线的工程管线，如架空电力线、架空电话线及架空供热管等。

（b）地铺管线。指在地面铺设明沟或盖板明沟的工程管线，如雨水沟渠。

（c）地下敷设管线。指铺设在地面以下有一定深度的工程管线。地下敷设管线有直埋和综合管沟两种敷设方式。地下直埋管线又依据埋置深度可分为深埋和浅埋两类。埋设深度是根据土壤冰冻层的深度和管线上面所承受的荷载而定的，即管道内介质若是水或易冰冻的液体，则该管道应埋置在冰冻层下。

（4）按工程管线弯曲的难易程度分类。

（a）可弯曲管线。指通过某些加工措施易将其弯曲的工程管线，如电信电缆、电力电缆、自来水管道等。

（b）不易弯曲管线。指通过加工措施不易将其弯曲的工程管线或强行弯曲会损坏的工程管线，如电力管道、电信管道、污水管道等。

（5）常规需综合的城市工程管线。

按性能和用途分类的 11 种管线并不是每个城市都会遇到的，例如，某些工业生产特殊需要的管线（石油管道、酒精管道等）就很少在厂外敷设。

常规需综合的工程管线主要有六种：给水管道、排水（雨、污水）沟管、电力线路、通信线路、热力管道、燃气管道等。城市开发中常提到的"七通一平" 即道路与上述六种管道和场地平整。

工程管线的分类反映了管线的特性，是进行工程管线综合时的管线避让依据之一。

2）城市工程管线综合规划的主要任务与内容

城市管线工程种类很多，各有一定的技术要求。如何使这些管线工程在空间安排和建造时间上很好地配合而不发生矛盾，需要城市规划部门全面地综合解决。

（1）城市工程管线综合规划的主要任务。

根据城市规划布局和城市各专业工程，系统规划检验各专业工程管线分布的合理程度，提出对专业工程管线规划的修正意见，调整并确定各种工程管线在城市道路上的水平排列位置和竖向标高，确认或调整城市道路横断面，提出各种工程管线的基本埋深和覆土要求。

（2）城市工程管线综合规划的主要内容。

（a）城市工程管线综合总体规划层次的主要内容：确定各种管线的干管走向，在道路路段上的大致水平排列位置；分析各种工程管线分布的合理性，避免各种管道过于集中在某一城市干道上；确定必须而有条件的关键点的工程管线具体位置；提出对各工程管线规划的修改建议。

（b）城市工程管线综合详细规划层次的主要内容：检查规划范围内各主要工程详细规划的矛盾；确定各种工程管线的平面分布位置；确定规划范围内的道路横断面和管线排列位置；初定道路交叉口等控制点工程管线的标高；提出工程管线基本深埋和覆土要求；提出对各专业工程详细规划的修正意见。

3）城市工程管线综合规划的原则与规定

（1）管线综合布置的一般原则。城市工程管线综合布置应遵循下列原则。

（a）规划中各种管线的定位应采用统一的城市坐标系统及标高系统。工厂企业、单位内的管线可以采用自定的坐标系统，但其区界、管线进出口则应与城市主干管线的坐标一致。如存在几个坐标系统，必须加以换算取得统一。

（b）管线综合布置应与道路规划、竖向规划协调进行。道路是城市工程管线的载体，道路走向是多数工程管线走向和坡向的依据。竖向规划和设计是城市工程管线专业规划的前提，也是进行管线综合规划的前提，在进行管线综合规划之前必须进行竖向规划。

（c）管线敷设方式应根据管线内介质的性质、地形、生产安全、交通运输、施工检修等因素经技术经济比较后择优确定。

（d）管线带的布置应与道路或建筑红线平行。

（e）必须在满足生产、安全、检修等条件的同时节约城市地上与地下空间。当技术经济比较合理时，管线应共架、共沟布置。

（f）应减少管线与铁路、道路及其他干管的交叉。当管线与铁路或道路交叉时应为正交。在困难情况下，其交叉角不宜小于 45°。

（g）管线布置应全面规划，近期集中，近远期结合。近期管线穿越远期用地时，不得影响远期用地的使用。

（h）管线综合布置时干管应布置在用户较多的一侧或管线分类布置在道路两侧。

（i）工程管线与建筑物、构筑物之间及工程管线之间的水平距离应符合规范规定。当受道路宽度、断面及现状工程管线位置等因素限制难以满足要求时，可重新调整规划道路断面或宽度。而在一些有历史价值的街区进行管线敷设和改造时，如果管线间距不能满足规范规定，又不能进行街道拓宽或建筑拆除，可以在采取一些安全措施后，适当减小管线间距。

（j）在同一条城市干道上敷设的同一类别管线较多时，宜采用专项管沟敷设。

（k）在交通运输十分繁忙和管线设施繁多的快车道、主干道及配合兴建地下铁道立体交叉等工程地段、不允许随时挖掘路面的地段、广场或交叉口处道路下，需同时敷设两种以上管道及多回路电力电缆的情况下，道路与铁路或河流的交叉处开挖后难以修复的路面下及某些特殊建筑物下，应将工程管线采用综合管沟集中敷设。

（l）敷设主管道干线的综合管沟应在车行道下，其覆土深度必须根据道路施工和行车荷载的要求，综合管沟的结构强度及当地的冰冻深度等确定。

（m）敷设支管的综合管沟，应在人行道下，其埋设深度可较浅。

（n）电信线路与供电线路通常不合杆架设。在特殊情况下，征得有关部门同意并采取相应措施后（如电信线路采用电缆或皮线等），可合杆架设。同一性质的线路应尽可能合杆，如高低压供电线等。高压输电线路与电信线路平行架设时要考虑干扰的影响。

（2）管线交叉避让原则。道路下工程管线在路口交叉时或综合布置管线产生矛盾时，应按下列避让原则处理。

（a）压力管让自流管。

（b）可弯曲管让不易弯曲管。

（c）管径小的管让管径大的管。

（d）分支管线让主干管线。

以上避让原则中前两条主要针对不同种类的管线产生矛盾的情况，后两条主要针对同一种管线产生矛盾的情况。

（3）管线共沟敷设规定。管线共沟敷设应符合下列规定：

（a）排水管道应布置在沟底。当沟内有腐蚀性介质管道时，排水管道应位于其上。

（b）腐蚀性介质管道的标高应低于沟内其他管线。

（c）火灾危险性属于甲、乙、丙类的液体，液化石油气，可燃气体，毒性气体和液体及腐蚀性介质管道不应共沟敷设，并严禁与消防水管共沟敷设。

（d）凡有可能产生互相影响的管线，不应共沟敷设。

（4）管线排列顺序。

（a）管线水平排列顺序。在进行管线平面综合时，管线的布置顺序是：在城市道路上，由道路红线至中心线，管线排列的顺序宜为电力电缆、通信电缆（或光缆）、燃气配气管、给水配水管、热力管、燃气输气管、雨水排水管、污水排水管；在建筑庭院中由建筑边线向外，管线排列的顺序宜为电力管线、通信管线、污水管、燃气管、给水管、供热管；在道路红线宽度大于等于 30m 时宜双侧布置给水配水管和燃气配气管，道路红线宽度大于等于 50m 时宜双侧设置排水管。

（b）管线竖向排列顺序。在进行管线竖向综合时，管线竖向排序自上而下宜为：电力和通信管线、热力管、燃气管、给水管、雨水管和污水管。交叉点各类管线的高程应根据排水管的高程确定。

4）城市环境卫生工程规划

（1）城市环境卫生工程系统的构成与功能。城市环境卫生工程系统由城市垃圾处理厂（场）、垃圾填埋场、垃圾收集站和转运站、车辆清洗场、环卫车辆场、公共厕所及城市环境卫生管理设施组成。城市环境卫生工程系统的功能是收集与处理城市各种废弃物，综合利用、变废为宝、清洁市容、净化城市环境。

（2）城市环境卫生工程系统规划的主要任务与内容。城市环境卫生工程系统规划的主要任务是根据城市发展目标和城市规划布局，确定城市环境卫生设施配置标准和垃圾集运、处理方式；合理确定主要环境卫生设施的数量、规模；科学布局垃圾处理场等各种环境卫生设施；制定环境卫生设施的隔离与防护措施；提出垃圾回收利用的对策与措施。

城市环境卫生工程系统规划的主要内容，根据城市规划编制层次可划分为总体规划和详细规划两个层次。

（a）城市环境卫生工程系统总体规划的主要内容：①测算固体废弃量，分析其组成和发展趋势，提出污染控制目标；②确定固体废弃物的收运方案；③选择固体废弃物处理和处置方法；④布局各类环境卫生设施，确定服务范围、设置规模和标准、运作方式、用地指标等。

（b）城市环境卫生工程系统详细规划的主要内容：①估算规划范围内的废物量；②提出规划范围的环境卫生控制要求；③确定垃圾收集运送方式；④布局废物箱、垃圾收集点、垃圾转运站、公共厕所、环境卫生管理机构等设施，确定其位置、服务半径、用地范围；⑤制订垃圾收集、运送设施的防护隔离措施。

8.6.8　城市总体规划强制性内容与成果要求

1. 城市总体规划的强制性内容

1）确定规划强制性内容的意义

为了加强规划的实施及监督，确定规划的强制性内容是为了加强上下规划的衔接，确保区域协调发展、资源利用、环境保护、自然与历史文化遗产保护、公共安全和公共服务、城乡统筹协调发展的规划内容得到有效落实，确保城乡建设发展能够以此为依据对规划的实施进行监督检查。规划的强制性内容具有以下几个特点。

（1）规划强制性内容具有法定的强制力，必须严格执行，任何个人和组织都不得违反。

（2）下位规划不得擅自违背和变更上位规划确定的强制性内容。

（3）涉及规划强制性内容的调整，必须按照法定的程序进行。

2）确定规划强制性内容的原则

（1）强制性内容必须落实上级政府规划管理的约束性要求。

（2）强制性内容应当根据各地具体情况和实际需求，实事求是地加以确定。既要避免遗漏有关内容，又要避免将无关的内容确定为强制性内容。

（3）强制性内容的表述必须明确、规范、符合国家有关标准。

3）城市总体规划强制性内容的确定

强制性内容是指城市总体规划中涉及区域协调发展、资源利用、环境保护、风景名胜资源管理、自然与文化遗产保护、公众利益和公共安全等方面的内容，是对城市规划实施进行监督检查的基本依据。城市总体规划的强制性内容主要包括：

（1）城市规划区范围。

（2）划定市域内应当控制开发的地域。包括基本农田保护区，风景名胜区，湿地、水源保护区等生态敏感区，地下矿产资源分布地区。

（3）城市建设用地。包括规划期限内城市建设用地的发展规模，土地使用强度管制区划和相应的控制指标（建设用地面积、容积率、人口容量等）；城市各类绿地的具体布局；城市地下空间开发布局。

（4）城市基础设施和公共服务设施。包括城市干道系统网络、城市轨道交通网络、交通枢纽布局；城市水源地及其保护区范围和其他重大市政基础设施；文化、教育、卫生、体育等方面主要公共服务设施的布局。

（5）城市历史文化遗产保护。包括历史文化保护的具体控制指标和规定；历史文化街区、历史建筑、重要地下文物埋藏区的具体位置和界线。

（6）生态环境保护与建设目标，污染控制与治理措施。

（7）城市防灾工程。包括城市防洪标准、防洪堤走向；城市抗震与消防疏散通道；城市人防设施布局；地质灾害防护规定。

2. 城市总体规划的成果要求

总体规划的成果包括规划文件、主要图纸及附录三部分。规划文件包括文本和附录，规划说明及基础资料收入附录，规划文本是对规划的各项目标和内容提出规定性要求的文件，规划说明是对规划文本的具体解释。规划图纸主要包括：

（1）城市现状图。

（2）城市用地评价图。

（3）城市环境质量现状分析或评价图。

（4）城市规划总图。

（5）城市各项工程规划和专业规划图，包括城市综合交通体系及道路交通规划图，城市给水、排水工程规划图，城市电力、电信、热力、燃气工程规划图，城市环境卫生设施与环境保护规划图，城市绿化系统及园林绿化规划图，名胜古迹和风景规划图，城市人防工程规划图，水系及城市防汛规划图等。

（6）城市近期建设规划图。

（7）城市郊区规划示意图。

（8）市域城镇体系规划图。

城市总体规划图纸比例要求如下：大中城市为 1：10000 或 1：25000；小城市为 1：5000 或 1：10000。城市郊区规划图和城镇体系规划图的比例可适当缩小为 1：50000 或 1：1000000。

目前，我国大多数城市所进行的城市规划，侧重城市的物质结构和城市形态的规划，对经济、社会和政治方面的作用考虑较少，规划的内容及表现的形式也多为土地的合理分配与利用，只能静止地表现规划期末的最终状态，在规划执行过程中不够灵活，不能适应社会、经济的变化。为此，许多专家提出应吸取国外成功经验，提倡从偏重平面图转变为主要研究城市结构的形式；从偏重物质环境规划转向应用社会科学的方法进行基础研究；从编制一次性的最终状态规划转向成为一种渐进的程序，强调随时调整、不断修订，以适应各种可能出现的变化等。

8.7　近期建设规划的编制

8.7.1　近期建设规划的作用

近期建设规划是城市总体规划、镇总体规划的分阶段实施安排和行动计划，是落实城市、镇总体规划的重要步骤，只有通过近期建设规划，才有可能实事求是地安排具体的建设时序和重要的建设项目，保证城市、镇总体规划的有效落实。近期建设规划是近期土地出让和开发建设的重要依据，土地储备、分年度计划的空间落实、各类近期建设项目的布局和建设时序，都必须符合近期建设规划，保证城镇发展和建设的健康有序进行。强调适时组织编制近期建设规划的必要性是十分重要的。

8.7.2　近期建设规划的基本任务和主要内容

1. 近期建设规划的基本任务

城市近期建设规划的基本任务是：根据城市总体规划、镇总体规划、土地利用总体规划和年度计划、国民经济和社会发展规划及城镇的资源条件、自然环境、历史情况、现状特点，明确城镇建设的时序、发展方向和空间布局，确定自然资源、生态环境与历史文化遗产的保护目标，提出城镇近期内重要基础设施、公共服务设施的建设时序和选址，规划廉租住房和经济适用住房的布局和用地，进行城镇生态环境建设的安排等。

2. 近期建设规划的主要内容

近期建设规划以重要基础设施、公共服务设施和中低收入居民住房建设及生态环境保护为主要内容，明确近期建设的时序、发展方向和空间布局。具体内容是：依据总体规划，遵循优化功能布局、促进经济社会协调发展的原则，确定城市近期建设的空间布局，重点安排城市基础设施、公共服务设施用地和低收入居民住房建设用地及涉及生态环境保护的用地，确定经营性用地的区位和空间布局；确定近期建设的重要的对外交通设施、道路广场设施、市政公用设施、公共服务设施、公园绿地等项目的选址、规模，以及投资估算与实施时序；对历史文化遗产保护、环境保护、防灾等方面，提出规划要求和相应措施；依据近期建设规划的目标，确定城市近期建设用地的总量，明确新增建设用地和利用存量土地的数量。

（1）确定近期人口和建设用地规模，确定近期建设用地范围和布局。

（2）确定近期交通发展策略，确定主要对外交通设施和主要道路交通设施布局。

（3）确定各项基础设施、公共服务和公益设施的建设规模和选址。

（4）确定近期居住用地安排和布局。

（5）确定历史文化名城、历史文化街区、风景名胜区等的保护措施，城市河湖水系、绿化、环境等的保护、整治和建设措施。

（6）确定控制和引导城市近期发展的原则和措施。

3. 城市近期建设规划的强制性内容

（1）确定城市近期建设重点和发展规模。

（2）依据城市近期建设重点和发展规模，确定城市近期发展区域。对规划年限内的城市建设用地总量、空间分布和实施时序等进行具体安排，并制定控制和引导城市发展的规定。

（3）根据城市近期建设重点，提出对历史文化名城、历史文化保护区、风景名胜区、生态环境保护等相应的保护措施。

8.7.3　城市近期建设规划成果

《城市规划编制办法》第 37 条规定"近期建设规划的成果应当包括规划文本、图纸，以及包括相应说明的附录。在规划文本中应当明确表达规划的强制性内容"。近期建设规划可纳入城市总体规划成果中一并编制，也可独立编制，独立编制的近期建设规划相对完整和全面。

作为城市总体规划组成部分的近期建设规划成果相对简单，一般是明确提出近期实施城市总体规划的发展重点和建设时序。以《北京城市总体规划（2004～2020 年）》为例，文本第十五章近期发展与建设，包括两条，第 158 条是"依据城市总体规划提出的城市发展目标与原则，明确近期实施城市总体规划的发展重点和建设时序，着重解决城市发展中的突出问题，按照集约紧凑的发展模式，逐步实施城市空间结构的调整与产业的整合，完善交通市政基础设施，提升公共服务设施水平，不断改善生态环境，保持良好发展态势"。第 159 条是"近期建设重点"，提出了"①加快推动城市空间结构调整，加强市域生态环境和交通市政基础设施建设。②全面启动实施通州、顺义、亦庄等重点新城的建设。③加快中心城调整优化。④积极推进村镇建设。⑤加强旧城保护与资源整合。⑥积极配合《北京奥运运动规划》的落实与调整,切实搞好奥运场馆及配套设施的建设,为奥运场馆赛后的有效利用创造条件"等具体条款。

【思考题】

（1）我国的城市总体规划不仅是专业技术,作为城市规划参与城市综合性战略部署的工作平台,其更重要的作用是什么?

（2）城市总体规划编制的基本工作程序是什么?根据国家的相关规定,在城市规划纲要的编制阶段或总体规划编制前,必须对什么内容进行专题研究?

（3）快速城镇化阶段,影响城市发展的关键因素有哪些?

（4）为什么编制了城市总体规划的城市还要编制土地利用总体规划?二者的具体内容有何异同,可否进行整合?

（5）列举出你了解的国外城市战略性规划,并分析比较其与我国城市总体规划在内容上的异同。

（6）查阅 2007 年颁布的《城乡规划法》和 1989 年颁布的《城市规划法》,并比较异同。

（7）城市结构与形态大致可分为哪几类?分别列举出每一类形态的城市实例。

（8）城市总体布局的基本内容有哪些?应如何安排城市用地以满足各项城市活动的开展?

（9）重庆市直辖后的城市总体规划的发展特点是什么?

【实践练习】

（1）选择 2～3 个你感兴趣的城市,在城市定位、城市规模及城市形态等方面进行比较,并分析产生差异的原因。

（2）结合所学内容,尝试进行一次城乡规划基础资料的系统搜集与整理工作。

（3）试以你所在的城市为对象,拟定城市总体规划现状调查的具体内容和采取的方法。

（4）以你所在的城市为例,试分析转型期城市空间增长特点及实例。

（5）对城乡用地和城市建设用地进行大类、中类和小类三级划分,并整理成表格。

（6）选取一个小型城市公共客站/码头,进行调查报告并制定优化建议。

【延伸阅读】

（1）董光器. 2014. 城市总体规划. 5 版. 南京：东南大学出版社.

（2）刘贵利. 2005. 中小城市总体规划解析. 南京：东南大学出版社.

（3）深圳市规划和国土资源委员会. 2011. 转型规划引领城市转型——深圳市城市总体规划（2010—2020）. 北京：中国建筑工业出版社.

（4）裴新生,王新哲. 2007. 理想空间——新形势下的城市总体规划. 上海：同济大学出版社.

（5）陈友华,赵民. 2005. 城市规划概论. 上海：上海科学技术文献出版社.

第9章　城市详细规划

9.1　城市详细规划的概念

要明确城市详细规划的概念首先要分清两个体系：城乡规划体系和城市规划体系。城乡规划体系包括城镇体系规划、城市规划、镇规划、乡规划和村庄规划。而城市规划体系包括总体规划（分区规划）、详细规划（控制性详细规划和修建性详细规划）。城市详细规划属于城市规划体系中的一部分。

9.1.1　详细规划与总体规划的区别

在城市规划体系中包含着城市详细规划与总体规划两大部分内容，有各自不同的分工，但都是针对城市所做的规划。城市总体规划是为了实现一定时期内城市的经济和社会发展目标，确定一个城市的性质、规模、发展方向，合理利用城市土地，协调城市空间和进行各项建设的综合布局和全面安排，还包括选定规划定额指标，制定该市远、近期目标及其实施步骤和措施等工作。与城市总体规划作为宏观层次的规划相对应，详细规划主要针对城市中某一地区、街区等局部范围的未来发展建设，从土地使用、房屋建筑、道路交通、绿化与开敞空间及基础设施等方面做出统一的安排。由于详细规划着眼于城市局部地区，在空间范围上介于整个城市与单体建筑物之间，因此其规划内容通常依据城市总体规划等上一层次规划的要求，对规划范围中的各个地块及单体建筑物做出具体的规划设计或提出规划上的要求。相对于城市总体规划，详细规划一般没有设定明确的目标年限，而以该地区的最终建设完成为目标。

9.1.2　详细规划的作用与内容

详细规划从作用和内容表达形式上可以大致分成两类。一类详细规划并不对规划范围内的任何建筑物做出具体设计，而是对规划范围的土地使用设定较为详细的用途和容量控制，作为该地区建设管理的主要依据，属于开发建设控制型的详细规划。该类详细规划多存在于市场经济环境下的法治社会中，成为协调与城市开发建设相关的利益矛盾的有力工具，通常被赋予较强的法律地位。我国的控制性详细规划即属于此类型的规划。另一类是以实现规划范围内具体的预定开发建设项目为目标，将各个建筑物的具体用途、体型、外观及各项城市设施的具体设计作为规划内容，属于开发建设蓝图型的详细规划。该类详细规划多以具体的开发建设项目为导向。我国的修建性详细规划即属于此类型的规划。

9.2　控制性详细规划

《城乡规划法》和《城市规划编制办法》明确规定，控制性详细规划是法定规划。在我国的规划体系中，控制性详细规划是城市总体规划与建设实施之间（包括修建性详细规划和具体建设设计）从战略性控制到实施性控制的编制层次。控制性详细规划实现了总体规划意图，并对建设实施起到具体指导的作用，同时是城市规划主管部门依法行政的依据。其地位与作用体现在 4 个方面。

（1）控制性详细规划是规划与管理、规划与实施之间衔接的重要环节。控制性详细规划将城市建设的规划控制要点，用简练、明确、适合操作的方式表达出来，作为控制土地批租、出让的依据，正确引导开发行为，实现土地开发的综合效益最大化。

（2）控制性详细规划是宏观与微观、整体与局部有机衔接的关键层次。控制性详细规划向上衔接总体规划和分区规划，向下衔接修建性详细规划、具体建筑设计与开发建设行为。它以量化指标和控制要求将城市总体规划的二维平面、定性、宏观的控制分别转化为对城市建设的三维空间、定量和微观控制。

（3）控制性详细规划是城市设计控制与管理的重要手段。控制性详细规划将宏观、中观到微观城市设计的内容，通过具体的设计要求、设计导则及设计标准与准则的方式体现在规划成果之中，借助其在地方法规和行政管理方面的权威地位使城市设计要求在实施建设中得以贯彻落实。

（4）控制性详细规划是协调各利益主体的公共政策平台。控制性详细规划由于直接涉及城市建设中各个方面的利益，是城市政府意图、公众利益和个体利益平衡协调的平台，体现了在城市建设中各方角色的责、权、利关系，是实现政府规划意图、保证公共利益、保护个体权利的城市公共政策载体。

9.2.1 控制性详细规划的发展历程与特征

控制性详细规划是伴随着我国改革开放和市场经济体制的转型，适应土地有偿使用制度和城市开发建设方式的转变，改革原有的详细规划模式，借鉴了美国区划法（zoning）的经验，结合我国的规划实践逐步形成的具有中国特色的规划类型。

1980 年，美国女建筑师协会访华进行学术交流，带来了一个新概念——土地分区规划管理（区划法）。

1982 年，上海虹桥开发区，为适应外资建设的要求，编制了土地出让规划，首先采用 8 项指标对用地建设进行规划控制。

1986 年 8 月，上海市城市规划设计院承担了部级科研课题"上海市土地使用区划管理研究"，课题对国内外城市土地使用区划管理情况进行了深入研究，在消化吸收国外区划技术的基础上，从我国的实际出发，提出了我国城市采取的土地使用管理模式应是规划与区划融合型，即控制性规划图则、区划法规结合的匹配模式，通过研究，编制了《城市土地使用区划管理法规》《上海土地使用区划管理法规》文本及编写说明，制定了适合上海市的城市土地分类及建筑用途分类标准，并对综合指标体系中的各种名词作了详尽的阐述，减少了解释的随意性，具有普遍意义。1990 年建设部组织专家对该课题进行评审，肯定了区划技术对土地有偿使用和规划管理走向立法控制的重大作用。

1986 年 8 月，在兰州召开的全国城市规划设计经验交流会上，上海市虹桥开发区和兰州城关区规划的经验得到了与会者的重视。虹桥开发区规划受到了外国专家的肯定。兰州城关区规划是在 14m 的中心区用地上全面布置了建筑，规划手法采用传统模式，但目的是满足建设管理的需要，与传统的详细规划有很大不同。

1987 年，厦门、桂林等城市先后开展了控制性详细规划编制工作。同济大学编制的厦门市中心南部特别区划，通过 10 项控制指标，把城市规划的意图落实到具体地块上。同时，规划为每个地块设计了一张示意图，直观形象地表达了不同区划指标下的建筑形态，为开发商和管理部门使用区划创造了便利条件。清华大学则在桂林市中心区作了详细规划研究，具体做法是在基础研究和规划专业研究的基础上，将中心区用地按区、片、块逐项划分为基本地块，并为每一基本地块的综合指标逐一赋值。然后通过这些系统完整的综合指标体系对城市建设加以控制引导。这两项规划，引入了区划的思想，借鉴了虹桥开发区规划的做法，结合我国城市规划的实际情况，初步形成了一套较为完善的控制性详细规划编制的基本方法。

1987 年，广州开展了覆盖面积达到 70 km² 的街区规划，并制定颁布了《广州市城市规划管理办法》和《广州市城市规划管理办法实施细则》两个地方性法规，使城市规划通过立法程序与管理结合起来。

1988 年，温州城市规划管理局编制了温州市旧城控制性详细规划，制定了《旧城区改造规划管理试行办法》和《旧城土地使用和建设管理技术规定》两个地方性城市法规。

1989 年 8 月，江苏省城乡规划设计研究院承接了省建委"苏州市古城街坊控制性详细规划研究"课题，于次年 10 月编制完成。课题对控制性详细规划的几个重要问题，如规划地块的划分、综合指标的确立、新技术运用及它同分区规划的关系等方面作了较详细的研究，并据此编写了《控制性详细规划编制办法（建议稿）》。

1991 年，东南大学与南京市规划局共同完成的"南京控制性详细规划理论方法研究"课题，对控制性详细规划作了较为系统的总结。

1991 年，建设部颁布实施了第 12 号部长令《城市规划编制办法》，明确了控制性详细规划的编制内容和要求。

1992 年，建设部下发了《关于搞好规划、加强管理，正确引导城市土地出让转让和开发活动的通知》，对温州市编制控制性详细规划引导城市国有土地出让转让的做法进行推广。

1992 年，建设部颁布实施了第 22 号部长令《城市国有土地出让转让规划管理办法》，进一步明确，出让城市国有土地使用权之前应当制定控制性详细规划。

1995 年，建设部制定了《城市规划编制办法实施细则》，进一步明确了控制性详细规划的地位、内容与要求，使其逐步走上了规范化的轨道。

1996 年，同济大学在全国率先开设控制性详细规划本科课程。

1998 年，深圳市人民代表大会通过了《深圳市城市规划条例》，把城市控制性详细规划的内容转化为法定图则，为我国控制性详细规划的立法提供了有益的探索。

从我国控制性详细规划的开展情况可以看出其发展大致经历了三个过程。

最初，从形体设计走向形体示意。通过排房子的形式得出管理依据，由此来约束土地不合实际的高密度开发及见缝插针式的盲目发展。这里的建筑形体仅作为一种有灵活性的示意，成为管理部门使用的一种参考依据，如广州市街区规划，兰州市城关区规划。然后，从形体示意到指标抽象。形体示意的灵活程度往往掌握在立案人员手中，缺乏办公规范化。量化指标的抽象控制摒弃了形体示意规划的缺陷，对规划地区进行地块划分并逐一赋值，通过控制指标约束城市的开发建设。最后，从指标抽象逐步走向完整系统的控制性详细规划。它的特点是文本、图则及法规三者互相匹配，且各自关联，共同约束着城市的开发与建设。

9.2.2　控制性详细规划的编制内容与方法

1. 控制性详细规划的编制内容

根据我国《城市规划编制办法》的要求，控制性详细规划应包括下列内容。

（1）确定规划范围内不同性质用地的界线，确定各类用地内适建、不适建或者有条件允许建设的建筑类型。

（2）确定各地块建筑高度、建筑密度、容积率、绿地率等控制指标。确定公共设施配套要求、交通出入口方位、停车泊位、建筑后退红线距离等要求。

（3）提出各地块的建筑体量、体型、色彩等城市设计指导原则。

（4）根据交通需求分析，确定地块出入口位置、停车泊位、公共交通场站用地范围和站点位置、步行交通及其他交通设施。规定各级道路的红线、断面、交叉口形式及渠化措施、控制点坐标和标高。

（5）根据规划建设容量，确定市政工程管线位置、管径和工程设施的用地界线，进行管线综合。确定地下空间开发利用具体要求。

（6）制定相应的土地使用与建筑管理规定。

需要说明的是，在落实总体规划和分区规划的前提下，在满足《城市规划编制办法》《城市规划编制办法实施细则》的基础上，根据规划的具体地段的位置、性质、开发规模的不同要求，控制性详细规划的侧重有所不同。

例如，城市中的工业开发区，规划控制的内容就应当与其他地段不一样。有必要就它对环境污染的影响程度做出具体控制。例如，用允许排放的废气、烟尘、污水的单位有害物含量和噪声等级做出控制指标，还可以就其允许耗用水、电等能源量进行控制，而对于工业区内的建筑物体量、体型，则不必做出太多的限制规定。城市的中心区，重要街道、广场和古城保护地区，在城市空间、景观上有较高的要求，因此，城市设计引导则被提到了很重要的地位，对于城市空间、建筑物体量、体型、色彩乃至形式、风格、材料等都需要做出较为详细的控制与引导，同时对于这些重要地段容积率的控制、奖励、地块性质的兼容性及由此引起的容积率容许变化值，也都需要认真研究，提出可行的控制意见。而上述控制内容对城市的一般地区和非近期开发的市郊结合部，其重要性则相对降低。

综上所述，控制性详细规划应以用地的控制和管理为重点，因地制宜，以实施总体规划、分区规划为目的，成果内容重点在于规划控制指标的体现。

2. 控制性详细规划的编制方法

1）控制性详细规划编制的工作步骤

控制性详细规划的编制通常划分为现状分析研究、规划研究、控制研究和成果编制四个阶段，可以概括为如下四个工作步骤。

（1）现状调研与前期研究。现状调研与前期研究包括上一层次规划即城市总体规划或分区规划对控制性详细规划的要求、其他非法定规划提出的相关要求等，还应该包括各类专项研究如城市设计研究、土地经济研究、交通影响研究、市政设施、公共服务设施、文物古迹保护、生态环境保护等，研究成果应该作为编制控制性详细规划的依据。在《城市规划编制办法》中对控制性详细规划成果规定了应有基础资料和研究报告等内容，目的是在规划实施管理及以后的规划调整时，可以对当时规划编制的背景资料有深入的了解，并作为规划弹性控制和规划调整动态管理的依据。

（a）基础资料搜集的基本内容。

已经批准的城市总体规划、分区规划的技术文件及相关规划成果；

地方法规、规划范围已经编制完成的各类详细规划及专项规划的技术文件；

准确反映现状的地形图（1∶1000～1∶2000）；

规划范围现状人口详细资料，包括人口密度、人口分布、人口构成等；

土地使用现状资料（1∶1000～1∶2000），规划范围及周边用地情况，土地产权与地籍资料，包括城市中划拨用地、已批在建用地等资料，现有重要公共设施、城市基础设施、重要企事业单位、历史保护、风景名胜等资料；

道路交通（道路定线、交通设施、交通流量调查、公共交通、步行交通等）现状资料及相关规划资料；

市政基础设施（给排水及管网、电力管线、污水处理、垃圾处理、园林绿化）现状及相关规划资料；

公共安全及地下空间利用现状资料；

建筑现状（各类建筑类型与分布、建筑面积、密度、质量、层数、性质、体量及建筑特色等）资料；

土地经济（土地级差、地价等级、开发方式、房地产指数）等现状资料；

其他相关（城市环境、自然条件、历史人文、地质灾害等）现状资料。

（b）分析研究的基本要求。在详尽的现状调研基础上，梳理地区现状特征和规划建设情况，发现存在问题并分析其成因，提出解决问题的思路和相关规划建议。从内因、外因两方面分析地区发展的优势条件与制约因素，分析可能存在的威胁与机遇。对现有重要城市公共设施、基础设施、重要企事业单位等用地进行分析论证，提出可能的规划调整动因、机会和方式。

基本分析内容应包括：区位分析、人口分布与密度分析、用地现状分析、建筑现状分析、交通条件与影响分析、城市设计系统分析、现状场地要素分析、土地经济分析等，根据规划地区的建设特点可适当增减分析内容，并根据地方实际需求，在必要的条件下针对重点内容进行专题研究。

（2）规划方案与用地划分。通过深化研究和综合，对编制范围的功能布局、规划结构、公共设施、道路交通、历史文化环境、建筑空间体型环境、绿地景观系统、城市设计及市政工程等方面，依据规划原理和相关专业设计要求做出统筹安排，形成规划方案。将城市总体规划或分区规划思路具体落实，并在不破坏总体系统的情况下做出适当的调整，称为控制性详细规划的总体性控制内容和控制要求。

在规划方案的基础上进行用地细分，一般细分到地块，称为控制性详细规划实施具体控制的基本单位。地块划分考虑用地现状、产权划分和土地使用调整意向、专业规划要求，如城市 "五线"（道路红线、绿地绿线、保护紫线、河湖蓝线、设施黄线）、开发模式、土地价值区位级差、自然或人为边界、行政管辖界线等因素，根据用地功能性质不同、用地产权或使用权边界的区别等进行划分。经过划分后的地块是制定控规技术文件的载体。

用地细分应根据地块区位条件，综合考虑地方实际开发运作方式，根据不同性质与权属的用地提出细分标准，图则上细分后的用地应作为城市开发建设的基本控制地块，不允许无限细分。

用地细分应适应市场经济的需要，应以单元开发和成片建设等形式进行弹性合并。用地细分应与规划控制指标刚性连接，有相当的针对性，提出控制指标并做相应调整的要求，以满足用地细分发生合并或改变时的弹性管理需要。

（3）指标体系与指标确定。按照规划编制办法，选取符合规划要求和规划意图的若干规划控制指标组成综合指标体系，并根据研究分析分别赋值。综合控制指标体系是控制性详细规划编制的核心内容之一。综合控制指标体系中必须包括编制办法中规定的强制性内容。

指标确定一般采用四种方法：测算法——由研究计算得出；标准法——根据规范和经验确定；类比法——借鉴同类型城市和地段的相关案例比较总结得出；反算法——通过试做修建规划和形体设想方案估算得出。指标确定的方法依实际情况决定，也可采用多种方法相互印证。基本原则是先确定基本控制指标，再进一步确定其他指标。

（4）成果编制。按照编制办法的相关规定编制规划图纸、分图控制图则、文本和管理技术规定，形成规划成果。

2）控制性详细规划的编制方法

（1）指标量化。指标量化控制是指通过一系列控制指标对用地的开发建设进行定量控制，如容积率、建筑密度、建筑高度、绿地率等。这种方法适用于城市一般建设用地的规划控制。量化指标应有一定的依据，采用科学的量化方法。

（2）条文规定。条文规定是通过对控制要素和实施要求的阐述，对建设用地实行的定性或定量控制，如用地性质、用地使用相容性和一些规划要求说明等。这种方法适用于规划用地的使用说明、开发建设的系统性控制要求及规划地段的特殊要求。

（3）图则标定。图则标定是在规划图纸上通过一系列的控制线和控制点对用地、设施和建设要求进行的定位控制、如用地边界、"五线"、建筑后退红线、控制点及控制范围等。这种方法适用于对规划建设提出具体定位的控制。

（4）城市设计引导。城市设计引导通过一系列指导性的综合设计要求和建议，甚至具体的形体空间设计示意，为开发控制提供管理准则和设计框架，如建筑色彩、形式、体量、空间组合及建筑轮廓线示意图等。这种方法宜于在城市重要的景观地带和历史保护地带，为获得高质量的城市空间环境和保护城市特色时采用。

（5）规定性与指导性。控制性详细规划的控制内容分为规定性和指导性两大类。规定性是在实施规划控制和管理时必须遵守执行的，体现为一定的"刚性"原则，如用地界线、用地性质、建筑密度、建筑限高、容积率、绿地率、配建设施等。指导性内容是在实施规划控制和管理时需要参照执行的内容，这部分内容多为引导性和建议性，体现为一定的弹性和灵活性原则，如人口容量、城市设计引导等内容。

规定性指标与引导性指标的选择不是绝对的，应根据城市特色、地方传统、规划范围的实际情况、规划控制重点等因素灵活确定。

9.2.3　控制性详细规划的控制体系与控制要素

1. 控制体系与控制要素

控制性详细规划的核心内容就是控制指标体系的确定，包括控制内容和控制方法两个层面。根据规划编制办法、规划管理需要和现行的规划控制实践，控制指标体系包括土地使用、建筑建造、配套设施、行为活动、其他控制要求五方面的内容，如表 9-1 所示。

表 9-1 控制性详细规划的控制体系与要素

类别		指标
土地使用	土地使用控制	用地性质
		用地边界
		用地面积
		土地使用兼容性
	使用强度控制	容积率
		建筑密度
		居住密度
		绿地率
建筑建造	建筑建造控制	建筑高度
		建筑后退
		建筑间距
	城市设计引导	建筑体量
		建筑色彩
		建筑形式
		历史保护
		景观风貌要求
		建筑空间组合
		建筑小品设置
设施配套	市政设施配套	给水设施
		排水设施
		供电设施
		其他设施
	公共设施配套	教育设施
		医疗卫生设施
		商业服务设施
		行政办公设施
		文娱体育设施
		附属设施
行为活动	交通活动控制	车行交通组织
		步行交通组织
		公共交通组织
		配建停车位
		其他交通设施

续表

类别		指标
行为活动	环境保护规定	噪声振动等允许标准值
		水污染允许排放量
		水污染允许排放浓度
		废气污染允许排放量
		固体废弃物控制
其他控制要求		历史保护
		"五线"控制
		竖向设计
		地下空间利用
		奖励与补偿

在编制控制性详细规划时，规划控制指标的选取，以及确定哪些是规定性指标，哪些是引导性指标，应该根据具体控制需要确定。对于不同城市、不同用地功能、不同地段，指标体系的选择也应该有所不同。

2. 控制指标与内容

1）土地使用

（1）土地使用控制。土地使用控制是对建设用地的建设内容、位置、面积和边界范围等方面做出的规定。具体控制内容包括用地性质、用地使用兼容、用地边界和用地面积等。

（a）用地性质。用地性质是对地块主要使用功能和属性的控制。用地性质采用代码方式标注，一般应参考《城市用地分类与规划建设用地标准》（GBJ 137—1990）的分类方式和代码，符合城市总体规划或分区规划的用地性质要求。按分类标准应划分到小类，项目不确定可划分至中类。该用地分类标准适用于城市总体规划和城市用地统计工作，因此在应用到控制性详细规划时适应性不足。国内许多城市在规划实践中根据国标、结合自身特点提出了适应地方控制性详细规划和管理需要的分类标准，具有实际操作意义。

（b）用地使用兼容。用地使用兼容是确定地块主导用地属性，在其中规定可以兼容、有条件兼容、不允许兼容的设施类型。一般通过用地与建筑兼容表实施控制。目前普遍缺少关于兼容设施的规模与容量标准的控制。用地使用兼容不得改变地块的主导用地性质，并应给出兼容强度的指导性指标。

（c）用地边界。用地边界指用地红线，是对地块界限的控制，具有单一用地性质，应充分考虑产权界限的关系。用地边界是土地开发建设与有偿使用的权属界限，是一系列规划控制指标的基础。应根据用地规划、用地细分，结合道路红线与用地属性划定各类用地具体地块的边界线。用地边界应便于划分，具有明晰可界定性，并应提供定线要素。

（d）用地面积。用地面积是规划地块用地边界内的平面投影面积，单位是 km^2。用地面积的计算方法应统一。用地面积大小与土地细分方式直接相关，规划中对于不同区位、不同建设条件、不同用地属性的用地划分应有所区别，并符合地方实际开发建设方式的需要。一般老城区、城市中心区地块面积较小，新区、城市居住区、工业区等地段较大。公共建筑用地、配套设施用地、市政用地面积应符合国家相关规范与标准。居住用地细分可根据实际情况以街坊、组团或小区为基本单位，一般在城市中心地段宜以街坊、组团为单位，在城市周边区域可以居住小区为单位。工业用地细分应适应不同的产业发展需要，适应工业建筑布局特点，便于合并与拆分。各类用地细分后的地块不应破坏城市主、次、支道路系统的完整性。

（2）使用强度控制。使用强度控制是为了保证良好的城市环境质量，对建设用地能够容纳的建设量和人口聚集量做出的规定。其控制指标一般包括容积率、建筑密度、人口密度、绿地率等。

（a）容积率。容积率是控制地块使用强度的一项重要指标，也称楼板面积率或建筑面积密度，是指地块内建筑总面积与地块用地面积的比值，英文缩写是 FAR。多个地块或一定区域内的建筑面积密度指该范围内的平均容积率。地块容积率的确定应综合考虑地块区位、用地性质、人口容量、建筑高度、建筑间距、建筑密度、城市景观、土地经济、交通与市政承载能力等因素，并保证公平、公正。地块容积率应考虑与建筑密度、建筑高度、平均层数的换算关系，在旧区改建中应考虑与拆建比的关系，以保证其可操作性。地块容积率一般采取上限控制的方式，保证地块的合理使用和良好的环境品质。必要时可以采取下限控制，以保证土地集约使用的要求。一些地方规定中容积率计算一般不包括建筑设备层、地下车库和公共开放部分的建筑面积。

（b）建筑密度。建筑密度是控制地块建设容量与环境质量的重要指标，是指地块内所有建筑基底面积占地块用地面积的百分比。地块建筑密度的确定应综合考虑地块区位、用地性质、建筑高度、建筑间距、容积率、绿地率、环境要求等因素，并保证公平、公正。地块建筑密度应考虑与容积率、建筑高度、平均层数、绿地率的换算关系，以保证其可操作性。地块建筑密度一般采取上限控制的方式，必要时可采用下限控制方式，以保证土地集约使用的要求。

（c）人口密度。是单位居住用地上容纳的人口数，是指总居住人口数与地块面积的比例，单位是人/km^2。也常采用人口总量的控制方法。人口密度的控制是衡量城市居住环境品质的一项重要指标。人口密度或容量控制应根据城市总体规划、分区规划、住区专项规划等的人口容量控制要求，进一步细分落实到街区地块的人口容量控制。总量控制不应突破上级相关规划的要求。街坊或地块的人口容量控制要求一般采用上限控制方式，必要情况下可采用上、下限同时控制的方式。人口密度或容量的控制应与街坊或地块的建设量、交通设施与市政设施负荷能力相适应，并应符合国家和地方的相关标准与规范。

（d）绿地率。是衡量地块环境质量的重要指标，是指地块内各类绿地面积总和占地块用地面积的百分比。绿地率的确定应综合考虑地块区位、用地性质、建筑密度、建筑容量与人口容量、环境品质要求、城市设计要求及景观风貌要求等因素。绿地率的确定应满足国家与地方的相关规范与标准。绿地率一般采用下限指标的控制方式。

2）建筑建造

（1）建筑建造控制。建筑建造控制为了满足生产、生活的良好环境条件，对建设用地上的建筑物布置和建筑物之间的群体关系做出了必要的技术规定。主要控制内容包括建筑高度、建筑后退、建筑间距等。

（a）建筑高度。建筑高度指地块内建筑地面上的最大高度限制，也称建筑限高，单位是m。地块建筑高度的限定应综合考虑地块区位、用地性质、建筑密度、建筑间距、容积率、绿地率、历史保护、城市设计要求、环境要求等因素，并保证公平、公正。建筑限高应重点考虑城市景观效果、建筑体形效果之间的关系，保证其可操作性。建筑限高应与建筑间距、建筑后退等指标综合考虑，并符合国家与地方的相关标准与规范。地形复杂地段应考虑用地不同坡向对建筑高度的影响，必要时可采用海拔高度的限定方式。对建筑高度限定的最直接依据一般为飞机场、气象台、电台和其他无线电通信的净空与走廊通道要求，文物保护单位及历史街区等的风貌保护要求，城市设计中的天际轮廓线控制、视觉走廊、景观通道、街道尺度等方面的控制要求，相关建筑规范中关于高度分级的相关规定与要求等。

（b）建筑后退。建筑后退指建筑控制线与规划地块边界之间的距离，单位是 m。建筑控制线指建筑主体不应超越的控制线，其内涵应与国家相关建筑规范一致。建筑后退的确定应综合考虑不同道路等级、相邻地块性质、建筑间距要求、历史保护、城市设计与空间景观要求、公共空间控制要求等因素。建筑后退指标的意义在于避免城市建设过于拥挤与混乱，保证必要的安全距离和救灾、疏散通道，保证良好的城市空间和景观环境，预留必要的人行活动空间、交通空间、工程管线布置空间和建设缓冲空间。城市设计中的街道景观与街道尺度控制要求，日照、防灾、建筑设计规范的相关要求一般为确定建筑后退指标的直接依据。

（c）建筑间距。建筑间距是指地块内建（构）筑物之间及与周边建（构）筑物之间的水平距离要求，单位是 m。建筑间距要求应综合考虑城市自然地理环境特征、城市防灾要求、历史保护、城市设计及景观环境等方面的要求确定，主要满足消防、卫生、环保、工程管线、建筑保护及人的生理心理健康等要求。日照标准、防火间距、历史文化保护要求、建筑设计相关规范等一般应作为建筑间距确定的直接依据。在控制性详细规划中，应根据实际情况，明确除各项法规规定以外需要特别控制的建筑间距要求。

（2）城市设计引导。随着城市建设水平和建设要求的不断提高，城市设计引导的内容越来越成为控制性详细规划不可或缺的部分。虽然这些控制要求在多数情况下属于建议性、引导性内容，具有相当的弹性与灵活性，但它们对于保持城市特色风貌、塑造良好的城市空间与城市景观、提高城市建设水平与综合环境品质具有积极重要的作用。同时相关规划实践证明，控制性详细规划指标在三维空间控制上的乏力与不足需要通过城市设计引导予以弥补和提高。城市设计引导内容一般包括对建筑体量、形式、色彩、空间组合、建筑小品和其他环境控制要求等内容。在实施规划控制时应综合考虑地块区位、开发强度、地方建设特色、历史人文环境、历史保护需要、城市景观风貌要求等因素，在进行具有针对性的较为深入的城市设计研究基础上提出。这些控制与引导一般都针对城市中具有特殊要求的控制地段（如中心区、历史保护地段、景观节点等），没有特殊要求和足够控制依据的地段不宜草率提出相关的控制要求，避免缺乏控制依据与控制目的的主观盲目控制与引导。对于有特殊要求的地段，许多引导内容可以作为规定性内容，如在历史街区建筑的体量、形式、色彩等内容可以作为规定性指标提出，以提高其控制力度。

（a）建筑体量。建筑体量指建筑在空间上的体积，包括建筑的横向尺度、竖向尺度和建筑形体控制等方面，一般采取建筑面宽、平面与立面对角线尺寸、建筑体形比例等提出相应的控制要求和控制指标。例如，在历史街区及相邻地段，历史建筑的建筑面宽、平面与立面对角线尺寸、建筑体形比例的均值可以提炼转化为相应的控制指标。

（b）建筑形式。建筑形式指对建筑风格和外在形象的控制。不同的城市和地段由于自然环境、历史文化特征的不同具有不同的建筑风格与形式。应根据城市特色、具体地段的环境风貌要求、整体风貌的协调性等对建筑形式与风格进行相应的控制与引导。但这样的控制引导不是一味地强调严整划一、扼杀个性，也不能取代具体的设计，应具有相当的弹性和发挥空间，一般通过对结构形式、立面形式、开窗比例、屋顶形式、建筑材质等提出相关的建筑形式控制引导内容。

（c）建筑色彩。建筑色彩指对建（构）筑物色彩提出的相关控制要求。建筑色彩与人的感知有关，是城市风貌和地方特色的保持与延续并体现城市设计意图的一项重要控制内容。一般是从色调、明度与彩度、基调与主色、墙面与屋顶颜色等方面进行控制与引导。除非有特殊的要求，建筑色彩不宜控制得过于具体，应具有相当的灵活性和发挥空间。

（d）空间组合。空间组合是指对建筑群体环境做出的控制与引导，即对由建筑实体围合成的城市空间环境及周边其他环境要求提出的控制引导原则。一般是对建筑空间组合形式、开敞空间和街道空间尺度、整体空间形态等提出具体的控制要求。该控制要求应以城市设计研究作为基础，根据必要性与可操作性提出相应的控制要求，并强调其引导性，保持相当的弹性空间。除非有特殊要求，一般建筑空间组合方式不作为主要的控制指标。

（e）建筑小品。建筑小品指对建设用地中建筑绿化小品、广告、标识、街道家具等提出的控制引导要求。这些内容对于提高城市环境品质、突出街区、公共空间的特色与风貌具有十分重要的意义，但在规划编制时应以引导为主、控制适度为原则，体现设计控制内容而非取代具体的环境设计。该内容一般仅针对城市中心区、重点地段和公共空间提出，而不是涉及城市中的每一个街区和地块。

3）设施配套

配套设施控制是对居住、商业、工业、仓储、交通等用地上的公共设施和市政配套设施提出的定量、定位的配置要求，是城市生产、生活正常进行的基础，是对公共利益的有效维护与保障。一般包括公共设施配套和市政公用设施配套两部分内容。

（1）公共设施配套。指城市中各类公共服务设施配建要求，主要包括需要政府提供配套建设的公益性设施。公共配套设施一般包括文化、教育、体育、公共卫生等公用设施和商业、服务业等生活服务设施。公共设施配套一般应根据城市总体规划及相关部门的专项规划予以落实，特别应强调对于公益设施的控制与保障。公共服务设施配套要求应综合考虑区位条件、功能结构布局、居住区布局、人口容量等因素，按国家相关标准与规范进行配置。公共服务设施应划分至小类，可根据实际情况增加用地类型。规划中应标明位置、规模、配套标准和建设要求。公共服务配套设施的落位应考虑服务半径的合理性，无法落位的应标明需要落实的街区或地块的具体要求。公共设施配套应符合国家、地方及相关专业部门的标准与规范的要求。

（2）市政设施配套。城市的各项市政设施系统为城市生产、生活等社会经济活动提供基础保证，市政设施配套的控制同样具有公共利益保障与维护的重要意义。市政设施一般都为公益性设施，包括给水、污水、雨水、电力、电信、供热、燃气、环保、环卫、防灾等多项内容。市政设施配套控制应根据城市总体规划、市政设施系统规划，综合考虑建筑容量、人口容量等因素确定。有市政专项规划的应按照该专项规划给以协调和进一步落实。规划控制一般应包括各级市政源点位置、路由和走廊控制等，提出相关的建设规模、标准和服务半径，并进行管网综合。无法落位的应标明需要落实的街区或地块的具体要求。市政设施配套应落实到用地小类，并可根据实际情况增加用地类型。市政设施配套控制应符合国家和地方的相关标准与规范。

4）行为活动

行为活动控制是对建设用地内外的各项活动、生产、生活行为等外部环境影响提出的控制要求，主要包括交通活动控制和环境保护规定两个方面。

（1）交通活动控制。交通活动的控制在于维护正常的交通秩序，保证交通组织的空间，主要内容包括车行交通组织、步行交通组织、公共交通组织、配建停车位和其他交通设施控制（如社会停车场、加油站）等内容。

（a）车行交通组织。车行交通组织是对街坊或地块提出的车行交通组织要求。车行交通组织一般应根据区位条件、城市道路系统、街坊或地块的建筑容量与人口容量等条件提出控制与组织要求。一般通过出入口数量与位置、禁止开口地段、交叉口展宽与渠化、装卸场地规定等方式提出控制要求。车行交通组织应符合国家和地方的相关标准与规范。

（b）步行交通组织。步行交通组织是对街坊或地块提出的步行交通组织要求。步行交通组织应根据城市交通组织、城市设计与环境控制、城市公共空间控制等提出相应的控制要求。一般包括步行交通流线组织、步行设施（人行天桥、连廊、地下人行通道、盲道、无障碍设计）位置、接口与要求等内容。步行交通组织应符合国家和地方的相关标准与规范。

（c）公共交通组织。公共交通组织是对街坊或地块提出的公共交通组织要求。公共交通组织应根据城市道路系统、公共交通与轨道交通系统、步行交通组织提出相应的公共交通控制要求。一般应包括公交场站位置、公交站点布局与公交渠化等内容。公交组织应满足公交专项规划的要求，并符合国家和地方的相关标准与规范。

（d）配建停车位。配建停车位是对地块配建停车车位数量的控制。配建停车位的控制一般根据地块的用地性质、建筑容量确定。配建停车位的配置标准应符合国家和地方的相关标准与规范。配建停车位一般采取下限控制方式，在深入研究地方交通政策的基础上，针对特殊地段可采用上、下限同时控制的方式，同时应根据地方实际需要提出非机动车停车的配建要求。

（2）环境保护规定。环境保护控制是通过限定污染物的排放标准，防治在生产建设或其他活动中产生的废气、废水、废渣、粉尘、有毒（害）气体、放射性物质，以及噪声、振动、电磁辐射等对环境的污染和侵害，达到环境保护的目的。环境保护规定主要依据总体规划、环境保护规划、环境区划或相关专项规划，结合地方环保部门的具体要求制定。这方面的控制具有实际意义，但在国内的相关规划实践中还需要给予关注和技术性探索。

5）其他控制要求

（1）根据相关规划（历史保护规划、风景名胜区规划）落实相关规划控制要求。

（2）根据国家与地方的相关标准与规范落实"五线"控制范围与控制要求。

（3）竖向设计应包括道路竖向和场地竖向两部分内容，道路竖向应明确道路控制点坐标标高及道路交通设施的空间关系等。场地竖向应提出建议性的地块基准标高与平均标高，对于地形复杂区域可采取建议等高线的形式提出竖向控制要求。

（4）根据城市安全、综合防灾、地下空间综合利用规划提出地下空间开发建设建议和开发控制要求。

（5）相关奖励与补偿的引导控制要求。根据地方实际规划管理与控制需要，对于老城区、附加控制与引导条件的城市地段，为公共资源的有效供给所采用的引导性措施。任何奖励都可能带来对建筑环境的影响，因此控制性详细规划中应慎重对待奖励。

9.2.4　控制性详细规划指标的确定方法

控制性详细规划的管理是通过指标的制定来实现的，其核心内容是各项控制指标，可以分为规定性控制指标和引导性控制指标 2 大类，13 小类，如表 9-2 所示。

表 9-2　控制性详细规划控制指标一览表

编号	指标	分类	注解
1	用地性质	规定性	
2	用地面积	规定性	
3	建筑密度	规定性	
4	容积率	规定性	
5	建筑密度/层数	规定性	用于一般建筑/住宅建筑
6	绿地率	规定性	
7	公建配套项目	规定性	
8	建筑后退道路红线	规定性	用于沿道路的地块
9	建筑后退用地边界	规定性	用于地块之间
10	社会停车场库	规定性	用于城市分区、片的社会停车
11	配建停车场库	规定性	用于住宅、公建、地块的配建停车
12	地块出入口方位、数量和允许开口路段	规定性	
13	建筑形体、色彩、风格等城市设计内容	引导性	用于重点地段、文物保护区、历史街区、特色街道、城市公园及其他城市开敞空间周边地区

控制性详细规划控制指标体系的确定通常以建筑密度和容积率的确定为核心。在规划实践中，对于建筑密度和容积率的指标赋值方法多种多样，一般有以下几种：城市整体强度分区原则法、人口指标推算法、典型实验法、经济推算法和类比法等。

1. 城市整体强度分区原则法

根据微观经济学区位理论，从宏观、中观、微观三个层面，确定城市开发总量和城市整体强度（即核心指标建筑密度和容积率），建立城市强度分区的基准模型和修正模型，进行各类主要用地的强度分配，为确定地块容积率，制定地块密度细分提供原则性指导。《深圳经济特区城市密度分区研究》的城市密度分区方法体系结构图如图 9-1 所示。

在《深圳经济特区城市密度分区研究》的中观层面采用计量化的精细方法，通过建立标准模型、修正模型对城市进行密度分区，如图 9-2 所示。这一阶段策略制定方法较目前我国一些城市（如上海、广州和厦门等）所采用的城市密度分区法不同，较之更加系统化和精细化。

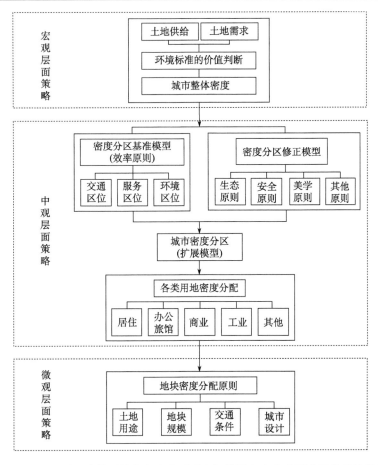

图 9-1　《深圳经济特区城市密度分区研究》的城市密度分区方法体系结构图

2. 人口指标推算法

人口指标推算法，即通过总体规划或分区规划确定的分区人口密度和地块环境容量等来确定规划区内的规划人口总量，并以人口总量与人均用地指标的乘积来推算地块内的建筑总量，从而确定该地块容积率的方法。

1）环境容量推算法

基于环境容量的可行性来制定控制指标，即根据建筑条件、道路交通设施、市政设施、公共服务设施的状况及可能的发展规模和需求，按照规划人均标准推算出可容纳的人口规模及相应的容积率等各项指标。此方法优点在于计算比较简便，结果在一定情况下较为准确，缺点是指标确定因素较单一，综合适应性不强。

环境容量的指标较多，这里就供水容量推算主要控制性指标过程介绍如下。

建设用地面积＝现状或规划用水量/单位建设用地综合用水量

人口容量＝建设用地面积/人均建设用地指标值

建筑总量＝规划人均建筑面积×人口容量

2）分区人口密度推算法

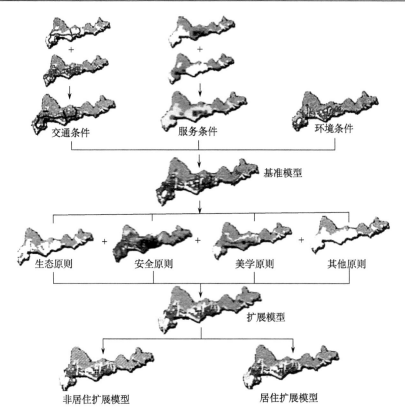

图 9-2　《深圳经济特区城市密度分区研究》的城市密度分区阶段分析模型

　　根据总规或分区规划对控制性详细规划范围内的人口容量及城市功能的规定，提出人口密度和居住人口的要求，按照各个地块的居住用地面积，推算出各地块的居住人口数；再根据规划期内的人均居住用地、人均居住建筑面积等，就可以推算出某地块的容积率、建筑密度、建筑高度等控制指标。此方法资料收集简单，计算方法简易，缺点是对上位规划依赖性强，对新出现的情况适应性不够，且只适用于以居住为主的地块。

　　人口推算法推算主要控制性指标过程如下。

　　　　　　规划范围内居住用地总面积=人口容量×人均居住用地面积

　　按功能分区组织要求划分地块，分配居住用地：

　　　　　　地块人口容量=地块居住用地面积/近期人均居住用地面积

　　　　　　地块居住建筑量=地块人口容量×人均居住建筑面积

　　同理，计算出其他类型建筑量，与地块居住建筑量加和求得地块建筑总量。

　　　　　　地块容积率=地块建筑总量/地块面积

　　根据上位城市规划及其他法定规划、规范对建筑限高控制，综合确定建筑限高值和建筑平均层数。

　　　　　　地块停车位个数=地块建筑量×停车位配置标准

3. 典型实验法

根据规划意图，进行有目的的形态规划，依据形态规划平面计算出相应的规划控制指标，再根据经验指标数据，选择相关控制指标，两者权衡考虑，用作地块的控制指标。这种方法的优点是形象性、直观性强，便于掌握，对研究空间结构布局较有利，缺陷在于工作量大并存在较大局限性和主观性。

在实践中，针对一个地段可以先进行城市设计，确定出主要的城市控制要素和指标，然后根据城市设计导则编制控制性详细规划。

4. 经济测算法

地块的不同容积率有着不同的产出效益，经济测算法就是根据土地交易、房屋搬迁、项目建设等方面的价格与费用等市场信息，在对开发项目进行"成本—效益"分析的基础上，确定一个合适的容积率，使开发建设主体能获得合理的经济回报，保证项目的顺利实施。这种方法的优点是科学性和可实施性强，缺点在于采用静态匡算的方法，一些重要的测算指标如房地产市场供求与价格等处于不断变化中，难免导致测算结果不够准确。

5. 类比法

通过分析比较与规划建设在性质、类型、规模等方面具有相类似特性的控制性详细规划项目案例，选择确定相关控制指标，如容积率、建筑密度、绿地率等。这种方法的优点是简单、直观、明确，缺点是只能在相类似的规划项目中选取控制指标数值，如有新情况出现，将难以准确把握。通常情况下，新区开发等现状条件单一的地块更适于使用这种方法。

9.2.5　控制性详细规划的成果与实施

1. 规划成果内容

控制性详细规划成果包括规划文本、图件和附录。图件由图纸和图则两部分组成，规划说明、基础资料和研究报告收入附录。

2. 深度要求

控制性详细规划是城市总体规划的具体落实，是地方规划行政主管部门依法行政的依据，可以规范城市中的开发建设行为，指导修建性详细规划和项目的具体设计。因此，其成果表达深度应满足以下三个方面的要求。

（1）深化和细化城市总体规划，将规划意图与规划指标分解落实到街坊地块的控制引导之中，保证城市规划系统控制的要求。

（2）控制性详细规划在进行项目开发建设行为的控制引导时，将控制条件、控制指标及具体的控制引导要求落实到相应的开发地块上，作为土地出让条件。

（3）所规定的控制指标和各项控制要求可以为具体项目的修建性详细规划、具体的建筑设计或景观设计等案建设提供规划设计条件。

控制性详细规划的内容与深度应结合地方的实际情况和管理需要，以实施和落实城市总体规划或分区规划为目的，强调规划的针对性、可操作性，协调城市建设中各个利益主体的责、权、利关系，重点保障公共利益，并力求做到公平公正。控制性详细规划的编制成果并非越深越细越好，而是应该有针对性地适度控制，成果表达应力求简洁明了，避免出现主观盲目的深化与细化，应为开发建设行为、修建性详细规划和具体设计提供一定选择与拓展空间。因此，控制性详细规划的深度应以是否具有规划依据为准绳，有充分依据的该细化就细化。对于不同的城市及城市中的不同地段，不必强求规划深度的统一。

3. 规划文本内容与深度要求

1）总则

（1）阐明制定规划的依据、原则、适用范围、主管部门与管理权限等。

（2）编制目的。简要说明规划编制的目的，规划的背景情况及编制的必要性和重要性，明确经济、社会、环境目标。

（3）规划依据与原则。简要说明与规划相关的上位规划、法律、法规、行政规章、政府文件和相关技术规定。提出规划的原则，明确规划的指导思想、技术手段和价值取向。

（4）规划范围与概况。简要说明规划自然地理边界、规划面积、区位条件、现状自然、人文、景观、建设等条件及对规划产生重大影响的基本情况。

（5）适用范围。简要说明规划控制的适用范围，说明在规划范围内哪些行为活动需要遵循本规划。

（6）主管部门与管理权限。明确在规划实施过程中执行规划的行政主体，并简要说明管理权限及管理内容。

2）土地使用和建筑规划管理通则

（1）用地分类标准、原则与说明。规定土地使用的分类标准，一般按《城市建设用地分类与规划建设用地标准》（GB 50137—2011）说明规划范围中的用地类型，并阐明哪些细分至中类、哪些细分至小类，新的用地类型或细分小类应加以说明。

（2）用地细分标准、原则与说明。对规划范围内用地细分标准与原则进行说明，其内容包括划分层次、用地编码系统、细分街坊与地块的原则，不同用地性质和使用功能的地块规模大小标准等。

（3）控制指标系统说明。阐述在规划控制中采用哪些控制指标，区分规定性指标和引导性指标。说明控制方法、控制手段及控制指标的一般性通则规定或赋值标准。

（4）各类用地的一般控制要求。阐明规划用地结构与规划布局、各类用地的功能分布特征，用地与建筑兼容性规定及适建要求，混合使用方式与控制要求，建设容量（容积率、建筑面积、建筑密度、绿地率、空地率、人口容量等）的一般控制原则与要求，建筑建造（建筑间距、后退红线、建筑高度、体量、形式、色彩等）的一般控制原则与要求。

（5）道路交通系统的一般控制规定。明确道路交通规划系统与规划结构、道路等级标准（道路红线、交通设施、车行、步行、公交、交通渠化、配建停车等）的一般控制原则与要求。

（6）配套设施的一般控制规定。明确公共设施系统、各市政工程设施系统（给水、排水、供电、电信、燃气、供热等）的规划布局与结构、设施类型与等级，提出公共服务设施配套要求、市政工程设施配套要求及一般管理规定，提出城市环境保护、城市防灾（公共安全、抗震、防火、防洪等)、环境卫生等设施的控制内容及一般管理规定。

(7) 其他通用性规定。规划范围内"五线"的控制内容、控制方式、控制标准及一般管理规定，历史文化保护要求及一般管理规定，竖向设计原则、方法、标准及一般性管理规定，地下空间利用要求及一般管理规定，根据实际情况和规划管理需要提出的其他通用性规定。

3) 城市设计引导

(1) 城市设计系统控制。根据城市设计研究，提出城市设计总体构思、整体结构框架，落实上位规划的相关控制内容；阐明规划格局、城市风貌特征、城市景观、城市设计系统控制的相关要求和一般性管理规定。

(2) 具体控制与引导要求。根据片区特征、历史文化背景和空间景观特点，对城市广场、绿地、滨水空间、街道、城市轮廓线、景观视廊、标志性建筑、夜景、标识等空间环境要素提出相关控制引导原则与管理规定；提出各功能空间(商业、办公、居住、工业)的景观风貌控制引导原则与管理规定。

4) 关于规划调整的相关规定

(1) 调整范畴。明确界定规划调整的含义范畴，规定调整的类型、等级、内容区分与相关的调整方式。

(2) 调整程序。明确规定不同的调整内容需要履行的相关程序，一般应包括规划的定期或不定期检讨、规划调整申请、论证、公众参与、审批、执行等程序性规定。

(3) 调整的技术规范。明确规划调整的内容、必要性、可行性论证、技术成果深度、与原规划的承接关系等技术方法、技术手段及所采用的技术标准。

5) 奖励与补偿的相关措施与规定

对老城区公共资源缺乏的地段，以及有特殊附加控制与引导内容的地区，提出规划控制与奖励的原则、标准和相关管理规定。

6) 附则

(1) 阐明规划成果组成、使用方式、规划生效、解释权、相关名词解释等。

(2) 规划成果组成与使用方式。说明规划成果的组成部分、规划成果内容之间的关系，阐明如何使用、查询方法与法律效力等内容。

(3) 规划生效与解释权。说明规划成果在何种条件下及何时生效，在实施过程中，对于具体问题的协调解释的执行主体。

(4) 相关名词解释。对控制性详细规划文本中所使用的名词、术语等内容给出简明扼要的定义、内涵、使用方式等方面的必要解释。

7) 附表

一般应包括《用地分类一览表》、《现状与规划用地汇总表》、《土地使用兼容控制表》、《地块控制指标一览表》、《公共服务设施规划控制表》、《市政公用设施规划控制表》、《各类用地与设施规划建筑面积汇总表》及其他控制与引导内容或执行标准的控制表。

4. 规划图纸内容与深度要求

1) 规划图纸

(1) 位置图(比例不限)。反映规划范围及位置与城市重要功能片区、组团之间的区位关系，周围城市道路走向，毗邻用地关系等。

（2）现状图（1：2000～1：5000）。标明自然地貌、各类用地范围和产权界限、用地性质、现状建筑质量等内容。

（3）用地规划图（1：2000～1：5000）。标明各类用地细分边界、用地性质等内容。用地规划图应与现状图比例一致。

（4）道路交通规划图（1：2000～1：5000）。标明规划范围内道路分级系统、内外道路衔接、道路横断面、交通设施、公交系统、步行系统、交通流线组织、交通渠化、主要控制点坐标、标高等内容。

（5）绿地景观规划图（1：2000～1：5000）。标明不同等级和功能的绿地、开敞空间、公共空间、视廊、景观节点、特色风貌区、景观边界、地标、景观要素控制等内容。

（6）各项工程管线规划图（1：2000～1：5000）。标明各类市政工程设施源点、管线布置、管径、路由走廊、管网平面综合与竖向综合等内容。

（7）其他相关规划图纸（1：2000～1：5000）。根据具体项目要求和控制必要性，可增加绘制其他相关规划图纸，如开发强度区划图、建筑高度区划图、历史保护规划图、竖向规划图、地下空间利用规划图等。

2）规划图则

（1）用地编码图（1：2000～1：5000）。标明各片区、单元、街区、街坊、地块的划分界限，并编制统一的可以与周边地段衔接的用地编码系统。

（2）总图则（1：2000～1：5000）。各项控制要求汇总图，一般应包括地块控制总图则、设施控制总图则、"五线"控制总图则。总图则应重点体现控制性详细规划的强制性内容。

（3）地块控制总图则。标明规划范围内各类用地的边界，并标明每个地块的主要控制指标。需标明的控制指标一般应包括地块编号、用地性质代码、用地面积、容积率、建筑密度、建筑限高、绿地率等强制性内容。

（4）设施控制总图则。应标明各类公益性公共服务设施、市政工程设施、交通设施的位置、界限或布点等内容。

（5）"五线"控制总图则。根据相关标准与规范绘制红线、绿线、紫线、蓝线、黄线等控制界线总图。

（6）分图图则（1：2000～1：5000）。规划范围内针对街坊或地块分别绘制的规划控制图则，应全面系统地反映规划控制内容，并明确区分强制性内容。

（7）分图图则的图幅大小、格式、内容深度、表达方式应尽量保持一致。

（8）根据表达内容的多少，可将控制内容分类整理，形成多幅图则的表达方式，一般可分为用地控制分图则、城市设计指引分图则等。

5. 附录的内容与深度要求

（1）规划说明书。对规划背景、规划依据、原则与指导思想、工作方法与技术路线、现状分析与结论、规划构思、规划设计要点、规划实施建议等内容做系统详尽的阐述。

（2）相关专题研究报告。针对规划重点问题、重点区段、重点专项进行必要的专题分析，提出解决问题的思路、方法和建议，并形成专题研究报告。

（3）相关分析图纸。规划分析、构思设计过程中必要的分析图纸，比例不限。

（4）基础资料汇编。规划编制过程中所采用的基础资料整理与汇总。

6. 控制性详细规划强制性内容和指导性内容

控制性详细规划的主要控制要素分为强制性内容和指导性内容。2006 年 4 月 1 日实施的《城市规划编制办法》第四十二条明确规定，控制性详细规划确定的规划地段地块的土地用途、容积率、建筑高度、建筑密度、绿化率、公共绿地面积、规划地段基础设施和公共服务设施配套建设的规定等应当作为强制性内容。

城乡规划行政主管部门必须就调整的必要性组织论证，其中直接涉及公众权益的，应当进行公示。调整后的详细规划依法重新审批后方可执行。历史文化保护区详细规划强制性内容原则上不得调整。因保护工作的特殊要求确需调整的，必须组织专家进行论证，并依法重新组织编制和审批。

违反城市规划强制性内容进行建设的，应当按照严重影响城市规划的行为依法进行查处。城市人民政府及其行政主管部门擅自调整城市规划强制性内容，必须承担相应的行政责任。

指导性内容是指在一定条件下可以进行调整变化的指标，指标有人口容量、建筑形式、风格、体量、色彩、拆建比等。指导性内容的确定必须从诸多方面分析并考虑不同的自然条件、不同的城市、不同的片区和用地性质，因此指导性内容的类别及控制值都不应千篇一律，应适应市场的多变性、灵活性，具有适当的弹性幅度。

9.3　修建性详细规划

9.3.1　修建性详细规划的地位与作用

1991 年之前，我国城市规划体系中修建性详细规划与城市总体规划相对应，主要承担描绘城市局部地区具体开发建设蓝图的职责，具有不可替代的作用。城市重点项目或重点地区的建设规划、居住区规划、城市公共活动中心的建筑群规划、旧城改造规划等均可以看作是修建性详细规划。在控制性详细规划出现后，修建性详细规划的基本职责并未发生太大的变化，仍然以描绘城市局部的建设蓝图为主。但是随着控制性详细规划在城市规划管理中的作用日益加强，修建性详细规划发挥作用的范围相对减小。

根据《城市规划编制办法》的要求，修建性详细规划的任务是依据已批准的控制性详细规划及城乡规划主管部门提出的规划条件，对所在地块的建设提出具体的安排和设计，用以指导建筑设计和各项工程施工设计。因此，修建性详细规划的作用是按照城市总体规划、分区规划及控制性详细规划的指导、控制和要求，以城市中准备实施开发建设的待建地区为对象，对其中的各项物质要素，如建筑物、各级道路、广场、绿化及市政基础设施进行统一的空间布局。相对于控制性详细规划侧重于对城市开发建设活动的管理与控制，修建性详细规划则侧重于具体开发建设项目的安排和直观表达，同时也受控制性详细规划的控制和指导。相对于城市设计强调方法的运用和创新，修建性详细规划则更注重实施的技术经济条件及其具体的工程施工设计。

9.3.2　修建性详细规划的特点

修建性详细规划具有以下几个特点。

（1）以具体、详细的建设项目为对象，实施性较强。修建性详细规划通常以具体、详细的开发建设项目策划及可行性研究为依据，按照拟定的各种建筑物的功能和面积要求，将其落实至具体的城市空间中。

（2）通过形象的方式表达城市空间与环境。修建性详细规划一般采用模型、透视图等形象的表达手段将规划范围内的道路、广场、绿地、建筑物、小品等物质空间构成要素综合地表现出来，具有直观、形象的特点。

（3）多元化的编制主体。修建性详细规划的编制主体不仅限于城市政府，根据开发建设项目主体的不同，也可以是开发商或者是拥有土地使用权的业主。

9.3.3　修建性详细规划的编制内容与要求

1. 修建性详细规划编制的基本原则

修建性详细规划首先要贯彻我国城市建设中一直坚持的"实用、经济、在可能条件下注意美观"的方针。随着我国社会经济发展水平的提高，确实需要改善城市形象和城市环境，但是仍然不能脱离实用、经济的观念，不能不顾城市的经济实力建设形象工程，应当避免形式主义浪费财力、土地和资源。

修建性详细规划应当坚持以人为本、因地制宜的原则，要时刻考虑人是环境的使用主体，并且要结合当地的民族特色、风俗习惯、文化特点和社会经济发展水平，为构建社会主义和谐社会创造良好的物质环境。修建性详细规划还应当注意协调的原则，包括人与自然环境之间的协调、新建项目与城市历史文脉的协调、建设场地与周边环境的协调等。

2. 修建性详细规划编制的要求

根据《城乡规划法》和《城市规划编制办法》的规定，编制城市修建性详细规划，应当依据已经依法批准的控制性详细规划，对所在地块的建设提出具体的安排和设计。组织编制城市详细规划，应当充分听取政府有关部门的意见，保证有关专业规划的空间落实。在城市详细规划的编制中，应当采取公示、征询等方式，充分听取规划涉及的单位、公众的意见。对有关意见采纳结果应当公布。城市详细规划调整，应当取得规划批准机关的同意。规划调整方案，应当向社会公开，听取有关单位和公众的意见，并将有关意见的采纳结果公示。

3. 修建性详细规划编制的内容

1）根据我国《城市规划编制办法》的规定，修建性详细规划编制应该包括以下内容。

（1）建设条件分析及综合技术经济论证。

（2）建筑、道路和绿地等的空间布局和景观规划设计，布置总平面图。

（3）对住宅、医院、学校和托幼等建筑进行日照分析。

（4）根据交通影响分析，提出交通组织方案和设计。

（5）市政工程管线规划设计和管线综合。

（6）竖向规划设计。

（7）估算工程量、拆迁量和总造价，分析投资效益。

2）为了落实《城市规划编制办法》对修建性详细规划编制的内容要求，在实际工作中，一般包含以下具体内容。

（1）用地建设条件分析。

（a）城市发展研究。对城市经济、社会发展水平，影响规划场地开发的城市建设因素，市民生活习惯及行为意愿等进行调研。

（b）区位条件分析。对规划场地的区位和功能、交通条件、公共设施配套状况、市政设施服务水平、周边环境景观要素等进行分析。

（c）地形条件分析。对场地的高度、坡度、坡向进行分析，选择可建设用地，研究地形变化对用地布局、道路选线、景观设计的影响。

（d）地貌分析。分析可保留的自然（河流、植被、动物栖息场所等）、人工（建筑、构筑物）及人文（人群活动场所、文物古迹、文化传统）要素、重要景观点、界面及视线要素。

（e）场地现状建筑情况分析。调查建筑建设年代、建筑质量、建筑高度、建筑风格，提出建筑保留、整治、改造、拆除的建议。

（2）建筑布局与规划设计。

（a）建筑布局。设计及布置场地内建筑，合理和有效组织场地的室内外空间，建筑平面形式应与其使用性质相适应，符合建筑设计的基本尺度特点，建筑平面布局应满足人流、车辆进出要求，符合卫生、消防等国家规范要求。

（b）建筑高度及体量设计。确定建筑高度、建筑体量，塑造整体空间形象，保护视线走廊，突出景观标志。

（c）建筑立面及风格设计。对建筑立面及风格提出设计建议，应与地方文化及周边环境相协调。

（3）室外空间与环境设计。

（a）绿地平面设计。根据功能布局、规范要求、空间环境组织及景观设计的需要，确定绿地系统，并规划设计相应规模的绿地。

（b）绿化设计。通过对乔木、灌木、草坪等绿化元素的合理设计，达到改善环境、美化空间景观形象的作用。

（c）植物配置。提出植物配置建议并应具有地方特色。

（d）室外活动场地平面设计。规划组织广场空间，包括休息硬地、步行道等人流活动空间，确定建筑小品位置等。

（e）城市硬质景观设计。对室外铺地、座椅、路灯等室外家具、室外广告等进行设计。

（f）夜景及灯光设计。对夜景色彩、照度进行整体设计。

（4）道路交通规划。

（a）根据交通影响分析，提出交通组织和设计方案，合理解决规划场地内部机动车及非机动车交通。

（b）基地内各级道路的平面及断面设计。

（c）根据有关规定合理配置地面和地下的停车空间。

（d）进行无障碍通路的规划安排，满足残障人士出行要求。

（5）场地竖向设计。

（a）竖向设计应本着充分结合原有地形地貌，尽量减少土方工程量的原则进行设计。

（b）道路竖向设计应满足行车、行人、排水及工程管线的设计要求。

（c）场地竖向设计应考虑雨水的自然排放，考虑规划场地及周边景观环境的要求。

（6）建筑日照影响分析。

（a）对场地内的住宅、医院、学校和托幼等建筑进行日照分析，满足国家标准和地方标准要求。

（b）对周边受本规划建筑物日照影响的住宅、医院、学校和托幼等建筑进行日照分析，满足国家标准和地方标准要求。

（7）投资效益分析和综合技术经济论证。

（a）土地成本估算。向规划委托方了解土地成本数据；对旧区改建项目和含有拆迁内容的详细规划项目，还应统计拆迁建筑量和拆迁人口与家庭数，根据当地的拆迁补偿政策估算拆迁成本。

（b）工程成本估算。对规划方案的土方填挖量、基础设施、道路桥梁、绿化工程、建筑建造与安装费用等进行总量估算。

（c）相关税费估算。包括前期费用、税费、财务成本、管理费、不可预见费用等。

（d）总造价估算。综合估算项目总体建设成本，并初步论述规划方案的投资效益。

（e）综合技术经济论证。在以上各项工作的基础上对方案进行综合技术经济论证。

（8）市政工程管线规划设计和管线综合。其具体工作内容应当符合各有关专业的要求。

9.3.4　修建性详细规划的成果

1. 成果的内容与深度

根据《城市规划编制办法》的规定，修建性详细规划成果应当包括规划说明书、图纸。成果的技术深度应该能够指导建设项目的总平面设计、建筑设计和工程施工图设计，满足委托方的规划设计要求和国家现行的相关标准、规范的技术规定。

2. 成果的表达要求

1）修建性详细规划说明书的基本内容

（1）规划背景。编制目标、编制要求（规划设计条件）、城市背景介绍、周边环境分析。

（2）现状分析。现状用地、道路、建筑、景观特征、地方文化等分析。

（3）规划设计原则与指导思想。根据项目特点确定规划的基本原则及指导思想，使规划设计既符合国家、地方建设方针，又能因地制宜具有项目特色。

（4）规划设计构思。介绍规划设计的主要构思。

（5）规划设计方案。分别详细说明规划方案的用地及建筑空间布局、绿化及景观设计、公共设施规划与设计、道路交通及人流活动空间组织、市政设施规划设计等。

（6）日照分析说明。说明对住宅、医院、学校和托幼等建筑进行日照分析的情况。

（7）场地竖向设计。竖向设计的基本原则、主要特点。

（8）规划实施。建设分期建议、工程量估算。

（9）主要技术经济指标。包括用地面积、建筑面积、容积率、建筑密度（平均层数）、绿地率、建筑高度、住宅建筑总面积、停车位数量、居住人口。

2）修建性详细规划应当具有的基本图纸

（1）位置图。标明规划场地在城市中的位置、周边地区用地、道路及设施情况。

（2）现状图（1∶2000～1∶5000）。标明现状建筑性质、层数、质量和现有道路位置、宽度，城市绿地及植被状况。

（3）场地分析图（1∶2000～1∶5000）。标明地形的高度、坡度及坡向、场地的视线分析；标明场地最高点、不利于开发建设的区域、主要观景点、观景界面、视廊等。

（4）规划总平面图（1∶2000～1∶5000）。明确表示建筑、道路、停车场、广场、人行道、绿地及水面；明确各建筑基地平面，以不同方式区别表示保留建筑和新建筑，标明建筑名称、层数；标明周边道路名称，明确停车位布置方式；标明广场平面布局方式；明确绿化植物规划设计等。

（5）道路交通规划设计图（1∶2000～1∶5000）。反映道路分级系统，标明各级道路的名称、红线位置，道路横断面设计，道路控制点的坐标、标高，道路坡度、坡向、坡长及路口转弯半径、平曲线半径；标明停车场位置、界限和出入口；明确加油站、公交首末站、轨道交通站场等其他交通设施用地；标明人行道路宽度、主要高程变化及过街天桥、地下通道等人行设施位置。

（6）竖向规划图（1∶2000～1∶5000）。标明室外地坪控制点标高、场地排水方向、台阶、坡道、挡土墙、陡坎等地形变化设计要求。

（7）效果表达。包括局部透视图、鸟瞰图、规划模型、多媒体演示等，还可以根据项目特点增加功能分区图、空间景观系统规划图、绿化设计图、住宅建筑选型等，也可以增加模型、动画等三维表现手段。

【思考题】

（1）我国控制性详细规划的主要内容有哪些？各地块规划图必须标绘的内容有哪些？

（2）一般情况下，控制性详细规划指标中的建筑密度、容积率、绿地率、建筑高度，哪一项以控制下限为主？

（3）在修建性详细规划中，对建筑、道路和绿地等的空间布局和景观规划设计的主要目的是什么？

（4）除了总建筑面积、绿地率，城市修建性详细规划的主要技术经济指标一般还应包括什么？

（5）简单分析详细规划与总体规划各有何侧重点。

（6）控制性详细规划在规定性要素和引导性要素的界定上体现了何种规划理念？

（7）控制性详细规划作为法定规划在哪些环节上体现出来？

【延伸阅读】

（1）段汉明. 2016. 城市详细规划设计. 2 版. 北京：科学出版社.

（2）同济大学，天津大学，重庆大学，等. 2011. 控制性详细规划. 北京：中国建筑工业出版社.

（3）李浩. 2007. 控制性详细规划的调整与适应——控规指标调整的制度建设研究. 北京：中国建筑工业出版社.

（4）惠劼. 2014. 全国注册城市规划师执业资格考试辅导教材. 9 版. 第 1 分册. 北京：中国建筑工业出版社.

第 10 章　乡镇与农村规划

10.1　乡镇与农村规划概况

10.1.1　乡镇与农村体系

1. 乡镇与农村的性质

根据居民点在社会经济建设中所担负的任务和人口规模的不同,聚落(human settlements)可以分为两大类,即城市和乡村。《城市规划基本术语标准》中界定城市(城镇)是"以非农产业和非农业人口聚集为主要特征的居民点,包括按国家行政建制设立的市和镇"。通常意义上的城市是指国家按行政建制设立的直辖市、市、镇,包括直辖市、建制市、建制镇。城市居民以非农人口为主,主要从事工业、商业和手工业。根据人口规模可将我国城市分为特大城市、大城市、中等城市、小城市、镇等几类。

市区和镇区以外的地区一般称为乡村,设立乡和村的建制。乡村居民主要从事农、牧、副、渔业生产。乡村的聚落又有集镇和村庄之分。集镇通常是乡人民政府所在地或一定范围的乡村商业贸易中心。村庄又有自然村和行政村两个不同的概念。自然村由若干农户聚居一地组成,为行政便利把几个自然村划作一个管理单元,称为行政村。行政村村委会又被分为村民小组,村民小组与自然村有密切关系,但也不是完全对应。

2. 城镇体系

任何一个城市都不可能孤立地存在,当区域内的城市发展到一定阶段时,为了维持城市正常的活动,城市与城市之间、城市与外部区域之间就有了物质、能量、人员、信息交换的需要,这种交互作用将地理上彼此分离的城市结合为具有结构和功能的有机整体,即城镇体系。因此,城镇体系是指在一个相对完整的区域或国家中,由不同职能分工、不同等级规模、空间分布有序、联系密切、相互依存的城镇构成的城镇群体,简言之,就是一定空间区域内具有内在联系的城镇集合。

城镇体系结构如图 10-1 所示。

3. 镇(乡)村体系

《城乡规划法》明确了城乡规划的城市、镇、乡、村 4 个层次。我国实行镇、乡、村管体制,对应镇(乡)村的"镇—乡—村"体系是指在我国一定地域内,由不同等级、不同规模、不同职能而彼此相互联系、相互依存、相互制约的镇(乡)村组成的有机系统。图 10-2 所示为镇(乡)村体系结构图。

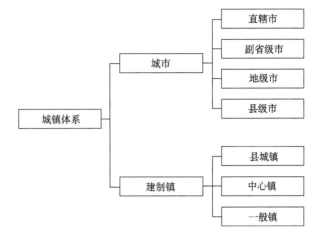

图 10-1　城镇体系结构图

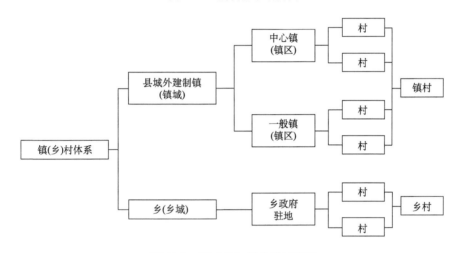

图 10-2　镇（乡）村体系结构图

（1）县城镇，即县域中心城，作为县人民政府所在地，具有多种便利，必然聚集县域各种要素。县城镇作为县域政治、经济、文化的中心，在发挥上连城市、下引乡村的社会和经济功能中起最重要的核心作用，因而是我国小城镇最重要的组成部分。根据其在所处地区政治、经济、文化生活中地位的不同、建设条件和自然资源等因素的不同，又可分为以下三种情况。其一，重点发展型县城镇，这种类型的县城镇交通条件优越，能源、水、土地等资源丰富，或拥有一定规模的国家或省级大中型建设项目，可逐步发展为 11 万人以上的小城市；其二，适度发展型县城镇，这部分县城镇资源与建设条件不如前者，可适度发展至 5 万～8万人规模；其三，一般县城镇，这部分县城镇缺乏进一步发展的条件，只是发展一些为农业服务的加工工业，远期可建设达到 3 万～5 万人的规模。

（2）县城以外的建制镇，是县域的次级小城镇，是本镇域的政治、经济、文化中心，又可分为中心镇和一般镇。中心镇是县（市）域内一定区域范围内的农村经济、文化中心，是与其镇域周边地区有着密切联系，并对以其为中心的区域村镇有较大经济辐射和带动作用的小城镇。一个县一般设有 1～2 个中心镇，对我国西部地区而言，中心镇也就是县城镇。就中心镇的地位和作用来说，中心镇也是我国小城镇的最重要的组成部分。一般镇是县城镇和中心镇以外的建制镇，是我国城镇体系中的最低一层，在我国小城镇和建制镇中，一般镇在数量上占绝大部分。

建制镇是乡村一定区域内政治、经济、文化和生活服务的中心。1955 年《关于设置市、镇建制的决定》和 1963 年《关于调整市、镇建制，缩小城市和郊区的指示》关于镇的建制规定：工商业和手工业相当集中，聚居人口在 3000 人以上，其中非农业人口占 70%以上；或聚居人口在 2500 人以上，不足 3000 人，其中非农业人口占 85%以上，确有必要，由县级国家机关领导的地方，可以设镇的建制。少数民族地区的工商业和手工业集中地，聚居人口不足 3000 人，或者非农业人口不足 70%，但确有必要，由县级国家机关领导的，也可以设镇的建制。现由人民公社领导的集镇，凡是保持现有领导关系更为有利的，即使符合设镇的人口条件，也不要设镇的建制。规模较小的工矿基地，由县领导的，可设镇的建制。我国现行的设镇标准是 1984 年规定的。当时，民政部在进行认真调查研究的基础上提出，小城镇应成为乡村发展工副业、学习科学文化和开展文化娱乐活动的基地，逐步发展成为乡村区域性的经济文化中心；同时建议对 1955 年和 1963 年中共中央和国务院关于设镇的规定进行调整。

（3）乡，通常是指乡、民族乡人民政府所在地，是本乡域的政治、经济、文化中心。乡虽然规模和作用不如建制镇，但在我国数量不少。其中一部分随着乡村产业结构的调整和剩余劳动力的转移，当经济效益和人口聚集达到一定规模时，将上升为建制镇。

（4）村庄，一般是指居民住宅集中的生活区域，主要分布在平原、盆地，包括大的自然村落，人口居住相对集中，由成片的居民房屋构成建筑群，平原的村庄房屋建筑密度较自然村落大。"村庄"多作为中国北方地区的居住地形用语，与北方地区地形多平原有关。城市的"居民区（住宅区）"——居民集中居住的地区，常冠以"村"、"村庄"，如"居民新村"、"都市村庄"等。因此，广义上的村庄泛指人们集中聚集、生活生产在一起的现象。在中国北方的较偏远地区，村庄仍旧是一个姓氏为主的宗族聚居地，这是一种狭义上的村庄形式。本书主要探讨狭义上的村庄形态。大的村庄可以包括一个、多个村（行政村），或形成集镇。很多村庄形成了现代意义的镇（行政建制镇）。

10.1.2　镇（乡）村的产生与发展

乡镇与农村的基本构成单位是居民点。居民点又称聚落，是由居住生活、生产、交通运输、公（共）用设施和园林绿化等多种体系构成的一个复杂的综合体，是人们因共同生活与经济活动而聚集的定居场所。居民点的形成与发展是社会生产力发展到一定阶段的产物和结果。原始社会开始，人类过着完全依赖于自然采集的经济生活，还没有形成固定的居民点。人类在与自然的长期斗争中发现并发展了种植业，引发了人类社会的第一次社会大分工——农业与渔牧业分离，从而出现了以原始农业为主的固定居民点——原始村落。随着生产力的进一步发展，出现了第二次社会大分工——手工业、商业与农业、牧业分离，同时带来了居民点的分化，形成了以农业为主的乡村和以商业、手工业为主的城镇。

我国小城镇形成和演变过程是在低级的草市、墟、场的基础上发展起来的，这是与我国手工业和产品交换的发展相适应的。小城镇的初期形式是草市，随着集市贸易的扩大，统治阶级在集市设置官吏，征收市税，出现了镇一级的建制。镇是比集市更高一级的经济中心和经济区划，居民明显多于集市，一般在千户以上，甚至可达万户。镇介于城市和乡村之间，自古以来就是乡村手工业、农副产品生产加工的集中地和商品交换的集散地，城镇是沟通城市与乡村的桥梁。

受到政治、宗教等的影响，我国的一些乡镇并非顺着"草市—集镇—乡镇"的轨迹形成发展，而是具有特殊的形成过程，主要有以下几类。

（1）起源于政治军事中心类乡镇。早的建于汉代，晚的则于清代建立，一般位于落后地区或人口稀少地区的边境地区，历史上多属于少数民族与中原政权相互争夺的地区，建立的目的在于维持社会安宁，组织、控制和征收乡村赋税，乡镇本身就是一道军事防线。

（2）起源于宗教寺庙。这类乡镇是作为集政治和宗教于一体的中心而建立起来的，城镇的兴起是源于寺院经济的需要。信徒在完成宗教义务后在寺院周围安营扎寨，逐渐形成了一个人口相对密集、经济活动相对集中的较大聚落。

（3）起源于现代工业开发。工业小城镇的出现是城市化的结果，我国内地的大多数小城镇属于这种情况。乡镇形成速度快，相对独立，多数与周边地区缺乏联系。镇区行政政府的设立完全是由于开发的需要。

（4）起源于行政（管理）建制。这类乡镇多数是新中国成立后根据行政建制建立的新兴城镇，之前多数只是聚集一定数量的人口。因此，这类乡镇以行政职能为主。

10.2　乡镇与农村规划的任务与作用

我国《城乡规划法》规定："本法所称城乡规划，包括城镇体系规划、城市规划、镇规划、乡规划和村庄规划。"上述清楚说明了镇、乡、村规划与城市规划一样，是城乡规划的主要组成。城乡统筹首先必须城乡统筹规划，而城镇在城乡统筹规划建设中起着重要的衔接桥梁作用。乡镇规划本身是城镇规划的组成部分，体现在整个城镇规划中；乡镇规划又是镇、乡、村规划的核心。

10.2.1　规划任务与原则

镇（乡）村是一个多种体系构成的复杂系统，涉及面很广。城镇建设往往面临许多错综复杂的问题，需要全面规划、科学合理解决。

1. 镇（乡）村规划的主要任务

镇（乡）村规划的主要任务是根据国家小城镇发展和建设的方针及各项技术经济政策、国民经济发展计划和区域规划，在调查了解镇（乡）村所在地区的自然条件、历史演变、现状特点和建设条件的基础上，规划镇（乡）村体系，合理地确定镇（乡）村的性质和规模，确定镇（乡）村在规划期内经济和社会发展的目标，统一规划与合理利用镇（乡）村土地，综合部署镇（乡）村经济、文化、公用事业、基础设施及战备防灾等各项建设，协调解决各项建设之间的快速、健康、可持续发展。

村庄规划的主要任务是根据国家新农村建设的方针政策，在镇（乡）村规划指导下，规划部署和具体落实村庄各项建设及用地。

2. 镇（乡）村规划的基本原则

编制镇（乡）村规划应遵循以下基本原则。

（1）城乡统筹和区域统筹规划原则。镇（乡）村社会经济发展与用地空间布局及基础设施、社会公用设施配套建设等都应遵循城乡统筹和区域统筹规划原则。

（2）规划分级指导和协调原则。县（市）域城镇体系规划指导镇（乡）域镇（乡）村体系规划与镇（乡）域规划。县（市）域城镇体系规划及镇（乡）域镇（乡）村体系规划指导镇（乡）总体规划，镇（乡）总体规划指导镇（乡）详细规划。镇（乡）总体规划应与相应土地利用总体规划等规划相互衔接与协调。

（3）合理用地、节约用地原则。充分利用原有建设用地，新建、扩建用地尽量利用荒地和薄地，尽量不占用耕地和林地。

（4）因地制宜，科学合理，塑造特色的原则。我国地域辽阔，不同地区小城镇发展的条件差异很大，东部、西部小城镇的数量、人口规模和经济社会发展都呈极不平衡的分布态势，即使在同一地域，同一行政辖区内，由于区位特点和资源条件不同，经济水平不同，小城镇之间存在很大差异。乡规划及规划标准的合理选用必须遵循因地制宜，科学合理原则。同时，镇乡规划应遵循因地制宜，塑造特色的原则。一是尊重小城镇不同自然环境特色、历史文化传统特色、建筑风格特色，创造独特的城镇景观，避免小城镇个性的丧失；二是发挥小城镇的不同区位优势，以市场为导向，因地制宜，培育和形成具有地方特色和竞争力的优势产业和主导产业，发展特色经济。

（5）生态环境优先和可持续发展原则。生态环境规划应贯穿到整个镇乡规划当中，生态环境优先和可持续发展原则，需要强调两点，一是小城镇不能搞先建设后治理，二是重视以人为本，创造良好的生态环境和优美的人居环境。

（6）有利生产，方便生活，合理布局原则。有利生产、方便生活，促进流通、繁荣经济，安排好住宅、乡镇企业、基础设施和公共设施，合理布局，引导人口向社区集聚、工业向园区集聚，引导商业进市场，严格限制零星工业布点、分散住宅建设和"路边店"建设。

（7）近期规划与远期规划一致原则。镇乡建设应以远期规划为目标，分期建设，并遵循近期规划与远期规划一致，分期建设的规模、速度、标准与经济发展、居民生活水平相适应的原则。

10.2.2　乡镇与农村规划的作用与地位

我国多年来偏重城市建设而忽视村镇建设，村镇建设长期缺乏科学规划，大多处于自发随意状态。20世纪80年代改革开放带动农村经济、社会大发展，村镇建设走上有规划、有步骤的科学发展道路，发生了全方位变化，但与城市规划建设相比，差距还是很大。确立镇（乡）村规划在小城镇和新农村建设中的龙头作用和地位，在促进小城镇和农村健康、快速、可持续发展中起着越来越重要的作用。

（1）城乡统筹规划的重要组成部分。按照我国《城乡规划法》，城乡规划"包括城镇体系规划、城市规划、镇规划、多规划和村庄规划"，在城乡规划、区域规划统筹和促进城乡一体化发展中都起着十分重要的作用。乡镇与村庄规划既是城镇规划的组成部分，包含在城镇规划中，又是镇（乡）村规划的核心，体现在上述规划的城乡统筹与区域统筹之中。

（2）政府管理、调控和指导小城镇和新农村建设的重要依据。小城镇与镇（乡）村规划是城乡规划的重要组成部分，是小城镇和新农村建设的龙头，是小城镇和新农村社会经济发展的蓝图，也是政府管理、指导小城镇和新农村建设的重要依据和手段。

（3）镇（乡）村规划是搞好小城镇和新农村建设的首要保证，是实现小城镇和新农村建设可持续发展的重要途径。小城镇和新农村建设必须要有规划指导，按规划建设。镇（乡）村规划是搞好小城镇和新农村建设的首要保证。镇（乡）村规划的基本任务，是根据一定时期镇乡经济社会发展的目标和要求，统筹安排，合理开发利用各类用地及空间资源，综合布置各项建设，实现镇乡经济和社会的可持续发展。镇（乡）村规划是实现小城镇和新农村可持续发展的重要途径。

（4）镇（乡）村规划是落实中央关于小城镇和新农村建设方针政策的重要环节。近些年来，中央提出的小城镇发展与规划的方针政策主要是：①发展小城镇，是带动农村经济和社会发展的一个大战略；②发展小城镇，必须遵循尊重规律、循序渐进、因地制宜、科学规划、深化改革、创新机制、统筹兼顾、协调发展的原则；③发展小城镇的目标是，力争经过11 年左右的努力，将一部分基础较好的小城镇建设成为规模适度、规划科学、功能健全、环境整洁、具有较强辐射能力的农村区域性经济文化中心，其中少数具备条件的小城镇要发展成为带动能力更强的小城市，使全国城镇化水平有一个明显的提高。

如今，社会主义新农村建设正在各地如火如荼地展开。新农村建设，村庄规划先行。

10.3　乡镇与农村规划内容与编制要求

10.3.1　乡镇与农村体系规划

镇（乡）域镇（乡）村体系是县域以下一定地域内相互联系和协调发展的基层聚落体系。我国县城镇外建制镇与乡都实行以镇（乡）管村的行政体制。镇域镇村体系与乡域乡村既有共同规划元素，又有相同规划特点。镇（乡）村体系一般分为镇、村或乡、村二级聚落。其中镇可分为中心镇和一般镇，村可分为中心村和基层村。

镇（乡）域镇（乡）村体系规划在镇（乡）规划中也占有重要地位。一方面落实与延伸上一层次县（市）域城镇体系规划的总体要求，另一方面指导镇乡相关规划。镇（乡）域镇（乡）村体系规划应依据县（市）域城镇体系规划确定的中心镇、一般镇和乡的性质、职能和发展规模进行编制。

镇（乡）域镇（乡）村体系规划综合评价镇（乡）域镇（乡）村发展条件，拟定产业发展方向、镇（乡）村人口规模和用地控制范围，提出村庄建设与整治设想，统筹安排镇（乡）域基础设施与社会设施，引导和控制镇（乡）村的合理发展布局，指导镇（乡）相关规划编制。镇（乡）域镇（乡）村体系规划具体内容包括以下部分。

（1）镇（乡）域镇（乡政府驻地）和村的现状调查、资源、环境等分析，以及产业发展前景与劳力、人口流向趋势预测分析。

（2）镇区（乡政府驻地）、村规划人口规模及镇区（乡政府驻地）规划发展的用地控制范围。

（3）新农村建设及村庄建设与整治设想。

（4）镇（乡）域主要道路交通、公用工程设施、公共设施及生态环境、历史文化保护、防灾减灾与防疫系统规划。

10.3.2　镇（乡）域规划

镇（乡）域规划是镇（乡）的区域性规划。其任务是在镇（乡）域范围落实县（市）域城镇体和县（市）社会经济发展战略提出的要求，指导镇区（乡政府驻地）、乡、村庄规划的编制。

镇（乡）域规划主要内容包括：

（1）综合评价镇（乡）域镇（乡）村发展条件。

（2）确定镇（乡）的性质、规模和发展方向。

（3）确定镇（乡）村体系等级、规模结构和镇区（乡政府驻地）规划区范围及中心村、基层村布局。

（4）协调镇区（乡政府驻地）发展与产业配置的时空关系，以及镇区（乡政府驻地）建设与基本农田保护的关系。

（5）统筹安排镇（乡）域基础设施和社会设施。

（6）确定保护区域生态环境、自然和人文景观及历史文化遗产的原则和措施。

10.3.3　镇（乡）总体规划

镇（乡）总体规划主要指以县城镇、中心镇和一般镇为主要载体的建制镇总体规划。小城镇总体规划主要综合研究和确定小城镇性质、规模、容量、空间发展形态和空间布局，以及功能区划分，统筹安排规划区各项建设用地，合理配置小城镇各项基础设施，保证小城镇每个阶段发展目标、发展途径、发展程序的优化和布局结构的科学性，引导小城镇合理发展。

镇（乡）总体规划指导小城镇详细规划的编制。根据《城乡规划法》，"城市总体规划、镇总体规划及乡规划和村庄规划的编制，应当依据国民经济和社会发展规划，并与土地利用总体规划相衔接"。

镇（乡）总体规划编制应同时依据县（市）域城镇体系规划。小城镇总体规划具体内容包括以下方面。

（1）分析确定小城镇性质、职能和发展目标。

（2）划定禁建区、限建区、适建区、建成区，制定空间管制措施。

（3）预测镇区人口规模，确定建设用地规模，划定建设用地范围。

（4）确定镇区空间发展形态和空间布局、用地组织及镇区中心，提出主要公共设施布局。

（5）确定主要对外交通设施和主要道路交通设施布局。确定绿地系统发展目标及总体布局，划定各种功能绿地的保护范围（绿线）和河水面的保护范围（蓝线）。

（6）确定历史文化保护及地方传统特色保护的内容和要求，划定历史文化街区、历史建筑保护范围（紫线），提出保护措施。

（7）确定电信、供水、排水、供电、燃气、供热、环卫发展目标及主要设施总体布局。

（8）确定生态环境保护与建设目标，提出污染控制与治理措施。

（9）确定综合防灾与公共安全保障体系，提出防洪、消防及抗震、防风、防疫和防地质灾害等其他易发灾害的防灾规划与防灾设施布局。

（10）确定旧区改建、用地调整原则和方法，提出改善旧区生产生活环境的要求和措施。

（11）确定空间发展时序，提出规划实施步骤、措施与政策建议。县城镇总体规划参照城市规划编制办法执行。

10.3.4　镇（乡）详细规划

镇（乡）详细规划分为小城镇控制性详细规划和镇（乡）修建性详细规划。镇（乡）控制性详细规划主要以镇（乡）总体规划为依据，详细规划规定建设用地的各项控制指标和其他规划管理要求，强化规划的控制功能，指导修建性详细规划的编制。

1. 镇（乡）控制性详细规划

镇（乡）控制性详细规划体现具体的相应规划法规，是镇（乡）具体规划建设管理的科学依据，也是镇（乡）总体规划和修建性详细规划之间的有效过渡和衔接。

编制控制性详细规划，应当综合考虑当地资源条件、环境状况、历史文化遗产、公共安全及土地权属等因素，满足地下空间利用的需要，妥善处理近期与长远、局部与整体、发展与保护的关系。同时，应当遵守国家有关标准和技术规范，采用符合国家有关规定的基础资料。控制性详细规划应当包括下列基本内容。

（1）土地使用性质及兼容性等用地功能控制要求。

（2）容积率、建筑高度、建筑密度、绿地率等用地指标。

（3）基础设施、公共服务设施、公共安全设施的用地规模、范围及具体控制要求，地下管线控制要求。

（4）基础设施用地的控制界线（黄线）、各类绿地范围的控制线（绿线）、历史文化街区和历史建筑的保护范围界线（紫线）、地表水体保护和控制的地域界线（蓝线）等"四线"及控制要求。

上述为控制性详细规划的基本内容，镇（乡）控制性详细规划可以根据实际情况，适当调整或者减少控制要求和指标。规模较小的建制镇的控制性详细规划，可以与镇（乡）总体规划编制相结合，提出规划控制要求和指标。

2. 镇（乡）修建性详细规划

镇（乡）修建性详细规划是以镇（乡）总体规划和镇（乡）控制性详细规划为依据，对镇（乡）当前拟建设开发地区和已明确建设项目地块直接做出建设安排的更深入设计。镇（乡）修建性详细规划可直接指导镇（乡）当前开发地区的总平面设计及建筑设计。参照城市相关规划编制办法，县城镇修建性详细规划具体内容包括：

（1）建设条件分析及综合技术经济论证。

（2）建筑、道路和绿地等的空间布局和景观规划设计，布置总平面图。

（3）对住宅、医院、学校和托幼等建筑进行日照分析。

（4）根据交通影响分析，提出交通组织方案和设计。

（5）市政工程管线规划设计和管线综合。

（6）竖向规划设计。

（7）估算工程量、拆迁量和总造价，分析投资效益。

县城镇外，镇（乡）修建性详细规划可比较镇（乡）控制性详细规划酌情适当调整。

10.3.5　镇（乡）道路交通规划

道路交通规划作为重要基础设施工程规划，在镇（乡）规划及相关县（市）城镇体系规划中都是十分重要的。镇（乡）道路交通包括对外道路交通和镇区道路交通。镇（乡）对外道路交通是城乡联系的桥梁，在小城镇经济和社会发展及人们生活中起着十分重要的作用。

镇区道路既是镇区行人和车辆交通来往的通道，也是布置镇（乡）公用管线、街道绿化，安排沿街建筑、消防、卫生设施和划分街坊的基础，并在一定程度上关系到临街建筑日照、通风和建筑艺术造型的处理；同时，对镇的布局、发展方向及镇的集聚和辐射作用均起着重要作用。镇区道路连接了各用地地块，是整个镇的骨架和"动脉"。镇（乡）道路交通规划是小城镇规划和建设的重要组成部分。

1. 县（市）域城镇体系规划中的道路交通工程规划

县（市）域城镇体系规划中的道路交通工程规划编制内容和基本要求，主要包括：①提出县（市）域交通发展策略；②确定县（市）域公路、铁路、水路系统网络布局及运输站场、码头等其他重要交通设施的布局。

重点提出县（市）驻地城镇与县（市）际相邻城镇、县域其他小城镇之间及县（市）域其他小城镇与小城镇之间道路网的布局骨架。

2. 镇（乡）域规划中道路交通工程规划

镇（乡）域规划中道路交通工程规划编制内容和基本要求，主要包括：①提出镇（乡）域交通发展策略；②确定镇（乡）域及过境公铁路、水路走向和运输站场、码头其他主要交通设施布局。重点提出镇区（乡政府驻地）与邻近城镇乡、镇区（乡政府驻地）与中心村，以及中心村与中心村之间的道路网布局。

3. 镇（乡）总体规划道路交通工程规划

镇（乡）总体规划道路交通工程规划编制内容和基本要求，包括：①道路交通现状分析；②交通量需求预测；③对外交通组织和主要对外交通设施布局；④镇区道路网规划，包括道路（断面形式与路宽）、交叉口形式、出入口道路规划等；⑤公共交通（大型镇）、自行车交通、步行交通规划，提出综合交通规划原则；⑥道路交通设施规划，包括公共运输站场、公共停车场、公共加油站的布局。

乡规划的道路交通规划内容和基本要求可参照上述镇道路交通规划的内容和基本要求，并根据不同乡的实际情况做适当简化。

4. 镇（乡）控制性详细规划道路交通工程规划

镇（乡）控制性详细规划道路交通工程规划应在总体规划的基础上深入编制，编制内容和基本要求应包括：①根据交通需求分析确定地块出入口位置、停车泊位、公共交通场站用地范围和站垂点位置、步行交通及其他交通设施；②规定各级道路的红线、断面、交叉口形式及渠化措施、控制点坐标和标高。

5. 镇（乡）控制性详细规划道路交通工程规划

修建性详细规划道路交通工程规划编制内容和基本要求除一般要求外，还应包括：①道路空间布局和道路景观规划设计（与相关建筑、绿地综合规划设计）；②根据交通影响分析，提出交通组织方案和设计。

10.3.6　镇（乡）公用工程设施规划

镇（乡）公用工程设施规划包括给水、排水、供电、通信、燃气、供热、环卫等工程规划及工程管线综合和用地竖向规划。给水、排水、供电、通信、燃气、供热、环卫等工程规划分总体规划和详细规划两个阶段，其中详细规划分控制性详细规划和修建性详细规划。前者针对规划用地地块及其相关控制指标的工程详细规划，后者针对地块建筑平面布置及相关控制指标的工程详细规划，各项规划深度随修建性详细规划深度加深，并进行工程投资估算。

1. 给水工程规划

1）给水工程总体规划
给水工程总体规划内容包括：
（1）确定用水量标准，估算小城镇用水总量。
（2）根据水源水质、水量情况，选择水源，确定取水位置和取水方式。
（3）提出水源卫生防护措施要求，确定水源保护带范围。
（4）根据小城镇及区域小城镇群发展布局及用地规划、小城镇地形，选择给水处理厂或配水厂、泵站、调配中心的位置和用地，输配水干管布置方向，估算干管管径。
（5）确定小城镇节约用水目标和计划用水措施，总体规划的给水工程规划主要依据总体规划，并按总体规划要求编制。

2）给水工程详细规划
给水工程详细规划是镇详细规划中的给水工程规划，是在总体规划的基础上进行的详细规划范围内的进一步规划，它是小城镇详细规划范围内给水工程设计的基础和主要依据。其主要内容包括：
（1）预测用水总量，确定规划区供水规模。
（2）根据用户对水质的要求，确定水质目标，选定给水处理厂位置；根据小城镇及所在区域用户所要求的水质、用户分布情况，确定镇供水方式或分区、分质供水。
（3）确定泵站、调节构筑物位置标高。
（4）确定输配水管走向、管径，进行必要的水力计算。
（5）对修建性详细规划进行工程投资估算，详细规划的给水工程规划主要依据详细规划，并按详细规划要求编制。

2. 排水工程规划

1）排水工程总体规划
排水工程总体规划的主要内容包括：
（1）划定小城镇排水范围。小城镇排水工程规划范围应与小城镇总体规划范围一致。

当小城镇污水处理厂或污水排出口设在小城镇规划区范围以外时，应将污水处理厂或污水排出口及其连接的排水管渠纳入小城镇排水工程规划范围。

（2）预测小城镇排水量。要求分别估算预测小城镇生活污水量、工业废水量和雨水径流量。一般将生活污水量和工业废水量之和称为城镇总污水量，而雨水径流量单独估算。

（3）拟定小城镇污水、雨水的排除方案。要求确定排水区界和排水方向；研究生活污水量、工业废水量和雨水的排除方式，确定排水体制；研究原有排水设施的利用和改造方案，确定小城镇在规划期限内排水系统的建设要求、近远期结合、分期建设等问题。

（4）确定不同地区污水的排放标准。从污水受纳水体的全局着眼，既符合近期的可能，又不影响远期的发展。采取有效的措施，如加大处理力度、控制或减少污染物数量、充分利用受纳水体的环境容量，使污水排放污染物与受纳水体的环境容量相平衡，以达到保护自然资源，改善水体环境的目的。

（5）进行排水管、渠系统的平面布置。确定排水区界，划分排水流域，进行污水管网、雨水管网、防洪沟的布置。在管网布置中要确定干管、渠的走向和出口位置，确定雨、污水主要泵站数量、位置及水闸位置。

（6）确定污水处理厂位置、规模、处理等级及用地范围。

（7）根据国家环境保护规定与镇的具体条件，提出污水、污泥综合利用的措施。

2）排水工程详细规划

排水工程详细规划的主要内容包括：

（1）对污水排放量和雨水量进行具体的统计与计算。

（2）对排水系统的布局、管线走向、管径进行计算复核，确定管线平面位置、主要控制点标高。

（3）对污水处理工艺提出初步方案。

（4）对修建性详细规划进行工程投资估算。

3. 供电工程规划

1）供电工程总体规划

供电工程总体规划的主要内容包括：

（1）供电现状分析。

（2）电力负荷和用电量预测。

（3）供电电源规划，包括有条件的新能源开发利用。

（4）输配电网包括确定电压等级、主要变电站与供电线路；预留规划电力高压线走廊。

2）供电工程详细规划

供电工程详细规划的主要内容包括：

（1）预测各用地地块、小区或规划范围内的用电负荷。

（2）确定本规划区小区的 35kV 及以上电源点的位置、面积和容量，以及外部电源线路路径。落实经过本规划区的高压电力线路走廊。确定上线方式、用地面积、容量和数量，并落实到详细规划分图图则。

（3）确定中压配电网的线路回数、导线或电缆规格及敷设方式，预留通道用地，对于简单小范围的详细规划，一般同时考虑低压配电网规划。

3）修建性详细规划的工程投资估算

4．通信工程规划

通信工程规划包括电信工程规划、广播电视工程规划和邮政主要设施规划。

1）通信工程总体规划

通信工程总体规划的主要内容包括：

（1）通信现状分析。

（2）通信用户预测。

（3）通信局所规划及移动通信设施规划。

（4）宽带通信与广播电视规划。

（5）通信线路与管道规划。

（6）主要邮政设施规划。

2）通信工程详细规划

通信工程详细规划的主要内容包括：

（1）规划范围接入网小区用户需求预测；落实规划范围内，总体规划局所与广播电视站位置、规模与用地。

（2）规划范围用户接入网规划，确定接入网主要设施光线路终端（optical line terminal，OLT）和光网络单元（optical network unit，ONU）的数量。

（3）确定通信线路、有线电视线路路由、敷设方式及其地下敷设管道的位置、管孔与埋深要求。

（4）确定邮政局所位置与用地。

5．供热工程规划

1）供热工程总体规划

供热工程总体规划的主要内容包括：

（1）预测规划期热负荷。

（2）选择和确定供热热源和供热方式。

（3）确定热源布局、供热范围和供热能力与预留用地。

（4）提出供热管网的热媒形式与参数。

（5）布置重要供热设施和供热干线笼管网。

2）供热工程详细规划

供热工程详细规划的主要内容包括：

（1）测算规划范围热负荷。

（2）规划布置供热设施和供热管网。

（3）确定热力站、尖峰锅炉房等主要供热设施位置和预留用地面积。

（4）确定供热管网、管道、管径和敷设方式。

（5）修建性详细规划应做出投资估计。

6. 燃气工程规划

1）燃气工程总体规划

燃气工程总体规划的主要内容包括：

（1）合理确定燃气供应的主要供气对象和供气规模，计算各类用户的用气量及总用气量。

（2）根据当地能源资源的实际情况，选择和确定燃气的气源。

（3）确定气源厂、储配站、储罐站等主要供气设施的规模、分布与预留用地。

（4）选择确定燃气供应系统的供气方式、管线压力级制和调峰方式。

（5）布置燃气干线管网。

2）燃气工程详细规划

燃气工程详细规划的主要内容包括：

（1）测算详细规划范围的燃气负荷。

（2）选择确定详细规划范围燃气供应系统的规模、位置与预留用地等。

（3）布置落实详细规划范围燃气供应系统的输配管网。

（4）确定详细规划范围燃气输配系统的管道管径。

（5）修建性详细规划估算规划期内所需建设投资、主要原材料和设备等的数量。

7. 环境卫生工程规划

环境卫生工程规划一般只在总体规划阶段编制，其主要内容包括：

（1）预测生活垃圾产量，分析成分，提出污染控制目标。

（2）确定生活垃圾等固体废弃物的收运和处理处置方式。

（3）公共厕所布局原则及数量。

（4）环境卫生设施的设置原则、类型、标准、数量、布局及用地范围。

8. 工程管线综合规划

工程管线综合对于小城镇的规划建设管理很重要。综合的规划是为了协调和解决各种管线在平面、空间及时间上的相互冲突和干扰，从而加速城镇各项建设与施工的进度，避免对城镇人民生活的影响和对国家资金的浪费。因此，管线工程综合是小城镇规划一个重要组成部分。工程管线综合规划应以各专项工程管线的规划资料为依据，一般是在详细规划阶段编制，其主要内容包括：

（1）确定工程管线地下埋设时的排列顺序和工程管线间及与相邻建（构）筑物之间的最小水平净距。

（2）确定地下埋设工程管线交叉时的最小垂直净距和最小覆土深度。

（3）确定架空敷设时的管线及杆线的平面位置及与周围建（构）筑物、道路、相邻工程管线间的最小水平净距和最小垂直净距。

（4）编制规划平面综合和竖向综合示意图及说明。

9. 用地竖向规划

用地的竖向规划，主要任务是利用和改造建设用地的自然地形，选择合理的设计标高，使之满足小城镇生产和生活的使用功能要求，同时达到土方工程量少、投资省、建设速度快、综合效益佳的效果，尽可能减少对原生自然环境的损坏，建造出适合人群居住和生产的优美环境。

用地的竖向规划是各种总平面规划与设计的组成部分。任何一处总平面设计除了对各建筑布局的考虑，使改造的地形能适于布置和修建各类建筑物之外，还应有利于排除地面水，满足城镇居民正常的生活、生产、交通运输及敷设地下管线的要求。

用地竖向规划应根据建设项目的使用功能要求，结合用地的自然地形特点、平面功能、布局与施工技术条件，在研究建（构）筑物及其他设施之间高程关系的基础上，充分利用地形、减少土方量，因地制宜地确定建筑、道路的竖向标高，合理地组织地面排水，使其有利于地下管线的敷设，并解决好用地及周边的高程衔接。

用地竖向规划分总体规划阶段和详细规划阶段用地的竖向规划。

（1）总体规划阶段的用地竖向规划。需要对小城镇的全部用地进行竖向规划，可以编制小城镇用地竖向规划示意图。图纸的比例尺与总体规划相同，一般为 1：10000～1：5000，图中应标明下列内容：小城镇各个基本组成部分用地布局及干道网；干道交叉点的控制标高，干道的控制纵坡度；其他一些主要控制点的位置和控制标高，如桥梁、铁路与干道的交叉口、防护堤、隧道等；分析地面坡向、分水岭、汇水沟、地面排水走向。此外，在编制竖向规划示意图的同时，编写说明书，以说明小城镇用地的自然地形情况和竖向规划的示意图，包括竖向示意图中未能充分表明、必须附页用文字说明的内容。

（2）详细规划阶段的用地竖向规划。主要内容包括：确定各项建设用地的平整标高；确定建筑物、构筑物、室外场地、道路、排水沟等的设计标高，并使其相互间协调；确定地面排水的方式和相应的排水构筑物；确定土（石）方平衡方案。

10. 镇（乡）综合防灾工程规划

综合防灾工程也是基础设施工程规划之一。针对我国镇（乡）易发并致灾的洪涝、地震、火灾、风灾和地质破坏五大灾种，根据不同地区不同小城镇的实际情况，因地制宜，制定合理的设防标准和编制综合防灾工程规划，这对于提高镇（乡）综合防灾能力，保护人民生命财产具有重要意义。镇（乡）综合防灾工程规划的主要内容和要求包括：

（1）除防洪消防专项规划外，同时依据当地易发灾害的实际情况，确定抗震、抗风、抗地质灾害等防灾规划专项。

（2）编制各项防灾规划内容要求，其中消防规划包括历史火灾分析、消防站、消防给水、消防通道、消防通信指挥系统、消防装备规划及消防对策与措施；防洪规划包括提出历史洪灾和防洪现状分析，确定防洪区域、防洪特点、防洪标准及防洪设施，提出工程防洪措施与非工程防洪措施结合的防洪规划体系。

（3）抗震防灾规划包括历史震灾分析和工程震灾预测，抗震设防区划和设防标准等级、规划目标，抗震防灾生命线工程和地震次生灾害预防，避震场地布置和疏散道路安排，主要抗震对策措施。

（4）抗风减灾规划包括历史风灾分析、抗风设防区划与抗风设防标准、抗风设防的用地与设施布局，以及抗风减灾的主要对策与措施。

（5）抗地质灾害规划包括区域地质灾害发育历史、发育类型分析，地质灾害的危害程度、设防区划、设防等级、工程地质场地评价，抗地质灾害用地布局和技术规定及抗地质灾害的主要对策与措施。综合布局主要防灾设施，确定相应标准、规模及用地。提出主要综合防灾对策与措施，包括防灾统一指挥机构、疏散通道、疏散与避灾场地等。

11. 小城镇公共设施规划

小城镇公共设施是小城镇社会基础设施，也是小城镇生存与发展必须具备的要素之一，与工程基础设施一样，在小城镇经济社会发展中起十分重要的作用。

小城镇公共设施按其使用性质分为行政管理、教育机构、文体科技、医疗保健、商业金融和集贸市场六类。

小城镇公共设施规划包括公共设施的分类、分级、需求预测与用地规模、用地布局与项目配置，以及分期建设。

小城镇公共设施规划应结合镇中心区规划，以合理布局和形成相应行政、商业、文体等中心。镇级以上公共设施规划规模，应依据不同公共设施服务特点，考虑可能的跨镇服务腹地、服务辐射范围的相关需求因素。乡公共设施规划可根据不同乡实际情况，适当调整、简化编制内容。

12. 小城镇生态环境规划

在"生态—经济—社会"三维复合系统的动态演进和可持续发展中，小城镇生态环境起着重要作用。小城镇生态可持续性是小城镇可持续发展的基础和前提。

小城镇生态环境规划是小城镇规划的重要组成之一。小城镇生态环境规划对于保护和营造小城镇良好的生态环境和人居环境，促进小城镇健康、可持续发展有十分重要的作用。小城镇生态环境规划思想应贯穿到整个小城镇规划当中。

生态环境规划包括小城镇生态建设规划和小城镇环境保护规划两个部分。其中生态建设规划包括小城镇及其相关区域的生态环境现状评估，小城镇生态分区，生态环境容量、生态适宜性对小城镇规划建设的指导和控制要求，以及小城镇生态敏感区的保护；小城镇环境保护规划包括小城镇大气环境、水体环境、噪声环境、电磁环境保护规划等。城镇生态环境规划在总体规划阶段编制。

10.3.7 乡村规划

乡村规划是乡村的社会、经济、科技等长期发展的总体部署，是指导乡村发展和建设的基本依据。规划内容主要有：①乡村自然、经济资源的分析评价；②乡村社会、经济的发展方向、战略目标及地区布局；③乡村经济各部门发展规模、水平、速度、投资与效益；④制定乡村规划的措施与步骤。制定乡村规划，要根据乡村的资源条件、现有生产基础、国家经济发展方针与政策，以经济发展为中心、以提高效益为前提。要长远结合、留有余地、反复平衡、综合比较，选其最优方案。

1. 村庄规划的一般性问题

现行的城市规划法律体系中，涉及村庄规划的国家级法规和规章只有《村庄和集镇规划建设管理条例》及《村镇规划编制办法（试行）》两个文件。按照这两个文件的指导，村庄规划一般应参照村镇规划的相关内容进行编制，而实际的操作过程中，各地也通常是按照村镇规划标准进行编制的。

我国村庄的总体特征有以下特点。

（1）规模小，布局分散。这是我国农业生产水平低和便于耕作管理的要求造成的。在乡（镇）域范围内，有许多规模大小不等的村庄和集镇，形式上是分散的个体，实质上是相互联系的有机整体。他们在生产、生活、文教、服务和贸易等方面形成网络结构体系，呈金字塔形分布。

（2）村庄类型多样化。我国幅员辽阔，民族众多，各地自然生存环境、社会经济条件、历史文化背景差异巨大，造成各地村庄在结构布局形态、社会经济职能、民俗民风、生产特点乃至建筑风格等多方面呈现多样化的格局。

（3）地区发展水平差异大。各地区村庄生产发展的不平衡及自然条件和建设条件的不同，造成村庄的规模、分布密度、生产能力、经济效益及农民的物质文化水平等各不相同。

2. 村庄建设发展的一般性问题

由于历史原因，我国以往的村庄规划所遇到的村庄建设发展的主要问题概括起来集中表现为：土地浪费严重、资源利用差、基础设施落后、投资环境差、难以培育工商业文明、生产要素市场难以建立、环境污染难以治理和村庄自身特色缺失等八个方面。

3. 传统村庄规划的体系构建

根据现有的两个法规文件的规定，村镇规划包含村镇体系规划、村镇（庄）总体规划和村镇（庄）建设规划三个层次，而涉及村庄规划的主要是村庄总体规划和村庄建设规划。并且在实际的操作层面，常将后两个层面的规划合并编制，统称为村庄规划。实践证明，村庄总体规划与村庄建设规划的合并能够提高规划的效率，有利于村庄长远发展与当前建设需求的结合，便于操作实施。

4. 村庄规划涉及的一般性问题

已有的研究表明，村庄规划在内容上涉及的问题主要集中在人口与用地的合理计算问题、村庄的规划布局问题、村庄的道路交通问题、村庄公建设施的配置问题和村庄历史文化和地方特色的保护问题等方面，这些问题在《村庄规划若干问题探讨》中有过深入探讨，此处不再赘述。

乡规划、村庄规划的内容应当包括：规划区范围，住宅、道路、供水、排水、供电、垃圾收集、畜禽养殖场所等农村生产、生活服务设施、公益事业等各项建设的用地布局和建设要求，以及对耕地等自然资源和历史文化遗产保护、防灾减灾等的具体安排。乡规划还应当包括本行政区域内的村庄发展布局。规模较大、发展条件较好的乡的乡规划可参照镇总体规划编制，按《镇规划标准》（GB 50188—2007）执行。

10.4　其他重要镇（乡）村规划与编制要求

10.4.1　城镇中心区城市设计与景观风貌规划

城镇中心区是小城镇中镇级主要公共设施集中，人群流动较多的公共活动地段，是指服务于小城镇及其辐射区域的综合功能聚集区，综合功能主要包括行政、商业、金融、文化，也包括教育、体育、医疗卫生。从布局形态来说，小城镇中心区一般为以单核为主的核心型集中式布局，在形态特征上有十字形、一字形和枝状形。小城镇中心区是小城镇规划构图的核心。

小城镇中心区一般既是行政中心，又是商业中心、文体中心和信息中心。而对于旅游型小城镇和历史文化名镇来说，其中心区可能是以古镇区或名胜风景区为主的旅游中心。小城镇中心区规划包括小城镇中心区详细规划，以及根据需要编制的小城镇中心区城市设计。镇中心区规划应依据小城镇总体规划和小城镇中心区的地位与作用及小城镇特点，在小城镇景观风貌特色塑造、各类公建群体组合与布局形态、交通道路组织、绿地与空间环境规划等方面有更高的要求。

结合小城镇实际，城市设计（主要是中心区城市设计）和小城镇景观风貌规划，对于提高小城镇环境质量和知名度、创造优美人居环境、提升小城镇档次起重要作用。

小城镇城市设计包括城市设计体系、城市设计准则和城市设计图则的编制。城市设计体系包括用地布局、道路系统、景观系统、公共空间、中心区建筑构成与控制体系；城市设计准则包括总体准则和分地块准则；城市设计图则含分析图则、总体图则和分地块图则。

小城镇景观风貌规划是以小城镇总体规划为指导，与自然环境景观相呼应，突出生活景观和社会、历史、文化景观，同时以中心区人文景观和历史街区、风貌区保护为重点，突出小城镇传统商业街和民居风貌等地方特色，深化总体规划，塑造小城镇特色和提高环境质量水平的专项规划。

小城镇城市设计与景观风貌规划有密切联系。小城镇城市设计"以人为本"，体现"人与自然的和谐"，需要突出自然景观与人文风貌。小城镇景观风貌规划包括人文景观规划，是小城镇城市设计的核心,而小城镇的人文景观规划在很大程度上需要借助城市设计的方法。

10.4.2　城镇居住小区规划

城镇居住小区是指被小城镇道路或自然分界线所围合，并与居住人口规模Ⅰ级（8000～12000 人）、Ⅱ级（5000～7000 人）相对应，配建有一整套较完善的，能满足该区居民物质与文化生活所需的公共服务设施的生活聚居地。

我国小城镇居住小区的建设，总体上尚处于乡村城镇化的初级阶段，据有关部门 1997～2000 年对全国 20 多个省市 110 多个小城镇居住小区调查，小城镇居住小区虽有进步，但总体而言，水平低，质量差，许多问题亟待解决。主要问题是：

（1）缺少规划，自发建设多，独立分散，规模过小且宅院大，建筑层数低，土地浪费严重。

（2）小区功能不全。规划组织结构、基础设施和公共服务设施配置、路网、停车场地、绿地等残缺不全。

（3）住宅大而不当，功能混杂，不适用，不安全，不卫生。

（4）环保质量差，缺乏建筑文化特色和地方特色。

小城镇居住小区规划主要包括居住小区人口、用地规模与居住组织结构规划，居住小区道路规划，住宅与公建群体组合、用地布局规划，绿地规划，空间环境规划，也包括旧居住小区改建规划。

小城镇居住小区规划的编制一般按镇详细规划要求，居住用地及布局规划应符合《镇规划标准》（GB 50188—2007）居住用地规划的相关要求；县城镇居住小区规划应符合《城市居住区规划设计规范》（GB 50180—1993）要求。

小城镇居住小区规划同时应研究相关小城镇迁村并点和人口集聚的要求。

10.4.3　小城镇工业园区规划

小城镇工业园区是在小城镇一定范围内相对集中并且具有多方面生产联系的工业企业区。在工业园区内安排工业企业时，主要考虑工业与企业之间在原料、生产过程、副产品和废品处理、生产技术、厂外工程、辅助工厂等方面的协作，并满足自身的建厂要求，改变目前乡镇企业布局分散的状况，给工业企业的生产创造良好的条件和环境，并尽可能地节约投资，提高经济效益，节约用地。

小城镇工业园区规划主要是乡镇企业工业园布置规划，包括园区人口、用地规模、工业结构规划，园区道路规划，工业厂房与管理、培训、科研、仓储生活等配套及服务设施、群体组合用地布局规划，绿地规划，空间环境规划，也包括小城镇科技园区规划。

小城镇工业园区规划编制其他一般要求，按镇详细规划等要求。同时，应符合《镇规划标准》（GB 50188—2007）生产设施和仓储用地规划等相关要求。

10.4.4　村庄整治规划

村庄整治规划是政府引导、规范和实施村庄整治工作编制的村庄规划，也是组织实施新农村建设的规划指引和工作指南，同时也是镇（乡）村的一项重要规划和镇（乡）村规划的组成之一。村庄整治工作是我国社会主义新农村建设的核心内容之一，村庄整治有利于提升农村人居环境和农村社会文明，有利于改善农村生产条件、提高广大农民生活质量，焕发农村社会活力，有利于改变农村传统的农业生产生活方式。

村庄整治规划及其行动计划的目标任务按照"生产发展、生活宽裕、乡风文明、村容整洁、管理民主"的中央关于新农村的建设要求，可概括为经济发展、道路硬化、统一供水、房屋整洁、人禽分离、水冲厕所、沼气入户、环境优美、林果成荫、文明和睦等 10 个方面。村庄整治规划的主要内容包括村庄现状概况与存在问题分析、整治规划和整治行动计划。

（1）必须充分认识建设社会主义新农村是党中央在新的历史时期的一项重要决策，必须完整理解"生产发展、生活宽裕、乡风文明、村容整洁、管理民主"建设社会主义新农村的目标要求，必须明确村庄整治是社会主义新农村建设的重要内容。搞好村庄规划、建设，改善农民居住条件，改变村容村貌，是建设社会主义新农村的一项重要工作，而村庄整治要坚持以规划与实施安排为指导，编制村庄整治规划与实施安排是政府引导和规范村庄整治工作的手段，是组织实施新农村建设的规划指引和工作指南。

（2）村庄整治工作要认真做好两个规划。一是适应农村人口和村庄数量逐步减少的趋势，编制县域村庄整治布点规划，科学预测和确定需要撤并及保留的村庄，明确将拟保留的村庄作为整治候选对象。二是编制村庄整治规划和行动计划，合理确定整治项目和规模，提出具体实施方案和要求，规范运作程序，明确监督检查的内容与形式。

（3）编制村庄整治规划与实施安排要防止简单套用城市规划的方法和指标；要保护耕地，集约使用土地；要因地制宜，突出农村特点和地方特色；要落实各级政府对农村的支持政策，增强可操作性。同时，要组织动员农民广泛参与规划的编制和实施。

（4）整治那些未来依然是农村聚落的地区及生态保留地区，控制建设地区内有一定规模的中心村。要按照统筹城郊和协调区域发展的原则，将市政公用设施逐步向郊区农村延伸，为农村繁荣创造条件，为农民提供服务。

（5）村庄整治试点工作要重点关注三个方面。一是筛选整治的重点内容，如村庄内部道路、村庄供水设施、排水设施、垃圾集中堆放点、村内乱搭滥建、人畜混杂居住、村庄废旧坑塘与河渠水道、村容村貌整治、村民活动场所、古村落与古建筑的保护等，二是继续探索制定村庄整治规划的方法与实施路径，三是研究村民参与民主管理的实现途径与制度保障。

10.4.5 历史文化名镇名村保护规划

历史文化名镇保护规划是历史文化名镇总体规划的重要专项规划。其目的在于保护历史文化名镇和协调历史文化名镇保护与建设发展之间的关系。规划主要内容包括确定保护原则、内容和重点，划定保护范围和建设控制地带及环境协调区，提出保护措施。历史文化名镇保护的主要内容包括，历史文化名镇名村的历史格局和风貌；与历史文化密切相关的自然地形、地貌、水系、风景名胜、古树名木；反映历史风貌的历史地段，街区和建筑、建筑群，文物保护单位；体现民俗精华、传统庆典活动的用地和设施等。

历史文化名镇保护规划应分析小城镇历史、社会、经济背景，体现名镇的历史价值、科学价值、艺术价值和文化内涵。

历史文化名镇保护范围应严格保护该地区历史风貌，维护其整体格局及空间尺度，保护规划应制订建筑物、构筑物和环境要素的维修、改善与整治方案，进行重要节点的整治规划设计，同时划定保护范围外围的建设控制地带和环境协调区的边界界线，提出相应的规划控制和建设要求。

1. 历史文化名镇名村保护规划编制技术要点

（1）历史文化名镇保护规划的范围与镇总体规划的范围一致，名镇保护规划与镇总体规划要相互协调。历史文化名村保护规划与村庄规划的范围一致，文化名村保护规划要与村庄规划相协调。

（2）历史文化名镇保护规划应单独编制，历史文化名村的保护规划与村庄规划同时编制，凡涉及文物保护单位的，应与文物保护单位保护规划相衔接。

（3）编制保护规划，以保护、合理利用、改善环境为主，应保护本体及环境的真实性、完整性并遵循利用的可持续性原则。

（4）保护规划要提出保护目标，明确保护内容，确定保护重点，划定保护和控制范围，制定保护与利用的规划措施。

（5）历史文化名镇、名村保护规划的主要内容如下。

（a）调研评估历史文化价值、特色，分析现状存在问题，主要包括：①历史、建制沿革、聚落变迁、重大历史事件等；②文物保护单位、历史建筑、其他文物古迹和传统风貌建筑等详细信息；③传统格局和历史风貌，与历史形态紧密关联的地形地貌和河湖水系、传统轴线、街巷、重要公共建筑及公共空间的布局等情况；④具有传统风貌的街区、镇、村的人口、用地性质，建筑物和构筑物的年代、质量、风貌、高度、材料等信息；⑤历史环境要素；⑥传统文化及非物质文化遗产；⑦基础设施、公共安全设施和公共服务设施现状；⑧保护工作现状、管理机构、规章制度、保护规划与实施、保护资金等情况。

（b）确定保护原则、保护内容与保护重点。

（c）提出镇、村域总体保护策略和要求；对名镇、名村的传统格局、历史风貌、空间尺度、与其相互依存的自然景观和环境提出保护要求；协调新镇区与老镇区、新村与老村的发展关系。

（d）提出与名镇名村相关的地形地貌、河湖水系、农田、乡土景观、自然生态等景观环境的保护措施。

（e）确定保护范围，包括核心保护范围和建设控制地带界线，制定相应的保护控制措施。

（f）提出保护范围内建筑物、构筑物和历史环境要素的分类保护整治要求；重点是历史建筑，包括优秀近现代建筑、传统风貌建筑。

（g）提出延续传统文化、保护非物质文化遗产的规划措施。

（h）基础设施、公共服务设施规划。

（i）规划分期实施方案。

（j）规划实施保障措施。

（6）历史文化名镇保护规划的图纸要求如下。

（a）区位图。

（b）现状分析图。包括历史地图、照片和图片，现状照片和图片。

（c）区域文化遗产分布图。图中标注各类文物古迹、名镇、名村、风景名胜的名称、等级和已公布的保护范围。

（d）村镇格局风貌及历史街巷现状图。

（e）用地建设现状图。

（f）建筑高度现状图。

（g）基础设施、公共安全设施与公共服务设施等现状图。

（h）区域文化遗产保护规划图。镇村域各类保护区、地上地下文物埋藏区、风景名胜的界线和保护范围。

（i）区域视廊和高度控制规划图。

（j）传统文化街区规划图。标绘街区的核心保护范围和建设控制地带，文物保护单位和历史建筑、传统风貌建筑和其他建筑。

（k）建筑分类保护规划图。标绘文物保护单位、历史建筑、传统风貌建筑、其他建筑的分类保护措施，其中其他建筑要根据对历史风貌的影响程度再行细分。

（l）传统文化街区高度控制规划图。

• 用地规划图。

- 道路交通规划图。
- 基础设施、公共安全设施和公共服务设施规划图。
- 主要街道立面保护整治图。
- 重点传统街区详规方案规划图。
- 规划分期实施图。

【思考题】

（1）思考"城镇"和"乡村"概念的内涵和差异。

（2）梳理总结国内乡镇的产生发展历程及阶段特征。

（3）思考镇规划和村规划的特点、工作范畴和主要内容。

（4）按照有利于政府职能发挥、便于规划实施、设施配置、安全保障、产业发展的原则，可将村庄分为哪三种类型？

（5）总结历史文化名镇名村的保护内容。在历史文化名镇、名村保护范围内严格禁止的活动包括哪些？

【实践练习】

（1）根据相关资料列举重庆市历史文化名镇名村名单。

（2）选取一个历史文化名镇，根据相关资料绘制保护区划范围图。

【延伸阅读】

（1）潘宜，陈佳骆. 2007. 小城镇规划编制的理论与方法. 北京：中国建筑工业出版社.

（2）中国建筑设计研究院. 2013. 镇乡村及农村社区规划图样集. 北京：中国建筑工业出版社.

（3）阿维·弗里德曼. 2016. 中小城镇规划. 周典富译. 武汉：华中科技大学出版社.

（4）张晓明. 2016. 高速城市化时期的村镇区域规划. 北京：中国发展出版社.

（5）耿虹，郭长升. 2014. 理想空间——小城镇规划与策划. 上海：同济大学出版社.

（6）张泉. 2009. 村庄规划. 北京：中国建筑工业出版社.

（7）安国辉，张二东，安蕴梅. 2009. 村庄建设规划设计. 北京：中国农业出版社.

第 11 章　其他主要规划类型

11.1　居住区规划

居住是城乡居民生活中至关重要的一个方面，居住功能是城市的主要功能之一。因此，居住区规划成为城乡规划重要的组成内容之一。

11.1.1　居住区的含义、类型与功能

1. 居住区的含义

居住区是城乡居民定居生活的物质空间形态，是关于各种类型、各种规模居住及其环境的总称。从城乡区域范围来看，可划分为城市住区、独立工矿企业和科研基地的住区及乡村住区。城市住区是指在城市、镇的范畴内居住空间形态的统称。按照我国《城市居住区规划设计规范》（GB 50180—1993，2002 年版）的划分，城市住区按居住户数或人口规模可分为居住区、居住小区和居住组团。城市住区一般也可与城市住宅区通用。

从城市社会学的视角来讨论城市住区，还有"社区"、"邻里"的概念，侧重在居民社会组织、公共设施服务配套和公众参与等方面的讨论。

2. 居住区的类型

居住区类型的划分有多种方式，主要包括城乡区域范围、建设条件和住宅层数等方面。

1）按城乡区域范围不同划分

（1）城市住区。这类住区在城市土地使用范围内，是城市功能用地的有机组成部分。在住区内一般可只设置主要为住区服务的公共服务设施。根据具体的用地条件和居住人口规模不同，住区可划分为多种层次。

（2）独立工矿企业和科研基地的住宅。这类住区一般是为某一个或几个厂矿企业或科研基地的职工及其家属而建设的，因此居住对象比较单一。该住区大多远离城市，具有较强的独立性。因此在住区内除了需设置一般所需的公共服务设施外，还要设置如食品、豆制品等的加工厂，综合性医院等设施。此外，这类住区公共服务设施的项目与定额指标应比城市住区适当增加。

（3）乡村住区。主要位于乡村范围的居住用地，如各种规模的村庄，与农业生产经营具有较为紧密的联系。

2）按建设条件不同划分

按建设条件的不同可分为新建住区和旧住区。新建住区一般按照《城市居住区规划设计规范》要求进行规划建设，而旧住区情况往往比较复杂，有的布局需要调整，有的因为具有传统的城镇格局和建筑风貌，需要加以保护或改造，在实施过程中还要妥善解决原有居民的拆迁、安置等问题。

3）按住宅层数不同划分

按住宅层数的不同又可划分为低层住区、多层住区、中高层住区、高层住区或各种层数混合修建的住区。不同住宅层数住区的建造在房地产开发的投资回报、住区周边外部环境协调，以及住区空间景观塑造方面起着不同的作用。

3. 居住区的功能

居住区应当满足居民的宜居需求，同时促进环境保护、经济效益和社会公平，居住区功能强调宜居性，主要包括以下几个方面。

1）居住功能

提供令人满意的住房，应与居民生活方式和经济承受能力相一致，包括提供给排水等基本服务，以及燃气、供电和电信等基础设施。安全的居住，功能是提供一个安全的环境，远离交通事故、暴力、犯罪行为和其他危害。健康的居住，功能是提供一个能够增进个人和邻里社区健康与福利的环境。

2）公共服务和基础设施的高效性

通过公共服务和基础设施的合理配置，将公共成本最小化，体现设施配置的高效性。包括市政设施和管网系统的建设维护、垃圾收集、消防和治安、教育、休闲和交通系统等。

3）环境保护、维持生态过程

采用对环境友好型的规划建造技术和方法，最大可能地保持生态、环保、节能、省地，实现对生态过程的维持和改善。

4）社会互动功能

通过邻里、社会网络、组织机构、教育系统和环境设施为人际交往提供机会，以促进居民参与游憩、休闲、社交、就业和购物等活动，为各种不同生活方式和年龄段居民提供服务。

5）对多样性的包容

充分考虑居住的私密性、体验自然环境的机会、远离紧张的城市环境的场所营造、社会化等因素，包括居民构成、生活方式、文化和收入水平等方面的多样性，赋予居民以场所感、归属感、自豪感和满足感。

11.1.2　居住区的规模、组成与规划结构

1. 居住区的规模

1）影响居住区规模的主要因素

居住区作为城市功能结构和乡村人居环境的一个有机组成部分，应有其合理的规模。这个合理的规模应符合居住功能、技术经济和管理等方面的要求。居住区的规模包括人口及用地两个方面，一般以人口规模作为主要标志。居住区的合理规模，主要由以下因素决定。

（1）公共设施的经济性和合理的服务半径。商业服务、文化、教育、医疗卫生等公共服务设施，具有与规模相对应的经济性和合理的服务半径，是影响居住区人口规模的主要因素。合理的服务半径是指居民到达公共服务设施的合理步行距离，一般最大为800～1000m。合理的服务半径是影响居住区用地规模的重要因素。

（2）城市道路交通的影响。基于机动车模式的城市交通要求城市干道之间保持合理的间距，以保证交通安全、快速和畅通。以此划分的城市地块往往成为决定住区用地规模的一个重要条件。城市干道的合理间距一般在 600～1000m，城市干道间用地一般在 36～100hm²，称为大型居住用地开发的基本规模。在路网间距较小的城市，或受到传统城市道路系统和水网系统影响的城市，其用地规模较小，因而其居住区规模也相应减少。

（3）城市行政管理体制方面的影响。不同国家不同城市的行政管理制度对居住区人口规模单元的划分与管理具有相应的政策，这是影响居住区规模的另一个因素。在我国，居住区规划和建设不仅要解决人们住的问题，而且要满足居民物质文化生活的需要，组织居民的生产（主要指住区内就业岗位）和社会活动等。例如，我国一些大城市街道办事处管辖的人口一般在 3 万～5 万人，称为街道社区建设与管理的基本单元。

（4）其他影响。住宅层数对居住区的人口和用地规模也有较大的影响，主要体现在高容积率开发导致居住区人口规模较高。此外，自然地形条件和城市的规模、城市历史街区环境、居民社会心理感受等因素对住区的规模也有一定的影响。

2）我国相关规范中居住区规模的划分

根据我国《城市居住区规划设计规范》（GB 50180—1993，2002 年版）的划分，城市住区分为居住区、居住小区和居住组团 3 个基本层次，具有相应的居住人口规模。

（1）居住区。一般称为城市居住区，泛指不同居住人口规模的居住生活聚居地和特指城市干道或自然分界线所围合，并与居住人口规模（30000～50000 人）相对应，配建有一套较完善的，能满足该区居民物质与文化生活所需的公共服务设施的居住生活聚居地。

（2）居住小区。一般称小区，是指被城市道路或自然分界线所围合，并与居住人口规模（10000～15000 人）相对应，配建有一套能满足该区居民基本的物质与文化生活所需的公共服务设施的居住生活聚居地。

（3）居住组团。一般称组团，指一般被小区道路分隔，并与居住人口规模（1000～3000 人）相对应，配建有居民所需的基层公共服务设施的居住生活聚居地。

3）美国三种不同规模尺度的居住区

在美国城市土地使用规划中，将居住区划分为住宅单体及小组群住宅、邻里、都市聚落三种不同尺度的住区。

（1）住宅单体（dwelling）及小组群住宅被称为最基本的尺度规模，这一尺度更多是建筑和场地设计的领域。城乡住区规划设计较少直接涉及该尺度规模。

（2）邻里（neighborhood），具有步行尺度的范围。这一尺度的住区除住宅组群外，还包括商店、银行、学校、社区中心、幼儿园、托儿所等与住宅相关的公共服务设施，以及人行道、自行车道、街道及换乘站或公交车站等多元化交通网络系统，还包括公共空间环境，如公园、绿地、广场、林荫道、小路、街景和水体等支撑居民日常生活的要素。

（3）都市聚落（urban village），它是由邻里集聚而形成。更高层次的居住区是由城镇和城市组成的区域网络。

4）我国社区建设的规模参考

我国大城市社区建设规划对居住社区的人口规模也有相应的规定。例如，上海市政府有关部门对城市社区公共服务设施配置提出了指导意见（2005 年），其中指出居住社区对应的人口规模为 5 万人。一些特大城市大型居住社区的居住人口规模可达 8 万人左右，其中配套配置相应的就业岗位。

2. 居住区的组成

1）居住区的组成要素

居住区的组成要素包括物质和精神两个方面，即物质要素和精神要素。

（1）物质要素。由自然和人工两大要素组成，自然要素指地形、物质、水文、气象、植物等；人工要素指各类建筑物及工程设施等。

（2）精神要素。指社会制度、组织、道德、风尚、风俗习惯、宗教信仰、文化艺术修养等。

2）居住区的组成内容

根据工程类型，居住区可分为以下两类。

（1）建筑工程。主要为居住建筑（包括住宅和单身宿舍），其次是公共建筑、生产性建筑、市政公用设施用房（如泵站、调压站、锅炉房等）及小品建筑等。

（2）室外工程。包括地上、地下两部分。其内容有：道路工程、绿化工程、工程管线（给水、排水、供电、燃气、供暖等管线和设施等）及挡土墙、护坡等。

3）居住区的用地组成

居住区的用地根据不同的功能要求，一般分为以下四类。

（1）住宅用地。住宅建筑基底占地及四周合理间距内的用地（含宅间绿地和宅间小路的总称）。其代码用 R01 表示。

（2）公建用地。与居住人口规模对应配建的、为居民服务和使用的各类公共设施的用地，包括建筑基底占地及所属场院、绿地和配建停车场等。其代码用 R02 表示。

（3）道路用地。指居住区范围内的各级道路，包括居住区级道路、小区路、组团路及非公建配建的居民小汽车、单位通勤车等停放场地。其代码用 R03 表示。其中居住区级道路，一般用以划分小区的道路，在大城市中通常与城市支路同级。小区路一般指用以划分组团的道路。组团路一般为上接小区路、下连宅间小路的道路。其代码用 R03 表示。

（4）公共绿地。满足规定的日照要求、适合安排游憩活动设施、提供居民共享的集中绿地，包括住区公园、小游园和组团绿地及其他块状、带状绿地等。其代码用 R04 表示。

除此以外，还有其他用地，是指规划范围内除居住区用地以外的各种用地，应包括非直接为本区居民配建的道路用地、其他单位用地、保留的自然村或不可建设用地等。

4）居住区的环境组成

居住区的环境可分为内部居住环境和外部生活环境。

（1）内部居住环境。指住宅的内部环境和住宅楼公共部分的环境。

（2）外部生活环境。居住区的外部生活环境一般包括以下几个方面。

（a）空间环境。指各类空间（私密、半私密及公共空间）环境的大小和质量，如绿地的面积和绿化品种的品质、儿童游戏和老年及成年人休息活动的设施内容和质量，各类环境设施的配置水平等。

（b）空气环境。指空气中有害气体和有害物质的浓度和影响度等。居住空间应能自然通风，尤其注意其在凹口部位的通风问题。采暖制冷期间，在外窗密闭的情况下宜有可以调节的换气装置，补充新鲜空气，并预防和控制生物、化学、放射性等有害物的污染。住宅空气环境健康还包括厨卫通风换气、装修污染等。

（c）声环境。指噪声的强度。应做好居住区防噪规划，集中布置居住区内高噪声源，以公共区域作为缓冲带，或以绿化作隔离带，并防治生活噪声，减少机动车在住宅组团内穿行。应加强住宅室内防噪隔音措施，制定住户间和户外噪声的隔声对策，并对管道、泵和电梯等采取隔声、隔振措施。

（d）热环境。包括室内温湿度、外围护结构、采暖制冷，积极利用太阳能、地热、风能等可再生能源。

（e）光环境。住宅日照标准应符合国家和地方关于住宅日照的基本要求。住宅室内人工照明应根据各功能空间的要求，合理选择电光源，确立灯具方式及安装位置，并确保用电安全。住区室外照明包括道路、广场、绿地、标志、建筑小品等的照明，其光线不应对住宅室内造成不良影响。住宅楼内的公共照明（入口、走廊、楼梯等）应满足居住者行走的安全要求和心理要求。楼外夜间照明应满足人行、车行的安全要求和居住区的安全防范要求。

（f）视觉环境。指住宅相互间的视线干扰程度及居住区内对架空线、晒衣架、室内空调机位置、阳台等的处理，居住区的建筑空间质量和整体色彩等。

（g）生态环境。指居住区自然生态系统和生物种类的多样性、"绿色"生态技术与节能建材的应用、太阳能的应用等。

（h）邻里和社会环境。指居住区环境内的社会风尚、治安、邻里关系、居民的文化水平和修养等。

3. 居住区的规划结构

居住区的规划结构是根据居住区的功能要求，综合地解决住宅与公共服务设施、道路、公共绿地等相互关系而采取的组织方式。

1）居住区规划结构的演变

家庭小汽车的发展给传统居住区结构带来了根本性的变革。20 世纪以后，一些发达资本主义国家的居住区规划建设实践，先后对居住区规划结构进行了多方面探索。其中最有影响的居住区结构模式包括：郊区整体规划社区模式、邻里单位模式、居住开发单元模式、扩大小区和居住综合区模式、新城市主义模式（公共交通导向开发模式）等。

（1）郊区整体规划社区模式（suburban master-planning community model）。这一模式被称为美国最早的有规划的居住区模式，是由奥姆斯特德（Olmsted）和沃克斯（Vaux）于 1868 年为美国伊利诺伊州的河滨小镇提出的设计原则。它的特征主要在于采用曲线形的街道，尽端式道路，并在交叉口形成三角形的绿化休憩空间；街道两侧充满当地园艺特色的前院草坪，构成了开放空间景观的组成部分；在住区中心设置商店和列车换乘站构成的小型商业中心。

（2）邻里单位模式（neighborhood unit model）。这一模式由美国克拉伦斯·佩里（Clarence Perry）于 1929 年提出，它以邻里单位作为组织居住区的基本形式，通过"邻里单位周围由城市道路所包围，城市道路不穿过邻里单位内部"等 6 条基本原则的确立，强调避免由汽车

迅速增长给居住环境带来严重干扰。邻里单位示意
图见图11-1、图11-2。

　　邻里单位的居住区规划思想对世界各国城市居
住区规划建造实践影响深远，尤其在第二次世界大
战后英国的新城建设中得到了广泛的应用，如英国
哈罗新城。

　　（3）居住开发单元模式（housing estate）。在
邻里单位被广泛采用的同时，苏联提出了扩大街坊
的规划原则，与邻里单位的理论十分相似。随后不
久，各国在居住区规划和建设实践中又进一步总结
提出了居住开发单元的组织形式，即以城市道路或
自然界线（如河流等）划分，不被城市交通干道穿
越的完整地段。其主要特点体现在，每一居住开发
单元内设有一整套居民日常生活所需要的公共服务

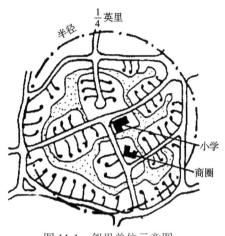

图 11-1　邻里单位示意图一

资料来源：文国玮. 2007. 城市交通与道路系统规划
　　　　　（新版）. 北京：清华大学出版社

设施，规模一般以设置小学的最小规模为其人口规模下限的依据，以单元内公共服务设施最
大服务半径作为控制用地规模上限的依据。北京百万庄住宅区总平面图如图11-3 所示。

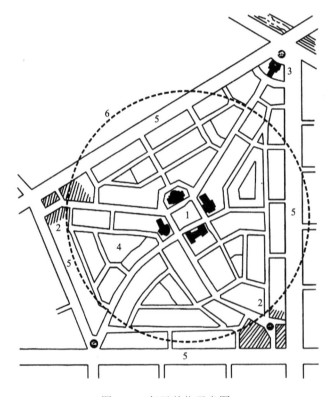

图 11-2　邻里单位示意图二

1.邻里中心；2.商业和公寓；3.商店或教堂；4.绿地（占 10%的用地）；5.大街；6.半径 1/4 英里

资料来源：吴志强，李德华. 2010.城市规划原理.4 版.北京：中国建筑工业出版社

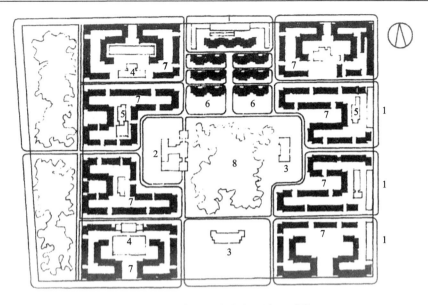

图 11-3　北京百万庄住宅区总平面图

1. 办公；2. 商场；3. 小学；4. 托幼；5. 锅炉房；6. 2 层并联住宅；7. 3 层住宅；8. 绿地

资料来源：白德懋. 1992. 居住区规划与环境设计. 北京：中国建筑工业出版社

（4）扩大小区、居住综合体和居住综合模式。城市住区改建的艰巨性及住区规划与建设实践中逐渐暴露出来的问题，例如，小区内自给自足的公共服务设施在经济上的低效益，居民对使用公共服务设施缺乏选择的可能性等，都要求住区的组织形式应具有更大的灵活性。扩大小区、居住综合体（图 11-4）和各种性质的居住综合区的组织形式应运而生，北京方庄居住区（图 11-5）就是典型的代表。

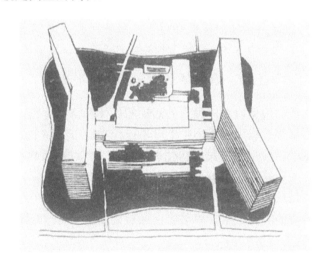

图 11-4　莫斯科切廖摩西卡新生活大楼

资料来源：胡纹. 2007. 居住区规划原理与设计方法. 北京：中国建筑工业出版社

图 11-5　北京方庄居住区总平面图

（5）新城市主义模式（new urbanism）。新城市主义于 20 世纪 80 年代末期在美国兴起，由安德雷斯·杜安伊与伊丽莎白·普拉特·赞伯克提出的新传统邻里区开发和由彼得·卡尔索普倡导的公共交通导向的邻里区开发。新城市主义模式提出了一种人性尺度的、行人友好的、带有公共空间和公共设施的物质环境，以鼓励社会交往和社区感的形成，其具体设计特征包括"相对自给自足的步行环境，围绕着核心城镇设施和商店布置住宅；为人行和车行提供更多可选择的通行路线"等。

2）影响居住区规划结构的主要因素

从居住区规划结构的演变过程可以看出，居住区组成的规模由小到大，内容由简单到综合，今后将随着生产和生活方式的变化而变化。

居住区的规划结构主要取决于居住区的功能要求，而功能要求必须满足和符合居民的生活需要。因此居民在居住区内生活的规律和特点是影响居住区规划结构的决定因素。居民在居住区内活动的内容是多种多样的，除了住宅内部的活动，还有商业服务、文教体育、健身、医疗卫生、社会政治等方面的活动，具有一定的活动规律和特征居民的户外活动框架图如图 11-6 所示。

为了方便居民的生活，根据以上居民户外活动的规律和特点可以得出：居民日常生活必需的公共服务设施应尽量接近居民；小学生上学不应跨越城市交通干道，以确保安全；以公共交通为主的上下班活动，应保证居民自居住地点至公交车站的距离不大于 500m。因此，居住区内公共服务设施的布置方式和城市道路（包括公共交通的组织）是影响居住区规划结构的两个重要方面，也是居住区规划结构需要解决的主要问题。此外，居民行政管理体制、城市规模、自然地形的特点和现状条件等对居住区规划结构也有一定影响。

3）居住区规划结构的基本形式

规划结构有各种组织形式，可采用居住区—小区—组团、居住区—组团、小区—组团及独立式组团等多种类型。

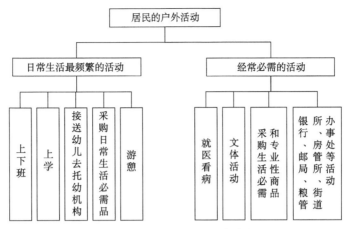

图 11-6　居民的户外活动框架图

资料来源：吴志强，李德华.2010. 城市规划原理.4 版.北京：中国建筑工业出版社

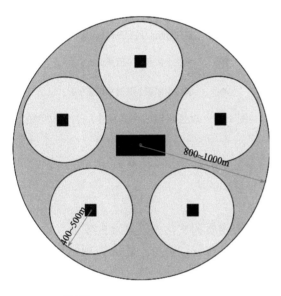

■　居住区级公共服务设施中心

■　居住小区级公共服务设施中心

图 11-7　以居住小区为基本单位

（1）以居住小区为规划基本单位来组织居住区，如图 11-7 所示。这种组织方式不仅能保证居民生活的方便、安全和区内的安静，而且还有利于城市道路的分工和交通的组织，并减少城市道路密度。居住小区的规模一般以一个小学的最小规模为其人口规模的下限，而小区公共服务设施的最大服务半径为其用地规模的上限。

（2）以居住组团为基本单位组织居住区，如图 11-8 所示。这种组织方式不划分明确的小区用地范围，住区直接由若干住宅组团组成。其规划结构的方式为居住区—住宅组团，相当于一个居民委员会的规模，一般应设有居委会办公室、卫生站、商店、托儿所等项目，基本为本居委会居民服务。其他的一些基层公共服务设施则根据不同的特点按服务半径在居住区范围内统一考虑，均衡灵活布置。

（3）以住宅组团和居住小区为基本单位来组织住区，如图 11-9 所示。这种组织方式的规划结构为居住区—居住小区—住宅组团。居住区由若干个居住小区组成，每个小区由 2～3 个住宅组团组成。

居住区的规划结构不是一成不变的，随着社会生产的发展、人民生活水平的提高、社会生活组织和生活方式的变化、公共服务设施的不断完善和发展，居住区的规划结构方式也会相应地变化。

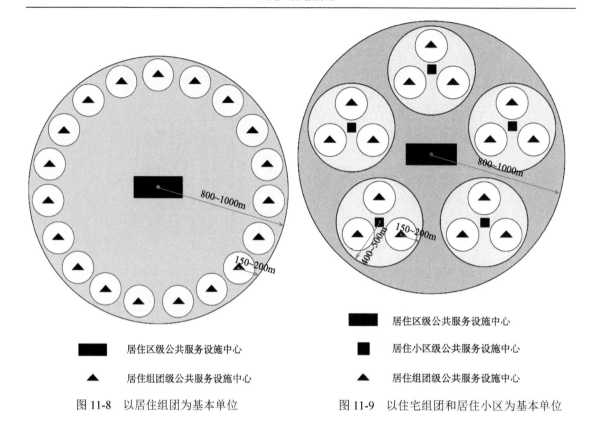

居住区级公共服务设施中心

▲ 居住组团级公共服务设施中心

图 11-8 以居住组团为基本单位

居住区级公共服务设施中心

■ 居住小区级公共服务设施中心

▲ 居住组团级公共服务设施中心

图 11-9 以住宅组团和居住小区为基本单位

11.1.3 居住区规划的编制

1. 居住区规划的任务

居住区规划的任务是科学合理地创造一个满足日常物质和文化生活需要的安全、卫生、舒适、优美的居住环境，满足特定居住对象的需要。除了布置住宅外，还应当规划布置居民日常生活所需的各类公共服务设施、道路、停车场地、绿地和活动场地、市政工程设施等。较大规模的居住区内宜考虑设置适当规模和类型的就业岗位，如无污染、无干扰的工作场所。

居住区规划必须根据总体规划和近期建设的要求，在控制性详细规划的相关指标要求下，对居住区内各项建设做好综合全面的安排。居住区规划还必须考虑一定时期经济发展水平和居民的文化背景、生活习惯、物质技术条件及气候、地形和建成现状等条件，同时应注意远近结合，持续发展。

2. 居住区规划成功编制的重要因素

编制一个成功的居住区规划应当在不同规划层面予以重视。应充分考虑居住区规划编制的要求，将不同规模居住区的组织结构纳入土地使用适用性的统一考虑之中，与城市商业、就业和开放空间之间的关系综合考虑安排。居住区规划的编制应根据新建或改建的不同情况区别对待。

编制一个成功居住区规划的重要因素一般包括：合理地段选址、城市设计框架、居住区基地规划布局和住宅建筑设计等方面。居住区规模大小、居住对象、住房制度、投资渠道等也都会影响规范的编制。

3. 居住区规划编制的内容

（1）选择、确定用地位置、范围（包括改建范围）。

（a）在城乡地域尺度的范围内考虑居住区用地的适当选址，满足城市功能布局、就业岗位和公共设施配置的总体要求。这一层面的考虑应该包括多样的居住类型来满足不同家庭的居住需求，以及对居住地点选择的要求。

（b）住区用地适宜性分析。需要对建成区的空地和待改建地区、拟开发地区和计划开发的居住区进行用地适宜性分析。适宜性因素包括：可达性、避免灾害、与公共服务和城镇设施的临近程度、延伸这些服务的成本、基础设施服务能力、可用空间多少等。还应考虑到对现有居住区进行调整及增加新的居住区邻里的适宜性。同时，还应当把规划拟定的公共中心位置、城镇设施、交通系统、开放空间系统，以及基础设施的有效延伸和环境保护等纳入用地适宜性分析。

（2）确定居住区要实现的功能和目标。针对特定功能确定构成居住区的合适要素，确定将要采用的针对性设计原则。

根据基地特征、公共中心系统、交通系统、城镇设施系统和开放空间系统等方面的综合分析，确定居住区规划的功能和目标，充分研究适宜的邻里类型的空间组合、家庭类型、支撑性服务设施的现状和问题，以及与交通系统、商业及就业中心、开放空间等之间的关系。

根据功能、目标要求和采用的特定原则，提出该居住区规划的概念模式和初步方案，并进一步比较修改深化。

（3）确定居住人口数量规模（或户数）和用地的大小。

（a）评估未来住宅和相应服务设施的空间需求，测算初步方案中各类居住单元的容量，并将空间需求分配到初步方案所拟定的未来各类居住单元中，以确定有充足与适宜的空间用于容纳预期的未来人口、经济活动和基础设施。

（b）估算未来居住人口所需的住宅数量、住宅的套数和类型组合，以容纳土地使用规划和控制性详细规划所提出的未来居住人口控制指标，以及商店、学校、公园等支撑设施，估算不同规模和不同类型家庭的人口比例，并根据家庭类型对住宅进行分类，确定人口密度分类和住宅类型选择对策。

（4）拟定居住建筑的布置方式。

（5）拟定公共服务设施（包括允许设置的生产性建筑）的内容、规模、数量、标准、分布和布置方式。

（6）拟定各级道路的宽度、断面形式、布置方式、对外出入口位置、泊车量和停泊方式。

（7）拟定绿地、活动、休憩等室外场地的数量、分布和布置方式。

（8）拟定有关市政工程设施的规划方案。

（9）拟定各项技术经济指标和造价估算。

（10）对不同阶段的方案进行必要的公众参与和专家咨询，满足经济、社会和生态环境的综合协调要求。

11.1.4　居住区的规划设计

1. 居住区规划设计的基本原则与要求

1）基本原则

居住区规划设计的基本原则，包括居住区及其环境的整体性、经济性、科学性、生态性、地方性与时代性、超前性与灵活性、领域性与社会性、健康性等。

（1）整体性原则。整体性是居住区规划设计的灵魂，要符合城市总体规划和控制性详细规划的要求，统一规划、合理布局、因地制宜、综合开发、配套建设。

（2）经济性原则。要求我们综合考虑所在城市的性质、社会经济、气候等地方特点和规划用地周围环境条件，充分利用规划用地内有保留价值的水体、地形地物、建构筑物等，并将其纳入规划，注重节地、节能、节才、节省维护费用等。

（3）科学性原则。要求我们依靠科技进步，大力研究和应用新技术、新材料、新工艺和新产品。

（4）生态性原则。居住区生态质量对城市生态环境的改善有着重要影响，对于低碳人居和可持续发展起着重要的支撑作用。

（5）地方性与时代性原则。地方性主要涉及对传统的继承和发展问题，应该承认，一成不变的传统是没有生命力的，正如我国其他的传统文化艺术那样，既要继承，又要创新，因此在研究地方性时必须强调时代性。

（6）超前性与灵活性原则。一幢建筑物的寿命少则几十年，多则上百年，一个居住区及一个城市就更长，这要求我们规划设计时必须要有超前的思想，但同时，受人们认识世界能力的有限性影响，又要求规划设计要有弹性，给未来留有余地，即灵活性。

（7）领域性与社会性。居住区设计应具有较为明确的领域感，以一个核心或聚居点与其他部分形成良好的空间联系，并创造不同层次的交往空间，形成良好的社会性。

（8）健康性原则。居住区规划设计应适应居民的活动规律，综合考虑日照、采光、通风、防灾、配建设施及管理要求，创造安全、卫生、方便、舒适和优美的居住生活环境。

2）基本要求

居住区规划设计的基本要求主要有五方面：舒适、便利、卫生、安全和美观。

（1）舒适。要有完善的住宅、公共服务设施、道路及公共绿地。服务设施项目齐全、设备先进，并且有宜人的居住环境。

（2）便利。居住区的用地布局要合理，公共建筑与住宅有方便的联系。各项公共服务设施的规模和布点恰当，便于居民使用。居住区的道路系统和道路断面形式合理，步行和车行互不干扰，有足够的停车场地。

（3）卫生。在居住区内有完善的给水、雨水与污水排水、煤气与集中供暖系统，居住区内空气新鲜洁净、无有害气体与烟尘污染、日照充足、通风良好、无噪声、公共绿地面积较大。

（4）安全。对防止火灾、地震、交通安全有周密的考虑，创造安全的居住环境。

（5）美观。居住区应具有赏心悦目、富有特色的景观，建筑空间富有变化，建筑物与绿地交织，色调和谐统一。

2. 住宅及组群的规划布置

住宅及组群的规划布置是居住区规划设计的重要内容，这一内容不仅量多面广、用地比例大，而且在体现城市空间风貌方面起着重要的作用。

1）住宅类型的选择

（1）住宅选型的总体要求。

（a）住宅及其组群的规划，首先要合理地选择和确定住宅类型；

（b）住宅内应合理安排各种功能空间，避免各居住空间的相互干扰，保证居住空间的私密性；

（c）结构、设备及管网布置应为住宅的可改造性创造必要的条件，体现灵活性；

（d）住宅内自然层应避免台阶和错层，设置扶手、护栏、防滑地面和报警装置等设施，以满足老年人、残疾人及儿童生活活动的安全需要。

（2）住宅的类型及特点。现代住宅按不同的使用对象，基本可以分为两大类：第一类是供家庭居住的建筑，一般称为住宅；另一类是供单身居住的建筑，如供学校的学生、工矿企业的单身职工等居住的建筑，一般称为单身宿舍或宿舍。其中第一类以套为基本组成单位的住宅主要有表 11-1 所示的几种类型。

表 11-1　住宅类型（以套为基本组成单位）

编号	住宅类型	用地特点
1	独院式	每户一般都有独用院落，层数 1～3 层，占地较多
2	并联式	
3	联排式	
4	梯间式	一般多用于多层和高层，特别是梯间式用得较多
5	内廊式	
6	外廊式	
7	内天井式	是第 4、5 类型住宅的变化形式，由于增加了内天井，住宅进深加大，对节约用地有利，一般多见于层数较低的多层住宅
8	点式（塔式）	是第 4 类型住宅独立式单元的变化形成，由于体型短而活泼，进深大，故具有布置灵活和能丰富群体空间组合的特点，但有些套型的日照条件可能较差，一般适用于多层和高层住宅
9	跃廊式	是第 5、6 类型的变化形式，一般用于高层住宅

注：低层住宅指 1～3 层的住宅；多层住宅指 3～6 层；中高层住宅为 7～9 层；高层住宅为 10 层以上。

资料来源：吴志强，李德华. 2010. 城市规划原理. 4 版. 北京：中国建筑工业出版社

（3）住宅建筑经济和用地经济的关系。住宅建筑经济和用地经济是房地产开发的两个重要组成部分，两者之间关系密切。住宅建筑经济直接影响用地经济，而用地经济往往又影响对住宅建筑经济的综合评价，其中用地经济起主导作用。分析住宅建筑经济的主要依据是每平方米建筑面积的土建造价和平面利用系数、层高、长度、进深等技术参数，而用地经济的主要依据是地价和容积率（或楼面价）等。

（4）合理选择住宅类型。合理选择住宅类型一般应考虑住宅标准、套型和套型比、住宅层数和比例、当地自然气候条件特点和居民生活习惯、城市建筑风貌特色、地形等几个

方面。

（a）住宅标准。包括面积标准和质量标准两个方面。住宅标准的确定是国家的一项重大技术政策，反映了一定时期国家经济发展和居民的生活水平。

（b）套型和套型比。套型一般指每套住房的面积大小和居室、厅和卫生间的数量，套型设计应以居住生活行为规律为准则，满足居住者生活、生理、心理等需求，实现舒适、健康的居住目标。套型比指各种类型住宅的建造比例，确定套型比需要参照当地的人口结构及市场的需求。

（c）确定住宅建筑层数和比例。住宅建筑层数的确定，要综合考虑用地的经济、建筑造价、施工条件、建筑材料的供应、市政工程设施、居民生活水平、居住方便的程度等因素。

（d）适应当地自然气候条件的特点和居民的生活习惯。南方地区，气候较为炎热，在选择住宅时，首先应考虑居室有良好的朝向和获得较好的自然通风；而在北方地区，气候严寒，主要矛盾是冬季防寒，防风雪。同时，居民的生活习惯也必须予以尊重。

（e）考虑城市建筑风貌特色的要求。宜充分研究当地建筑特色，在居住建筑设计中体现独特的地方建筑文化风貌。

（f）要结合地形，有利于节约用地。住宅建筑单体平面和布局尽量结合地形、利用地形，可利用住宅单元在开间上的变化达到户型的多样化和适应基地的各种不同情况。山地住宅建筑竖向处理手法如图 11-10 所示。

2）住宅的规划布置

（1）住宅群体平面组合的基本形式及特点。

（a）行列式布置。建筑按一定朝向和合理间距成排布置的形式，这种布置形式能使绝大多数居室获得良好的日照和通风，是各地广泛采用的一种方式。

（b）周边式布置。建筑沿街坊或院落周边布置的形式，这种形式形成较内向的院落空间，便于组织休息园地，促进邻里交往。

（c）混合式布置。为以上两种形式的结合形式，最常见的往往以行列式为主，少量住宅或公共建筑沿道路或院落周边布置，形成半开敞式院落。

（d）自由式布置。建筑结合地形，在日照、通风等要求的前提下，成组自由灵活地布置。

以上四种基本布置形式并不包括住宅布置的所有形式，而且也不可能列举所有的形式。进行规划设计时，需根据具体情况，因地制宜地创造不同的布置形式。

（2）住宅群体的组合方式。

（a）成组成团的组合方式。住宅群体的组合可以由一定规模和数量的住宅（或结合公共建筑）组合成组或成团，作为居住区的基本组合单元，有规律地发展使用。规模一般为1000～2000人，较大的可达3000人。

（b）成街成坊的组合方式。成街的组合方式就是以住宅（或结合公共建筑）沿街成组成段组合的方式，而成坊的组合方式就是住宅（或结合公共建筑）以街坊作为整体的一种布置方式。其中成坊的组合方式一般用于规模不太大的街坊或保留房屋较多的旧居住地段的改建。

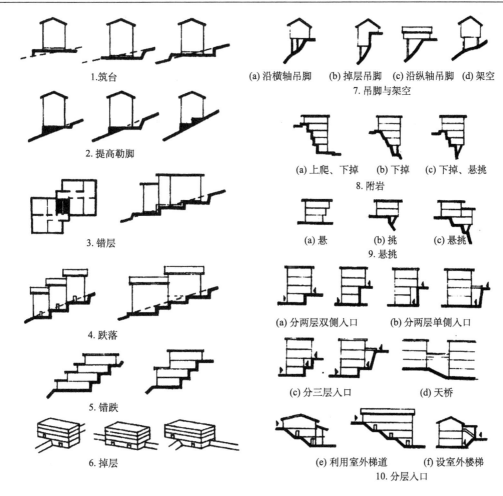

1.筑台　　　　　　(a) 沿横轴吊脚　(b) 掉层吊脚　(c) 沿纵轴吊脚　(d) 架空
　　　　　　　　　　　　　　　　7.吊脚与架空

2.提高勒脚　　　　(a) 上爬、下掉　(b) 下掉　(c) 下掉、悬挑
　　　　　　　　　　　　　　　　8.附岩

3.错层　　　　　　(a) 悬　　(b) 挑　　(c) 悬挑
　　　　　　　　　　　　　9.悬挑

4.跌落　　　　　　(a) 分两层双侧入口　　(b) 分两层单侧入口

5.错跌　　　　　　(c) 分三层入口　　(d) 天桥

6.掉层　　　　　　(e) 利用室外梯道　(f) 设室外楼梯
　　　　　　　　　　　　　　　10.分层入口

图 11-10　山地住宅建筑竖向处理手法（吴志强，李德华，2010）

1.筑台：对天然地表开挖和填筑，形成平整台地；2.提高勒脚：将房屋四周勒脚高度调整到同一高度；3.错层：房屋内同一楼层做成不同标高，以适应倾斜的地面；4.跌落：房屋开间单位，与邻旁开间或单元标高不同；5.错跌：房屋顺应坡势逐层或隔层跌落；6.掉层：房屋顺应地形设置一层或多层在±0.00 标高之下；7.吊脚与架空：房屋底部设置结构支撑，以适应陡峭的地形；8.附岩：房屋建造依附于天然岩石；9.悬挑：部分房屋空间悬挑于陡峭地形之外；10.分层入口：结合地形，房屋入口分设于不同楼层

　　（c）整体式组合方式。整体式组合方式是将住宅（或结合公共建筑）用连廊、高架平台等连成一体的布置方式。

　　住宅群体成组成团和成街成坊的组合方式并不是绝对的，这两种方式往往相互结合使用；在考虑成组成团的组合方式时，也要考虑成街的要求，而在考虑成街成坊的组合方式时，也要注意成组的要求。

　　（3）住宅群体的空间组合。住宅群体的空间组合就是运用空间构成的原则和方法，将住宅、公共建筑、绿化种植、道路和建筑小品等有机地组成完整统一的建筑空间群体。其构成方法主要包括：对比、韵律和节奏、比例和尺度、色彩、绿化、道路、建筑小品等。其中道路主要指道路线形，对建筑群体的空间组合也起着重要的作用，如直线形道路两侧建筑若有规律地布置，往往给人以强烈的节奏感；建筑小品，则是强调在住宅群体中大量布置的围墙、花架、室外座椅等建筑小品对于美化居住区面貌有着不容忽视的积极作用。住宅组团的分隔方式如图 11-11 所示。

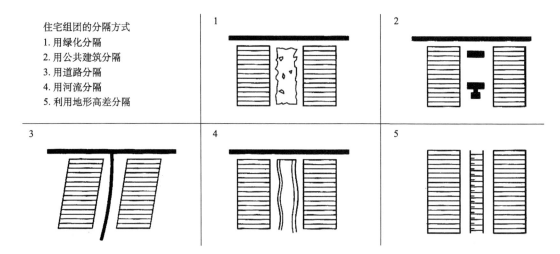

住宅组团的分隔方式
1. 用绿化分隔
2. 用公共建筑分隔
3. 用道路分隔
4. 用河流分隔
5. 利用地形高差分隔

图 11-11　住宅组团的分隔方式（吴志强，李德华，2010）

3. 居住区公共服务设施及其用地的规划布置

1）居住区公共服务设施配置的目的和意义

居住区公共服务设施是为了满足居民基本的物质和精神生活方面的需要，主要为本区居民服务，其总体水平综合反映了居民对物质生活的客观需求和精神生活的追求，也体现了社会对人的关怀程度，是城乡生活文明程度的反映。

同时，需要注意居住区公共服务设施的内容与项目的设置，随着居民的消费水平、消费结构、消费观念及人们社会生活组织的变化等因素而发展。例如，我国在 1964 年制定的居住区公共服务设施定额指标的项目有 40 项，1980 年制定的公共服务设施指标的项目达 66 项，1993 年制定的新的指标的项目又增加到 72 项，而在 2002 年修订的《城市居住区规划设计规范》（GB 50180—93）中公共服务设施指标的项目列为 56 项。

2）居住区公共服务设施的分类和内容

居住区公共服务设施一般根据使用性质、居民对其使用的频繁程度和营利性质进行分类。

（1）按公共服务设施的使用性质分类。共分为教育、医疗卫生、文化体育、商业服务、金融邮电、社区服务、市政公用、行政管理等八类。

（a）教育。包括托儿所、幼儿园、小学、中学等。

（b）医疗卫生。包括医院、诊所、卫生站等。

（c）文化体育。包括影剧院、俱乐部、图书馆、游泳池、体育场、青少年活动站、老年人活动室、会所等。

（d）商业服务。包括食品、菜场、服装、棉布、鞋帽、家具、五金、交电、眼镜、钟表、书店、药房、饮食店、食堂、理发、浴室、照相、洗染、缝纫、综合修理、服务站、集贸市场等。

（e）金融邮电。包括银行、储蓄所、邮电局、邮政所、证券交易所等。

（f）社区服务。包括居民委员会、派出所、物业管理等社区生活服务设施。

（g）市政公用。包括公共厕所、变电所、消防站、垃圾站、水泵房、煤气调压站等。

（h）行政管理。包括商业管理、街道办事处等行政管理类机构。

（2）按居民对公共服务设施的使用频繁程度分类。

（a）居民每日或经常使用的公共服务设施。

（b）居民必要的非经常使用的公共服务设施。

（3）按营利与非营利性分类。在当前社会主义市场经济的体制下，居住区公共服务设施又可分为营利性和非营利性两大类。

3）公共服务设施指标的制定和计算方法

居住区公共服务设施定额指标一般由国家统一制定。有条件的省、市可根据国家的标准制定适合本省、市的定额指标。合理地确定居住区公共服务设施指标不仅有关居民的生活，而且涉及投资和城市土地的合理使用。影响住区公共服务设施指标的因素较多，如当前国家的经济水平和居民的经济收入，建造地段原有公共服务设施本身的合理规模效益等。

居住区公共服务设施定额指标包括建筑面积和用地面积两个方面。其计算方法有"千人指标"、"千户指标"和"民用建筑综合指标"等。我国沿用的以"千人指标"为主。"千人指标"，即每一千居民拥有的各项公共服务设施的建筑面积和用地面积。

4）公共服务设施的规划布置

（1）规划布置的基本要求。

（a）公共服务设施的规划布置应按照分级（主要根据居民对公共服务设施使用的频繁程度）、对口（指人口规模）、配套（成套配置）和集中与分散相结合的原则进行，一般与居住区的规划结构相适应。

（b）各级公共服务设施应有合理的服务半径：居住区级公共服务设施，800～1000m；居住小区级公共服务设施，400～500m；居住组团级公共服务设施，150～200m。

（c）商业服务、金融邮电、文体等有关项目宜集中设置，形成各级居民生活活动中心。

（d）应结合居民上下班流线、公共交通站点布置，方便居民使用。

（e）各级公共服务中心宜与相应的公共绿地相邻布置，或靠近河湖水面等一些能较好体现城市建设风貌的地段。

（f）独立的工矿和科研基地的住区或乡村住区，则应在考虑公共服务设施为附近地区和农村提供方便的同时，还要保持居住区内部的安静。

（2）规划布置的方式。居住区公共服务设施规划布置的方式一般以居住人口规模大小分级布置。

（a）第一级（居住区级）。公共服务设施项目主要包括一些专业性的商业服务设施和影剧院、俱乐部、图书馆、医院、街道办事处、派出所、房管所、邮电、银行等为全区居民服务的机构。

（b）第二级（居住小区级）。内容主要包括菜站、综合商店、小吃店、物业管理、会所、幼托、中小学等。

（c）第三级（居住组团级）。内容主要包括居委会、青少年活动室、老年活动室、服务站、小商店等。

第二级和第三级的公共服务设施都是居民日常必需的，统称为基层公共服务设施，这些公共服务设施可以分为两级，也可不分。

（3）居住区文化类服务设施的布置。居住区文化类服务设施应以城市总体规划为依据，并考虑居住区不同的类型和所处的区位。其布置方式大致有以下三种。

（a）沿街线装布置。这种布置方式应根据道路的性质和走向等综合考虑。在交通过于繁忙的城市交通干线上一般不宜布置。在沿城市主要道路或居住区主要道路布置时，如交通量不大，则可沿道路两侧布置；当交通量较多时，则宜布置在道路一侧，以减少人流和车流的相互干扰。

（b）独立地段成片布置。这种布置方式应根据各类服务设施的功能要求和行业特点成组结合，分块布置，在建筑群体的艺术处理上既要考虑沿街立面的要求，又要注意内部空间的组合并合理地组织人流和货流的线路。

（c）沿街和成片集中相结合的布置方式。

在具体进行规划设计时究竟采用何种布置形式，应根据当地居民的生活习惯、气候条件、建设规模，特别是用地的紧张程度及现状条件等综合考虑。

（4）居住区商业服务类设施的布置。在居住区各类公共服务设施中，商业服务设施占有相当数量，且内容丰富、项目众多。商业服务设施的基本布置方式有两种。

（a）设在住宅或其他建筑的底层，既住宅底层商业服务设施。这种布置方式是我国目前比较常见的布置方式，特别在旧城中大多采用这种方式。其有利于节约用地，但也存在着某些公共建筑经营项目的噪声、气味、烟尘等与居民产生一定的矛盾等问题。

（b）独立设置的商业服务设施。可分为综合商场（或超市）和联合商场两类，它们可以布置在同一幢空间较大的建筑内，也可以由几幢建筑结合周围环境加以组合。这种类型用地较多，但平面布置灵活，且能统一柱网、简化结构，有利于建筑的定型化、工业化，集中紧凑的布置方式便于居民使用。

（5）社区医疗服务设施的布置。社区医疗服务中心是较大规模居住区公共服务设施的重要内容之一。医院宜布置在比较安静和交通比较方便的地段，以便居民使用和避免救护车队在居住区内不必要的穿越干扰。居住区应建立居住区公共卫生体系，设卫生服务中心，并纳入所在地区公共健康建设与发展规划，其位置应具有较好的可达性。

4. 居住区道路和交通的规划布置

居住区道路是城市道路的延伸，是居住空间和环境的一部分，它既是交通空间，又是生活空间。其作为公共开放空间的一部分，是居住区环境设计的重要组成。车行道、人行道和自行车道应紧密联系，形成网络，不仅要关注机动车的便捷与可达要求，还要尊重居民步行和使用自行车和公共交通工具等交通方式的意愿。

1）居住区道路的功能和分级

（1）居住区道路的功能。

（a）居住区日常生活方面的交通活动是主要的，也是大量的。我国目前以步行、自行车交通、私家小汽车为主，在一些规模较大的居住区内，也会通行公共汽车，要考虑通行出租车、私人摩托车的问题。

（b）通行清除垃圾、递送邮件等市政公用车辆。

（c）居住区内公共服务设施和工厂的货运车辆通行。

（d）满足铺设各种工程管线的需要。

（e）道路的走向和线形是组织居住区建筑群体景观的重要手段，也是居民相互交往的重要场所（特别是一些以步行为主的道路）。

除了以上一些日常的功能要求外，还要考虑一些特殊情况，如供救护、消防和搬运家具等车辆的通行。

（2）居住区道路分级。

（a）第一级，居住区级道路。居住区的主要道路，用以解决居住区内外交通的联系。道路红线宽度不宜小于 20m。

（b）第二级，居住小区级道路。居住区的次要道路，用以解决居住区内部的交通联系。路面宽 6～9m，建筑控制线之间的宽度，需敷设供热管线的不宜小于 14m，无供热管线的不宜小于 10m。

（c）第三级，组团级道路。居住区内的支路，用以解决住宅组群的内外交通联系。路面宽 3～5m，建筑控制线之间的宽度，需敷设供热管线的不宜小于 10m，无供热管线的不宜小于 8m。

（d）第四级，宅前小路。通向各户或各单元门前的小路，路面宽度不宜小于 2.5m。

此外，居住区内还有专供步行的林荫步道，其宽度根据规划设计的要求而定。

（3）居住区道路规划设计的基本要求。

（a）居住区内部道路主要为本居住区服务，应根据功能要求进行分级。为了保证居住区内居民的安全和安宁，不应有过境交通穿越居住区，不宜有过多的车道出口通向城市交通干道，机动车道对外出入口间距不应小于 150m。可用平行于城市交通干道的地方性通道来解决居住区通向城市交通干道出口过多的矛盾。

（b）道路走向要便于居民上下班，尽量减少反向交通。住宅与最近的公共交通站之间的距离不宜大于 500m。

（c）应充分利用和结合地形，例如，尽可能结合自然分水线和汇水线，以利雨水排除。在南方多河地区，道路宜与河流平行或垂直布置，以减少桥梁和涵洞的投资。在丘陵地区则应注意减少土石方工程量，以节约投资。

（d）在进行旧居住区改建时，应充分利用原有道路和工程设施。

（e）车行道一般应通至住宅建筑的入口处，建筑物外墙面与人行道边缘的距离应不小于 1.5m，与车行道边缘的距离不应小于 3m。

（f）小区内主要道路至少应有两个出入口；居住区内主要道路至少应有两个方向与外围道路相连；沿街建筑物长度超过 150m 时，应设不小于 4m×4m 的消防车通道；人行出口间距不宜超过 80m，当建筑物长度超过 80m 时，应在底层加设人行通道；居住区内尽端式道路的长度不宜大于 120m，并应在尽端设不小于 12m×12m 的回车场地。

（g）车道宽度为单车道时，则应每隔 150m 左右设置车辆互让处。

（h）道路宽度应考虑工程管线的合理敷设。

（i）道路的线形、断面等应与整个居住区规划结构和建筑群体的布置有机地结合。

（j）应考虑为残疾人设置无障碍通道。

2）居住区道路系统的基本形式

居住区内动态交通组织可分为人车分行、人车混行和人车共存的道路系统三种基本形式。

（1）人车分行的道路系统。这种形式是由车行和步行两套独立的道路系统所组成。这种人车分行的道路系统较好地解决了私人小汽车和行人的矛盾。1933 年美国新泽西州的雷德朋新镇规划中最先采用并实施该系统，因此该系统也称为雷德朋系统。

（2）人车混行的道路系统。人车混行是居住区内最常见的交通组织方式，这种方式在私人小汽车数量不多的国家和地区比较适合，特别对一些居民以自行车和公共交通出行为主的城市最为适用。

（3）人车共存的道路系统。这种道路系统于 1970 年在荷兰的德尔沃特最先采用，该系统更加强调人性化的环境设计，认为人车不应是对立的，而是共存的，将交通空间与生活空间作为一个整体，使街道重新恢复生机。研究表明，通过将汽车速度降低到步行者的速度，汽车产生的危害，如交通事故、噪声和振动等也大为减轻。只要城市过境交通和与居住区无关车辆不进入居住区内部，并对道路的设施采用多弯线形、缩小车行宽度、不同的路面铺砌路障、驼峰及各种交通管制手段等，人行和车行是完全可以合道共存的。图 11-12 是生活化道路的设计示例。

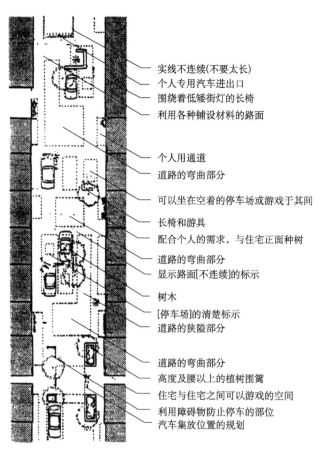

图 11-12 生活化道路（吴志强，李德华，2010）

　　3）居住区道路规划设计的经济性

　　道路造价占居住区室外工程造价的比重较大。因此，规划设计中，在满足使用要求的前提下，应考虑如何缩短单位面积的道路长度和道路面积。道路的经济性一般用道路线密度（每公顷道路长度）和道路面积密度（每公顷道路面积）来表示。

　　居住小区或街坊面积增大时，单位面积的坊外道路长度及面积造价均有明显下降；小区和街坊形状的影响也很大，方正的较长方形的经济。

　　居住小区和街坊面积的大小对单位面积的坊内道路长度、面积和造价影响不大，而道路网形式和布置手法对指标影响较大，如采用尽端式道路均匀布置，则指标显著下降。

　　4）居住区内静态交通的组织

　　居住区内静态交通组织是指各类交通工具的停放方式，一般应以方便、经济、安全为原则，采用集中与分散相结合的布置方式，根据居住区的不同情况可采用室外、室内、半地下或地下等多种停车方式。

　　（1）自行车停车设施的规划布置。自行车应有足够的建筑室内空间存放，可建造集中自行车房、住宅建筑人防设施，以及利用住宅底层架空等多种方式停放自行车。

　　（2）私人小汽车停车设施的规划布置。随着社会经济的发展，私人小汽车的拥有量不断上升，给居住区停车带来了空前的压力。

　　（a）遵循集中与分散相结合的原则。

　　集中停放小汽车会给住户带来不同程度的影响，但小汽车的集中停放比分散停放节约用地。停车设施的布置可与公共建筑中心及场地、绿地结合起来综合考虑，以停车楼或地下、半地下停车库的方式较为有效。有必要在邻里或组团内结合绿地考虑设置若干面积的泊车位，一方面，解决临时停车用地，另一方面，考虑到分布相对较偏的住户的实际困难，通过市场化的方式，与集中停车方式相补充。

　　（b）机动车停车位的标准。

　　根据《城市居住区规划设计规范》（GB 50180—93，2002 年），居住区内必须配套设置居民汽车（含通勤车）停车场、停车库，并应符合下列规定。

　　居民汽车停车场停车率不应小于 10%；居住区内地面停车率（居住区内居民汽车的停车位数量与居民住户数的比率）不宜超过 10%；居民停车场、库的布置应方便居民使用，服务半径不宜大于 150m；居民停车场、库的布置应留有必要的发展余地。

　　同时，我国一些大城市针对自身居住区机动车停车问题，也相应配套制定了各自的地方标准，如《上海市城市规划管理技术规定（土地使用建筑管理）》（上海市人民政府令第12 号，2003 年）对居住区汽车停车场（库）设置标准就做出了更为细致、严格的规定。图 11-13 是某小区地下停车库的剖面示意图。

　　5. 居住区绿地规划布置

　　居住区绿地是城市绿地系统的重要组成部分，它面广量大，且与居民关系密切，对改善居民生活环境和城市生态环境具有重要作用。

　　1）居住区绿地的功能

　　（1）改善小气候。一般情况下，夏季树荫下的空气温度比露天的空气温度低 3～4℃，草地上的空气温度比沥青地面的空气温度低 2～3℃。

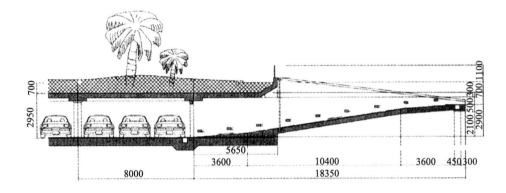

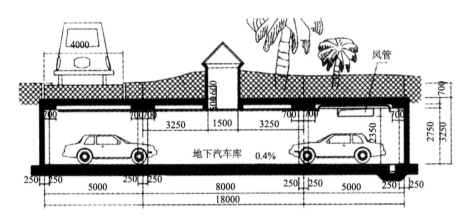

图 11-13　某小区地下停车库剖面示意图（单位：mm）

（2）净化空气。绿色植物通过光合作用，吸收二氧化碳，放出氧气，通常 $1hm^2$ 阔叶林每天消耗二氧化碳 1t，放出 0.73t 氧气。如按一个成年人每天约呼出二氧化碳 0.9kg，吸入 0.75kg 氧气计算，则平均每人需城市绿地 $10m^2$。

（3）遮阳。浓密的树冠，可在炎热季节里遮阳，降低太阳的辐射热。

（4）隔声。在一般情况下，绿化可起到一定的防噪声功能，如 9m 宽的乔、灌木混合绿地可使噪声减少 9dB。

（5）防风、防尘。绿化能阻挡风沙、吸附尘埃。据测定，有绿化的街道上距地面 1.5m 处空气的含尘量比没有绿化的低 56.7%。

（6）杀菌、防病。许多植物的分泌物有杀菌的作用，如树脂、橡胶等能杀死空气中的葡萄杆菌，一般情况下，城市马路空气中的含菌量比公园要多 5 倍。

（7）提供户外活动场地、满足健身需要、美化居住环境。一个优美的绿化环境有助于人们消除疲劳、振奋精神，可为居民创造宜人的游憩交往场所。

2）居住区绿地的组成和标准

（1）居住区绿地的组成。居住区绿地由公共绿地、公共建筑和公用设施附属绿地、宅旁和庭院绿地、街道绿地等四部分组成。

（a）公共绿地。是指居住区内居民公共使用的绿化用地，如居住区公园、游园、林荫道、住宅组团的小块绿地等。

（b）公共建筑和公用设施附属绿地。是指居住区内的学校、幼托、医院、门诊所、锅炉房等用地内的绿化。

（c）宅旁和庭院绿地。是指住宅四旁绿地。

（d）街道绿地。是指住区内各种道路的行道树池等绿地。

（2）居住区绿地的指标。居住区的绿地指标由平均每人公共绿地面积和绿地率（绿地占居住区总用地的比例）所组成。根据我国现行城市居住区规划设计规范的规定，居住区内公共绿地的总指标应根据人口规模分别达到：住宅组团不少于 $0.5m^2$/人，居住小区（含组团）不少于 $1m^2$/人，住区（含小区与组团）不少于 $1.5m^2$/人。对绿地率的要求新区不低于 30%，旧区改建不低于 25%。

（3）居住区绿地规划的基本要求。

（a）根据居住区的功能组织和居民对绿地的使用要求，采取集中和分散、重点与一般及点、线、面相结合的原则，以形成完整统一的居住区绿地系统，并与城市总的绿地系统相协调。居住区各类公共绿地的规划设计要求见表 11-2。

（b）尽可能利用劣地、坡地、洼地进行绿化，以节约用地。对建设用地中原有的绿化、湖河水面等自然条件要充分利用。

（c）应注意美化居住环境的要求。

（d）居住区绿化是面大量广的绿化工程，不应追求名贵的花木树种，应以经济、易长、易管为原则。

表 11-2　居住区各类公共绿地的规划设计要求（吴志强，李德华，2010）

项目	住宅组团级	居住小区级	居住区级
类型	儿童和老人游戏、休息场	小游园	居住区公园
使用对象		小区居民	居住区居民
设施内容	幼儿游戏设施、坐凳椅、树木、花卉、草地等	儿童游戏设施、老年和成年人活动休息场地、运动场地、坐凳椅、树木、花卉、凉亭、水池、雕塑等	儿童游戏设施、老年和成年人活动休息场地、树木草地、花卉、水面、凉亭、休息廊、坐凳椅、雕塑等
用地面积	>4000m²	>4000m²	>10000m²
步行时间	3～4min	5～8min	8～15min
布置要求	灵活布置	院内有一定的功能划分	院内有一定的功能划分

3）居住区公共绿地的规划布置

（1）公共绿地。根据居民的使用要求、居住区的用地条件及所处的自然环境等因素，居住区公共绿地可采用两级或三级的布置方式。

（a）居住区公园。主要供本区居民就近使用，面积 $1hm^2$ 左右，居民步行到达距离不宜超过 800m。

（b）居住小区游园。主要供居民就近使用，面积 $0.5 hm^2$ 左右，居民步行到达距离不宜超过 400m。

（c）小块公共绿地。通常结合住宅组团布置，是居民最接近的休息和活动场所，它主要供住宅组团内的居民（特别是老年人和儿童）使用。

（2）宅旁绿地。居住区内住宅四旁的绿化用地有着相当大的面积，宅旁绿地主要满足居民休息及幼儿活动等需要。其布置方式随居住建筑的类型、层数、间距及建筑组合形式等的不同而异。如底层联立式住宅，宅前用地可划分成院落，由住户自行布置，院落可围以绿篱、栅栏或矮墙；多层住宅的前后绿地可以组成公共活动的绿化空间，也可将部分绿地用围墙分隔，作为底层住户的独用院落；高层住宅的前后绿地，由于住宅间距较大，空间比较开敞，一般作为公共活动的场地。

（3）配建公建所属绿地。配建公建所属绿地首先应满足本身的功能需要，同时应结合周围环境的要求。如图 11-14 幼儿园的绿化布置，东侧的树丛对住宅起了防止西晒和阻隔噪声的作用，西边的树丛则分隔了幼儿园院落与相邻公共绿地的空间。

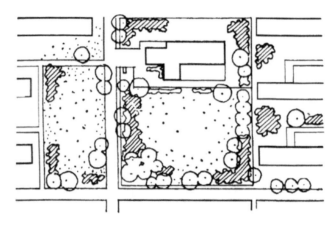

图 11-14　幼儿园的绿化布置（吴志强，李德华，2010）

（4）道路绿地。道路绿地是绿化的一种普遍方式，它对居住区的通风、调节气温、减少交通噪声及美化街景等有良好的作用，且占地少，遮阴效果好，管理方便。居住区道路绿化的布置要根据道路的断面组成、走向和地上地下管线敷设的情况而定。行道树带宽一般不应小于 1.5m，当人行道较窄，而人流又较大时，可采用树池的方式，树池的最小尺寸为1.2m×1.2m。在道路交叉口的视距三角形内，不应栽植高大乔、灌木，以免妨碍行车司机的视线。

居住区内除了上述四种绿化用地外，还可通过对住宅建筑墙面、阳台和屋顶平台等的绿化来增加居住环境的绿化效果。

4）居住区绿化的植物配置原则

（1）对于大量而普遍的居住区绿化，宜选择易管、易长、少修剪、少虫害、具有地方特色的优良树种，一般以乔木为主，也可考虑一些有经济价值的植物。在一些重点绿化地段，如居住区入口处或公共活动中心，则可选种一些观赏性的乔灌木或少量花卉。

（2）应考虑绿化功能的需要，行道树宜选用遮阳效果好的落叶乔木，儿童游戏场和青少年活动场地忌用有毒或带刺植物，而体育运动场地则避免采用大量扬花、落果、落花的树木等。

（3）为了迅速形成住区的绿化面貌，特别在新建住区，树种可采用速生或慢生相结合，以速生为主。

（4）居住区绿化树种配置应考虑四季景色的变化，可采用乔木与灌木、常绿与落叶及不同树姿和色彩变化的树种，搭配组合，以丰富居住环境。

（5）居住区各类绿化种植与建筑物、管线和构筑物的间距如表 11-3 所示。

表 11-3 种植树木与建筑物、构筑物、管线的水平距离（吴志强，李德华，2010）

名称	最小间距/m		名称	最小间距/m	
	至乔木中心	至灌木中心		至乔木中心	至灌木中心
有窗建筑物外墙	3	1.5	给水管、闸门	1.5	不限
无窗建筑物外墙	2	1.5	污水管、雨水管	1	不限
道路侧面，挡土墙脚、陡坡	1	0.5	电力电缆	1.5	
人行道边	0.75	0.5	热力管	2	1
高 2m 以下的围墙	1	0.75	弱电电缆沟、电力电信杆、路灯电杆	2	
体育场地	3	3	消防龙头	1.2	1.2
排水明沟边缘	1	0.5	燃气管	1.5	1.5
测量水准点	2	2			

6. 居住区外部环境规划设计

居住区外部环境的质量对居住生活的质量十分重要，越来越受到人们的重视，居民在选择住房的观念中，外部环境已成为选购住房的一个重要因素。

1）设计内容与基本要求

（1）居住区外部环境设计的内容。

（a）居住区整体环境的色彩，包括建筑的外部色彩；

（b）绿地的设计；

（c）道路与广场的铺设材料和方式；

（d）各类场地和设施的设计；

（e）竖向设计；

（f）室外照明设计；

（g）环境设施小品的布置和造型设计（或选配）。

（2）居住区外部环境设计的基本要求。

（a）整体性，即符合居住区外部环境整体设计要求及总的设计构思；

（b）生态性，生态效益；

（c）实用性，满足使用要求；

（d）艺术性，美观的要求；

（e）趣味性，是指要有生活情趣，特别是一些儿童游戏器械对此要求更强烈，以适应儿童的心理需求；

（f）地方性，如绿化的树种要适合当地的气候条件，小品的造型、色彩和图案等的设计能体现地方和民族的特色；

（g）大量性，符合工业化生产的要求；

（h）经济性，要控制与住宅综合造价的适当比例；

（i）健康性，符合健康标准的设计要求。

2）居住区各类室外场地的规划设计

（1）儿童游戏场地。儿童游戏场地是居住区绿化系统中的一个重要组成部分，它的规划布置应与居住区内居民公共使用的各类绿地相结合。由于儿童年龄和性别的不同，其体力、活动量，甚至兴趣爱好等也随之而异，在规划布置时，应考虑不同年龄儿童的特点和需要，一般可分为幼儿（2岁以下）、学龄前儿童（3～6岁）、学龄儿童（6～12岁）三个年龄组。

（a）幼儿一般不能独立活动，需由监护人带领，活动量也较小，可与成年、老年人休息活动场地结合布置；

（b）学龄前儿童的活动量、能力、胆量都不大，有强烈的依恋家长的心理，所以场地宜在住宅近旁，最好在家长从户内通过窗户视线能及的范围内，或与成年、老年人休息活动场地结合布置；

（c）学龄儿童随着年龄、体力和知识的增长，活动范围也随之扩大，对住户的噪声干扰也较大，在规划布置时最好与住宅有一定的距离，以减少对住户的干扰。

参考国内外有关资料，建议各类儿童游戏场地的用地指标控制在 $0.1m^2$/人，具体定额指标与布置要求见表 11-4。

表 11-4　各类儿童游戏场地的定额指标与布置要求（吴志强，李德华，2010）

名称	年龄/岁	位置	场地规模面积/m²	内容	服务户数	离住宅入口距离/m	平均每人面积/m²
幼儿园、学龄前儿童游戏场	<6	住户能照看到的范围，住宅入口附近	100～150	硬地、座凳、沙坑沙地等	60～120	<50	0.03～0.04
学龄儿童游戏场	6～12	结合公共绿地布置	400～500	多功能游戏器械、游戏雕塑、戏水池、沙场等	400～600	200～250	0.2～0.25
青少年活动场地	12～16	结合小区公共绿地布置	600～1200	运动器械、多功能球场	800～1000	400～500	0.2～0.25

（2）成年和老年人休息、健身活动场地。居住区应为成年和老年人提供良好的室外休息、健身活动场地，随着人口老龄化的趋势，这一需求显得更为突出。成年和老年人的户外活动主要是打拳、练功养神、聊天、社交、下棋、晒太阳、乘凉等。其场地设置应在环境比较安静、景色较为优美的地段，一般可结合居民公共使用的绿地单独设置，也可与儿童游戏场地结合布置。

（3）垃圾储运场地。居住区内的垃圾主要是生活垃圾，这些垃圾的收集和运送一般有以下几种方式。

（a）居民将垃圾送至垃圾站或收集点，然后由垃圾收集车定时运走；

（b）居民将垃圾装入塑料袋内送至垃圾收集站，然后由垃圾收集车送至转运站；

（c）采用自动化的风动垃圾清理系统来清除垃圾，即将垃圾沿地下管道直接送至垃圾处理厂或垃圾转运站；

（d）为保护环境、废物充分利用，垃圾应推广分类收集。

多层住宅不应设垃圾道；高层住宅不宜设垃圾道，宜在每层设宜清洗的垃圾收集间。推行袋装垃圾，分类收运。居住区垃圾房应隐蔽、密闭，保证垃圾不外漏，且有风道或排风设施及冲洗、排水设施。

3）居住区室外水体环境设计

（1）排水系统。居住区排水系统应实行雨污分流，设有完善的污水收集、处理和排放等设施。住宅排水系统的选择，应根据排水性质及污染程度，结合室外排水体制和有利于综合利用与处理等要求确定。

（2）雨水收集。在缺水地区，应将居住区内屋面和路面的雨水，经收集、处理、储存，再作为杂用水回用，或将径流引入居住区中水处理站作为中水水源之一。对不便收集的雨水，宜通过绿地和渗水型地面铺材经土壤渗透净化后涵养地下水，以促进水土保持。

（3）景观水。景观水应自然融汇在绿化和建筑之间，岸形曲线流畅，水面与地面接近，应注意亲水空间的安全性。景观用水应为流动循环水，水景类景观环境用水的再生水水质标准应符合相应的规定，可通过物理方式、化学方式、微生物方式或生态方式进行水处理。有中水系统的住区应充分利用中水。住区内原有的水体保留也十分重要，在具体设计方面，大水面以不规则为宜，从而反映自然水体意象；点状处理的小水面以几何化形态为宜，反映人工造景的匠心。

7. 居住区规划的技术经济指标

居住区规划的技术经济指标，一般包括用地分析、综合技术经济指标的比较及造价的估算等几个方面。

1）用地平衡表

（1）用地平衡表的作用。

（a）对土地使用现状进行分析，作为调整用地和制定规划的依据之一；

（b）进行方案比较，检验设计方案用地分配的经济性和合理性；

（c）审批居住区规划设计方案的依据之一。

（2）用地平衡表的内容，如表 11-5 所示。

表 11-5　居住区用地平衡表

	项目	面积/hm²	所占比例/%	人均面积/（m²/人）
	一、居住区用地（R）	▲	100	▲
1	住宅用地（R01）	▲	▲	▲
2	公建用地（R02）	▲	▲	▲
3	道路用地（R03）	▲	▲	▲
4	公共绿地（R04）	▲	▲	▲
	二、其他用地（E）	△	—	—
	居住区规划总用地	△	—	—

注："▲"为参与居住区用地平衡的项目。

资料来源：城市居住区规划设计规范（GB 50180—93，2002 年版）

2）综合技术经济指标

（1）组成内容。除了居住区规划总用地指标外，综合技术经济指标还包括的内容有：居住户数、居住人数、户均人口、总建筑面积、住宅建筑面积、住宅平均层数、高层住宅比例、中高层住宅比例、住宅建筑净密度、住宅建筑面积毛密度、住宅建筑面积净密度、人口净密度、住宅建筑套毛密度、住宅建筑套净密度、人口毛密度、居住区建筑面积毛宽度（容积率）、停车率、停车位、地面停车率、地面停车位、总建筑密度、绿地率、拆建比等。

（2）主要技术经济指标。

（a）平均层数。是指各种住宅层数的平均值，一般按各种住宅层数建筑面积与基底面积之比进行计算。

$$住宅平均层数 = \frac{住宅总建筑面积}{住宅基地总面积}（层）$$

（b）住宅建筑净密度。主要取决于房屋布置对气候、防水、防震、地形条件和院落使用等要求，在同样条件下，一般住宅层数越高，住宅建筑净密度越低。

$$住宅建筑净密度 = \frac{住宅建筑基底总面积}{住宅用地面积}（\%）$$

（c）住宅建筑面积净密度。

$$住宅建筑面积净密度 = \frac{住宅总面积}{住宅用地面积}（m^2/hm^2）$$

（d）住宅建筑面积毛密度。

$$住宅建筑面积毛密度 = \frac{住宅总建筑面积}{居住用地面积}（m^2/hm^2）$$

（e）人口净密度。

$$人口净密度 = \frac{规划总人口}{住宅用地总面积}（人/hm^2）$$

（f）人口毛密度。

$$人口毛密度 = \frac{规划总人口}{居住用地总面积}（人/hm^2）$$

（g）容积率（又称建筑面积毛密度）。

$$容积率 = \frac{总建筑面积}{总用地面积}$$

（h）住宅用地指标。住宅用地指标取决于 4 个因素：①住宅居住面积定额（m^2/人）；②住宅居住面积密度（m^2/人）；③住宅建筑密度（%）；④平均层数。

$$平均每人住宅用地 = \frac{每人居住面积定额 \times 住宅用地面积}{住宅总面积}（m^2/人）$$

（3）居住区总造价的估算。居住区的造价主要包括地价、建筑造价、室外市政设施、绿地工程和外部环境设施造价等。此外，勘察、设计、监理、营销策划、广告、利息及各种相关的税费也都属于成本。居住区总造价的综合指标一般以每平方米居住建筑面积的综合造价为主要指标。

3）定额指标

居住区规划的定额指标一般包括用地、建筑面积、造价等内容。

（1）用地的定额指标。居住区用地的指标是指居住区的总用地和各类用地的分项指标，按平均每位居民多少平方米计算。相关指标见表 11-6、表 11-7。

表 11-6　居住区用地平衡控制指标　　　　　　　　　（单位：%）

用地构成	居住区	小区	组团
1.住宅用地（R01）	50～60	55～65	70～80
2.公建用地（R02）	15～25	12～22	6～12
3.道路用地（R03）	10～18	9～17	7～15
4.公共绿地（R04）	7.5～18	5～15	3～6
居住用地（R）	100	100	100

资料来源：城市居住区规划设计规范（GB 50180—93，2002 年版）

表 11-7　人均居住用地控制指标　　　　　　　　　（单位：m²/人）

居住规模	层数	建筑气候区划		
		Ⅰ、Ⅱ、Ⅵ、Ⅶ	Ⅲ、Ⅴ	Ⅳ
居住区	低层	33～47	30～43	285～40
	多层	20～28	19～27	18～25
	多层、高层	17～26	17～26	17～26
小区	低层	30～43	28～40	26～37
	多层	20～28	19～26	18～25
	中高层	17～24	15～22	14～20
	高层	10～15	10～15	10～15
组团	低层	25～35	23～32	21～30
	多层	16～23	15～22	14～20
	中高层	14～20	13～18	12～16
	高层	8～11	8～11	8～11

注：本表各项指标按每户 3.2 人计算。

资料来源：城市居住区规划设计规范（GB 50180—93，2002 年版）

（2）建筑面积的定额指标。建筑面积主要指住宅和居住区内各类配套的公共服务设施的建筑面积。长期以来，住宅建筑面积的定额指标按平均每人居住面积进行计算。基于节约土地和维护社会公平等方面的考虑，国家对住宅建筑面积指标提出了相应的规定，以控制奢华和浪费等市场无序，确保城市住房建设的健康发展。

居住区内的各类配套公共服务设施的建筑面积的定额指标包括总的公共服务设施建筑面积定额指标和各分项的定额指标，参见《城市居住区规划设计规范》（GB 50180—93，2002 年版）。

（3）造价指标。我国实行土地有偿使用制度，对居住区的综合造价影响较大，加上建设费用各地标准水平不一，参差甚大。因此，住宅建筑的造价指标受市场影响大。

4）社区公共服务设施配置标准的发展

随着我国城镇化进程加快，城市人口老龄化趋势更趋明显，以及我国区域发展条件和生活水平的差异，在居住区公共服务设施配置标准方面具有需求和标准方面的差别。例如，养老设施相对不足，近年来城市居民对群众性体育运动设施的需求越来越大等。

同时，随着我国城市街道办事处部分职责转向社区，亟待成立社会各类公共服务中心及相配套的社区公共服务设施。因此，在我国一些大城市，率先提出了关于城市社区公共设施配置标准的研究和改革。其中，上海市2003年提出了对社区公共服务设施配置的指导意见，对公共服务设施特别是对群众性体育设施、老年服务设施的配置提出了明确的要求和规定。

11.2　风景名胜区规划

风景名胜区是我国珍贵的自然和文化遗产资源。国务院于2006年9月19日颁布，并于2006年12月1日起实施的《风景名胜区条例》，是我国风景名胜区保护、利用和管理的法律依据。条例明确提出了对风景名胜区采取科学规划、统一管理、严格保护、永续利用的工作原则，确定了风景名胜区规划是风景名胜区保护、利用和管理的前提和依据。

我国风景名胜区类型多、范围广、差异大，涉及风景名胜区所在地的资源、环境、历史、经济社会发展等领域。风景名胜区规划必须充分考虑生态环境、社会、经济等方面的综合效益，因地制宜地突出风景名胜区的特性。同时，风景名胜区的规划编制要严格按照条例确定的风景名胜区总体规划和详细规划的内容及编制程序进行，并对规划的科学性和可实施性进行严密论证。风景名胜区的规划管理工作包括：风景名胜区分类，规划阶段的划分，规划编制原则、要求和期限，组织编制主体、编制单位、报批主体，规划修编与修改的规定等。

11.2.1　风景名胜区的概念和发展

1. 风景名胜区的定义和基本特征

1）风景名胜区的定义

风景名胜区是指具有观赏、文化或者科学价值，自然景观、人文景观比较集中，环境优美，可供人们游览或者进行科学、文化活动的区域。设立风景名胜区的目的主要是在严格保护风景名胜资源的基础上，合理地开发利用，供社会公众游览、休息或进行科学文化活动，满足人民群众日益增长的精神文化需求。

2）风景名胜区的基本特征

（1）风景名胜区应当具有区别于其他区域的能够反映独特的自然风貌或具有独特历史文化特色的比较集中的景观；

（2）风景名胜区应当具有观赏、文化或者科学价值，是这些价值和功能的综合体；

（3）风景名胜区应当具备游览和进行科学文化活动的多重功能，对于风景名胜区的保护，是基于其价值可为人们所利用，可以用来进行旅游开发、游览观光及科学研究等活动。

3）风景名胜区的特点

（1）相对于一般旅游区，风景名胜区是由各级地方人民政府向上级政府申报，经审核批准后获得政府命名。其中，国家级风景名胜区是由省级人民政府申报，由国务院审批命名；省级风景名胜区由市（县）级人民政府申报，由省级人民政府审批命名。

（2）相对于地质公园、森林公园，风景名胜区管理依据的法律地位较高，该依据是国务院颁布的《风景名胜区条例》。

（3）相对于自然保护区，风景名胜区在设立目的、性质、服务对象和管理方式等方面具有较大的差异性。风景名胜区具有提供社会公众的游览、休憩功能，具有较强的旅游属性。

2. 风景名胜区分类

1）按用地规模分类

风景名胜区按用地规模可分为小型风景区（20km^2 以下）、中型风景区（21～100km^2）、大型风景区（101～500km^2）、特大型风景区（500 km^2 以上）。

2）按资源类别分类

风景名胜区按照资源的主要特征分为 14 类。

（1）历史圣地类。指中华文明始祖遗存集中或重要活动，以及与中华文明形成和发展关系密切的风景名胜区，不包括一般的名人或宗教胜迹。

（2）山岳类。以山岳地貌为主要特征的风景名胜区，具有较高生态价值和观赏价值。

（3）岩洞类。包括因溶蚀、侵蚀、塌陷等形成的岩石洞穴。

（4）江河类。包含自然河流和人工河流，季节性河流、峡谷、运河等。

（5）湖泊类。以宽阔水面为主要特征，天然湖泊、人工湖泊均可。

（6）海滨海岛类。以海滨地貌为风景名胜区的主要特征，包括海滨基岩、岬角、沙滩、滩涂、潟湖和海岛岩礁等。

（7）特殊地貌类。包括火山熔岩、沙漠碛滩、蚀余景观、地质珍迹、草原、戈壁等地貌。

（8）城市风景类。位于城市边缘，兼有城市公园绿地、日常休闲、娱乐功能的风景名胜区。

（9）生物景观类。指以生物景观为主要特征的地貌。

（10）壁画石窟类。以古代石窟造像、壁画、岩画为主要特征。

（11）纪念地类。以名人故居、军事遗址、遗迹为主要特征和内容。

（12）陵寝类。以帝王、名人陵寝为主要内容，风景名胜区包括陵区的地上、地下文化和文化遗存，以及陵区环境。

（13）民俗风情类。以传统民居、民俗风情和特色物产为主要特征。

（14）其他。指未包括在上述类别中的风景名胜区类型。

3. 我国风景名胜区的发展状况

我国的风景名胜资源是中华民族乃至全世界珍贵的自然与文化遗产。1982 年以来，国务院已先后审定公布了八批国家级风景名胜区名单。截至目前，全国国家级风景名胜区数量已达 244 处，省级风景名胜区 800 处，风景名胜区总面积二十余万平方千米，占到国土面积的

2%左右。基本建立起了具有中国特色的国家风景名胜区管理体系，并形成了在国内外具有广泛影响力的风景名胜区行业。

为了认真履行《保护世界文化和自然遗产公约》，不断强化对世界自然遗产和自然与文化双遗产的申报和保护监督工作。自 1986 年，我国开始陆续向联合国教科文组织申报世界遗产项目。截至 2016 年 7 月，在中国已经批准列入《世界遗产名录》的 50 处世界遗产中，有二十多处是或者涉及国家级风景名胜区。

2006 年 12 月 1 日，国务院颁布的《风景名胜区条例》开始实施，明确规定科学规划、统一管理、严格保护、永续利用是我国风景名胜区工作的基本原则。这是我国风景名胜区事业发展的一个新的重要里程碑，标志着我国政府对风景名胜区资源实行的规范化、法制化、科学化保护和管理工作进入了一个更高的阶段，对在新的时期规范和指导风景名胜区各项工作具有十分重要的历史意义和现实意义，对风景名胜区事业的进一步发展起到十分重要的保障和促进作用。

二十多年来，在党中央、国务院的高度重视与正确领导下，在国家风景名胜区业务主管部门（住房和城乡建设部）和地方政府及相关行业部门的大力支持下，在社会公众的积极参与下，中国风景名胜区在健全管理机构、完善法规体系，科学规划景区、依法保护资源，创新监管模式、推动数字化建设，推动精神文明、构建和谐景区，促进国际合作、扩大对外交流，强化综合整治、提升管理水平等方面取得了显著成绩。风景名胜区不仅对发展我国旅游经济做出了突出贡献，同时在弘扬民族优秀文化，开展爱国主义教育、科普教育，保护生态环境及提高公众的资源保护意识等方面发挥着越来越重要的作用。

中国特色的风景名胜区制度的建立，是我国改革开放以来社会公共资源领域发生的重要历史性的变革之一。

11.2.2　风景名胜区规划的任务

风景名胜区规划是为了实现风景名胜区的发展目标而制定的一定时期内系统性优化行动计划的决策过程。它决定了风景名胜区如性质、特征、作用、价值、利用目的、开发方针、保护范围、规模容量、景区划分、功能分区、游览组织、工程技术、管理措施和投资效益等重大问题的对策；提出了正确处理保护与使用、远期与近期、整体与局部、技术与艺术等关系的方法，以达到风景区与外界有关的各项事业协调发展的目的。

风景名胜区规划是整个风景区保护、建设、管理、发展的依据和手段，是在一定空间和时间范围内对各种规划要素的系统分析和安排，这种综合与协调职能，涉及所在地的资源、环境、历史、经济社会发展态势等广泛领域。

风景名胜区规划是切实地保护、合理地开发建设和科学地管理风景名胜区的综合部署，是风景名胜区保护、建设和管理工作的依据。

11.2.3　风景名胜区规划编制

风景名胜区规划编制分总体规划、详细规划两个阶段进行。首先，应依据国家标准（风景名胜区规划规范）与住房和城乡建设部有关规定进行总体规划的编制，确定风景名胜区的性质、范围、总体布局和游览服务配套设施，划定严格保护区和控制建设地区，并提出保护利用原则和规划实施措施，作为风景名胜区内一切活动的依据，对风景名胜资源的保护应当做出强制性的规定，对资源的合理利用应当做出引导和控制性的规定。

风景名胜区的详细规划是对总体规划的深化，要按照总体规划确定的原则、要求和布局，对某一特定的功能区域单元（如景区或其他功能区），确定其范围、用地规模、景点分布、风景特征、资源利用方式、游览交通布局、基础设施配置等内容，并做出定位、定性和定量的控制性综合安排。同时对该区域内主要景点或其他功能点的用地控制和建设项目安排提出平面布置方案，对近期建设项目作出规划布局、提出设计方案，为工程设计和规划管理提供切实可行、具有控制性和指导性的依据。经批准的详细规划是风景名胜区保护、建设、利用和管理工作的直接依据。

目前的通常做法是，在国家级风景名胜区总体规划编制前，一般首先编制规划纲要，对风景名胜区未来发展目标，以及保护管理和合理利用中的重大问题进行深入分析研究，确定总体规划的指导思想、目标和主要内容，作为风景名胜区总体规划编制的基本框架和依据。总体规划完成后，以批准的总体规划为依据分区编制详细规划。

1. 风景名胜区总体规划

风景名胜区总体规划是指为了对风景名胜区资源实施严格保护和永续利用，充分发挥风景名胜区的环境、社会和经济等方面的综合效益，在综合分析风景名胜区现状和问题的基础上，根据风景名胜区发展和社会经济发展的要求，按照可持续发展的原则，在一定空间和时间内对风景名胜区资源和环境的保护、利用和开发建设所做的系统分析、科学部署和总体安排，是整个风景名胜区开展保护、管理、利用和发展活动的基本依据和手段，具有科学性、前瞻性、指导性、强制性和可操作性。

1）风景名胜区总体规划的编制原则

（1）必须树立和落实科学发展观，符合我国基本国情和国家有关方针政策要求，促进风景名胜区功能和作用的全面发挥。

（2）必须坚持保护优先、开发服从保护的原则。

（3）必须突出风景名胜区资源与环境的自然特性、文化内涵和地方特色。

2）风景名胜区总体规划的基本内容

（1）风景资源评价。主要包括：景源调查、景源筛选和分类、景源评分与分级、评价结论四个部分，一般阐述资源分类和风景名胜资源价值重要性等方面的评价结论。

（2）生态资源保护措施、重大建设项目布局、开发利用强度。

（a）生态资源保护措施。风景名胜区总体规划应在风景名胜资源调查与评价的基础上，依据自然景观与文化景观资源的类型、重要性及保护要求的差异，进一步结合国家有关规定，科学提出生态资源的保护要求与具体的保护措施。

（b）重大建设项目布局。根据规划期内风景名胜区发展、资源保护和合理利用等方面的要求，对风景名胜区需要重点安排的建设项目及布局进行专项景观论证和生态与环境敏感性分析，科学合理安排各个重大建设项目的位置，确保将项目对景观与环境的影响减至最小。

（c）开发利用强度。风景名胜区是一个资源与环境十分脆弱的地域，因此，必须对风景名胜区内开发利用强度分别做出强制性规定，对不同保护要求地域内的土地利用方式、建筑风格、体量、规模等方面内容做出明确要求，确保开发利用在风景名胜资源与环境生态承载能力所允许的限度内进行，防止过度开发利用。

（3）功能结构与空间布局。风景名胜区应依据规划对象的属性、特征及存在环境进行合理的功能分区，并在此基础上，依据规划目标和规划对象的性能、作用及构成规律来组织整体规划结构。依据规划对象的地域分布、空间关系和内在联系进行综合部署，形成合理、完善而又有自身特点的整体空间布局。

功能分区应明确规定用地布局，采用分组方式规定不同分区用地可开发利用的强弱程度，体现资源保护和开发利用不同程度的要求。根据不同分区用地可开发利用的强度规定，统筹兼顾、协调安排，综合划分各级景区、各类保护区、服务基地区、居民区和其他需要的功能区，划定核心景区，对风景名胜区资源保护、基础工程、服务设计等制定科学合理的总体布局。

（4）禁止开发和限制开发的范围。风景名胜区总体规划应依据风景名胜资源与环境的重要性、开发利用强度和合理利用的要求，明确划定禁止开发和限制开发的范围。在核心景区，严禁建设楼堂馆所和与资源保护无关的各种工程，严格控制与资源保护和风景游览无关的建筑物建设。在一般景区，也要禁止建设破坏景观、污染环境的设施以加强对区内开发利用活动的管理。

（5）风景名胜区的游客容量。风景名胜区的游客容量应随规划期限的不同而变化，一定规划范围的游客容量，应根据该地区的合理生态容量标准、游览心理标准、功能技术标准等因素综合确定。游客容量一般由一次性游客容量、日游客容量、年游客容量三种层次表示，具体测算方法可分别采用线路法、卡口法、面积法、综合平衡法等。合理确定游客容量是科学制定风景名胜资源与环境的保护措施，合理组织游览活动，保证游览安排的基础性工作。

（6）有关专项规划。

（a）保护培育规划。风景名胜区保护培育规划应依据风景名胜资源的特点和保护利用的要求，确定分类和分级保护区，分别规定相应的保护培育规定和措施要求，合理划定核心景区，将分类和分级保护规划中确定的重点保护区（如重要的自然景观保护区、生态保护区、史迹保护区）划定为核心景区，确定其范围界限，并对其保护措施和管理要求作出强制性的规定，同时应根据实际需要对当地历史文化、民族文化、传统习俗等非物质文化遗产的保护提出规定。

（b）风景游赏规划。应明确景区的景观特征和游赏主题，提出游赏景点及游赏路线、游程、解说等内容的组织安排，并进一步提出游客容量调控的措施与对策。

（c）典型景观规划。应充分挖掘与合理利用植物、建筑、溶洞等典型景观的特征及价值，突出特点，组织适宜的游赏项目与活动，妥善处理典型景观与其他景观的关系。包括典型景观的特征与作用分析，规划原则与目标，规划内容、项目设施与组织，典型景观与风景名胜区整体的关系等内容。

（d）游览设施规划。风景名胜区的游览接待服务设施应相对集中，规模合理，设置符合用地布局和功能分区的要求，并严格限定在核心景区及其他实施严格保护区域以外的地区。游览设施规划应包括游人与游览设施现状分析、客源分析预测与游人发展规模的选择、游览设施配备与直接服务人口估算、旅游基地组织与相关基础工程、游览设施系统及其环境分析等五部分内容。

（e）基础工程规划。一般包括道路交通、给水排水、污水处理、供电能源、邮电通信、环境保护、环境卫生、防火、防洪、防灾等专项工程规划。

（f）居民社会调控规划。主要对涉及的旅游城镇、社区、居民村（点）和管理服务基地提出发展、控制和搬迁的调控要求。包括现状、特征与趋势分析，人口发展规模与分布，用地方向与规划布局，产业和劳动力发展规划等内容。

（g）经济发展引导规划。应以国民经济和社会发展规划、风景名胜区与旅游发展战略为基本依据提出适合本风景名胜区经济发展的方向和途径，对不利于风景名胜资源和生态环境保护的经济生产项目提出限制和调整要求。包括经济现状调查与分析，经济发展的引导方向，经济结构及调整，空间布局及控制，促进经济合理发展的措施等内容。

（h）土地利用协调规划。应按照用地布局、功能分区和规划布局的要求和安排，按用地分类和使用性质，进行用地的综合平衡和协调配置。包括土地资源分析评估，土地利用现状分析及平衡表，土地利用规划及平衡表等内容。

（i）近期保护与发展规划。应在综合考虑风景游赏、游览设施、居民社会的协调发展及风景名胜区自身发展规律与特点的基础上，对 5 年规划期内的保护和建设项目作出合理的安排，并提出初步的项目投资估算。

风景名胜区总体规划的规划期一般为 20 年，编制的具体要求可参照《风景名胜区规划规范》《国家重点风景名胜区总体规划编制审批管理办法》《国家重点风景名胜区总体规划编制报批管理规定》。

风景名胜区是国家基于其游赏、文化和科学价值划定的具有特殊意义的区域，也是当地居民生产生活的环境和载体。风景名胜区与周边城市、乡村和地方经济的发展紧密相关。因此，风景名胜区总体规划必须与当地和周边地区的区域规划、城乡规划相协调，与土地利用规划、区域交通规划等相衔接。

3）风景名胜区总体规划的成果

风景名胜区总体规划的成果应包括规划文本、规划说明书、规划图纸、基础资料汇编四个部分。

（1）规划文本。是实施风景名胜区总体规划的行动指南和规范，应以法规条文方式书写，明确简练、利于执行。规划文本直接表述了风景名胜区总体规划的规划结论，对风景名胜资源的保护做出了强制性规定，对资源合理利用做出了引导和控制性规定，体现了规划内容的指导性、强制性和可操作性。

（2）规划说明书。是对规划文本的详细说明，是对规划内容的分析研究和对规划结论的论证阐述，应阐述风景名胜区地理位置、自然与社会经济条件、发展概况与现状等基本情况，对风景名胜区的发展战略与规划对策进行分析与说明，并对照规划文本中的条文内容，对相应内容的现状条件、存在问题等做出分析或说明，对规划确定的原则、目标、规定、结论、措施等内容进行必要的说明。

规划说明书应在规划文本内容的基础上增加有关现状的分析和说明，可以对规划编制过程、规划中需要把握的重大问题等做前言或后记予以说明。编制的规划属于新一轮修编的，应当在说明书前言或后记中说明对上一轮规划实施情况的评述，对存在的问题进行分析和阐述，对修编规划背景、重大调整内容等做出说明。规划纲要、规划中涉及的有关主要专题研究成果、重大问题专题研究报告、专业评审意见、有关审批文件等，可以作为附录汇编于规划说明书中。

（3）规划图纸。应当准确规划标示内容所处的地域或空间位置，规划图纸所表达的内容应清晰、准确，与规划文本内容相符。现状图、规划图应当分别表示。所有规划图纸应图例一致，并应与其他相关的规定图例保持一致。规划图纸的内容和深度应符合规划规范的要求。

（4）基础资料汇编。主要是整理汇编规划工作中涉及或使用的各项相关基础资料、数据统计、参考资料、论证依据等内容。基础资料汇编一般涉及区域状况、历史沿革、自然与环境资源条件、资源保护与利用状况、人文活动、经济条件、人工设施与基础工程条件土地利用及其他资料。基础资料汇编中的文字资料、数据、附图等要准确清晰、简明扼要。

2. 风景名胜区详细规划

风景名胜区总体规划经批准后，应依照国家、地方和风景名胜区总体规划有关规定与要求，组织编制风景名胜区详细规划，并按规定程序履行报批手续。风景名胜区总体规划是编制风景名胜区详细规划的基础，风景名胜区详细规划是对风景名胜区总体规划中各项规定与要求的具体实施与安排。

风景名胜区详细规划编制应当依据总体规划确定的要求，对详细规划地段的景观与生态资源进行评价与分析，对风景游览组织、旅游服务设施安排、生态保护和植物景观培育、建设项目控制、土地使用性质与规模、基础工程建设安排等做出明确要求与规定，直接用于具体操作与项目实施。

详细规划的核心问题是要正确地对总体规划的思路和要求加以具体地体现。编制详细规划要认真研究风景名胜区的自然条件，特别是用地条件，并与规划地段的现状结合起来加以综合的分析和研究。对不同功能的用地，按照不同的要求，分别进行科学合理的划分和组织，做到不同功能区之间成为既有分割和区别，又有协调和联系的有机整体，做到合理和节约利用土地，有效控制用地规模。

基础工程设施和旅游服务接待设施等是风景名胜区开展游览观赏活动的重要基础条件。道路交通、给水排水、供电能源、通信、环境卫生、防灾等基础设施是先导；宾馆、餐饮、购物等旅游设施是必要保证；游客中心等各类旅游服务接待设施是风景名胜区全面开展旅行、游览活动的重要条件。三者发挥着不同的作用，相辅相成，密不可分。

详细规划的布局规划对涉及风景名胜区基础工程设施、旅游设施等建设项目，一般都要通过各类用地的划分和布置而进行具体安排。其中包括直接为旅游者服务的一类用地如风景游览区、旅游接待区、商业服务区、文化娱乐区、休憩疗养区及各种不同规模的游览间歇点或中转连接点等；属于旅游服务基础设施的二类用地如各种交通设施与基础设施的用地；属于间接为旅游服务的三类用地如管理用地、居住用地、旅游加工业与农副业用地等。

详细规划的编制工作是总体规划编制的延续。编制详细规划要直接利用总体规划的各种基础资料，并从中研究和提取与详细规划直接相关的资料内容。应充分研究和分析总体规划对本地域详细规划的控制规定和具体要求，并要明确本地域与其他功能区的相互关系，以使详细规划与总体规划紧密衔接、相互一致。详细规划内容一般应包括规划依据、基本概况、景观资源评价、规划原则、布局规划、景点建设规划、旅游服务设施规划、游览与道路交通规划、生态保护和建设项目控制要求、植物景观规划，以及供水、排水、供电、通信、环保等基础工程设施规划。规划成果一般可以包括规划文本、规划图纸、规划说明和基础资料。

详细规划的编制，除一些基本统一的规划内容要求外，有些风景名胜区涉及防震、防洪、人防、消防、供热、供气等工程项目，可以根据实际需要，补充增加相应的专项规划内容，在编制规划时，还涉及一类特殊工程设施用地，这类用地通常是指规划拟建一些可能引起环境污染或危及景观风貌的大中型工程设施用地。这些工程设施通常包括缆车索道、观光电梯、隧道、直升机机场、高速公路、铁路，较大的车站、码头、桥梁、水库电站大坝，水厂、电厂、高压线走廊、垃圾处理场，以及其他类似情况的工程设计等。凡在规划中涉及此类工程时，应遵循已经批准的风景名胜区总体规划有关规定的要求，详细规划中的数据要反映近期状况、准确有效，并可将文字叙述与图、表相结合。

充分论证其建设的理由，并确定其选址与用地范围，属于省级以上审核的项目，必须单独编制专题可行性研究论证报告并进行环境影响评价，严格按规定上报程序进行报批。

风景名胜区详细规划不一定要对整个风景名胜区规划的范围进行全面覆盖，但是风景名胜区总体规划确定的核心景区、重要景区和功能区、重点开发建设地区及其他需要进行严格保护或需要编制控制性、修建性详细规划的区域，必须依照国家有关规定与要求编制。

核心景区和其他景区详细规划的编制要求主要参照风景名胜区总体规划和国家、地方有关规定。核心景区详细规划编制要依照 2003 年建设部发布的《关于做好国家重点风景名胜区核心景区划定与保护工作的通知》，对核心景区内风景名胜资源保护管理和质量现状作出评定，对保护和管理的要求与措施予以明确规定，对核心景区内不符合规划、未经批准及与资源保护无关的各项建筑物、构筑物，都应当提出调整、搬迁、拆除或改作他用的处理方案，在核心景区内严禁与资源保护无关的各种工程建设，严格限制各类建筑物、构筑物。

其他景区的详细规划也应当依据国家有关法规、经批准的风景名胜区总体规划规定及景区保护管理和发展需要进行编制。风景名胜区内旅游服务设施、基础工程设施及其他设施建设项目等应避免安排在风景名胜区总体规划中划定的核心景区，以景区的保护要求及游览设施规划、道路交通规划、基础工程规划等专项规划为基础，合理确定基础工程设施、旅游设施等建设项目的选址、布局与规模，并明确建设用地范围和规划设计条件。规划设计条件主要指对拟规划建设的建筑物或构筑物的容积率、密度、高度、布局、体量、规模、风格色彩、绿化等方面的控制与要求。建设用地范围与规划设计条件应考虑项目布局、项目建设的必要性与可行性、对景观与环境影响等方面的要求综合确定。

符合规划的建设项目，应按照国务院《风景名胜区条例》及有关法律、法规的规定逐级办理报批手续后，方可组织实施。确定建设的项目必须符合经批准的风景名胜区总体规划和详细规划。建设前应事先对建设项目进行可行性研究和环境影响评价，经批准的建设项目生态环境保护工程措施应与工程建设同时进行，确保风景名胜资源及生态环境得到有效保护。

11.2.4 风景名胜区规划其他要求

1. 风景名胜区规划编制主体

（1）国家级风景名胜区规划编制的主体是由所在省、自治区人民政府建设主管部门或直辖市人民政府风景名胜区主管部门组织编制。一般可以采取两种方式：一是自行承担全部编制的相关工作，按照有关规定确定编制单位编制规划；二是组织风景名胜区所在地人民政府或风景名胜区管理机构进行编制，按照有关规定确定编制单位编制规划。

（2）省级风景名胜区规划编制主体是由所在地县级人民政府组织编制，一般可以采取两种方式：一是自行承担全部编制的相关工作，按照有关规定确定编制单位编制规划；二是组织风景名胜区管理机构进行编制，按照有关规定确定编制单位编制规划。

2. 风景名胜区规划的编制单位资质

编制风景名胜区规划的编制单位必须具备相应的资质要求，即《国务院对确需保留的行政审批项目设定行政许可的决定（国务院第 412 号令）》中规定的城市规划编制单位资质，包括甲级、乙级、丙级。

（1）《风景名胜区条例》规定，编制风景名胜区规划的编制单位必须具备相应的等级资质。依照原建设部发布的《国家重点风景名胜区规划编制审批管理办法》和《国家重点风景名胜区总体规划编制报批管理规定》，国家级风景名胜区的规划编制要求由具备甲级规划编制资质的单位承担。

（2）省级风景名胜区的规划编制只要求具备规划设计资质，但并没有明确其资格等级。但一般应由具备乙级以上（甲级或乙级）规划编制资质的单位承担。

3. 风景名胜区规划编制依据

编制风景名胜区的法律、法规和技术规范的依据主要有《中华人民共和国城乡规划法》、《中华人民共和国文物保护法》、《中华人民共和国土地管理法》、《中华人民共和国环境保护法》、《中华人民共和国环境影响评价法》、《中华人民共和国森林法》、《中华人民共和国海洋环境保护法》、《中华人民共和国水土保持法》、《中华人民共和国水污染防治法》、《风景名胜区条例》、《自然保护区条例》、《宗教事务条例》、《风景名胜区规划规范》、《国家重点风景名胜区规划编制审批管理办法》、《国家重点风景名胜区总体规划编制报批管理规定》等，以及《世界遗产公约》、《实施世界遗产公约操作指南》、《生物多样性公约》、《国际湿地公约》等有关国际公约。

4. 风景名胜区规划的审查审批

1）国家级风景名胜区规划的审查审批

（1）国家级风景名胜区总体规划编制完成后，应征求发展和改革、国土、水利、环保、林业、旅游、文物、宗教等省级有关部门及专家和公众的意见，作为进一步修改完善的依据。修改完善后，报省、自治区、直辖市人民政府审查。审查内容包括风景名胜区性质、范围、规划原则与指导思想、功能结构和空间布局、重大建设项目布局、开发利用强度、禁止开发和限制开发的范围、风景名胜区的游客容量、生态资源与文化景观的保护措施等内容及其科学性、合理性和可行性。经审查通过后，由省、自治区、直辖市人民政府报国务院审批。

（2）国家级风景名胜区详细规划编制完成后，由省、自治区级人民政府建设主管部门或直辖市风景名胜区主管部门组织专家对规划内容进行评审，提出评审意见。修改完善后，再由省、自治区级人民政府建设主管部门或直辖市风景名胜区主管部门报国务院建设主管部门审批。

2）省级风景名胜区规划的审查审批

（1）省级风景名胜区总体规划编制完成后，应参照国家级风景名胜区总体规划的审批程序进行审查审批，具体办法由各地自行制定。一般包括县级人民政府组织编制完成后报市级人民政府审查；市级人民政府审查通过后，由市级人民政府报省、自治区、直辖市人民政府审批；省级人民政府批复省级风景名胜区总体规划后，省、自治区人民政府建设主管部门或直辖市人民政府风景名胜区主管部门应当于批复之日起 11 日内，将省级风景名胜区总体规划批复文件报送国务院建设主管部门备案。

（2）省级风景名胜区详细规划编制完成后，由县级（或县级以上）人民政府组织专家对规划内容进行评审，提出评审意见。修改完善后，再由县级（或县级以上）人民政府报省、自治区人民政府建设主管部门或直辖市人民政府风景名胜区主管部门审批。

5. 风景名胜区规划的修改和修编

1）风景名胜区规划修改

经批准的风景名胜区规划具有法律效力、强制性和严肃性，不得擅自改变。确需修改的，主要包括以下几种情况。自然或人为原因，致使风景名胜区资源与环境发生重大变化，原规划确定的基本内容和要求与风景名胜区新的状况不相适应的；经实践证明，原规划不符合风景名胜区的实际，难以有效保护风景名胜区资源和环境，难以促进资源合理利用的；因国家方针政策和有关法律法规变化，致使原规划确定的重大内容或重大问题与其相违背或冲突的；其他经认定需要修改规划的情况。

（1）风景名胜区总体规划修改中，凡涉及范围、性质、保护目标、生态资源保护措施、重大建设项目布局、开发利用强度及功能结构、空间布局、游客容量等重要内容的，应当将修改后的风景名胜区总体规划报原审批机关批准后，方可实施。

（2）风景名胜区详细规划确需修改的，也应当按照有关审批程序，报原审批机关批准。

2）风景名胜区规划修编

风景名胜区总体规划期届满前 2 年，规划组织编制单位应组织专家对规划实施情况进行评估。同时，对新一轮规划编制需要重点解决的问题及措施进行分析研究与论证，提出意见和建议，并做出说明，以有效指导规划的修编工作。

规划修编工作应当在原规划有效期截止之日前完成总体规划的编制报批工作。因特殊情况，原规划期限到期后，新规划未获得批准的，原规划继续有效，风景名胜区仍应依照原规划确定的有关规定要求，认真做好风景名胜区的各项工作。

11.3 城 市 设 计

11.3.1 城市设计的含义与作用

1. 城市设计的含义

城市设计顾名思义就是对城市进行设计，人们通过对城市环境形态的合理改造与艺术化处理，营造更为优美宜居的空间。城市设计是人们向往美好生活的行动体现。城市设计这一活动伴随人类发展已有两千多年历史，从古希腊时期的雅典卫城，到文艺复兴时期的罗马圣彼得广场，从我国唐代的长安城规划到明代的北京城规划，这些古代著名城市的规划设计都体现了当时设计者对城市选址、城市道路及重要建筑的布局与设计的思考。然而直到 20 世纪 30 年代，国际人事协会才首先提出了"城市设计"这一概念。

城市设计由于涉及对象的复杂性，其含义也有不同的解释。《中国大百科全书（建筑、园林、城市规划卷）》解释城市设计是"对城市体形环境所进行的设计"；美国著名学者凯文·林奇（Kelvin Lynch）从城市的社会文化结构、人的活动和空间形体环境结合的角度提出"城市设计专门研究城市环境的可能形式"，"城市设计的关键在于如何从空间安排上保证城市各种活动的交织"；中国学者齐康则认为城市设计是一种思维方式，他从城市与设计这两个方面阐释了城市设计的广泛性、综合性与整体性，指出城市设计不是某一元素设计的优劣，而是经过分析比较之后优化的设计。根据上述各种解释，我们可以将城市设计理解成设计及塑造城市空间的过程，城市设计通过对建筑、街道、公共空间、城市区块乃至整个城市的设计与塑造，营造功能合理、可持续发展和充满吸引力的城市，从而在社会、经济、文化、心理等方面达到城市发展的总体目标。

2. 城市设计的作用

城市设计本身与城市规划和建筑设计有着密不可分的联系，从古代直至工业革命，城市设计与城市规划基本上是同一件事，并同时附属于建筑学。随着技术的变革，城市人口的增加，城市规划、建筑设计及其他工程设计之间缺乏衔接，导致城市空间不合理，而缺少的这一环节便是城市设计。城市设计在规划与建筑设计之间起到了承上启下的作用，它以城市规划为设计导则，协调建筑、道路、街道、环境、公共空间、城市绿地及其他市政设施之间的空间形态关系，从而达到城市规划的整体目标；同时，城市设计也会反向作用于城市规划，城市规划者们通过对城市具体设计后的模拟，从而得出规划中存在的不合理问题，做出适当修改。

城市设计与不同的城市元素连接在一起会起到不同的作用。城市设计与城市经济发展连接在一起，可以为城市的经济发展提供更有利的保障，加速经济的发展；城市设计和城市文化连接在一起，可以帮助振兴城市文化；城市设计与产业连接在一起，可以通过城市空间结构的设计顺应产业结构；城市设计与环境连接在一起，可以起到维持生态平衡的作用。

在我国现有城乡规划体系下（图11-15），城市设计并不属于法定规划，其内容要求及设计范围都十分灵活，可以是大到一个城市的整体城市设计，也可以是小至一个地块的详细城市设计，它是对法定规划的完善和补充。我国经历了近20年的高速城市化进程，2015年我国城镇化率为56.1%，这意味着我国现在已有一半以上的人口居住在城镇区域，城市的好坏直接影响着这些人的生活，而过去粗放型的城市发展模式导致了众多城市问题，如城市热岛、交通堵塞、城市内涝等，城市设计就成了解决这些城市问题的钥匙。越来越多的人开始重视城市设计，很多大城市开始实行城市设计全覆盖，让城市空间的塑造更加精致、宜居。

11.3.2　城市设计的层次、内容及类型

1. 城市设计的层次

从空间层次上讲，城市设计跨越了城市总体规划和修建性详细规划，甚至街道家具设计的广泛领域。根据我国实际情况，我们可以大体上把这些领域划分为整体城市设计、重点片区城市设计、重点地段城市设计。

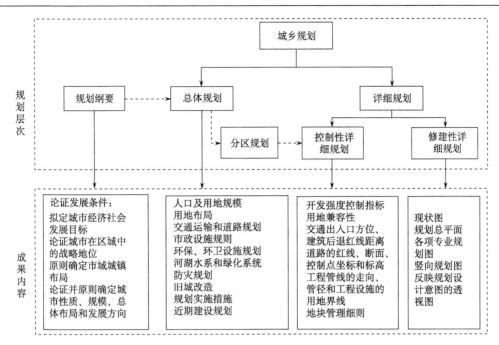

图 11-15　我国现有城乡规划体系架构

1）整体城市设计

整体城市设计着重研究在城市总体规划前提下的城市形体结构、城市景观体系、开放空间和公共人文活动空间的组织。其内容包括确定城市空间形态结构、构建城市景观体系、布置城市公共活动空间及设计城市竖向轮廓这四方面的内容。

确定城市空间形态结构。根据城市自然地理环境及布局特征，结合城市规划要求的用地布局，构建出城市空间的整体发展形态。

构建城市景观体系。从美学角度出发，确定城市不同景观特征的景观区、景观线、景观点和景观轴，为城市建设控制提供依据。

布置城市公共活动空间。为城市生活提供物质空间条件，包括游憩、观赏、健身娱乐、庆典、休息、交往等，对这些空间的性质、内容、规模和环境位置进行布置，形成城市公共空间系统。

设计城市竖向轮廓。根据城市的自然地形条件和景观建筑特征，对城市空间的整体轮廓进行高度上的分区，确定高层建筑群的布局、城市空间走廊的分布、自然地势和城市历史建筑的保护利用，形成有特色的城市景观轮廓。

2）重点片区城市设计

重点片区城市设计顾名思义就是以总体城市设计为依据，对城市的重点地区在整体空间形态、景观环境特色及人的活动所进行的综合设计。

城市设计的重点是对片区内的土地利用、街区空间形态、景观环境、道路交通及绿化系统等方面做出专项性设计，对建筑小品、市政设施、标识系统及照明设计等方面进行整体安排。

重点片区的城市设计应与城市分区规划、控制性详细规划紧密协调，构成规划管理的依据。

　　3）重点地段城市设计

　　重点地段城市设计是对城市重点地段或重要节点的环境空间形态，包括建筑体量、建筑高度、建筑界面、容积率、公共开敞空间、建筑风格和色彩、绿化配置、树种选择，以及人文活动等城市设计要素，进行深入研究和具体组织，为引导场地设计、建筑设计和环境整治，提出相应的开发与保护的控制要求和意象性方案及管理细则。

　　其主要类型包括：街道空间设计、城市广场设计、城市滨水空间设计、重要节点地块设计。

　　2. 城市设计的内容

　　1）处理城市功能、城市空间骨架和城市环境质量

　　不同于城市规划更多关注二维层次的用地布局，城市设计从三维的角度将平面的土地使用转化为立体的建筑布局、交通方式和基础设施的安排，根据城市总体规划，整理出清晰的城市空间框架，从而可作为控制、指导城市建设、开发与保护的原则。

　　2）处理城市的景观元素

　　根据上位规划，建立适合每个城市自身特点的城市景观体系，包括城市特色的保护与发展、新旧建筑艺术形式的协调、公共空间体系的建立、使用活动的景观化引导、不同时间和季节景观变化的设计等。

　　3）制定和执行城市建设开发管理政策

　　在部分发达国家，当城市设计成果完成，并经过公众参与和专家评审以后，将被作为地方法规指导城市建设。因此，城市设计成果有一个向法律文件转化和立法的过程。在城市建设过程中，城市设计师不仅参与立法，还应是执法群体中的一员。在我国，城市设计作为指导与引导城市建设的重要环节，正在朝规范化的道路上努力，只有将城市设计赋予一定的法律效力，城市设计才能真正起到制定和执行城市建设开发管理政策的作用。

　　3. 城市设计的类型

　　根据城市设计不同取向和专业性质，可以将城市设计划分为三个类型：开发型城市设计、保护型城市设计和城市更新、社区型城市设计。

　　（1）开发型城市设计是指城市中大面积的街区和建筑开发、建筑和交通设施的综合开发、城市中心开发建设及新城开发建设等大尺度的发展计划，其目的在于维护城市环境整体性的公共利益，提高市民生活的空间环境品质。开发型城市设计实施通常是在政府组织架构的管理、审议中实现。

　　（2）保护型城市设计和城市更新通常与具有历史文脉和场所意义的城市地段相关，它强调城市物质环境建设的内涵和品质方面，并不仅是一般房地产开发只注意的外表量的增加和改变。

　　（3）社区型城市设计是指居住区的城市设计，这类城市设计注重人的生活要求，强调社区参与。其中最重要的就是设身处地地为用户群体使用要求、生活习俗、心里情感考虑。同时社区型城市设计注重公众的参与性，鼓励公众共同参与设计，在设计各个阶段为设计师提供意见并起到监督作用。

11.3.3　当代城市设计思想评述

1. 卡米诺·西特的《城市建设艺术》

西特是现代城市设计历史上划时代的人物，他的思想促使城市设计者从醉心于辉煌大构图，转而重视城市环境中近人的生活尺度，可以说西特是现代城市设计第一人。西特所处的年代，实用主义思想态度和生硬的规划给城镇带来了七拼八凑的物质面貌，城市景观平庸乏味，缺乏连续性，不能激起市民的激情。西特认为居住在这样的城市会降低人们的艺术素养，并迫切地感受到城市艺术的重要性，他怀着极大的热情考察了众多欧洲传统城市，研究城市建设的艺术原则，1889 年出版了《城市建设艺术》。西特呼吁城市建设者向过去丰富而自然的城镇形态学习，他对建设城镇的基本规律进行了生动探讨，目的在于提高城市建设的艺术质量。他引用亚里士多德"一座城市应建设得能够给它的市民以安全感和幸福感"。西特理想中的美丽有机城市有以下特征。

（1）城镇建设自由灵活，不拘形式，几何形规划既不能强加于不规则地形也不该用于历史地段已经确定了不规则边界线的地方，相反，街道应自然地顺应其本身特征。

（2）城镇应通过建筑物与广场、环境之间恰当地相互协调，形成和谐统一的有机体。西特提倡公共广场群之间相互组合形成统一整体，城镇是按照当地条件和居民心理自然发展起来的，因此，在形式上必然存在某种内在的呼应，从而达到整体协调。

评述：卡米诺·西特主要从视觉及人们对城市空间的感受等角度来探讨城市空间和艺术组织原则。卡米诺·西特的城市空间艺术原则，是基于城市物质空间形态，从各实体要素之间的功能关联及组合关系得出的，其艺术原则的核心表现在注重整体性、关系及关联的内在性。

2. 凯文·林奇的城市形象理论

美国城市设计理论家凯文·林奇于 1960 年提出了比较有影响且得到广泛应用的城市形象理论。凯文·林奇的城市美不仅指构图与形式，而且将之分解为人类可感受的城市特征，如易识别、易记忆、有秩序、有特色等，他对于人们对环境的感知与体验格外重视，研究使用者认知图式与城市形态的关系。林奇的城市形象理论主要包含以下两个重点。

1）形象性的建立

具形物体可使每个特定观察者产生高效率的强烈的心理形象。林奇还提出了建立城市形象性的三个条件。

（1）识别性。主要指物体的外形特征或特点。

（2）结构。主要指物体所处的空间关系和视觉条件。

（3）意义。主要指观察者在使用和功能上的重要性。

2）形象的构成元素

（1）路径。即交通联系的道路和视觉联系的视廊（城市的主次干道、步行街、水路、铁路等）。

（2）区域。一个区域应该有共同的形态特征和使用功能，并与其他区域有明显的区别，如历史区、高层区、居住区、工业区等。

（3）边缘。是区域与区域之间的界线。包括建筑立面、城市轮廓、绿化带、河流、山崖等。

（4）节点。节点就是集合的场所。指观察者可以进入的具有战略地位的焦点、要点或是日常生活的必经之地。多半是道路交叉点、方向转换处、空间结构的变换处、广场等。它是人们认知城市的一个重要因素。

（5）标志物。是一种认知环境的参照点，观察者不进入其内部，只是在外部认知它，通过它来辨别方向。它是城市中令人产生印象的突出形象，包括突出的自然地形地貌、奇特的植物、形象特征明显的建筑物和环境设施等。

以上元素一起构成了城市的形象性，合成了城市的个性。

评述：凯文·林奇的拼贴城市给我们最大的冲击，就是让我们认识到了城市环境与人类主观感受的关系。在此之前，规划师关注的仅是城市自身和消费效率，而林奇对以往几十年的逻辑工程式思想形式和专业训练提出质疑。他不是那个年代传统意义上的城市规划师，他理解生活，懂得心理学，注重城市中一切巨大而敏感的细节。城市中的这些小细节如此重要和复杂，使我们认识到城市规划的完全专业化是不够的，优质城市绝不是经过描画图纸设计出来的，而是经过察看和剖析规划出来的。

3. 克里斯托弗·亚历山大的城市复杂性理论

亚历山大在《城市并非树形》中认为城市分为自然城市和人工城市，自然城市具有半网络结构，人工城市一般采用树形结构，树形结构通过限定边界来规划城市生活，而半网络结构则通过明确一个中心来组织城市生活，这时，边界往往自然形成并且处于动态状态，这种结构是一种动态的、开放的结构，城市生活随时随地发生交叠。他的分析表明城市空间功能的综合，是产生交叠使用城市空间的基础，它使空间具有了多样性和适应性的性质，使城市具有选择性和可生活性，城市空间功能的综合是城市空间呈现活力的本质。在亚历山大的半网络城市理论提出以后，众多学者纷纷开始将城市理解为一个开放的巨复杂系统，进而探究城市空间和城市系统的复杂性特征、内部关联性、相互作用以及理想城市的研究模型。

评述：这种理论对于我们的设计非常有启发。对于一个建筑空间体系的设计方法不应该放大到城市之中，在建筑中很多大师着力于建立边界，而让生活中心自然发生和形成，而城市生活的设计却应该相反。我们在社区计划中更应该着力于建立中心，从而通过自然的引力来诱发、丰富城市生活，让各种生活团体自然形成并且动态变化，而不是着力于建设静态的、死板的、封闭的边界围墙，这将是两种思路。

4. 波纳的系统理论

波纳运用系统理论的方式，描述了城市系统的三个核心概念。

（1）城市形态（urban form）。指城市各个要素（包括物质设施、社会群体、经济活动和公共机构）的空间分布模式。

（2）城市要素的相互作用（urban interaction）。指城市要素之间的相互关系，通过相互作用（关系互动），将个体要素整合成为一个功能体。不同功能节点之间的交通流表示城市要素之间相互作用。

（3）城市空间结构（urban spatial structure）。指城市要素的空间分布和相互作用的内在机制，将城市各个子系统整合为城市空间大系统的构成机制。

评述：波纳运用系统理论对城市空间进行了研究，认为系统理论强调各个要素之间的相互关系，这正是城市空间结构的本质所在。同时，系统理论的各种立场使之能够运用于不同的观点和理念，尤其是在城市空间物质层与社会文化层的决定作用上保持观念上的中立。

5. 罗杰·特兰西克的城市设计理论的三种研究方法

美国康奈尔大学的罗杰·特兰西克教授在《寻找失落的空间》一书中，从现代空间演变和历史例证的分析入手，提出了目前城市设计理论的三种研究方法，即图底关系理论、联系理论和场所理论（图 11-16）。

（1）图底关系理论是研究城市的空间与实体之间存在规律的理论。每一城市都有各自的空间与实体的模式。这一理论试图通过对城市形体环境图底关系的研究，明确城市形态的空间结构和空间等级，确定出城市的积极空间和消极空间。通过不同时间内城市图底关系的变化，还可以分析出城市建设发展的动向。图底关系理论在研究城市形式时由分析建筑体量与开放空间的关系入手，在界定城市肌理组织、模式及其空间秩序问题时是一个有效的城市设计分析方法。其局限性在于，这种分析方法被限制在二维空间，属于静态分析。

（2）联系理论是研究城市形体环境中各构成元素之间存在的线性关系规律的理论。这些线包括交通线（各种交通性干道）、线性公共空间（街道、步行街、绿地）和视线（序列空间、视廊）。通过联系理论的分析，可以明确城市中的空间秩序，建立不同层次的标志性建筑，确定城市中主要的建筑及公共空间的联系走廊，提高城市效率。这种方法是将动态交通系统视为创造城市形式的原动力，强调连接与运动的重要性。该方法界定空间方向时有一定局限性。

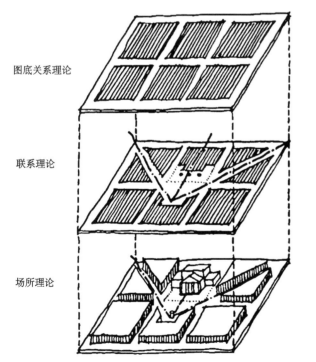

图底关系理论　　图底关系理论分析方法。从理解城市形态入手，体会城市建筑体块的空间关系。通过图底关系分析，从二维角度认识城市模式、空间秩序、空间等级等

联系理论　　联系理论分析方法。通过交通、视觉方面的联系分析，明确城市空间中主要功能与景观构成元素之间的交通与视线联系，从而确定城市的主次交通和视线、视廊

场所理论　　场所理论分析方法。通过对影响城市环境的社会、历史和文化等因素的分析，把握城市空间的内在特征

图 11-16　三种城市设计理论及关系示意图

（3）场所理论是把对人的需求、文化、社会和自然等研究加入到对城市空间的研究中的理论。通过对这些影响城市形体环境因素的分析，把握城市空间形态的内在因素。在场所理论的研究中，社会的、文化的和感知的因素被渗透到对空间的界定和围合中来，这些内在和外在因素的有机结合，于一般性的场地赋予场所的意义。

评述：罗杰·特兰西克通过对城市设计理论的归纳研究为城市设计提供了三种直接的研究方法，通过三种方法的研究指出城市设计中存在的问题，并且提出相应的设计改善手法，是城市设计研究方法的指导。

【思考题】

（1）思考"邻里单位"理论与我国"居住区规划"理论的关联和差异。

（2）我国居住小区的基本特征是什么？影响居住区规划结构的主要因素有哪些？居住区规划结构有哪些基本形式？

（3）结合你所熟悉的居住区，谈谈你对它规划设计的理解。

（4）旅游规划的主要内容是什么？结合你所熟悉的案例，分析其主题定位。

（5）风景名胜区详细规划的核心问题是什么？

（6）凯文·林奇在1981年出版的《关于美好城市形态的理论》中规定了城市设计的哪五个功能纬度？

（7）城市设计的主要内容是什么？它与城市规划之间有什么关系？

【延伸阅读】

（1）胡纹. 2010. 居住区规划原理与设计方法. 北京：中国建筑工业出版社.

（2）陈有川，张军民. 2010. 《城市居住区规划设计规范》图解. 北京：机械工业出版社.

（3）汪辉，吕康芝. 2014. 居住区景观规划设计. 南京：江苏科学技术出版社.

（4）董靓. 2014. 风景名胜区规划. 重庆：重庆大学出版社.

（5）马勇. 2012. 旅游规划与开发. 3版. 北京：高等教育出版社.

（6）王建国. 2011. 城市设计. 3版. 南京：东南大学出版社.

（7）王一. 2011. 城市设计概论：价值、认识与方法. 北京：中国建筑工业出版社.

第四篇　城乡规划管理

.

第12章 城乡规划管理概述

12.1 城乡规划管理的主要工作内容

12.1.1 城乡规划编制的组织

《城乡规划法》赋予地方各级政府编制不同级别城乡规划的权力，而具体的规划编制组织工作则是由各级城乡规划管理部门来承担的。

规划管理部门根据各级政府的工作计划，定期开展战略性的规划编制工作，并履行相应的报批程序。战略性的规划，如区域规划、总体规划是在宏观层面指导城乡发展和城乡空间布局的重要依据。这些规划涉及问题重大、牵涉范围广、编制与修订程序复杂，需要规划管理部门投入大量的组织与协调精力。

这些战略性规划的宏观性、指导性的内容，需要通过下层次的规划不断推进，逐步落实到可以直接规范具体建设行为开展的操作性规划。例如，城市总体规划是城市发展和建设的总纲，需要通过近期建设规划来对近期建设进行总体性的安排，通过控制性详细规划来对具体的建设行为进行规范。

就我国现有的城市规划编制体系而言，近期建设规划依据城市总体规划，结合国民经济和社会发展规划及土地利用总体规划和年度计划，以重要基础设施、公共服务和中低收入居民住房建设及生态环境保护为重点内容，明确近期建设的时序、发展方向和空间布局。通过组织编制近期建设规划，可以明确城市总体规划的实施步骤和时序安排，有序推进城市总体规划的实施。

控制性详细规划在建设项目管理中具有决定性作用。根据《城乡规划法》的有关规定，未编制控制性详细规划就不得进行国有土地使用权的出让，也不得进行规划的许可。因此，组织编制控制性详细规划是城市规划部门的重要工作内容。

12.1.2 城乡规划实施的管理

城乡规划进行土地使用和建设项目管理主要是对各项建设活动实行审批或许可、监督检查及对违法建设行为进行查处等管理工作。通过对各项建设活动进行规划管理，保证各项建设能够符合城市规划的内容和要求，使各项建设对城市规划实施作出贡献，并限制和杜绝超出经法定程序批准的规划所确定的内容，保证法定规划得到全面和有效的实施。

12.1.3 城乡规划实施的组织

政府根据城市发展的阶段和能力，针对城市面临的实际问题，确定城市规划实施的原则和具体行动步骤，推进城市规划的实施。我国《城乡规划法》第二十八条明确规定，"地方各级人民政府应当根据当地经济社会发展水平，量力而行，尊重群众意愿，有计划、分步骤地组织实施城乡规划"。对于城市、镇、乡、村庄规划实施组织，《城乡规划法》第二十九条明确了具体要求，"城市的建设和发展，应当优先安排基础设施及公共服务设施的建设，妥善处理新区开发与旧区改建的关系，统筹兼顾进城务工人员生活和周边农村经济社会发展、村民生产与生活的需要"，"镇的建设和发展，应当结合农村经济社会发展和产业结构调整，优先安排供水、排水、供电、供气、道路、通信、广播电视等基础设施和学校、卫生院、文化站、幼儿园、福利院等公共服务设施的建设，为周边农村提供服务"，"乡、村庄的建设和发展，应当因地制宜、节约用地，发挥村民自治组织的作用，引导村民合理进行建设，改善农村生产、生活条件"。由国家的法律规定可以看出，政府是组织城市规划实施的主体。

在基本原则和具体要求的指导下，规划实施组织工作的开展还涉及确定城市建设开展的时序、规模和布局等。《城乡规划法》第三十和三十一条规定，"城市新区的开发和建设，应当合理确定建设规模和时序，充分利用现有市政基础设施和公共服务设施，严格保护自然资源和生态环境，体现地方特色"，"在城市总体规划、镇总体规划确定的建设用地范围以外，不得设立各类开发区和城市新区"，"旧城区的改建，应当保护历史文化遗产和传统风貌，合理确定拆迁和建设规模，有计划地对危房集中、基础设施落后等地段进行改建"。

12.1.4　参与政府公共决策

城乡规划作为专注于城市空间的公共政策，与其他政府公共政策有着密切的关联性，需要通过跨部门的相关政策措施才能得以实现。因此，城乡规划部门需要参与制定影响城市建设和发展行为的公共政策。城乡规划的实施是一项全社会的事业，城乡建设的各项活动是由相对分散的各类团体、机构、组织等按照各自的准则进行决策和实施的。为了保证各项建设活动能够统一到法定规划所确定的方向、目标和具体内容上，从而保证规划的有效实现，政府就需要运用政策性的手段来动员和组织各类社会建设活动，从而保证在功能类型、时序安排与空间结构等方面的协同，例如，促进、鼓励某类项目在某些地区的集中或者限制某类项目在该地区建设，对一些生态敏感区、规划的绿化隔离带或者其他需要保护的地区指定财政转移政策，对历史保护街区居民按规划要求改建住房予以补贴等。政府公共政策的范围非常广泛，从产业政策到文化政策，从人口政策到交通政策等，都与城市规划的实施紧密相关，而这些政策的制定都应当能够促进和保证城市规划的有效实施。

12.1.5　建设项目协调

除了政府部门政策层面的相互协同之外，政府投资和各政府部门所承担的各项公共设施、基础设施建设不仅可以保证城乡规划所确定的相关内容得以实现，而且能够带动和影响私人部门的投资开发行为，推进地区整体的开发。例如，由政府部门投资建设的中小学、公园绿地、城乡道路及各类公共设施和市政基础设施的建设，应当根据城市规划所确定的发展方向和时序，从而引导本地区的房地产开发，并由此决定一定范围内的房地产开发的时序、建设的规模等。同样，在各类城市开发建设过程中，需要充分考虑各项设施配置的时序性，例如，居住区建设中，各类公共性设施的建设和住房的开发建设应当同步、各项公共性设施之间应当协同，否则就会出现建好了住宅但公共设施和市政基础设施缺乏，或者只有部分公共设施可以使用等，会对居民的生活带来不便，使地区整体的开发受到影响。

12.2　城乡规划管理中的行政行为

12.2.1　城乡规划管理应遵循的行政法制原则

行政法制原则是行政法基本原则，它是贯穿于行政法之中，指导行政法制定和实施的基本准则。城乡规划行政与立法作为国家整个行政与行政法体系的一个组成部分，也要学习、研究、贯彻行政法的基本原则。对于什么是我国行政法的基本原则，法学界还有不同看法。对城乡规划行政而言，行政合法原则、行政合理原则、行政效率原则、行政统一原则和行政公开原则必不可少。

1. 行政合法原则

行政法首要的和基本的原则是行政合法性原则，它是社会主义法治原则在行政管理中的体现和具体化。行政合法原则的核心是依法行政，其主要内容如下：

（1）任何行政法律关系的主体都必须严格执行和遵守法律，在法定范围内依照法律规定办事。

（2）任何行政法律关系的主体都不能够享有不受行政法调节的特权，权利的享受和义务的免除都必须有明文的法律依据。

（3）国家行政机关进行行政管理必须有明文的法律依据。一般来说，一个国家的法律对行政机关行为的规定与行政对人的规定不一样。对于行政机构来说，只有法律规定能为的行为，才能为之，即"法无授权不得行、法有授权必须行"。而对于行政对人来说，只要法律不禁止的行为都可以为之，只有法律明文禁止的行为才能不为之。因为行政权力是一种公共权力，它以影响公民的权益为特征。为了防止行政机关行使权力时侵犯公民的合法权益，就必须对行政权力的使用范围加以设定。

（4）任何违反行政法律规范的行为都是行政违法行为，它自发生之日起就不具有法律效力。一切行政违法主体和个人都必须承担相应的法律责任。

2. 行政合理原则

如果说行政合法原则解决了行政机关行政行为合法性的问题，那么行政合理原则的宗旨就在于解决行政机关行政行为的合理性问题。这就是要求行政机关的行政行为在合法的范围之内还必须做到合理。

行政合理原则的具体要求是：行政机关在行使自由裁量权时，不仅应使事实清楚，在法律、法规规定的条件和范围内作出行政决定，而且要求这种决定符合立法目的。

行政合理原则的存在有其客观基础，行政行为固然应该合法，但是任何法律的内容都是有限的。由于现代国家行政活动呈现多样性和复杂性，特别是像城市规划行政这类管理的专业性、技术性因素很多，立法机关没有可能制定详尽的、周密的、切实可行的法律规范。为了保证对国家的有效管理，行政机关需要享有一定程度的自由裁量权。行政机关需要有根据具体情况，灵活应对复杂局面的行为选择权。此时，行政机关应在法定的原则指导下，在法律规定的幅度内，运用自由裁量权，采取适当的措施或做出合适的决定。

　　赋予国家行政机关以自由裁量权,是为了使国家行政机关能够将普遍性的法律、法规应用于具体的、个别的事例。但必须对自由裁量权利的使用加以必要控制,以防止泛用。所以现代行政法制普遍接受了行政合理的原则。

　　行政合理原则的具体要求是:行政主体的行政行为在合法的范围内还必须合理。合理的具体要求是:行政行为要符合客观规律;行政行为要符合国家和人民的利益;行政行为要有充分的客观依据;行政行为要符合正义和公正。

　　在某些特殊的紧急情况下,出于国家安全、社会秩序或公共利益的需要,行政机关可以采取超越法定要求和正常秩序的措施。例如,抢险工程可以先施工后补办规划许可证。

　　不合理的行政行为属于不适当的行为,做出不合理行政行为的行政机关必须承担相应的法律责任。

3. 行政效率原则

　　遵循依法行政的种种要求并不意味着可以降低行政效率。廉洁、高效是人民群众对政府的要求,提高行政效率是国家行政改革的基本目标之一。为追求效率,行政管理机关一般都采用岗位负责制。在法律规定的范围内决策、按法定的程序办事、遵守操作规则,将大大提高行政效率,有助于避免失误和不公,并可减少行政争议。值得注意的是,讲究行政效率并不意味着可以不按客观规律办事。遵循客观规律,遵循基本建设的必要审批程序,是提高行政效率的先决条件。

4. 行政统一原则

　　行政统一原则分为三项内容。

　　1)行政权统一

　　我国实行人民代表大会制度和权力分工原则,行政权由行政机关统一行使。

　　2)行政法制统一

　　行政法制的统一是指行政法律制度的统一。我国行政法律规范由多级主体制定。这就要求各级主体所制定的行政法律规范的内容要相互协调、衔接,不能相互抵触和冲突,不同的主体制定不同效力等级的行政法律规范要遵守律法的内在等级秩序。此外,城市规划的建设管理要与已批准的城市规划相统一。

　　3)行政行为统一

　　行政权力的属性要求在行政机关内部下级服从上级,地方服从中央。一个国家的管理是否有效,取决于它的行政行为是否统一。行政统一原则要求政府上下级之间要有良好的信息沟通渠道,要做到政令畅通、令行禁止;公务员的行为要与行政机关一致。

5. 行政公开原则

　　《中华人民共和国宪法》在总纲中规定"中华人民共和国的一切权力属于人民"。人民依照法律规定,通过各种途径和形式,管理国家事务,管理经济和文化事业,管理社会事务。行政公开原则是社会主义民主与法制原则在行政法上的体现,我国行政公开的原则是:国家行政机关的各种职权行为除法律特别规定的外,应一律向社会公开。具体要求为:

　　(1)行政立法程序、行政决策程序、行政裁决程序和行政诉讼程序公开。

（2）一切行政法规、规章和规范性文件必须向社会公开，未经公布者不能发生法律效力，更不能作为行政处理的依据。

（3）国家行政机关及公务员在进行行政处理时，必须把处理的主体、处理的程序、处理的依据、处理的结果公开，接受相对人的监督，并告知相对人对不服处理的申诉或起诉的时限和方式。

（4）行政相对人向行政主体了解有关的法律、法规、规章、政策时，行政主体有提供和解释的义务。

12.2.2　城乡规划行政行为的内容

行政行为是一种依法的行为，所以行政行为的内容必然都是对权利和义务的规定，即行政行为对一定权利和义务或法律事实造成了怎样的影响。在城乡规划的整个编制、实施过程中，城乡规划行政行为的主要内容有以下几个方面。

1. 设定权利和设定义务

城乡规划行政中设定权利是指规划行政主体依法制定规范性文件、组织编制和审批法定规划，或通过许可管理，赋予相对方某种权利和权能。所谓权利是指能够从事某种活动或行为的一种能力，例如，建设单位根据已批准的规划，在获得建设用地规划许可证后可申请用地，在获得建设工程规划许可证后可申请办理开工手续。所谓权能是指能够从事某种活动的资格，例如，获得城乡规划设计资格证书后，规划设计单位才有资格从事城市规划设计工作。

城乡规划行政中设定义务是指规划行政主体要求相对方为一定行为或不为一定行为。在城乡规划管理中有大量涉及设定义务的行政行为。例如，在办理的建设项目选址意见书中提出规划设计条件，即是要求建设方为一定行为和不为一定行为；编制和审批城乡规划则是规定了土地的一定使用方式和不可使用的方式，例如，确定一块土地为公共绿地的用途即为禁止这块土地的其他的使用方式，对违法建设工程的处罚则可以是设定拆除违法建筑的义务，并可设定交纳罚款的义务。

2. 撤销权利和免除义务

撤销权利是指行政行为主体依法撤销或剥夺相对方既得或已设定的法律上的权能和权利。如吊销规划许可证、吊销规划设计资格证书、责令停工等，都是对权利的撤销或剥夺。免除义务是指行政主体免除相对人被赋有的作为或不作为的义务。免除作为义务称免除，免除不作为义务称许可。前者如免除某些规划管理的费用，后者如允许某项建设或规划条件变更。规划许可在法律意义上属于免除不作为义务的范畴，对于城乡规划而言，在没有获得规划批准以前不得擅自建设，这是法定的不作为义务，建设单位和个人都必须履行。而获得规划许可证则是获得了免除不作为的义务，可依法进行建设活动。

3. 变更法律地位

变更法律地位是指行政主体依法对相对方原有的法定地位加以变化和更改，导致原来所享有的权利或承担义务的扩大或缩小。例如，对城乡规划设计单位的资格等级升或降；通过调整规划，对相对方使用的土地的规划性质做出改变，例如，将工业用地改为商业用地。这些变化都将导致相对方权利和义务的变化。

4. 确认法律事实

确认法律事实是指行政主体依法对相对方的法律地位、法律关系和法律事实进行甄别，给予确定、认可、证明的具体行政行为。在城乡规划行政管理工作中，根据《中华人民共和国城乡规划法》及其配套法规，确认性的行政行为是很多的。例如，建设单位在申请建设用地规划许可证和建设工程规划许可证时，必须附送有关文件、图纸、资料，使城乡规划行政主体对其申请资格和申请条件进行确认；对违法建设工程做出处罚，也是先要对违法建设的事实加以认定。

5. 赋予特定物以某种法律性质

赋予特定物以法律性质是指行政主体对特定物原不具有的法律性质加以设定，并因此对他人产生法律效果。例如，城乡规划行政主体将城市中的某些地段划为历史街区加以保护，则开发将受限制；在机场周围划定净空控制区，则控制区内的建筑高度将受特殊控制。

12.2.3　城乡规划行政行为的分类

从不同的角度可对城乡规划行政行为作不同类型的划分，从而有助于深入理解行政行为的多方面含义。

1. 抽象行政行为与具体行政行为

以行为运用的对象为标准，可将行政行为划分为抽象行政行为和具体行政行为。城乡规划的抽象行政行为是指人民政府或其规划行政主管部门制定的普遍性行为规则的行为，表现为制定城乡规划的规章、规范性文件，以及制定法定城乡规划文本和图则等，它适用于不特定的人和事。城乡规划的具体行政行为是指对规划管理的具体事项做出处理决定，如核发"一书两证"（即建设项目选址意见书，建设用地规划许可证和建设工程规划许可证）。

由于抽象行政行为的结果是抽象规范产生的，因此，抽象行政行为中的相当一部分是行政立法行为，应当按照行政立法程序进行。

2. 羁束行政行为与自由裁量行政行为

行政行为以受法律规范拘束的程度为标准，可分为羁束行政行为与自由裁量行政行为。羁束行政行为是指法律明确规定了行政行为的范围、条件、程度、方法等，行政机关没有自由选择的余地，只能严格依照法律做出的行政行为。自由裁量行政行为是指法律仅规定行政行为的范围、条件、幅度和种类等，由行政机关根据实际情况决定如何使用法律而做出的行政行为。例如，规划的编制、审批程序，规划实施的管理程序，在规范法及其配套法规、规章上有明确的规定，必须据以执行。而在城乡规划的具体实施中，由于法定规划的深度不够，或者规划中仅作了原则性的规定，规划实施管理中有一定的选择余地，可采用个案审定的方式来处理。这里体现的是规划行政管理的自由裁量权限。

在我国的城乡规划行政管理中，目前存在着过多的自由裁量行政行为，导致开发建设活动的无序。随着城乡规划法制的健全、城市规划编制审批的完善，以及依法治国大环境的进一步改善，今后应逐步增加规划建设管理的羁束性依据，缩小自由裁量的范围和幅度。

3. 要式行政行为与非要式行政行为

以行政行为是否具备一定的形式为标准，可以将行政行为划分为要式行政行为和非要式行政行为。要式行政行为是指必须依法定方式进行，或者必须具有法定形式才能产生法律效力的行政行为。非要式行政行为是指法律不要求某种特定的方式或形式，只需口头表示即可生效的行政行为。在城乡规划行政管理活动中，行政行为基本上都是要式行政行为，如对规划的批复、核发建设用地规划许可证、对违法建设工程发出停工通知书或行政处罚决定书等，都有明确、严格的法定程序和形式。

4. 依职权行政行为与依申请行政行为

根据行政主体实施行为的动因不同，可将行政行为划分为依职权行政行为和依申请行政行为。城乡规划管理中的依职权行政行为是指城乡规划行政主体根据有关法律、法规赋予的职权，无须相对人请求而主动为之的行政行为。例如，组织编制城乡规划、制定城乡规划管理的规范性文件、对城乡规划实施进行监督检查和做出处罚等，这些都是城乡规划行政机关的职责，应主动为之，应作为而不作为即构成失职。依申请行政行为是指行政机关须有相对人的申请方能依法实施的行为，例如，根据建设单位或者个人的申请，提出规划设计要求、核发建设工程规划许可证。对于依申请行政行为，法律、法规不要求城乡规划行政主体为之，只有当相对人依法提出申请后，规划行政主体才产生作为的义务，如果规划行政主体拒绝申请或不予答复，则可能构成失职。

5. 单方行政行为与双方行政行为

以行政行为成立时参与意思表示的当事人是一方还是双方为标准，可将行政行为划分为单方行政行为和双方行政行为。出于国家行政管理的需要，行政行为大都是单方行政行为。城乡规划管理中的行政行为绝大多数也是只要规划行政主体单方意思表示即可成立的行政行为，无需征得相对一方当事人的同意，如规划批复、核发许可证、行政处罚等。双方行政行为是指相对方当事人参与意思表示，行政主体和相对人意思表示一致时，行政行为方能成立，如行政合同。城市土地出让的做法具有双方行政行为的特征，因为土地出让合同中含有规划设计要求，签订合同是双方意思的表达，合同签订后即具有法律效力，行政行为成立。

12.2.4　城乡规划行政行为的特征

行政行为是行政主体行使国家行政权力，对国家行政事务进行管理并产生法律效果的行为。我国宪法和法律赋予了中央和地方人民政府领导和管理城乡建设的职权，城市规划是城乡建设工作的重要环节。政府及城市规划行政主管部门根据法律、法规授权行使城市规划行政管理权限。城市规划行政行为有下列特征。

1. 规划行政主体的行为

城市人民政府及其规划行政主管部门是城市规划行政法律关系中依法代表国家行使规划行政管理职权的当事人。受行政机关委托的机构或个人所实施的行为，视同委托行政机关的行为。

2. 规划行政主体对城市规划进行管理的行为

城市规划部门实施的所有行为并非都是行政行为。行政主体为了维持自身机构的正常运转，还要实施很多民事行为和内部管理行为，这些都不是行政行为。只有行政主体行使国家行政权力对公共事务进行的管理行为，才称为行政行为。

3. 产生法律效果的行为

这是指城市规划行政相对方的权利义务的发生、变更或消失，对相对方的权益产生影响的行为。如核发给行政相对方建设用地规划许可证，相对方就有了申请用地的权利；对违法建设处以罚款，就产生了相对方交纳一定款项的义务。规划行政机关的宣传、调查、指导等行为不直接产生法律效果，不是行政法意义上的行政行为，但也是其职权行为，有积极意义，这种方式已得到广泛应用。

12.2.5　城乡规划行政行为合法的条件

只有符合一定条件的行政行为才是合法的行政行为，合法的行政行为才能产生一定的法律效力。合法的城市规划行政行为必须满足以下条件。

1. 行为的主体合法

实施城市规划行政的主体是在法律、法规规定的权限内实施管理行为。城市规划的内容十分广泛，跨度很大，从组织编制省、自治区、直辖市的城镇体系规划到组织编制建制镇的总体规划，从城市总体规划的审批到规划实施的管理。任何城市规划行政主体都不享有城市规划行政的全部权限。同时，城市规划行政还涉及与计划、土地、房地产、绿化、环卫、环保等行政主管部门行政权限的衔接。国家把行政职权分别授予不同职能、不同级别的行政主体，每个行政主体只能在自己的法定职权范围内行政，超越职权的行政行为是无效的行为。

2. 行政行为的内容合法

行政行为内容合法，首先，指行政行为必须有合法的依据，且事实清楚。城市规划行政行为应当符合现行的规划法律、法规、规章的规定，以及有关的技术标准；城市规划实施管理的行政行为还应符合经批准的城市规划。其次，城市规划行政行为必须符合规划立法的目的及规划编制的原则，搞清事实，考虑相关因素，不得滥用自由裁量权。在现代意义上，即使行政行为形式上合法但有失公正的不合理行政行为也属不合法的行政行为。

3. 行政行为符合法定程序

程序是保证行政行为正当、合法的必要条件。城市规划行政行为必须按法定程序进行，才能合法成立。城乡规划法律、法规及相关法律、法规中已经明确规定的城市规划行政管理中各个环节的法定程序，必须严格遵守。

4. 行政行为符合法定形式

行政行为符合法定形式是指法律、法规明确规定某些行政行为必须具备一定形式，行政主体所实施的行为只有符合这些规定，才能成立。例如，城市规划实施管理中应使用标准的各类文书；对规划实施进行监督检查，有关执法人员必须出示证件；责令违法建设工程停工要发出"停工通知书"。

12.2.6　城乡规划行政行为的效力

行政行为的效力即行政行为的法律效力。有效成立的城乡规划行政行为具有确定力、拘束力和执行力。

1. 确定力

行政行为的确定力是指行政行为有效成立后，非依法律不得变更或撤销。例如，《城乡规划法》中规定，对城市总体规划修改中"涉及城市性质、规模、发展方向和总体布局重大变更的，须经同级人民代表大会或者其常务委员会审查同意后报原批准机关审批"。另外，确定力还指行政行为的效力不受行政主体变动的影响，即使原作出具体行政行为的城乡规划行政主体被撤销或合并，也不影响该行政行为的效力。而城乡规划行政主体需要改变或撤销已经生效的行政行为，必须经过做出决定的相同的法定程序。

2. 拘束力

行政行为的拘束力是指行政行为的约束力。它包括两个方面：一是对行政主体自身的拘束力。城乡规划行政行为成立后，无论是管辖该事务的主体，还是它的上级行政主体或下级行政主体，以及其他行政主管部门，都要受其内容的拘束，不得做出与之相抵触或相矛盾的另一行政行为。二是对相对方的拘束力，相对方一方面享有该行政行为所赋予的权利，另一方面必须完全履行行政行为所设定的义务。

3. 执行力

行政行为的执行力是指行政行为有效成立后，行政主体有权采取一定的手段，使该行政行为的内容得以完全实现。城乡规划行政行为虽是以规划行政主体的名义做出，但这是国家意志的体现，其目的在于维护社会公共利益，因此具有运用国家强制力予以实施的能力。《城乡规划法》规定，受处罚的违法建设工程当事人，在接到处罚通告后逾期不申请复议，也不向人民法院起诉，又不履行处罚决定的，由做出处罚决定的机关申请人民法院强制执行。

12.3　城乡规划实施管理

12.3.1　城乡规划管理

城乡规划进行土地使用和建设项目管理主要是对各项建设活动实行审批或许可、监督检查及对违法建设行为进行查处等管理工作。通过对各项建设活动进行规划管理，保证各项建设能够符合城市规划的内容和要求，使各项建设对城乡规划实施做出贡献，并限制和杜绝超出经法定程序批准的规划所确定的内容，保证法定规划得到全面和有效的实施。

根据《城乡规划法》的有关规定，现行的城乡规划实施管理的手段主要包括：建设用地的管理、建设工程管理，以及建设项目的监督检查，具体工作事项见表 12-1。

表 12-1　城乡规划实施管理工作事项

城镇建筑工程	行政许可事项	核发《建筑项目选址意见书（城镇建筑工程）》
		核发《建设用地规划许可证（城镇建筑工程）》
		核发《建设工程规划许可证（城镇建筑工程）》
		核发《建设用地规划许可证（土地储备前期整理）》
		核发《规划许可有效期延续（城镇建筑工程）》
	行政事务事项	核发《建设项目规划条件（土地储备前期整理）》
		核发《建设项目规划条件（土地储备供应）》
		核发《建设项目规划条件（自有用地）》
		核发《建设项目规划条件（授权供地）》
	规划监督	核发《规划核验【城镇建筑工程（验收）】》
		核发《规划核验【城镇建筑工程（验线）】》
		市政基础设施工程
		核发《建设项目规划条件（土地储备基础设施建设）》
乡村建设项目	行政许可事项	核发《乡村建设规划许可（一般建设项目）》
	行政事务事项	核发《乡村建设规划条件（一般建设项目）》
		核发《乡村建设工程设计方案（一般建设项目）》

资料来源：北京市规划委员会官方网站.http://www.bjghw.gov.cn/.

1. 建设用地的管理

在建设用地的管理中，根据获得土地使用权的方式不同，分为两种情况。

一是对于以划拨方式提供国有土地使用权的建设项目，建设单位在报送有关部门批准或者核准前，应当向城乡规划主管部门申请核发"建设项目选址意见书"；经有关部门批准、核准、备案后，建设单位应当向城市、县人民政府城乡规划主管部门提出建设用地规划许可申请，由城市、县人民政府城乡规划主管部门依据控制性详细规划核定建设用地的位置、面积、允许建设的范围，核发"建设用地规划许可证"；建设单位在取得"建设用地规划许可证"后，方可向县级以上地方人民政府土地主管部门申请用地，经县级以上人民政府审批后，由土地主管部门划拨土地。

二是对于以出让方式提供国有土地使用权的建设项目，城市、县人民政府城乡规划主管部门应当依据控制性详细规划，提出出让地块的位置、使用性质、开发强度等规划条件，作为国有土地使用权出让合同的组成部分；以出让方式取得国有土地使用权的建设项目，在签订国有土地使用权出让合同后，建设单位应当持建设项目的批准、核准、备案文件和国有土地使用权出让合同，向城市、县人民政府城乡规划主管部门领取"建设用地规划许可证"。

此外，在乡、村庄规划区内进行乡镇企业、乡村公共设施和公益事业建设及农村村民住宅建设，不得占用农用地；确需占用农用地的，应当依照《中华人民共和国土地管理法》有关规定办理农用地转用审批手续后，由城市、县人民政城乡规划主管部门核发"乡村建设规划许可证"。建设单位或者个人在取得"乡村建设规划许可证"后，方可办理用地审批手续。

2. 建设工程管理

在城市、镇规划区内进行建筑物、构筑物、道路、管线和其他工程建设的，建设单位或者个人应当向城市、县人民政府城乡规划主管部门或者省、自治区、直辖市人民政府确定的镇人民政府申请办理"建设工程规划许可证"。

在乡、村庄规划区内进行乡镇企业、乡村公共设施和公益事业建设的，建设单位或者个人应当向乡、镇人民政府提出申请，由乡、镇人民政府报城市、县人民政府城乡规划主管部门核发"乡村建设规划许可证"。

城乡规划主管部门在建设工程完工后需按照国务院规定，对建设工程是否符合规划条件予以核实。未经核实或者经核实不符合规划条件的，建设单位不得组织竣工验收。建设单位在竣工验收的 6 个月内向城乡规划主管部门报送有关竣工验收的资料。

3. 建设项目的监督检查

城乡规划主管部门对各项建设活动进行监督检查，并有权要求有关单位和人员提供与监督事项有关的文件、资料；要求有关单位和人员就监督事项涉及的问题做出解释和说明，并根据需要进入现场进行勘测；责令有关单位和人员停止违反有关城乡规划的法律、法规的行为。

对于未取得建设工程规划许可证或者未按照建设工程规划许可证的规定进行建设的，由县级以上地方人民政府城乡规划主管部门责令停止建设；尚可采取改正措施消除对规划实施的影响的，限期改正，处以建设工程造价 5%以上 10%以下的罚款；无法采取改正措施消除影响的，限期拆除，不能拆除的，没收实物或者违法收入，并可处以建设工程造价 10%以下的罚款。

在乡、村庄规划区内未依法取得乡村建设规划许可证或者未按照乡村建设规划许可证的规定进行建设的，由乡、镇人民政府责令停止建设、限期改正；逾期不改正的，可以拆除。

城乡规划主管部门做出责令停止建设或者限期拆除的决定后，当事人不停止建设或者逾期不拆除的，建设工程所在地县级以上地方人民政府可以责令有关部门采取查封施工现场、强制拆除等措施。

对于违反法律规定并构成犯罪的，可以依法追究刑事责任。

12.3.2　城乡规划实施的监督检查

城乡规划实施监督检查是对城乡规划的整个实施过程的监督检查，其中包括了对城乡规划实施的组织、城乡规划实施的管理及经法定规划的执行情况等所实行的监督检查。在规划实施的监督检查中，主要包括以下几个方面。

1. 行政监督检查

行政监督检查是指各级人民政府及城乡规划主管部门对城乡规划实施的全过程实行的监督管理。城乡规划实施的行政监督检查主要包括两部分内容。

一是各级人民政府及城乡规划主管部门对城乡规划编制、审批、修改、实施的监督检查。其中包括对是否依法组织编制法定规划，是否按法定程序编制、审批、修改城市规划，是否委托具有相应资质等级的单位编制城市规划的规划编制组织机构进行监督检查；对本级或下级城乡规划主管部门核发"选址意见书"、"建设用地规划许可证"、"建设工程规划许可证"、"乡村建设规划许可证"的规划管理行为进行监督检查；对修建性详细规划、建设工程设计方案总平面的公布及修改是否听取利害相关人的意见等管理程序进行监督检查；对各类违法建设活动的查处进行监督检查等。县级以上人民政府对本级或下级人民政府有关部门在建设项目审批、土地使用权出让及划拨国有土地使用权的过程中是否遵守《城乡规划法》的规定等进行监督检查。

二是对各项建设活动的开展及其与城乡规划实施之间的关系进行监督管理。后者与上述的城乡规划实施的管理中对建设项目实施的监督检查内容一致。

2. 立法机构的监督检查

《城乡规划法》规定，地方各级人民政府应当向本级人民代表大会常务委员会或者乡、镇人民代表大会报告城乡规划的实施情况，并接受监督。省域城镇体系规划、城市总体规划、镇总体规划的组织编制机关，应定期对规划实施情况进行评估，向本级人民代表大会常务委员会、镇人民代表大会和原审批机关提出评估报告并附具征求公众意见的情况。

城市人民代表大会或其常委会有权对城市规划的实施情况进行定期或不定期的检查，就实施城市规划的进展、城市规划实施管理的执法情况提出批评和意见，并督促城市人民政府加以改进或完善。

3. 社会监督

社会监督是指城市中的所有机构、单位和个人对城市规划实施的组织和管理等行为的监督，其中包括了对城市规划实施管理各个阶段的工作内容和规划实施过程中各个环节的执法行为及相关程序的监督。

根据《城乡规划法》的规定，任何单位和个人都有权就涉及其利害关系的建设活动是否符合规划的要求向城乡规划主管部门查询。

任何单位和个人都有权向城乡规划主管部门或者其他有关部门举报或者控告违反城乡规划的行为。城乡规划主管部门或者其他有关部门对举报或者控告，应当及时受理并组织核查、处理。

【思考题】

（1）思考《城乡规划法》与《城市规划法》的差异。

（2）依据《城乡规划法》的规定，关于城乡规划实施管理范围的内容包括哪些？

（3）城乡规划实施管理的工作过程，是一个以科学发展观和构建和谐社会为指导，依法对城市、镇、乡和村庄规划区内的土地利用和各项建设活动进行合理布局和统筹安排的过程，这要求我们需要遵循的原则包括哪些？

（4）试从了解的城市建设现象入手，思考当前城市规划自由裁量行政行为存在的问题。

（5）试举一例违法建设行为，指出城乡规划管理部门应当采取的处罚措施。

【延伸阅读】

（1）边经卫. 2015. 城乡规划管理——法规、实务和案例. 北京：中国建筑工业出版社.

（2）王国恩. 2009. 城乡规划管理与法规. 2 版. 北京：中国建筑工业出版社.

（3）邱跃，苏海龙. 2014. 全国注册城市规划师执业资格考试辅导教材. 9 版. 第 3 分册. 北京：中国建筑工业出版社.

参 考 文 献

安国辉, 张二东, 安蕴梅. 2009. 村庄建设规划设计. 北京: 中国农业出版社.

白德懋. 1992. 居住区规划与环境设计. 北京: 中国建筑工业出版社.

北京市城市规划设计研究院. 2009. 城市土地使用与交通协调发展. 北京: 中国建筑工业出版社.

蔡震. 2004. 我国控制性详细规划的发展趋势与方向. 北京: 清华大学硕士学位论文.

陈建华. 2009. 我国国际化城市产业转型与空间重构研究——以上海市为例. 社会科学, (9): 16-23.

陈秀山, 张可云. 2009. 区域经济理论. 北京: 商务印书馆.

陈友华, 赵民. 2000. 城市规划概论. 上海: 上海科学技术文献出版社.

戴伯勋, 沈宏达. 2001. 现代产业经济学. 北京: 北京经济管理出版社.

戴力农. 2014. 设计调研. 北京: 电子工业出版社.

戴慎志, 刘婷婷. 2016. 城市基础设施规划与建设. 北京: 中国建筑工业出版社.

邓述平, 王仲谷. 1998. 居住区规划设计资料集. 北京: 中国建筑工业出版社.

董增刚. 2013. 城市学概论. 北京: 北京大学出版社.

弗兰克·费希尔. 2003. 公共政策评估. 吴爱明, 等译. 北京: 中国人民大学出版社.

耿慧志. 2009. 城乡规划管理与规划标准方法实例及政策法规. 北京: 中国建筑工业出版社.

顾朝林. 2005. 城镇体系规划——理论·方法·实例. 北京: 中国建筑工业出版社.

顾朝林, 俞滨洋, 薛俊菲. 2007. 都市圈规划——理论·方法·实例. 北京: 中国建筑工业出版社.

顾音海. 2006. 中国历代家居. 杭州: 浙江摄影出版社.

过秀成. 2010. 城市交通规划. 南京: 东南大学出版社.

何强, 井文涌, 王翊亭. 1994. 环境学导论. 北京: 清华大学出版社.

黄剑, 戴慎志, 毛媛媛. 2009. 浅析西方社会影响评价及其对城市规划的作用. 国际城市规划, 24(5): 79-84.

惠劼. 2014. 全国注册城市规划师执业资格考试辅导教材. 9 版. 第 1 分册. 北京: 中国建筑工业出版社.

雷明, 雷丽华. 2016. 场地设计. 北京: 清华大学出版社.

李德华. 2001. 城市规划原理. 3 版. 北京: 中国建筑工业出版社.

李和平, 肖竞. 2014. 城市历史文化资源保护与利用. 北京: 科学出版社.

李宁. 2006. 城市住区地下停车空间组织分析. 建筑学报, (10): 27-28.

李书山. 2007. 控制性详细规划的作用及主要控制要素. 山西建筑, 33(28): 71-73.

刘佳燕. 2008. 城市规划中的价值选择与社会目标. 北京规划建设, (6): 135-140.

刘菊红. 2002. 调查问卷中的统计分析方法. 上海统计, (2): 35-37.

刘先觉. 2009. 生态建筑学. 北京: 中国建筑工业出版社.

刘易斯·芒福德. 2005. 城市发展史——起源、演变和前景. 宋俊岭, 等译. 北京: 中国建筑工业出版社.

刘易斯·芒福德. 2009. 城市文化. 刘俊岭, 译. 北京: 中国建筑工业出版社.

吕勇. 1996. 控制性详细规划编制方法研究. 北京: 清华大学硕士学位论文.

马炳坚. 1997. 中国古建筑木作营造技术. 北京: 科学出版社.

马里奥·F. 特里奥拉. 2008. 初级统计学. 10 版. 刘立新译. 北京: 清华大学出版社.

曼纽尔·卡斯特. 2006. 流动空间. 国外城市规划, 21(5): 69-87.

毛保华. 2011. 城市轨道交通规划与设计. 北京: 人民交通出版社.

帕拉苏拉曼. 2009. 市场调研. 2 版. 王佳芥, 等译. 北京: 中国市场出版社.

潘谷西. 2004. 中国建筑史. 北京: 中国建筑出版社.

潘海啸. 2005. 上海世博交通规划概念研究——构建多模式集成化的交通体系. 城市规划学刊, (1): 51-56.

彭补拙, 周生路, 陈逸, 等. 2013. 土地利用规划学(修订版). 南京: 东南大学出版社.

彭一刚. 2008. 建筑空间组合论. 3 版. 北京: 中国建筑工业出版社.

邱跃, 苏海龙. 2014a. 全国注册城市规划师执业资格考试辅导教材. 9 版. 第 3 分册. 北京: 中国建筑工业出版社.

邱跃, 苏海龙. 2014b. 全国注册城市规划师执业资格考试辅导教材. 9 版. 第 4 分册. 北京: 中国建筑工业出
版社.

任志远. 2007. 21 世纪城市规划管理. 南京: 东南大学出版社.

荣玥芳, 高春凤. 2012. 城市社会学. 武汉: 华中科技大学出版社.

世界银行. 2009. 2009 年世界发展报告. 胡光宇, 等译. 北京: 清华大学出版社.

斯蒂芬·P. 罗宾斯, 玛丽·库尔特. 2012. 管理学. 11 版. 李原, 等译. 北京: 中国人民大学出版社.

宋家泰, 顾朝林. 1988. 城镇体系规划的理论与方法初探. 地理学报, 43(2): 97-106

孙施文. 1999. 城市规划法规读本. 上海: 同济大学出版社.

谭纵波. 2012. 城市规划. 北京: 清华大学出版社.

谭纵波. 2016. 城市规划(修订版). 北京: 清华大学出版社.

唐子来, 付磊. 2003. 城市密度分区研究——以深圳经济特区为例. 城市规划汇刊, (4): 1-9.

田莉等. 2016. 城市土地利用规划. 北京: 清华大学出版社.

托马斯·戴伊. 理解公共政策(原著第 11 版). 彭勃, 等译. 北京: 华夏出版社.

王翠萍, 潘育耕. 2014. 全国注册城市规划师执业资格考试辅导教材. 9 版. 第 2 分册. 北京: 中国建筑工业出
版社.

王国恩. 2003. 城市规划管理与法规. 北京: 中国建筑工业出版社.

王缉慈. 1994. 现代工业地理学. 北京: 中国科学技术出版社.

王缉慈. 2001. 创新的空间. 北京: 北京大学出版社.

王景慧. 1998. 历史文化名城保护理论与规划. 上海: 上海科学出版社.

威廉·邓恩. 1994. 公共政策分析导论. 谢明, 等译. 北京: 中国人民大学出版社.

文国玮. 2007. 城市交通与道路系统规划(新版). 北京: 清华大学出版社.

吴良镛. 2001. 人居环境科学导论. 北京: 中国建筑工业出版社.

吴志强, 李德华. 2010. 城市规划原理. 4 版. 北京: 中国建筑工业出版社.

徐循初, 汤宇卿. 2005. 城市道路与交通规划. 北京: 中国建筑工业出版社.

许月明等. 2009. 农村土地利用. 北京: 中国农业出版社.

闫寒. 2006. 建筑学场地设计. 北京: 中国建筑工业出版社.

约翰·弗里德曼. 2004. 规划全球城市: 内生式发展模式. 城市规划汇刊, 152(4): 3-7.

张泉. 2009. 城市停车设施规划. 北京: 中国建筑工业出版社.

张泉, 王晖, 梅耀林等. 2011. 村庄规划. 2 版. 北京: 中国建筑工业出版社.

张松. 2008. 历史城市保护学导论. 上海: 上海科学出版社.

张兴国. 2004. 城市规划与建筑设计近期获奖作品集. 北京: 世界图书出版社.

张兴国, 李和平. 2009. 重庆大学建校八十周年建筑城规学院校友优秀作品选集. 重庆: 重庆大学出版社.

赵红. 2006. 收集资料的方法——问卷法. 继续医学教育, (8): 34-37.

赵民, 陶小马. 2001. 城市发展和城市规划的经济学原理. 北京: 高等教育出版社.

赵万民, 李和平. 2010. 重庆大学城市规划与设计研究院优秀规划设计作品选集(2004—2009). 重庆: 重庆大
学出版社.

赵万民. 2015. 三峡库区人居环境建设发展研究——理论与实践. 北京: 中国建筑工业出版社.

郑毅. 2000. 城市规划设计手册. 北京: 中国建筑工业出版社.

中国城市规划设计研究院. 2005. 城市规划资料集. 北京: 中国建筑工业出版社.

中国共产党中央委员会, 中华人民共和国国务院. 2014. 国家新型城镇化规划(2014—2020 年). 北京: 人民出版社.

中华人民共和国国家质量监督检验检疫总局, 中华人民共和国住房和城乡建设部. 2002. 城市居住区规划设计规范(GB 50180—93). 北京: 中国建筑工业出版社.

中华人民共和国国家质量监督检验检疫总局. 2007. 国民经济行业分类(GB/T 4754—2002). 北京: 中国标准出版社.

中华人民共和国国务院. 2016. 国务院关于深入推进新型城镇化建设的若干意见. 北京: 人民出版社.

中华人民共和国交通部. 2004. 汽车客运站级别划分和建设要求(JT 200—2004). 北京: 人民交通出版社.

中华人民共和国住房和城乡建设部, 中华人民共和国质量监督检验检疫总局. 2005. 民用建筑设计通则(GB 50352—2005). 北京: 中国建筑工业出版社.

中华人民共和国住房和城乡建设部. 2011. 城市道路交叉口规划规范(GB 50647—2011). 北京: 中国计划出版社.

中华人民共和国住房和城乡建设部. 2015. 车库建筑设计规范(JGJ 100—2015). 北京: 中国建筑工业出版社.

中华人民共和国住房和城乡建设部. 2016. 城市道路工程设计规范(CJJ 37—2012). 北京: 中国建筑工业出版社.

周劲松, 张秀芹. 2006. 城市规划诠释城市文化的基本原理及方法探讨. 城市, (2): 41-44.

周一星. 1995. 城市地理学. 北京: 商务印书馆.

《注册建筑师考试辅导教材》编委会. 2005. 一级注册建筑师考试辅导教材第一分册(设计前期场地与建筑设计). 北京: 中国建筑工业出版社.

Benevolo L. 2000. 世界城市史. 薛钟灵, 等译. 北京: 科学出版社.

Kotkin J. 2010. 全球城市史. 王旭, 等译. 北京: 社会科学文献出版社.

Elias C E, Gillies Jr. J, Riemer S. 1965. Metropolis: Value in Conflict. Belmont. Calif. : Wadsworth Publishing.

Nissen H J. 1988. The Early History of the Ancient Near East. 9000-2000B. C. Chicago: University of Chicago Press.

附录：城乡规划典型案例

附录1：城镇体系规划典型案例

重庆市云阳县县域城镇体系规划

项目主要信息：

    建设地点：重庆市云阳县

    设计时间：2002年11月

    主要设计者：李和平 赵强 邓柏基 成受明 黄华静 成青 方波 张晋中 赵娟

    获奖情况：2004年重庆市优秀规划设计三等奖

项目简介：

    云阳县地处重庆东翼，是长江三峡旅游线路的中转站、重庆东部经济走廊的重要环节，在举世瞩目的三峡移民工程中占有重要的地位。规划依托重庆市实施三大经济区战略，提升发展机遇，加强与涪陵、万州区域性中心城市的分工协作，充分发挥云阳在重庆市东部城市群的辐射和传递功能。本规划主要特色包括：

    （1）与三峡工程建设紧密结合。以三峡库区移民安置工程为前提，对县域城镇建设和移民安置进行协同规划；以保护三峡库区环境为出发点，安排县域环境保护规划，明确生态建设工作，突出城镇防灾、减灾规划；落实库区文物的发掘、整理、迁建和保护工作。

    （2）贯彻区域协调发展的思想。通过县域交通、能源、社会服务设施和市政基础设施等生产力布局的调整、优化，改善县域南北发展不平衡的现状，实现区域的资源共享和协调发展。

    （3）实施产业化引导城镇化战略。通过县域产业结构的调整、升级和特色化定位，引导县域经济产业化发展，加快城镇化进程。

    （4）近期建设规划的拓展。深化了近期建设内容，对近期城镇建设、重点建设项目、基础设施、社会服务设施、生态环境保护与建设等多方面进行了拓展。

云阳县城全景

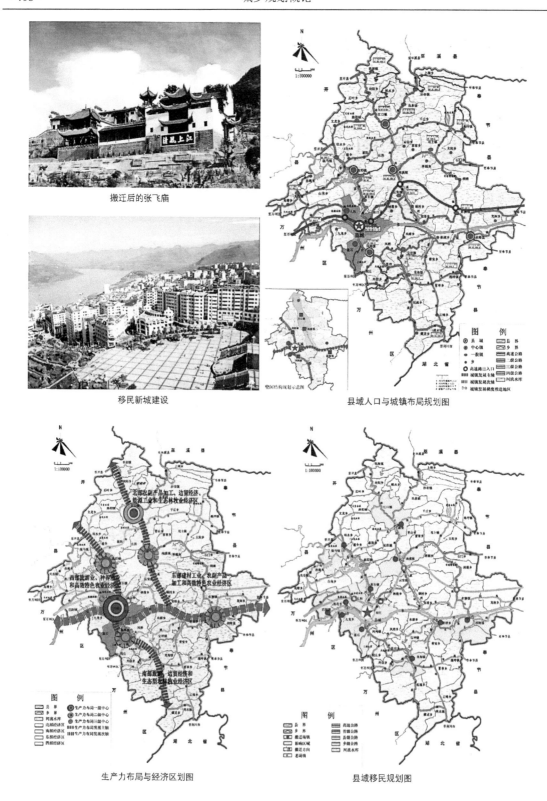

搬迁后的张飞庙

移民新城建设

县域人口与城镇布局规划图

生产力布局与经济区划图

县域移民规划图

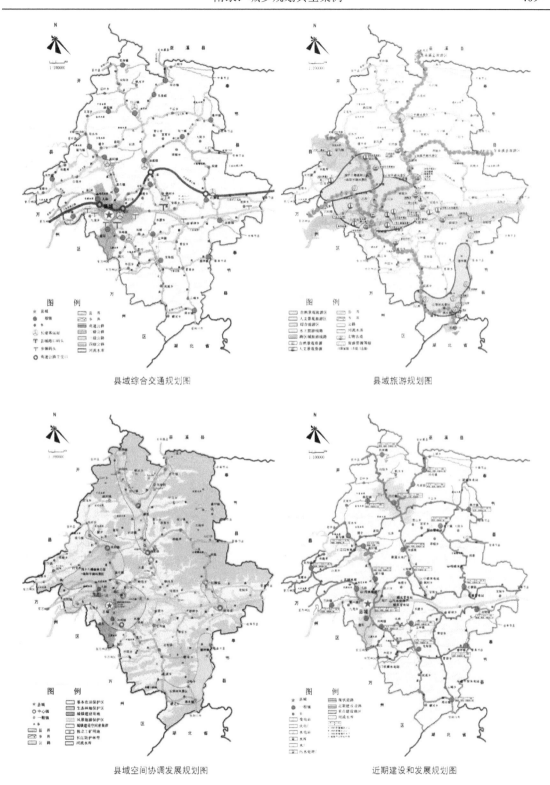

县域综合交通规划图

县域旅游规划图

县域空间协调发展规划图

近期建设和发展规划图

附录 2：总体规划典型案例

重庆市云阳县总体规划（2005～2020 年）

项目主要信息：

建设地点：重庆市云阳县

设计时间：2005 年 6 月—2007 年 12 月

主要设计者：赵坷 邢忠 李泽新 闫水玉 丁文川 陈静 陈蓉 彭晓青 靳萍 陈娜 等

获奖情况：2009 年重庆市优秀规划设计一等奖

2009 年建设部优秀规划设计二等奖

项目简介：

云阳县城是因三峡工程建设而重新选址、完全新建的移民新城。2004 年，三峡工程一、二期移民迁建结束，云阳县城迎来了从"移民安居"向"生活发展"过渡的关键时期，在此背景下，对原有云阳县城迁建规划进行修编。

规划坚持问题导向与目标导向相结合的原则，通过对库区类似的移民迁建城镇十余年来建设状况的区域评价、云阳县城原迁建规划及实施状况的深层评价，总结云阳城市建设中的问题，确定以"生态维护与培育"为第一要义，以创造复杂地形条件下的人地和谐、社会和谐、经济发达的三峡库区移民新城为目标，科学制定规划。

2008 年，在本规划指导下，云阳县城市建设区已完成控规全覆盖。严格控制双井寨—龙脊岭城市绿廊建设，完成滨江公园建设，城市整体环境改善明显；改革移民住房联建方式，加强保障性住房建设；结合三期地灾移民安置，启动低收入人群和农民工住房建设；结合广场、绿地建设，龙脊岭文化长廊、市民文化活动中心、移民博物馆等城市公益性设施的建设已成为 2009 年云阳县委、县政府的目标任务。

云阳县城鸟瞰图

中心城区"树枝状"生态网络结构

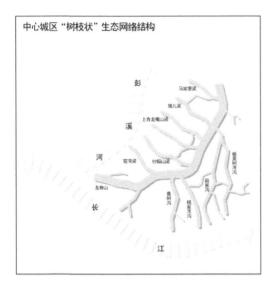

中心城区"一轴十组团"串珠状结构

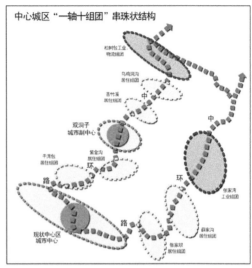

"一城四区"城市总体形态

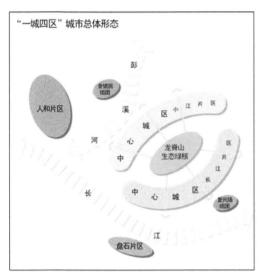

■ 简要说明

城市总体布局形态：

云阳县城山环水绕，城市总体呈现为 "四区"指长江片区、小江片区、人和片区、盘石片区。

中心城区布局形态：

中心城区以龙脊山脉为骨架，形成龙脊山以南、沿长江的长江片区和龙脊山以西、沿彭溪河的小江片区两大片区，其范围包括万云高速公路以南，长江以北，澎溪河以东，龙脊山以西和以南的地区，用地规模17.46km²。

规划结构图

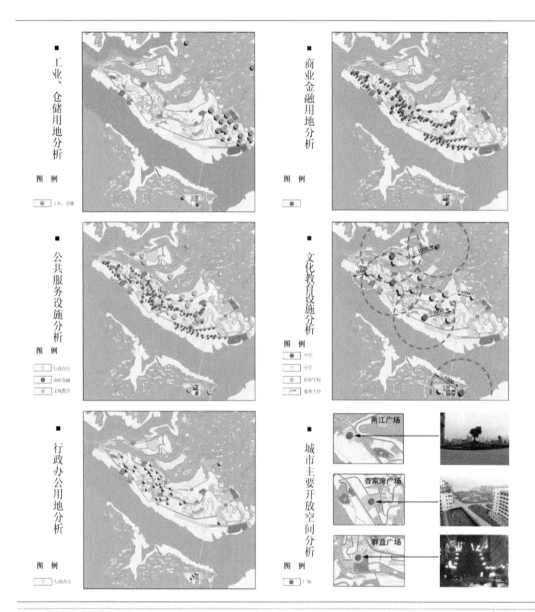

工业、仓储用地分析

商业金融用地分析

公共服务设施分析

文化教育设施分析

行政办公用地分析

城市主要开放空间分析

■ **简要说明**

工业、仓储用地分析: 原有规划将工业和仓储区布局在长江沿岸的张家坝片区,既割裂了城市与水的联系,不利于城市环境品质的提升,又严重影响城市形象。

公共服务设施分析: 城市各项公共服务设施和居住复合生存,沿路线形展开,城市各项活动皆集中于城市主要道路两侧,这是城市发展初期必然经历的过程。随着城市规模的扩大,需通过社区发展模式对其逐步调整、优化。

行政办公用地分析: 行政办公用地需要进一步集中整合,为城市公共服务职能的提质奠定良好基础。

商业金融用地分析: 商业用地沿街展开,以街为市,尚未形成"聚集效应",不能有效引导社区模式的开发建设。

文化教育设施分析: 教育设施数量基本满足现有需求,且服务半径较为合理。

城市主要公共空间分析: 现有两江、群益和杏家湾广场周边缺乏商业、文化等公共设施用地,公共活动空间功能单一,难以形成城市中心和提高土地的复合利用。

城市建设现状图 (2004)

■ 自然生态因子群量化叠加　　＋　　■ 文化生态因子群量化叠加

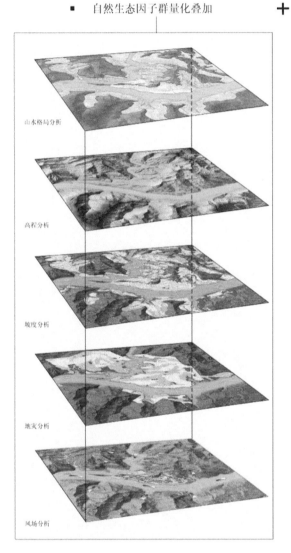

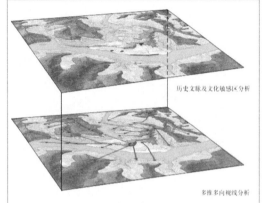

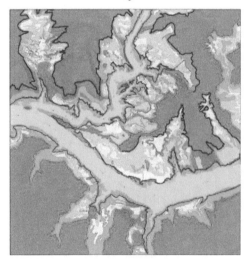

■ 云阳县城生态因子分析群的建立

云阳县城生态因子分析群

自然生态因子群　　　　　　文化生态因子群
地形地貌　　　　　　　　　历史文脉
山水格局　　　　　　　　　文化敏感区
坡度高程　　　　　　　　　多维多向景观视线
排洪冲沟
地质灾害
城市气候

■ 简要说明

生态学认为人类的资源分为可再生资源和不可再生资源，城市建设和发展所依附的自然生态资源基础是不可再生的，即城市发展的生态基底是不可破坏的，基于生态基底分析建立的城市生态格局是不可改变的，它应该用终极蓝图的形式加以硬性控制。

云阳县城所在地有其复杂、典型的山地特征，是生态环境敏感地区。为了建立城市发展与自然演进的时空过程的互适性平衡，引导云阳县城生态化建设。本次规划首先从云阳县城所处环境的生态基底看于，并不是就城市论城市，而是放大分析范围到 137.78 平方公里进行全面分析，针对云阳县城所处区域的自身特征，建构相应的生态因子分析群，通过对选取的地形地貌、河流水系、洪洪冲沟、地质灾害等山地城市特有的影响城市建设和发展的生态因子的全息分析和叠加求和，进行用地的生态适宜性评价分析，进而建立起云阳县城的生态自然景观网络格局。

生态因子
叠加图

N

附录 3：控制性详细规划典型案例

重庆市大竹林—礼嘉组团 C 分区控制性详细规划

项目主要信息：

建设地点：重庆市

设计时间：2006 年

主要设计者：李勇强 马希旻 等

获奖情况：2006 年重庆市优秀规划设计一等奖

项目简介：

规划区位于重庆市渝北区西北部的悦来镇，西临嘉陵江，是悦来地区整体规划构思的重要组成部分。规划利用其处于重庆主城区上风上水和独特的自然山水地域环境，依托城市中环线快速交通，围绕张家溪公园、滨江公园等绿色生态廊道建设，突出体育健身运动系统配套，营造配套设施良好、环境优越的高品质居住社区。

规划区形成"一心一带两区"的空间布局。以规划的张家溪绿谷公园为南北绿带，在其东西两侧结合交通条件和景观条件，利用山水环境布局不同空间形态、不同建设强度的居住小区及组团，形成两大片区，并在悦来大桥南桥头形成城市公共设施集中配套区（服务中心）及悦来地区地标性空间景观控制区。

规划贯彻落实"谷、城、湾"的城市设计构思，提高人居环境品质，体现健康和进取的生活追求。控规编制通过公园绿地、防护绿地和高绿地率地块的布局，形成以"谷"为特色的绿色生态廊道；通过沿江城市干道退后江岸线布置，打造"原生态"的城市岸线和"住区化"的滨江"湾"区，强化亲水功能和生态保护；探索城市外围区小汽车与轨道、公共交通转换的出行方式，在以公交优先和保证主干交通系统良好组织的前提下，居住地块划分规模和建设强度控制有利于社区单元结构合理、内向型交通组织、设施配套完善、整体环境塑造和规模化地块出让。达到构建和谐居住社区，引领主城区北部扩展，建设宜居城市的目标。

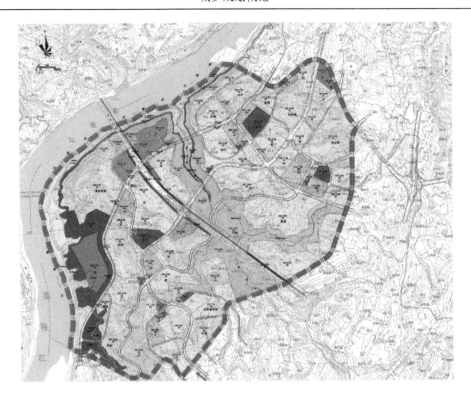

土地利用规划图

道路系统规划图

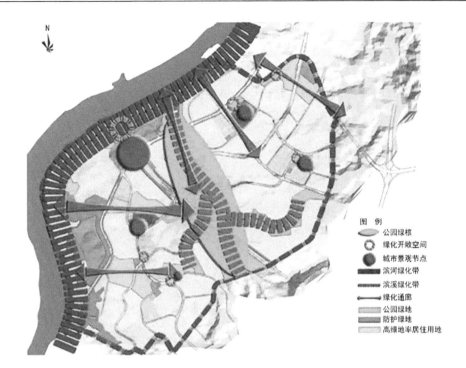

图例
公园绿核
绿化开敞空间
城市景观节点
滨河绿化带
滨溪绿化带
绿化通廊
公园绿地
防护绿地
高绿地率居住用地

绿地景观系统规划图

附录4：修建性详细规划典型案例

重庆市磁器口保护修建性详细规划

项目主要信息：

　　建设地点：重庆市

　　设计时间：2000年

　　主要设计者：张兴国　李和平　郭璇　毛华松　熊海龙　严爱琼　等

　　获奖情况：2001年建设部优秀规划设计一等奖

　　　　　　　2002年国家第十届优秀工程设计银质奖

项目简介：

　　磁器口是重庆主城区唯一保存完好的历史街区，是山城历史文化的典型代表。本项目对重庆磁器口历史街区保护的目标、保护的内容与对象、保护的技术措施、保护的政策与实施管理，以及保护规划编制的程序与方法等进行了全面、深入且富有创新性的研究。

街区规划设计规划总平面图

1）规划构思

　　整体性的保护思想——规划中采取整体性保护方法，将山地自然环境保护与历史人文环境保护相结合，空间环境、历史建筑保护与地方文化传统保护相结合，以完整地保护街区的地域文化特色；可持续发展的保护思想——有机地协调保护与发展的矛盾，在遵循原真性原则的同时，将街区历史保护与社会经济发展、基础设施改造、居住及卫生条件改善相结合。

2）规划突出

地域文化保护的整体性，保护规划与发展地方经济相结合，系统运用社会学方法，采用参与性的规划方法，规划与实施管理的紧密结合。保护规划批准一年多来，按规划要求部分项目已开始实施，并取得明显成效，环境整治及基础设施改善，保护建筑得到修复与更新，传统文化得到全面复兴，利用古镇特色和文化传统开展文化旅游已初见成效。

街区规划设计

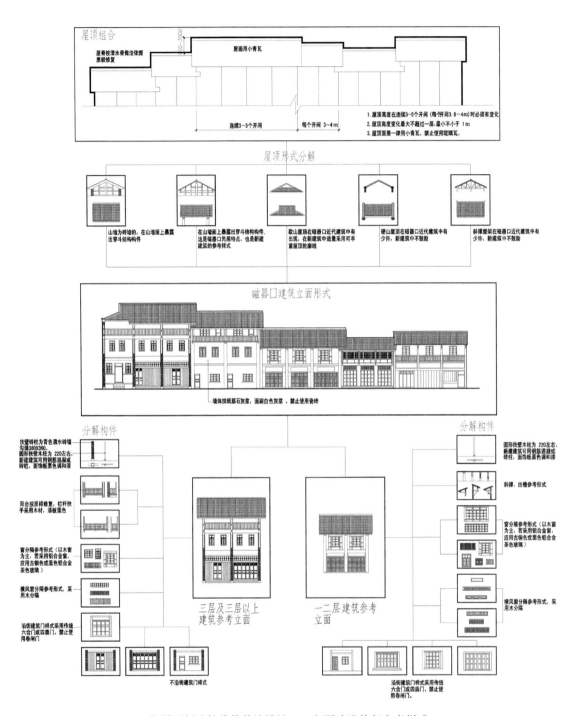

街道两侧建筑维修整治设计——立面改造修复参考样式

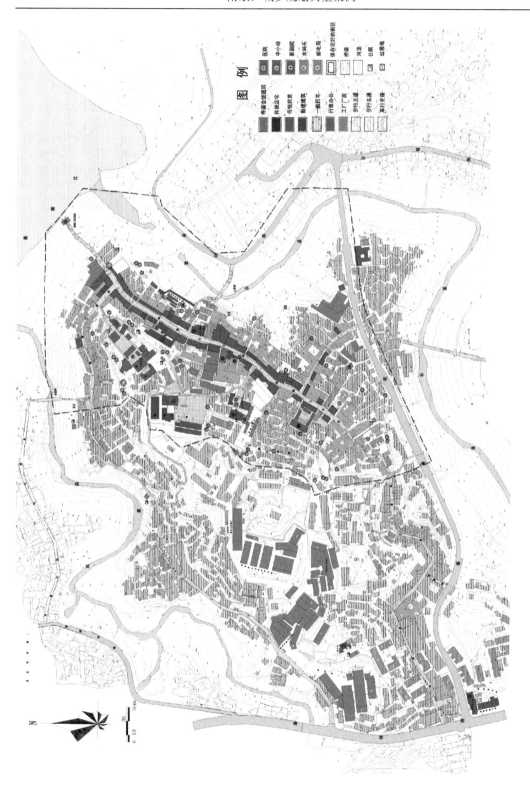

街区规划设计综合现状图

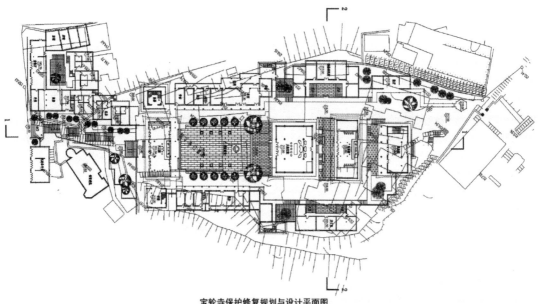

宝轮寺保护修复规划与设计平面图

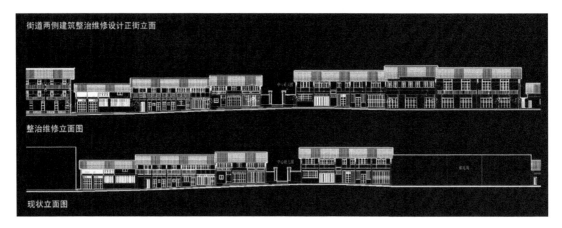

整治维修立面图

现状立面图

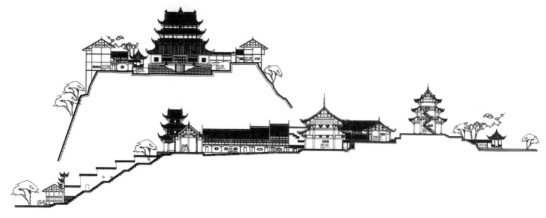

宝轮寺保护修复规划与设计场地剖面图

附录 5：小城镇规划典型案例

巴南区丰盛镇小城镇规划

项目主要信息：

　　建设地点：重庆市巴南区

　　设计时间：2004 年

　　主要设计者：赵万民　段炼　聂晓晴　刘畅　等

　　获奖情况：2006 年重庆市优秀城市规划设计一等奖

　　　　　　　2009 年全国优秀城乡规划设计三等奖

项目简介：

1）规划背景

丰盛镇地处重庆市巴南区东部山区，经济社会水平落后于周边地区，但却客观上较好地保存了古镇的"原汁原味"。随着交通环境的不断改善，丰盛镇作为重庆东部生态环境优良的、不可多得的一块"处女地"，在不久的将来必将迎来一轮大的建设浪潮。在此时期，面对越来越大的开发建设压力，通过规划以协调发展与保护的关系，避免开发建设给古镇带来不可挽回的损失则显得极为重要和必要。

2）规划思路

实现古镇的保护与发展协调推进是本次规划的核心内容。

旅游强镇：优美的自然山水格局、古韵悠远的历史街区、古色古香的历史建筑，并以此兴起的古镇旅游业及其配套产业将构成丰盛未来发展的核心动力。

可持续发展：规划通过引导产业结构优化，城镇建设发展方向，构建生态基础设施网络以求实现"自然格局、古镇古巷、城镇新区"的和谐共生，保障古镇的可持续发展，推进社会、经济、环境三大效益的协调统一进程。

以人为本：通过分期实施、分类指导等措施，增强规划弹性，科学协调保护与发展的关系，尽力避免"古镇牢笼"现象的出现，尊重民心民意，尽快改善古镇居民的人居环境。力求实现近远兼顾、局部与整体的统一协调。

3）规划要点

镇域——村镇体系规划。丰盛镇镇域体系等级结构划分为中心镇（丰盛场）、中心村和基层村三级。

镇区——用地布局。城镇发展方向近期主要以整合原古镇及以古镇为依托的新区为重点，远期城镇同时向南北两个方向发展，形成城镇北部新区组团和南部旅游服务组团，进一步完善带型城镇形态。

4）规划创新与特色

小城镇规划与古镇保护规划的协同编制。以小城镇发展规划为基础，从更为宽泛的角度来探讨古镇的保护与发展，则更有利于实现丰盛镇的可持续发展，这也成为了本次规划最核心的创新点。

"九龟寻母"特色山水格局对古镇保护的延展。规划中对其予以严格保护，并以此协调古镇与新镇形态，以其为"线"，串接丰盛镇未来整体城镇建设发展，将古镇"最原生的部分"充分地融入城镇未来建设发展中。规划通过旅游产业在镇域层向的整体构建，明确古镇定位，细化量化保护项目与措施，结合现代市场经济发展客观规律，将其建设主体保护予以明确，并以此力求形成"政府+居民+社会"的协力保护模式。

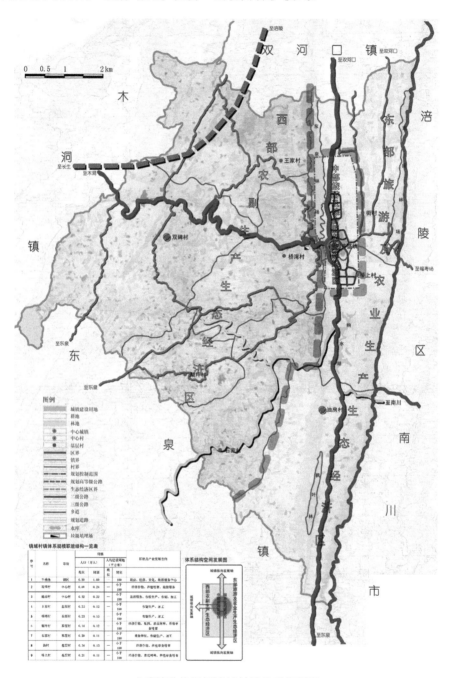

丰盛镇总体规划镇域村镇体系规划图

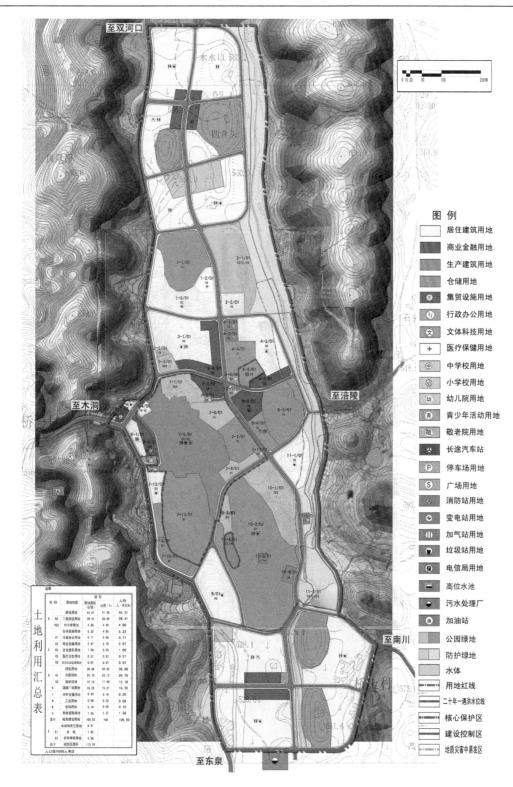

丰盛镇镇区土地利用规划图

附录 6：村规划典型案例

重庆市武隆县江口镇三河村规划

项目主要信息：

  建设地点：重庆市武隆县

  设计时间：2006 年

  主要设计者：李小彤　董海峰　等

  获奖情况：重庆市优秀城乡规划设计一等奖

项目简介：

  中西部山地农村存在收入水平低、居住分散、交通不便、道路等级低、坡度陡、基础设施缺失等特点，如何编制针对中西部地区的村庄规划，如何体现出地农村的发展趋势和发展特点，编制的重点和深度如何把握，对于长期从事城市规划的专业人员是一系列的全新问题。作为重庆市由"城市"到"农村"转变的探索规划编制项目，经过多达 6 轮的方案反复，该规划终于画上了一个圆满的句号，为出地农村村庄规划作出了示范和引导。

  规划分为村域和村庄两个层次。村域规划以全面推进新农村建设为引导，以突出适应山地农村的经济发展为先导，以旅游业的快速发展为契机，合理优化产业结构，建设一个功能完善、形象突出、充满生机和活力的现代旅游村庄。构建集中与分散相结合布局的村庄体系，使新农村建设与自然和谐相处。主村庄规划布局考虑以现状整治为主，适当扩建，充分尊重地形，合理利用两个台地，规划了两排 2～3 层高的餐饮设施及旅游产品展销用房。在对村民的住房改造需求进行充分调研的基础上，对山地农村建房形式进行了探索，提出了多个户型组合，供村民选择。

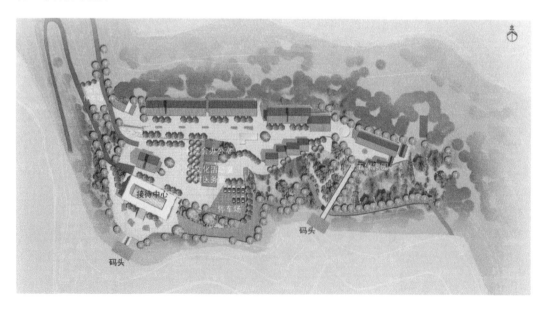

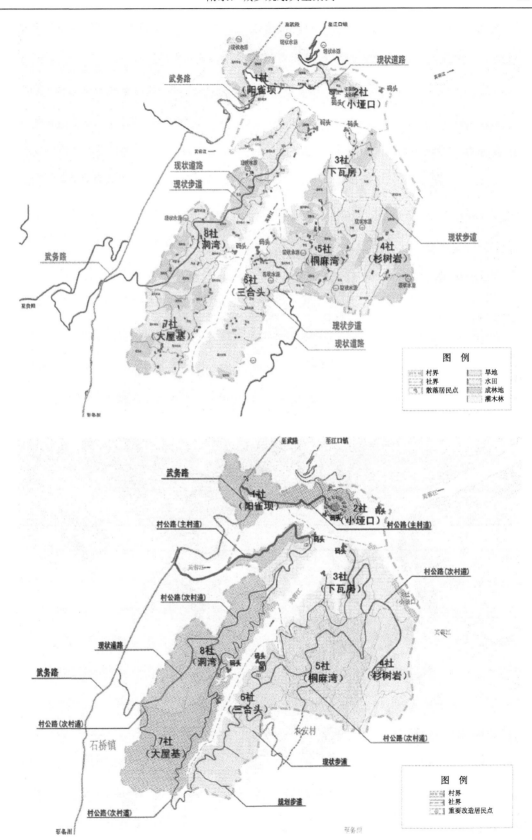

附录 7：住区规划典型案例

重庆主城区二环时代大型聚居区（蔡家聚居区）规划设计

项目主要信息：

　　建设地点：重庆市

　　设计时间：2010 年

　　主要设计者：罗江帆、程良川 等

项目简介：

　　蔡家组团位于重庆市主城区北部，北碚区东南部，距重庆市中心 35km，距北部城区 16km，属于重庆都市圈范围。其毗邻渝北区、沙坪坝区，是北碚区联系中心城区的重要承接点，未来重庆向北拓展的重要区域。

　　蔡家组团定位为科技研发、创意产业、总部经济等创智产业的聚集地，同时以大型体育赛事、博览、会议等"大事件"为契机，打造成为生态新城典范。

规划总平面图

规划鸟瞰图

土地利用规划图

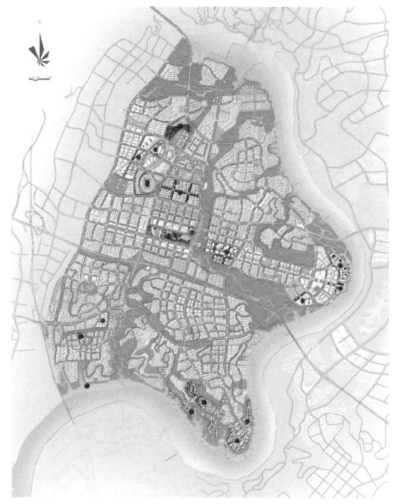

功能性项目规划布局图

居住建筑效果图

附录 8：风景名胜区规划典型案例

重庆市芙蓉江国家级风景名胜区总体规划

项目主要信息：

  建设地点：重庆市武隆县芙蓉江风景名胜区

  设计时间：2003 年

  主要设计者：胡纹 徐煜辉 高芙蓉 林锦玲 师竟 郭莉 覃美洁 等

  获奖情况：2007 年重庆市优秀规划设计二等奖

项目简介：

  与上一轮规划对环境治理和保护恢复的目标相比，该规划更是体现综合的、立体的、多元的目标体系。在资源评价和客源定位的基础上，合理确定芙蓉江风景区的性质，对风景区的开发进行市场策划，明确营销方向；在生态保护的前提下，合理开发景点、景区，并且完善基础设施和服务设施的配套规划。

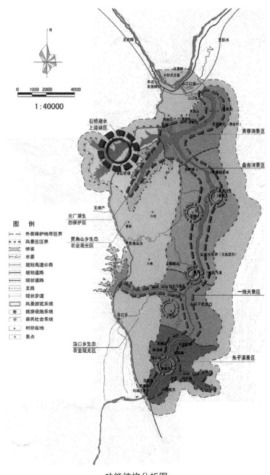

功能结构分析图

规划主要考虑景观资源评价结果、相关规划对芙蓉山风景区的要求和芙蓉江风景区的功能。根据以上分析，确定芙蓉江风景区的规划性质。依据风景区现状条件，遵照规划原则和依据，结合对风景区的定位研究，对芙蓉江风景区进行有重点、有序列的综合开发和保护。

规划通过景区的营造，对芙蓉江风景区的旅游资源进行系统的组织和开发，有重点地形成丰富的景观序列，方便游览线路的组织，同时也最大限度地保护整个水体的生态环境。

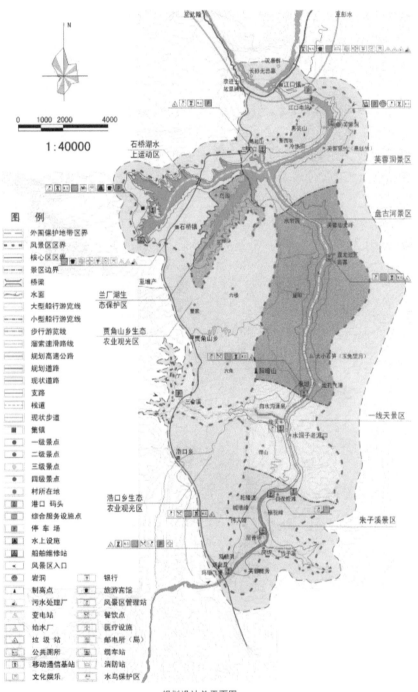

规划设计总平面图

规划总平面图

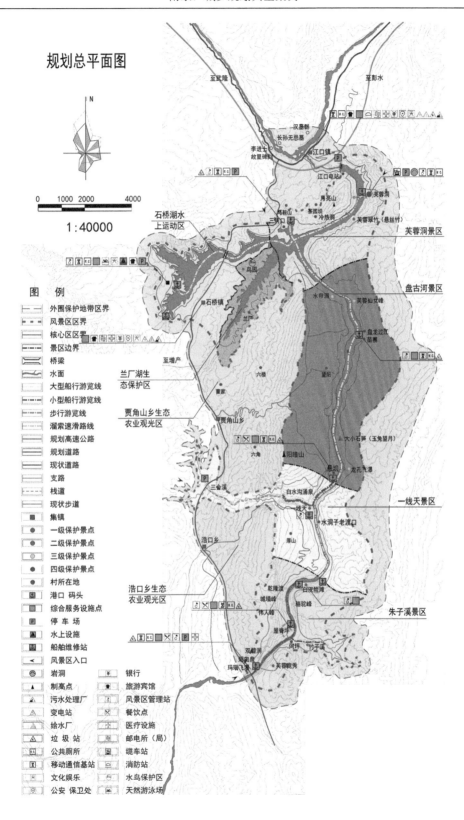

图 例

外围保护地带区界	
风景区区界	
核心区区界	
景区边界	
桥梁	
水面	
大型船行游览线	
小型船行游览线	
步行游览线	
溜索速滑路线	
规划高速公路	
规划道路	
现状道路	
支路	
栈道	
现状步道	
集镇	
一级保护景点	
二级保护景点	
三级保护景点	
四级保护景点	
村所在地	
港口 码头	
综合服务设施点	
停 车 场	
水上设施	
船舶维修站	
风景区入口	

岩洞	银行
制高点	旅游宾馆
污水处理厂	风景区管理站
变电站	餐饮点
给水厂	医疗设施
垃圾站	邮电所（局）
公共厕所	缆车站
移动通信基站	消防站
文化娱乐	水鸟保护区
公安 保卫处	天然游泳场

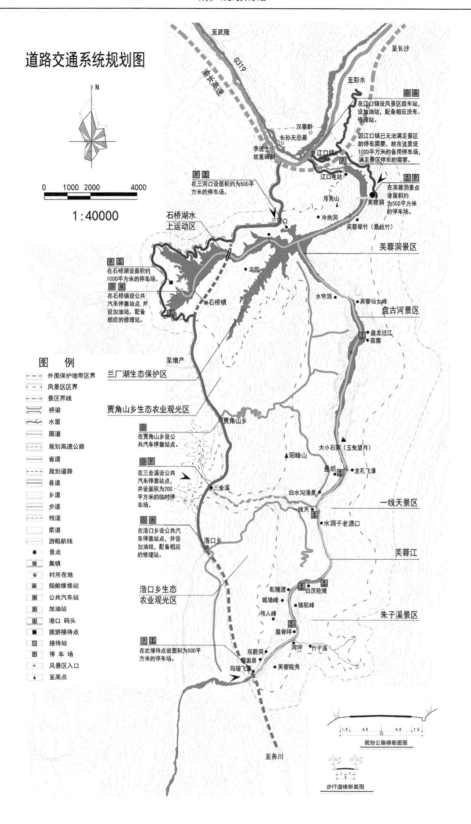

道路交通系统规划图

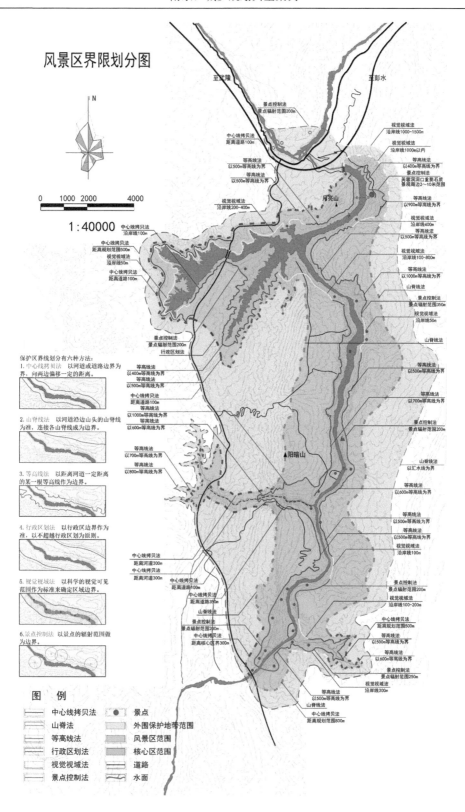

风景区界限划分图

N

0　1000　2000　4000

1:40000

保护区界线划分有六种方法：
1. 中心线拷贝法　以河道或道路边界为界，间两边偏移一定的距离。

2. 山脊线法　以河道沿山头的山脊线为准，连接各山脊成为边界。

3. 等高线法　以距离河道一定距离的某一根等高线作为边界。

4. 行政区划法　以行政区边界作为准，以不超越行政区划为原则。

5. 视觉视域法　以科学的视觉可见范围作为标准来确定区域边界。

6. 景点控制法　以景点的辐射范围做为边界。

图　例

中心线拷贝法　　景点
山脊法　　　　　外围保护地带范围
等高线法　　　　风景区范围
行政区划法　　　核心区范围
视觉视域法　　　道路
景点控制法　　　水面

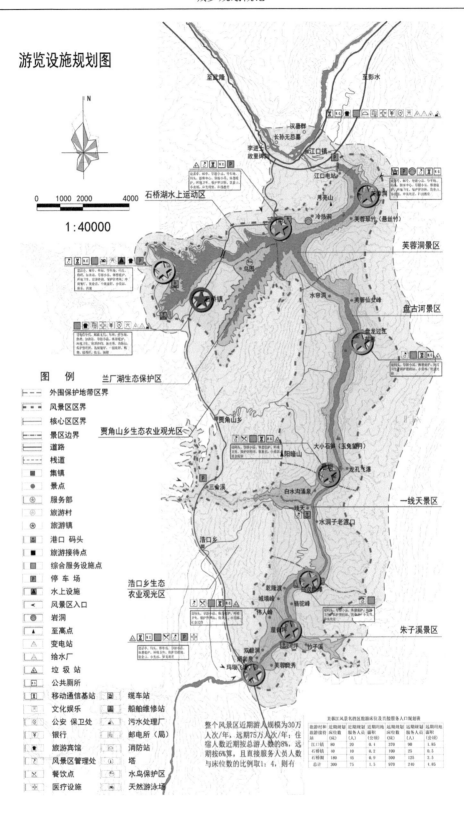

游览设施规划图

1:40000

图　例

外围保护地带区界	
风景区区界	
核心区区界	
景区边界	
道路	
栈道	
集镇	
景点	
服务部	
旅游村	
旅游镇	
港口 码头	
旅游接待点	
综合服务设施点	
停车场	
水上设施	
风景区入口	
岩洞	
至高点	
变电站	
给水厂	
垃圾站	
公共厕所	
移动通信基站	缆车站
文化娱乐	船舶维修站
公安 保卫处	污水处理厂
银行	邮电所（局）
旅游宾馆	消防站
风景区管理处	塔
餐饮点	水鸟保护区
医疗设施	天然游泳场

整个风景区近期游人规模为30万人次/年，远期75万人次/年；住宿人数近期按总游人数的8%，远期按6%算，且直接服务人员人数与床位数的比例取1：4，则有

芙蓉江风景名胜区旅游床位及直接服务人口规划表

旅游村和旅游接待站	近期规划床位数（床）	近期规划服务人员（人）	近期用地面积（公顷）	远期规划床位数（床）	远期规划服务人员（人）	远期用地面积（公顷）
江口镇	80	20	0.4	370	90	1.85
石桥镇	40	10	0.2	100	25	0.5
石城湖	180	45	0.9	500	125	2.5
总计	300	75	1.5	970	240	4.85

附录9：城市设计典型案例

江津区东部新城控制性详细规划整合及城市设计

项目主要信息：

　　建设地点：重庆市江津区

　　设计时间：2006年

　　主要设计者：赵万民　李旭　孙国春　等

　　获奖情况：2007年重庆市优秀规划设计二等奖

项目简介：

　　江津东部新城，是江津市的政治中心、文化中心和商贸中心。作为几江半岛的重要组成部分，和老城区有机共生，相辅相成。

　　东部新城作为江津市主城"北延东进"与重庆市主城"西进"相融的交汇点，集诸多重要性于一身，既是江津市建设重庆区域性中心大城市的一号工程，也是江津市建设国家级山水园林城市的最大亮点，更是江津市建设50万人口大城市成功与否的关键。

　　针对江津市城市发展中存在的局限与不足，规划从开发模式、城市风貌、山水格局、滨江交通、滨江绿化、滨江建筑六方面进行了分析研究，为进一步促进城市经济的发展，提出更加合理的城市设计方案，指导东部新城的建设。

　　规划设计以"山水宜居城、高容量城市、生态文化城"为主题，将城市系统的重新配置和整合作为设计目标，针对一"区域整体协调"、"弹性和刚性"、"有机生长"、"土地开发可操作性和可实施性"提出规划原则。空间格局以"半城抱山筑，一水绕城流"营造良好的城市环境与生态环境。清晰组织城市各功能片区，形成布局紧凑的城市结构。同时突出片区个性，形成具有丰富特色的城市风貌。

土地利用规划图

总平面图

城市园林防护绿色　　城市绿带　　滨水公园　　绿色广场　　湿地公园　　城市绿色廊道　　公共绿地　　生态绿廊

城市绿地系统规划图

鸟瞰图